高等学校"十四五"规划教材·无人机应用技术

无人机动力技术

（第2版）

符长青　编著

西北工业大学出版社

西安

【内容简介】 本书系统而全面地介绍了无人机动力技术的主要内容和知识体系。全书共分 4 篇 10 章。第 1 篇为概述篇,共 1 章:第 1 章无人机动力系统概述。第 2 篇为电动机篇,共 3 章:第 2 章相关的电磁基础知识,第 3 章直流电动机原理与特性,第 4 章无刷直流电动机与空心杯电动机。第 3 篇为航空发动机篇,共 5 章:第 5 章与航空发动机相关的基础知识,第 6 章航空活塞式发动机,第 7 章航空活塞式发动机工作系统,第 8 章航空涡轮发动机,第 9 章航空涡轮发动机工作系统。第 4 篇为油电混合动力篇,共 1 章:第 10 章油电混合动力系统。

　　本书取材来源于实践,取材新颖,注重与无人机动力技术相关的基础知识,内容丰富、深入浅出、概念清楚易懂,具有很强的可操作性,既适合作为高等院校及职业院校相关专业大学生的专业基础课程教材,也适合作为从事无人机科研、生产和培训机构工作人员,以及广大航模爱好者的学习与培训教材。对于希望全面了解无人机动力技术知识的读者,本书也是一本较好的参考读物。

图书在版编目(CIP)数据

无人机动力技术/符长青编著. —2 版. —西安:
西北工业大学出版社,2022.6 (2023.8 重印)
ISBN 978 - 7 - 5612 - 8222 - 9

Ⅰ.①无… Ⅱ.①符… Ⅲ.①无人驾驶飞机-动力装置 Ⅳ.①V279

中国版本图书馆 CIP 数据核字(2022)第 099743 号

WURENJI DONGLI JISHU

无 人 机 动 力 技 术

符长青　编著

责任编辑:王梦妮		策划编辑:杨　军	
责任校对:王玉玲		装帧设计:李　飞	

出版发行:西北工业大学出版社
通信地址:西安市友谊西路 127 号　　邮编:710072
电　　话:(029)88493844,88491757
网　　址:www.nwpup.com
印　刷　者:兴平市博闻印务有限公司
开　　本:787 mm×1 092 mm　　1/16
印　　张:21
字　　数:538 千字
版　　次:2018 年 8 月第 1 版　2022 年 6 月第 2 版　2023 年 8 月第 2 次印刷
书　　号:ISBN 978 - 7 - 5612 - 8222 - 9
定　　价:66.00 元

第 2 版前言

　　无人机是一种自身质量密度大于空气质量密度的航空飞行器,其升空飞行的首要条件是要有动力,即所谓的动力飞行,有了动力,无人机才能产生克服重力所必需的升力。人们把无人机上产生拉力或推力,使其前进的一套装置称为无人机的动力装置,包括安装在无人机上的电动机、燃油发动机和混合动力三大类动力机器,以及保证它们正常工作所必需的子系统和附件。

　　电动机和燃油发动机能够把其他形式的能转化为机械能,进而使无人机获得产生拉力或推力所需的能量。它们是无人机动力系统的核心,被视为无人机的心脏。无人机动力装置特性的优劣对它的各种飞行性能都有很大影响,有了适用的电动机或燃油发动机,无人机才能实现真正有动力、可控制的飞行。

　　电动无人机以电动机作为动力来源,其大多为无刷直流电动机,也有部分使用有刷直流电动机的情况,所有电动机运转所需的能量由聚合物锂电池或新能源方式(如燃料电池)提供。油动无人机以燃油发动机(航空发动机)作为动力来源,包括航空活塞式发动机和航空涡轮发动机等机型。在无人机设计与研制过程中,首先会碰到选用哪种动力装置能最有效地满足其技术要求的问题,因此要对动力装置的性能和特点有深入的了解,以便能正确选择合适的动力装置,并达到与无人机飞行性能的最佳匹配。

　　近年来,无人机有了很大的发展,特别是电动垂直起降飞行器(eVTOL)和城市空中交通(UAM)概念的提出和兴起,促使无人机及其动力技术的发展如日中天,势不可挡。电动垂直起降飞行器(eVTOL)是以电能作为推进系统全部或部分能源的垂直起降飞行器,是一种可以在空中飞行的交通工具,可作为空中巴士、出租车、私家车、快递货运车等,具有无需跑道(垂直起降)和低噪声的优势。它的出现和应用,将开启人类社会航空领域新一轮的创新与变革热潮,引领航空技术创新,推动绿色航空发展,对世界航空业、城市交通运输行业将产生革命性的影响。其发展成熟和广泛应用将成为人类社会进入"无人机新时代"的主要标志。

本书第2版在内容安排方面力求系统、全面,内容丰富、深入浅出,概念准确、清楚易懂,笔者利用再版的机会,对原书做了较大修改与补充,删去了一些比较次要的内容,新增加了3章(第2、5、10章),主要介绍与电动无人机相关的电磁基础知识,与航空发动机相关的基础知识和油电混合动力系统的内容,其中包括油电混合动力系统在电动飞行汽车上的应用及风险投资对电动飞行汽车的关注情况。

为了深化高校创新创业教育改革,优化专业结构,提高教育质量,促进学生在创新创业中全面发展,适应和服务经济社会发展和国家战略的需求,要把创新创业教育融入人才培养体系,改革教育教学内容方法,改进课程,强化实践。高等职业院校应打破学科界限,实现交叉融合,改进科研组织模式,加强应用研究和协同创新,着力培养"大众创业、万众创新"生力军,提升创业创新人才的综合能力和素质。

本书着眼于切实增强深入推进高等职业院校创新创业教育改革的责任感和紧迫感,全面提升人才培养质量,为促进大众创业万众创新和建设创新型国家提供有力的人才支撑。本书取材来源于无人机科研生产实践,具有很强的可操作性。

在本书编写过程中曾参阅了相关文献资料,在此,谨向其作者表示衷心感谢。

由于水平所限,书中难免有偏颇与不足之处,敬请各位同行、专家和读者指正(联系方式 949014262@qq.com)。

编著者

2021 年 12 月

第1版前言

无人机是一种自身密度大于空气密度的航空飞行器,其升空飞行的首要条件是需要有动力。发动机是能够把其他形式的能转化为机械能,进而产生拉力或推力的机器,是无人机动力装置的核心,被视为无人机的"心脏"。发动机性能的优劣对无人机的各种使用性能具有重要影响,有了适用的发动机,才能实现真正的有动力、可控制的飞行。常用的发动机有电动机和燃油发动机两大类。

电动无人机以电动机作为动力来源,采用直流电动机作为发动机,发动机类型大多为无刷直流电动机,也有部分使用有刷直流电动机。所有电动机运转所需的能量由聚合物锂电池或新能源方式(如燃料电池)提供。油动无人机以燃油发动机(航空发动机)作为动力来源,包括航空活塞式发动机和航空涡轮发动机等机型。在无人机设计研制过程中,会首先遇到选用哪种发动机能最有效地满足其技术要求的问题,要求设计人员对发动机的性能和特点有深入的了解,以正确选择发动机,并达到与无人机飞行性能的最佳匹配。

为了深化高校创新创业教育改革,优化专业结构,提高教育质量,促进学生在创新创业中全面发展,适应和服务经济社会发展和国家战略需求,要把创新创业教育融入人才培养体系,改革教育教学内容方法,改进课程,强化实践。高等院校应打破学科界限、实现交叉融合、改进科研组织模式,加强应用研究和协同创新,着力培养大众创业、万众创新生力军,提升创业创新人才的综合能力和素质。

本书是由西北工业大学出版社联合全国无人机教育联盟共同策划的。本书力求理论完善、概念清晰、重点突出,具有基础性、实用性和提高性的特点,为读者学习和掌握无人机动力技术提供很好的途径。同时,为了便于教师教学,本书为教师提供相应的教学课件。

本书着眼于切实增强深入推进高等院校创新创业教育改革的责任感和紧迫

感,全面提高人才培养质量,为促进"大众创业、万众创新"和建设创新型国家提供有力的人才支撑,既适合作为高等院校相关专业学生的专业基础课教材,也适合作为无人机科研、生产和培训机构工作人员,以及广大航模爱好者的学习、培训教材,对于希望全面了解无人机动力技术知识的各类读者,本书也是一本较好的参考读物。

由于水平有限,书中难免有不足和疏漏之处,恳请各位专家、读者批评指正。

编著者

2018 年 1 月

目　　录

第1篇　概　述　篇

第2篇　电　动　机　篇

第3篇　航空发动机篇

第 4 篇　油电混合动力篇

第1篇 概 述 篇

第1章 无人机动力系统概述

1.1 无人机基础知识

无人机(Unmanned Aerial Vehicle,UAV)是无人驾驶飞行器的统称,是利用无线电遥控设备操纵的不载人航空飞行器,种类繁多,特点鲜明,用途广泛。近年来,民用无人机获得了爆发式发展,每年数以百万计的民用无人机被广泛应用到国民建设事业和人们日常生活的方方面面,如森林资源调查、森林巡护监测、森林消防等。

1.1.1 无人机的定义和发展历程

1. 无人机的定义

无人机就是无人驾驶飞行器(简称"无人飞行器")。它是指不搭载操作人员(简称"飞行员"或"驾驶员")的一种动力驱动航空飞行器,利用空气动力为其提供所需的升力,能够带有效载荷进行全自动飞行或无线引导飞行,既能一次性使用,也能进行回收或自动着陆,以便进行重复使用。

通俗的说法是:无人机就是一种会飞的机器人,是一种利用无线遥控或程序控制来执行特定航空任务的机器人。它与有人驾驶飞行器(常规飞机)最大的区别是机上没有搭载驾驶人员,即机上无人操作驾驶。但事实上,无人机并不是真正离开了人的驾驶,虽然无人机上确实没有人驾驶操纵,但它离不开身在地面或船舶上的驾驶员对它进行操纵控制。

2. 无人机的发展历程

无人机发展的历史其实并不算短。人类许多伟大的科技发明都源于战争,无人机也不例外,研制无人机的想法最早可追溯到第一次世界大战时期,但是它初期发展并不顺利。1935年,英国"蜂后"无人机的问世才是无人机时代的真正开始,它可以说是近、现代无人机的"开山鼻祖"。随后无人机被应用于各大战场,执行侦察任务。然而由于当时的科技比较落后,无人机无法出色完成任务,所以后来逐步受到冷落,甚至被军方弃用。

随着科技的高速发展,无人机的技术也在逐渐成熟。1982年以色列首创无人机与有人机协同作战,十分成功,无人机才重回大家的视线,真正开启了无人机的发展之路。不过,以前(也就是几年之前)无人机仅用于军事用途,如作为侦察机、靶机等,数量稀少、任务神秘、真容罕见。

21 世纪初,人们基于质量只有几克的微电机系统(MEMS)研制出了微型(迷你型)多旋翼无人机,其机型小巧、性能稳定,催发了民用无人机的诞生。2009 年,美国加州 3D Robotics 无人机公司成立,这是一家最初主要制造和销售 DIY 类遥控飞行器的相关零部件的公司。2013 年中国大疆创新公司因推出一款四旋翼消费级微型无人机而名声大噪。另外,对促使无人机大发展具有重大意义的事件还有无人机开源飞控代码的公布和发展,因为研制无人机的最核心的技术知识还在于飞控算法的设计和程序编写。开源飞控代码极大地降低了初学者的门槛,使制造多旋翼无人机在飞控硬件制作或购买配件组装方面变得比较容易,成本进一步降低,为无人机产业大发展打下了广阔且深厚的群众基础。

2015 年是无人机飞速发展的一年,各大运营产商融资成功,为无人机的发展创造了十分有利的条件。如今,随着无人机的技术不断成熟,加上市场的迫切需求,无人机市场日趋火爆,衍生出了各种各样的民用机型,并得到了广泛的应用。世界上已经有 32 个国家研制出了 50 多种无人机,给人们的生活带来了很多便利。

1.1.2　无人机的特点和分类

1. 无人机的特点

无人机与有人驾驶飞行器(以下简称“有人机”)相比有许多的不同,包括使用和功能上的差别,而造成这些差别的根本因素就是“人”。无“座舱飞行员”是无人机的主要特点,正是这一特点,造就了无人机使用上的特殊优越性,因此近些年来,在世界各地掀起了一股又一股大规模应用无人机的热潮。

任何一种无人机基本上都具备以下几方面的突出优势:

(1)不怕牺牲。无人机能胜任条件恶劣、高危环境下的各种危险工作,可以毫无顾忌地执行各种高危险任务,特别适合用于抢险救灾、消防灭火、巡查监视和灾害普查等。在危险的环境中执行任务,使用无人机可有效地减少人员生命损失的风险。

(2)不怕艰苦。无人机能出色完成单调、枯燥、时间长、强度大、重复性的艰苦任务。

(3)经济性好。由于无人机在设计中完全不必考虑飞行员(人)的生理需求,减少了各种生命维持系统,因此可以大大简化机载设备和飞行平台的设计要求,结构更简单、合理,体积小、质量轻,使得无人机的研制、生产成本远远低于有人机。另外,无人机的使用、训练和维护费用也比有人机低得多。

(4)执行任务灵活,操作方便。对无人机进行操作的人员无须亲历现场和进行全面完善的技术培训,同时,无人机可以在各种场合灵活地进行起降和飞行,具有操作灵活的特点。

(5)对环境影响小。通常无人机体积小、质量轻、能源消耗少,因而产生的噪声和排放也小。在完成同一任务时,无人机产生的环境影响和污染要小于有人机。

(6)自动化程度高。无人机在没有地面操控人员(飞手)的干预下,可以根据自身的状态和感知信息自主执行飞行任务。

2. 无人机的分类

随着无人机应用的飞速发展,现在已经形成了种类繁多、形态各异、丰富多彩的现代无人机大家族。无人机的类型按飞行平台构型,可以分为固定翼无人机、旋翼无人机、扑翼无人机、伞翼无人机等几大类,其中最常用的无人机主要是两大类,即固定翼无人机和旋翼无人机,其他类型无人机比较罕见(在本书中不予讨论)。虽然无人机上没有人员驾驶舱,但机体中安装有自动驾驶仪、程序控制装置等设备。地面、舰艇上或母机遥控站人员通过无线电设备,对其进行跟踪、定位、遥控、遥测、图像传输和数字传输等。

无人机传统的分类方法是按其产生升力的结构部件、动力装置的类型、无人机的用途和飞行性能等进行分类,其中最基本、最重要的分类方法有以下几种:

(1)按无人机产生升力的结构部件分类。无人机按照其产生升力结构部件的不同,可以划分为固定翼无人机和旋翼无人机两大类。

1)固定翼无人机。固定翼无人机是指无人驾驶固定翼飞机,其总体结构的组成与有人固定翼飞机的总体结构基本类似。除了少数特殊形式的固定翼无人机外,大多数固定翼无人机总体结构都由机翼、机身、尾翼、起落装置和动力装置五个主要部分组成(见图1-1)。

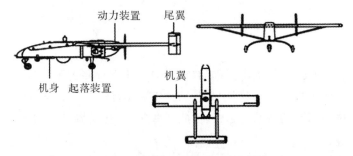

图 1-1 "先锋"固定翼无人机三视图

固定翼无人机总体结构布局是指固定翼无人机的各翼面,如主翼、尾翼等,是如何放置的。现代固定翼无人机的总体结构布局有很多种,主要有常规布局、无尾布局、鸭式布局和飞翼布局等形式。这些布局形式都有各自的特殊性及优、缺点,如图1-2所示(图中白色小圆圈表示飞机的重心位置)。

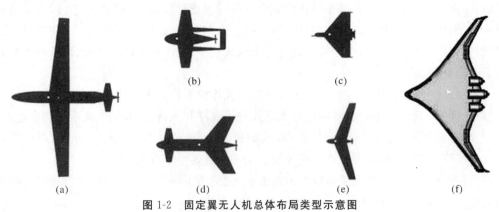

图 1-2 固定翼无人机总体布局类型示意图

(a)水平尾翼在机身上;(b)水平尾翼在尾撑上;(c)三角翼布局;(d)鸭式布局;(e)飞翼布局;(f)翼身融合

A.常规布局。将固定翼无人机的水平尾翼和垂直尾翼都放在机翼后面的固定翼无人机尾部,这是现代固定翼无人机最常采用的总体布局,称为"常规布局"。如图 1-2(a)表示水平尾翼安装在机身上,图 1-2(b)表示水平尾翼安装在尾撑上。

B.无尾布局。没有水平尾翼的飞机叫作无尾飞机。无尾飞机一般采用三角机翼,如图 1-2(c)所示。无尾飞机虽然没有水平尾翼,但垂直尾翼还是有的,副翼兼顾了平尾的作用。它省去了平尾,可以减少固定翼无人机的质量和阻力,容易跨过声速阻力突增区。无尾飞机高空高速性能好,缺点主要是起降性能差。

C.鸭式布局。鸭式布局将水平尾翼移到主翼之前的机头两侧[见图 1-2(d)],可以用较小的翼面来达到同样的操纵效能,而且前翼和机翼可以同时产生升力,而不像水平尾翼那样,平衡俯仰力矩多数情况下会产生负升力。

D.飞翼布局。飞翼布局没有水平尾翼,连垂直尾翼都没有,只有巨大机翼,机身和机翼融为一体,即翼身融合(翼身一体化),像一片飘在天空中的树叶,所以其雷达反射波很弱,而且空气气动力效率高、结构质量轻、升阻比大、隐身性能好,但机动性差、操纵效能低,如图 1-2(e)和图 1-2(f)所示。

固定翼无人机具有续航时间长、飞行速度快、飞行效率高和载荷大等优点,多应用于军事领域或特殊行业,缺点是起飞与降落时机场需要有长距离跑道,以及不能进行空中悬停和超低空飞行(树梢飞行),灵活性比旋翼无人机差。

2)旋翼无人机。旋翼无人机(又称为无人直升机)是指具有一个或多个由动力装置驱动的旋转机翼(旋翼),具备垂直起落、空中悬停和超低空飞行(树梢飞行)等特殊性能的无人航空飞行器,其总体结构的组成与有人驾驶的直升机大致相同。旋翼由桨毂和数片桨叶构成。桨毂安装在旋翼轴上,形如细长机翼的桨叶则连在桨毂上,一副旋翼最少有两片桨叶,最多可达 8 片。

旋翼无人机的旋翼转轴都近于铅直,每片桨叶的工作原理类同于固定翼无人机的机翼。旋翼桨叶静止时在重力 G 的作用下下垂,如图 1-3(a)所示,当旋翼在动力装置的驱动下在空气中高速旋转时,每段桨叶上产生的空气动力在旋翼轴方向上的所有分量的合成力,即为桨叶的总升力 T,所有桨叶的总升力合成构成旋翼总拉力,起到克服旋翼无人机重力的作用。

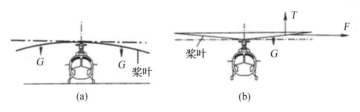

图 1-3　旋翼桨叶产生升力的原理示意图

(a)旋翼静止状态;(b)旋翼调整旋转状态

旋翼的桨叶在升力的作用下,绕桨毂水平铰向上挥舞,形成一个倒锥体,桨叶与桨毂旋转平面之间的夹角称为锥体角。锥体角的大小取决于桨叶升力 T 及离心力 F 的大小:桨叶升力越大,锥体角越大;桨叶转动的速度越大,桨叶产生的离心力越大,锥体角越小。其受力如图

1-3(b)所示。

　　旋翼由动力装置驱动给周围空气以扭矩,根据物体作用力与反作用力的物理学基本原理,空气必定以大小相等、方向相反的扭矩作用于旋翼,继而传递到机体上,如图1-4所示。如果不采取补偿措施,这个反扭矩将使机体发生逆向旋转。为了消除旋翼反扭矩作用,以保持旋翼无人机机体的航向,可以采用不同的补偿方式,在设计上也就出现了不同构造形式的旋翼无人机,如图1-5所示。

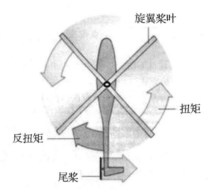

图 1-4　旋翼无人机的旋翼扭矩与反扭矩示意图

　　A.单旋翼带尾桨式:它只有一个主旋翼,采用尾桨推力来平衡主旋翼反扭矩。这种形式是传统直升机中最流行的形式,如图1-5(a)所示,在结构上要比双旋翼无人机简单,但要多付出尾桨的功率消耗。

　　B.双旋翼共轴式:两旋翼在同一轴线上,相逆旋转,因此反扭矩彼此相消,如图1-5(b)所示。这种形式的外廓尺寸较小,但传动和操纵机构复杂。

　　C.双旋翼纵列式:两个旋翼纵向前后布置,相逆旋转,反扭矩彼此相消,如图1-5(c)所示。这种形式的优点是机身宽敞,容许机体重心位置移动较大;缺点是后旋翼的空气动力效能较差。

　　D.双旋翼横列式:两个旋翼左、右安装在支臂或固定机翼上,相逆旋转,反扭矩彼此相消,如图1-5(d)所示。这种型式的优点是构造对称,稳定性操纵性较好;缺点是迎面空气阻力较大。

　　E.多旋翼式:旋翼数量多达4个或4个以上,通常可有4,6,8,12,16,18,24,36…个旋翼,每两个旋翼相逆旋转,因而反扭矩彼此相消,如图1-5(e)所示。

　　F.其他形式:为了提高旋翼飞行器的有效载荷、前飞速度、升限和航程等性能指标,人们设计并研制出了一些特殊形式的旋翼飞行器,如复合式、组合式、倾转机翼式、倾转旋翼式、涵道式等。其中值得一提的是倾转旋翼式,如图1-5(f)所示,这种形式的旋翼无人机有固定机翼,两个旋翼分别安装在固定机翼的两端。在起飞时它就像是双旋翼横列式无人机那样垂直起飞,起飞后旋翼轴相对于机体逐渐向前转动,逐渐转入前飞状态,过渡到平飞时就能像普通的固定翼无人机那样,依靠固定机翼产生向上的升力支撑机体质量,以及依靠转轴近乎水平的旋翼产生向前的拉力,拉着无人机向前飞行,飞行速度能提高2倍多,达到600 km/h。

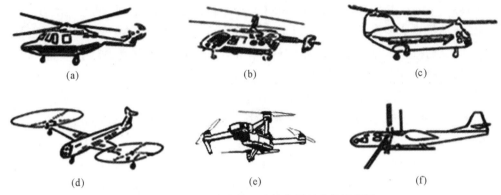

图 1-5　不同总体结构形式的旋翼无人机示意图

(a)单旋翼带尾桨式；(b)双旋翼共轴式；(c)双旋翼纵列式；(d)双旋翼横列式；(e)多旋翼式；(f)倾转旋翼式

(2)按无人机动力装置分类。无人机动力装置是指无人机上产生拉力或推力，使其前进的一套设备，包括安装在无人机上的电动机或发动机，以及保证它们正常工作所必需的子系统和附件。它是无人机赖以升空飞行的基础装备之一，其技术发展水平对无人机飞行性能有至关重要的影响。在无人机快速发展的历程中，动力装置一直发挥着先导和支撑作用，甚至在很大程度上起着决定性作用。换言之，综观无人机的发展历程，无人机与动力装置的紧密关系可概括为"一代动力，一代无人机"。

无人机常用的动力装置有电动机、航空发动机和混合动力三大类，如图 1-6 所示。

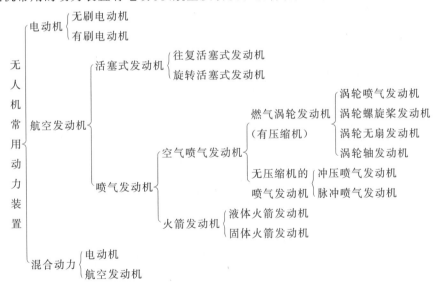

图 1-6　无人机常用的动力装置示意图

1)电动机。电动机是将电能转换成机械功的动力装置。直流电动机是目前微型、轻型和小型无人机使用最多、应用最广的动力装置。电动机运转所需的能量由聚合物锂电池或新能源方式(如燃料电池)提供，其作为航空动力装置的优点是结构简单、调速快捷、能源清洁、使用方便，缺点是采用电池供电，续航能力和载重能力都受到很大的限制。

2)燃油发动机。发动机是一种能够把其他形式的能转化为另一种能的机器。发动机最早诞生在英国,所以,发动机的概念也源于英语(Engine),它的本义是指那种"产生动力的机械装置"。燃油发动机是一种将燃料热能转换成机械功的动力装置。安装了燃油发动机的无人机与电动型无人机相比较,飞行续航时间和航程基本不受限制,且具有载重大、航程远、续航时间长等优点,缺点是噪声大,对环境空气有污染。

3)油电混合动力装置。油电混合动力装置是指安装在无人机上的一种双动力装置,它是由电动机和燃油发动机(航空发动机)两种动力装置混合组装在一起而构成一个新的动力系统。

(3)按无人机质量分类。无人机的质量通常分两种,空机质量和全重。空机质量是由机身、机翼或旋翼、尾翼或尾桨、动力装置、起落架、电池或燃油、机内设备等所有部件的质量相加组成的;全重是空机质量加上任务载荷。

无人机依据其质量分为:

1)微微型无人机(Ⅰ类)。空机质量和起飞全重小于 1.5 kg。

2)微型无人机(Ⅱ类)。空机质量为 1.5～4 kg,起飞全重为 1.5～7 kg。

3)轻型无人机(Ⅲ类)。空机质量为 4～15 kg,起飞全重为 7～25 kg。

4)小型无人机(Ⅳ类)。空机质量为 15～116 kg,起飞全重为 25～150 kg。

5)中型无人机。空机质量大于 116 kg,起飞全重为 150～3 000 kg。

6)大型无人机。起飞全重为 3～16 t。

7)重型无人机。起飞全重大于 16 t。

(4)按无人机飞行航时分类。无人机飞行航时是指无人机的续航时间,即无人机在加满燃油后飞行过程中不进行空中加油的情况下,耗尽其本身携带的可用燃料所能持续飞行的时间。

1)超短航时无人机。飞行留空时间在 0.5 h 及以下。

2)短航时无人机。飞行留空时间为 0.5～3 h。

3)中航时无人机。飞行留空时间为 3～10 h。

4)中长航时无人机。飞行留空时间为 10～24 h。

5)长航时无人机。飞行留空时间为 24～48 h 及以上。

(5)按无人机飞行航程分类。无人机飞行航程是指无人机的续航距离,即加满燃油后飞行中途不补充燃料可以飞行的最大距离。

1)近程无人机。一般指在低空工作,航程为 5～50 km 的无人机,航时小于 1 h。

2)短程无人机。航程一般为 50～200 km。

3)中程无人机。航程在 200～800 km 范围内。

4)远程无人机。航程大于 800 km。

(6)按无人机飞行高度分类。无人机飞行高度是指无人机在空中飞行时至某一基准水平面的垂直距离(高度),一般无人机飞行高度层是以标准大气压下海平面作为基准水平面来计算垂直距离(高度)的。地球周围大气层的空气密度随高度的增加而减小,高度越高空气越稀薄。按照飞行高度可将无人机分为:

1)超低空无人机。飞行高度在 100 m 以下。

2)低空无人机。飞行高度在 100～1 000 m 之间。

3)中空无人机。飞行高度在 1 000～8 000 m 之间。

4)高空无人机。飞行高度在 8 000～18 000 m 之间。

5)超高空无人机。飞行高度在 18 000～20 000 m 之间。

6)临近空间无人机和空天无人机。飞行高度在 20 000～100 000 m 之间。

(7)按无人机飞行速度分类。按照无人机最大飞行速度可分为低速、亚声速、跨声速、超声速、高超声速几种类型,其衡量指标一般为马赫数(Ma),马赫数是无人机速度与当地声速的比值。

1)低速无人机。飞行速度低于或等于 400 km/h。

2)亚声速无人机。飞行速度大于 400 km/h,且 $Ma \leqslant 0.8$。

3)跨声速无人机。飞行速度:$0.8 < Ma \leqslant 1.3$。

4)超声速无人机。飞行速度:$1.3 < Ma \leqslant 4.0$。

5)高超声速无人机。飞行速度:$Ma > 4.0$。

(8)按无人机用途分类。无人机按其用途分为民用无人机和军用无人机两大类。

1)民用无人机。无人机在民用方面应用范围极为广泛,可以细分为许多种类型,主要包括消防无人机、农用无人机、气象无人机、勘探无人机、水利无人机、测绘无人机、警用无人机、救援无人机、物流快递无人机、公共设施巡检无人机、灯光秀无人机、虚拟现实无人机以及交通运输新概念——电动垂直起降飞行器等。

通常民用无人机分为消费级和工业级两类,其主要区别有以下几方面。

A. 搭载设备:消费级无人机上搭载最多的就是相机、摄像头一类的拍摄设备;工业级无人机一般会根据行业需求搭载各种专业探测设备,以及为完成任务所必备的各种专业设备等。

B. 使用性能:工业无人机比消费无人机有更好的使用性能,例如抗风性更强、续航更持久、抗干扰性更强、功能更多、可塑性更强等。

C. 应用领域:消费级无人机多用于个人娱乐和摄影,低成本的影视创作以及供电视台使用,而工业级无人机可以进行货物运输、专业影视拍摄、巡检、勘察、野外搜寻、消防救援等,应用范围极广。

D. 营销模式:消费级无人机一般都是固定型号量产销售,工业级无人机则根据需求定制。价格上消费级无人机从千元到数万元不等,工业级无人机价格要数十万、数百万、数千万等。

2)军用无人机。军用无人机可分为侦察无人机、诱饵无人机、电子对抗无人机、通信中继无人机、排爆扫雷无人机、察打一体无人机、无人战斗机、靶机、运输无人机等。

3. 航空模型与无人机的主要区别

航空模型(简称"航模")是一种有尺寸和质量限制的微型航空器,在国际航空联合会(FAI)制定的竞赛规则里明确规定:航空模型是一种重于空气的,有尺寸限制的,带有或不带有动力装置的,可遥控的不能载人的航空器。航模与无人机的主要区别是什么? 根据我国《轻小无人机运行规定(试行)》,当航空模型使用了自动驾驶仪、指令与控制数据链路或自主飞行设备时,即认定为无人机。

区别航模和无人机的主要标准有以下几点:

（1）是否具有自动驾驶仪。对航模运动而言，最主张操控带来的技术和快感，而非航模本身的自动化程度。没有装自动驾驶仪的航模飞机，需要由地面操控者目视进行操作来实现在空中的飞行姿态和平衡控制，而对于无人机而言，自动驾驶仪是必不可少的。

（2）是否具有自主定位和飞行功能。无人机的许多功能，比如自主返航等，都是依赖于自动驾驶仪和GPS定位系统去执行的，可以进行自主飞行。而航模则不行，它完全不具备自主飞行能力。

（3）是否具有图像传输系统。无人机大部分都装有摄像头和图像传输系统，可以通过观看屏幕操控无人机的飞行。航模一般都没有搭载任何图像显示装备。

1.2　无人机系统概述

无人机要想真正完成一项特定的任务，光靠能在天空中飞行的无人机飞行平台本身还是不够的，还需要有地面控制设备、数据通信设备、维护支持设备、地面操作人员、地面维护人员等。天空中的无人机飞行平台必须与地面的相关部分组合在一起，相互联系、相互作用，形成一个具有特定功能的整体，才能发挥作用，完成任务。因此，完整意义上的无人机应称为无人机系统。

1.2.1　无人机系统的基本概念

1. 无人机系统的定义

无人机系统（Unmanned Aerial System，UAS）是指无人机及与其配套的地面控制设备、数据通信设备、维护设备，以及对其进行指挥控制、操作、维护人员等的统称。身处地面上的驾驶操纵无人机的人称为无人机驾驶员（俗称飞手），他与正在空中飞行的无人机飞行平台之间构成一个完整的人-机系统，是一种闭环控制回路系统。

2. 无人机系统的组成

无人机系统是一个高度智能化的闭环反馈控制大系统，主要包括无人机空中系统、地面系统、任务载荷和综合保障系统等分系统，其中：无人机空中系统由飞行平台、动力装置、飞行控制系统、导航系统、避让防撞系统、数据链路机载终端等组成；地面系统包括地面指挥控制设备、数据链路地面终端、起降控制、地面辅助设备和情报处理系统等；任务载荷是无人机完成任务所需的设备，如航拍摄影、侦察监视、消防灭火、灾难救援、气象观测、地理测绘、资源勘探、虚拟现实、管道巡检、农林植保及灯光秀表演等领域的各种专用设备，综合保障系统是保证无人机系统能够正常工作的支援保障系统，主要包括人员配备及其使用培训、维护保障和维修设备、通信和机场设施等。因此，完整意义上的无人机应称为无人机系统，如图1-7所示。

无人机所具备的"机上无人，人在系统"的特点，使无人机可以具有许多有人驾驶飞行器不可比拟的出色性能，结构大为简化，而且可以毫无顾忌地执行各种危险任务。目前，无人机系统的概念已经获得了航空业界、学术界和工程界的全面认可,大家都是从系统的角度来研究、运用和管理无人机的。然而,考虑到在民间大多数人都已经非常熟知"无人机"的提法,习惯了用无人机来称呼无人机系统,所以"无人机"可视为与"无人机系统"含义相同,不做明确区分。

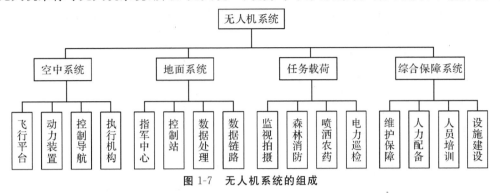

图 1-7　无人机系统的组成

1.2.2　无人机空中系统

无人机空中系统,简称无人机,是无人机系统中最基本、最重要的部分,如图 1-8 所示的多旋翼无人机,它由飞行平台(旋翼、机体和支架)、动力装置(电动机或航空发动机)、飞控系统和执行机构等组成。具体形象地说,无人机是利用无线电遥控设备和自备的程序控制装置操纵的空中机器人,其空中系统主要组成结构包括以下几方面。

(1)飞行平台是它的身体,身体中除了机体和机架外,还有机翼或旋翼,这是它的翅膀。

(2)动力装置是它的心脏。

(3)飞行控制系统(简称"飞控系统")是它的大脑。

(4)执行机构是它的四肢。

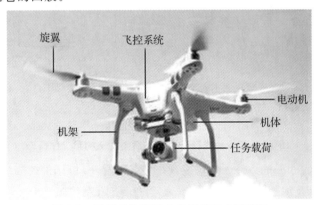

图 1-8　民用多旋翼无人机系统组成结构图

1. 飞行平台

无人机飞行平台的构型原理大多是在传统有人驾驶航空飞行器平台的基础上,根据无人机的特性研发而来的,从气动布局、结构形式和整体方案等方面进行了简化与优化,其中最重要的是去除了供驾驶员使用的、必备的座舱和生命保障系统。由于有人驾驶飞行器研发的技术复杂性和可靠性要求高等,采用正向专门设计的无人机,大多数都是空机质量和有效载荷较小的轻小型无人机,而更大级别的无人机研发,大多选择成熟的有人驾驶飞行平台进行无人化技术改造。

无人机发展的驱动力是无人机的行业应用,对于无人机飞行平台设计而言,各种不同类型的飞行平台均具有本身的优势与劣势,只有结合特定的行业应用,发挥平台最大优势,才能真正推动无人机的快速发展。

无人机的行业应用应该兼顾成本、市场规模、平台性能指标、应用场景等多种需求,进行多维度的论证与分析,选择最符合需求的无人机飞行平台结构。

2. 动力装置

无人机动力系统的核心设备是电动机,燃油发动机(航空发动机)或混合动力(电动机+燃油发动机),其基本功用是为无人机提供持续的动力,以确保重于空气的无人机能够稳定、可控、持续地在空中飞行。动力装置对无人机的重要性就如同心脏对人体的重要性一样,在无人机飞行使用过程中的作用是巨大的、无可替代的。评定无人机动力装置品质的主要指标有性能参数与可靠性、耐久性等。

3. 飞控系统

飞控系统是控制无人机飞行姿态和运动的中枢设备,也称自动驾驶仪。无人机在空中飞行,其飞行环境复杂多变,执行的飞行任务各种各样。无人机为了顺利到达目标点或目的地,圆满完成飞行任务,必须在其所处的三维空间解决飞行方向、定位和控制这三个最基本的问题,所需技术就是人们常说的"制导、导航和控制"三项技术,如图1-9所示。

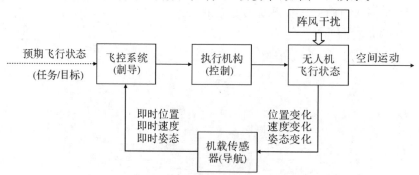

图 1-9　无人机飞行控制导航系统的结构和工作原理

(1)制导。制导(Guidance)是无人机发现(或外部输入)目标的位置、速度等信息,并根据自己的位置、速度,以及内部性能和外部环境的约束条件,获得抵达目标所需的位置和速度等指令,解决飞行方向和目标位置的问题,即"要去哪里"。

(2)导航。导航(Navigation)是确定无人机在其所处的三维空间的位置、航向、速度和飞行姿态等信息,解决无人机的精确定位问题,即"现在何处"。

(3)控制。控制(Control)是根据飞行指令控制无人机按照期望的姿态和轨迹飞行,解决无人机的稳定和操纵问题,自动保持飞机的正常飞行姿态,确保无人机能够准确到达目的地,即"怎么走"。

4. 执行机构

无人机的伺服执行机构,简称"舵机",其作用是根据无人机飞行控制导航系统(自动驾驶仪)发出的指令,输出力矩和角速度,驱动固定翼无人机的舵面或旋翼无人机的旋翼变距角偏转。其工作过程包括两方面:一方面是通过主传动部分的减速器带动鼓轮转动,操控舵面偏转;另一方面是通过测速传动部分的减速器带动测速发电机旋转,输出与舵面偏转角速度成正比的电信号,作为舵回路的负反馈信号,实现对舵回路的闭环控制。

1.2.3 无人机地面系统

地面系统也称为无人机地面控制站,规模较大的无人机系统可能有多个控制站。其功能通常包括指挥调度、任务规划、操作控制、显示记录等,指挥控制与任务规划是无人机控制站的主要功能。无人机地面系统的硬件设备有数据链路控制、飞行控制、载荷控制和载荷数据处理等四类。无人机地面站系统由指挥处理中心和无人机控制站构成。

1. 指挥处理中心

指挥处理中心的任务主要是进行无人机任务规划,根据无人机需要完成的任务、数量及携带任务载荷的类型,对无人机制定飞行路线,进行任务分配,并完成无人机载荷数据的处理和应用。指挥处理中心一般都是通过无人机控制站等间接地实现对无人机的控制和数据接收,如图 1-10 所示。

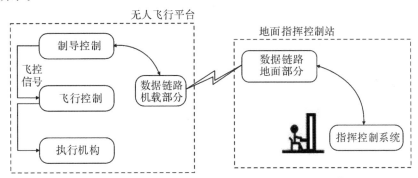

图 1-10 指挥处理中心对无人机系统信息闭环控制示意图

任务规划的主要目标是依据地形信息和执行任务的环境条件信息,综合考虑无人机的性能、到达时间、耗能、威胁以及飞行区域等约束条件,为无人机规划一条或多条自出发点到目标点的最优或次优航迹,保证无人机能够圆满完成飞行任务。指挥中心/数据处理中心一般都是通过无人机控制站等间接地实现对无人机的控制和数据接收。

2. 无人机控制站

无人机控制站是无人机系统的地面飞行操控中心,负责实现人-机交互,也是无人机任务规划中心,起到无人机系统的指挥与调度中心的作用。它控制着无人机的飞行过程,具有飞行航迹、任务载荷和执行任务的功能,保证通信链路的正常工作,完成无人机的发射和回收等。

无人机控制站由地面数据终端、遥测数据显示设备、任务规划与控制设备、任务载荷数据显示设备、计算机与信号处理器、通信设备、环境控制及生存能力保护设备,以及电力供应设备等组成。无人机控制站工作于遥控遥测系统之上,负责全面监视、控制和指挥无人机系统的工作,使地面操作人员(驾驶员)对无人机状态、态势进行了解,监控、指挥无人机完成任务,发生意外或无人机出现故障时提供地面操作人员(驾驶员)的干预能力。

无人机控制站按使用功能和部署情况可分为基地级、移动方舱式、便携式和手持遥控器等,如图1-11所示。一个无人机控制站可以指挥控制一架无人机,也可以同时控制多架无人机;一架无人机可以由一个控制站完成全部的指挥控制工作,也可以由多个控制站来协同完成指挥控制工作。微型、小型无人机也可采用手持遥控器来发射操控无人机的指令,大多为盒式按键手持小型遥控发射机。遥控指令都是通过机壳外部的控制开关和按钮,经过内部电路的调制、编码,再通过高频信号放大电路以电磁波的形式由天线发射出去。

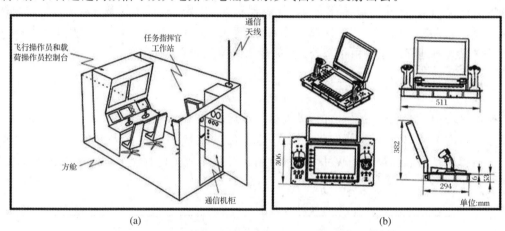

图1-11　无人机移动方舱式和便携式地面控制站示意图

(a)无人机移动方舱式地面控制站;(b)无人机小型便携式地面控制站

3. 载荷控制站

载荷控制站与无人机控制站的功能类似,但载荷控制站只能控制无人机上的机载任务设备,不能进行无人机的飞行控制。

4. 数据处理

数据处理是对数据的采集、存储、检索、加工、变换和传输。无人机的地面驾驶员通过任务规划与控制站,利用上行通信链路给无人机发送指令,控制无人机飞行并操控机上所携带的各种任务载荷,利用下行通信链路,显示与处理从无人机上传输下来的遥测数据、指令、声音及图像等。这些数据会通过地面终端进行中转和处理,经过解释并赋予一定的意义之后,转换成人们可以感知、理解的形式,成为有价值、有意义的信息。

5. 数据链路(通信系统)

无线数据通信链路是保持无人机与控制站之间通信联络的关键子系统,主要包括机载/地面数据终端、发射设备、接收设备、显示设备以及天线等设备。传输媒介通常采用无线电波,但也可以采用激光束或光纤传输的光波,其主要功用是产生、传输和处理无人机遥控指令和遥测信息等数据流。根据传输方向的不同,无线数据通信链路可以分为上行链路和下行链路,其中:上行链路主要完成控制站或遥控器至无人机遥控指令的发送和接收确认;下行链路主要完成无人机至控制站的遥测数据以及红外或视频图像数据的发送,如图 1-12 所示。

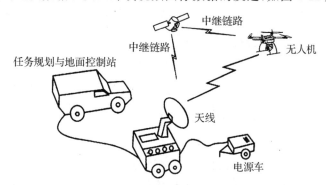

图 1-12 无人机数据链路示意图

无线通信系统的地面部分也称地面数据终端。该终端包括一副或几副天线、射频(RF)接收机、发射机和调制解调器。若传感器数据在传送前经过压缩,则地面数据终端还需采用处理器对数据进行重建。地面数据终端可以分装成几个部分,一般包括一辆天线车(可以放在离无人机地面控制站有一定距离的地方)、一条连接地面天线和地面控制站的本地数据连线,以及地面控制站中的若干处理器和接口。

除了上面描述的无线通信系统最基本的组成外,为克服因地形遮挡、地球曲率影响而造成的地形阻挡问题,并延伸数据链路的作用距离,中继是一种普遍采用的方式。常用的中继方式有三种,即地面中继、空中中继和卫星中继,可以在一级中继不能满足要求时采用多级中继。当采用中继通信时,中继平台和相应的转发设备也是无人机数据链路系统的组成部分之一。

1.2.4 无人机任务载荷和综合保障系统

1. 任务载荷

任务载荷是指那些装备到无人机上为完成飞行任务所需的设备,其功能、类型和性能是由所需执行和完成的任务性质决定的。无人机平台在没有应用到某行业之前,体现不出其行业专业性,只有根据行业需求搭载不同的任务载荷才能体现出其专业性。搭载军用设备就是军用无人机,搭载民用设备就是民用无人机。

无人机根据其功能和类型的不同,其上装备的任务载荷也不同,任务载荷可分为两种基本类型。第一类是非消耗性载荷,包括信息获取及各种信息对抗类设备,如光成像设备、热成像设备、合成孔径雷达(SAR)成像设备等照相与摄像设备,主要用于执行侦察等信息支援和信息对抗任务,这类设备始终固定在无人机上。第二类是消耗性载荷。消耗性任务载荷的特点是随着任务的执行和完成,载荷会脱离无人机飞行平台而消耗掉,如消防无人机携带的灭火用的水、灭火干粉、灭火弹等。

2. 综合保障系统

无人机的综合保障是指在无人机使用寿命期内,对无人机系统飞行任务的支持与调度、物品转运、维修测试,以及人力和资源支持等。无人机系统作为一种特定系统,其地面综合保障系统是一系列技术与管理活动的综合,也是一个由很多专业组成的综合学科。综合保障的目标主要是无人机装备保障,其内容涵盖装备的使用保障和维修保障,主要有维修规划、保障设备、供应保障、人员培训、技术资料,以及维护包装、装卸、储存、运输等内容。

1.3 无人机的飞行控制方式与用途

从以上分析可知,无人机是一种机上不搭载驾驶员,由无线电遥控的自动化、智能化飞行器。它是高科技、新技术的集中载体,具有体积小、造价低、效费比好、生存能力强、机动性能好、操作简单、使用方便、成本低、用途广泛等许多优点。从应用领域来看,多旋翼无人机已经由原来以微型、轻型无人机发烧友和航模爱好者为主的娱乐功能向航拍、搜救、物流、消防、监测、运输和军事等领域发展,市场空间大大拓展。

1.3.1 无人机的飞行控制方式

无人机的飞行控制方式一般分半自主控制和全自主控制两种。

1. 半自主控制方式

无人机半自主控制方式是指自动驾驶仪的控制算法能够保持无人机的姿态稳定(或定点)等,但无人机还是需要通过人员遥控操纵。半自主控制方式无人机的遥控操纵,无需地面站,大多属于航模范畴或玩具类。

2. 全自主控制方式

无人机全自主控制方式是指自动驾驶仪的控制算法能够完成无人机航路点到航路点的位置控制以及自动起降等。在这种控制方式下,无人机可以在无人驾驶的条件下完成复杂的空中飞行任务和搭载各种负载任务,可以被看作是"空中机器人"。全自主控制方式无人机的飞行可完全自主驾驶,其特点是载重大、航程远、升限高、操控复杂、需地面站支持,广泛应用于国民经济建设和国防军事领域,属于传统概念中所谓"真正的无人机"范畴。要实现旋翼无人机全自主飞行作业,必须要有自动化机库,并解决电动无人机自动充电或换电池,及油动无人机自动加油的问题。通常自动化机库有固定式(见图1-13)和移动式两种,其中移动式机库安装在无人机运输车辆上,与运输车辆融合为一体。

图 1-13　全自主飞行无人机和固定式自动化机库

1.3.2　无人机的用途

无人机在不载人的情况下,可搭载各种专业设备仪器,承担和完成各种危险、单调的工作,并能在恶劣环境下进行全天候作业,可广泛应用于民用和军事的各个领域。其主要功能和用途包括以下几方面。

1. 物流无人机

无人机物流,也称为无人机快递,是指利用低空飞行的无人机运载货物、包裹,自动快速送达目的地,以满足城乡居民生活和工作需求。专门或主要承担物流业务的无人机就称为物流无人机,其优势是:能够规避交通拥堵,运输快速、高效;可减少人力使用,降低运营成本;能应对极端条件,摆脱高危限制;执行任务灵活,对环境影响小。

2. 农业植保无人机

农业植保无人机是指用于农业植物保护作业的无人机,它以高效、灵活、操作简单、自动化程度高、人药分离、安全环保等优势成为人们农业生产中的好帮手。农业植保无人机主要用途有喷洒农药、喷洒叶面肥、植物授粉、植物生长识别、信息监测等。

3. 基础设施巡检无人机

无人机基础设施巡检是指对工程性基础设施,主要包括输电线路、输油管道、燃气输送管道、通信基站塔台、风力发电站、光伏发电站、高速公路、桥梁、铁道、河道、电视塔、建筑外墙等国民经济建设基础设施的巡视检查或状态监测。无人机基础设施巡检作业的特点有:无人机飞行平台可靠、稳定,基础设施巡检作业人身安全有保障;无人机携带方便,基础设施巡检作业不受地形影响,使用机动灵活;无人机超远控制距离,高空全局性拍摄,基础设施巡检作业效率高、质量好;自动诊断基础设施安全隐患和故障,自动生成故障数据库和故障报表等。

4. 高层建筑消防无人机

近几年来,随着高层建筑在世界各地蓬勃发展,灾难性的高层建筑火灾引起了人们的高度重视。高层建筑发生火灾时,会出现一些特殊的问题,传统消防工具面临着"够不着、上不去、进不了"等难题,无法用传统工具进行有效扑救。面对如此困境,高层建筑消防灭火无人机应运而生,它具有传统消防灭火装备所无法比拟的优势,除了可用于高层建筑灭火救援外,也适用于机场、仓库、石油化工企业的储罐区、港口码头、汽车站和火车站等公共场所的消防灭火救援。

5. 森林消防无人机

森林消防无人机主要用来执行森林消防灭火任务,包括森林空中巡护、林火探测、火场侦查监测,以及从空中发射灭火弹、洒水扑灭林火等森林消防灭火任务。与传统的森林消防方式相比,森林消防无人机具有机动灵活、行动快、视野全面、发现火情早、功能丰富、安全可靠等特点,用于扑灭森林火灾时能贯彻执行好"预防为主,积极消灭"的方针和"打早、打小、打了"的原则,如图1-14所示。

图1-14 森林消防无人机用于扑灭森林火灾

6. 测绘无人机

无人机测绘是综合集成无人机、遥感传感器、遥测遥控、通信、导航定位和图像处理等多学科技术,通过实时获取目标区域的地理空间信息,快速完成遥感数据处理、测量成图、环境建模及分析的理论和技术。测绘无人机适用于森林资源监测、堆体测量、高速公路测绘、文物保护、考古修复、土地确权、不动产登记等方面的实地勘查和审核等工作。使用测绘无人机作业的优势是支持低空近地观测、多角度观测、高分辨率观测,通过对视频或图像的连续观测,可形成时间和空间重叠度高的序列图像,信息量丰富,而且灵活机动、高效快速、精细准确、安全可靠、省钱节约,应用广泛。

7. 警用无人机

警用无人机是指应用于公共安全监控与应急管理的无人机,它可协助警务人员工作或独立完成各种警务工作,包括预防、处置、处理危害社会公共安全的各类刑事、治安和交通违章事件,打击和威慑违法犯罪人员,维持社会治安和社会安定,维护社会公平正义,避免或减少安全事件对社会、家庭和个人造成的损失。近几年来,警用无人机已经在反恐监控、紧急突发事件调查、防暴搜捕、聚众驱散、大型聚会监控、救援搜索、交通监视和违章处理等领域获得广泛应用。

8. 交通管理无人机

交通管理无人机可在上下班高峰期、重大交通事故发生时或重大集会活动时,将交通道路现场的视、音频信息实时传送到交通指挥中心及当班交警手持式显示器上,供交警分析处置,使交通指挥中心及交警能实时、全面地掌握道路通行能力和交通秩序情况,对道路堵点和卡点进行快速、精准预警,果断做出分流指令和智能管理,以及对交通违章行为做出处理并开罚单,尽快疏通道路,恢复和维护交通秩序。此外,利用其高清可变焦的镜头抓拍高速公路违停或在应急通道上行驶车辆的车牌号,实时通知前方设点缉查的交警进行拦截处罚,使高速公路监控范围更加全面,如图 1-15 所示。

图 1-15 交警利用无人机抓拍高速公路交通违章车辆

9. 直播无人机

直播无人机是将视频录制设备安装到无人机上,然后飞到需要拍摄的现场进行拍摄,其中也包括人们平常所不能轻易到达的地方,比如荒岛、火灾区、战区等区域进行空中拍摄。无人机直播作为一种可移动的直播方式,不仅灵活性高,而且视角与传统的视频采集方式不同,更为广阔,带来的是不同内容和更加过瘾的观看体验。从"上帝视角"俯瞰物体的案例中不难看出,无人机的移动直播完全打破了摄像机等硬件设备的局限,高清的摄制技术、流畅的运动镜头、远距离操控等优势将成为未来直播领域的常态。直播无人机可广泛应用在交通、应急搜救、农林、环保、公共安全、影视等多个领域,具有成本低、便捷、超高清、灵活机动、全网覆盖、直播存储、点播支持、即点即播、同步视频等优势。

10. 救援无人机

救援无人机是指用在应急救援中"打头阵"的无人机。当有灾害发生时,救援无人机第一时间快速深入灾害现场,迅速展开救援作业,从高空俯瞰地面获取灾害现场影像数据,实时将现场的视、音频信息传送到应急救援指挥中心,提供给指挥者进行灾难评估和决策。救援无人机还能够实现通信中继功能,快速恢复灾害现场局部通信,以及跟踪事件的发展态势,帮助应急救援指挥中心实施不间断指挥处理。救援无人机具有成本低、易操纵、无需专用场地、随时起降、避免人员伤亡等特点,在展开救援作业中可实现快速响应,成为了复杂气象或地理条件下应急救援的重要手段之一。

11. 建立通信信号基站

在自然灾害受灾地区,由地处偏僻或基础设施受损造成信号中断的情况时有发生,因此,在灾区建立临时通信基站就显得尤为重要。在信号中断的受灾地区,利用无人机搭载通信基站,升空到一定高度,即可快速恢复该地区通信信号。在有条件的情况下,可以采用车载移动应急通信系统,利用系留无人机建立稳定的通信基站,迅速恢复灾区通信功能。在汽车等地面设备无法进入的情况下,也可利用多架长航时无人机搭载通信基站快速飞赴灾区,在地面设备到达前,恢复并维持受灾地区的通信信号。

12. 电动垂直起降飞行器

电动垂直起降飞行器是以电能作为推进系统的全部或部分能源的无人机,是一种可以在空中飞行的空中巴士、出租车、私家车、快递货运车等类型的交通工具(见图1-16)。它具有无需跑道(垂直起降)、低噪声、可在自家后院或家门口起飞降落、飞行速度快、在途时间短、操作简单、安全可靠、舒适便捷等许多优点。它的出现和应用,有助于解决许多大城市长期存在的地面交通拥堵等难题,开启人类社会航空领域新一轮创新与变革热潮,引领航空技术创新,推动绿色航空发展,将对世界航空业产生革命性的影响。其发展成熟和广泛应用将成为人类社会进入"无人机新时代"的主要标志。

图1-16 电动垂直起降飞行器有望解决地面交通拥堵难题

除了以上列举的应用场景外,还可以列举出更多其他的应用之处,如地质勘探、气象和海洋研究、土地确权、动物保护等,总而言之,无人机的用途十分广泛。

1.4 无人机动力装置的工作原理和特点

无人机是一种自身质量密度大于空气质量密度的航空飞行器,其升空飞行的首要条件是需要动力,即所谓的动力飞行,有了动力无人机才能产生克服重力所必需的升力,才能在空气环境中(空中)进行持续的可控飞行。

1.4.1 无人机动力装置的工作原理

无人机动力装置的核心设备是电动机,发动机(航空发动机)和混合动力的类型和型号选择,要求能够保证在无人机的飞行包线范围内具有足够的功率,即要考虑动力装置在各种外界条件下的有效功率,以适应各种使用状态,并在设计中尽量提高功率利用系数。

1. 电动机的工作原理

无人机动力装置是能够把其他形式的能转化为机械能,进而产生拉力或推力的机器,它是无人机最重要的核心设备,被视为无人机的心脏。动力装置特性的优劣对无人机的各种使用性能都有很大影响,有了适用的动力装置,才能实现真正的有动力、可控制的飞行。在无人机设计与研制过程中,会碰到选用哪种动力装置能最有效地满足其技术要求的问题,要对动力装置的性能和特点有深入的了解,以正确选择动力装置,并达到与无人机飞行性能的最佳匹配。安装电动机作为动力装置的无人机称为电动无人机。

电动机是通过电磁感应进行能量转换的动力装置,它是将电能转变为机械能的一种机器。电动机的工作原理是,转子作为带电导体处在定子产生的磁场中,转子因此受到电磁力的作用而旋转。电动无人机以电动机作为动力来源,采用直流电动机作为驱动螺旋桨旋转的动力装置,电动机大多为无刷直流电动机,也有部分使用有刷直流电动机的情况,所有电动机运转所需的能量由聚合物锂电池或新能源方式(如燃料电池)提供。

2. 燃油发动机工作原理

燃油发动机,简称"发动机",是一种将燃料热能转换成机械功的动力装置,属于热机范畴。热机的工作由两大步骤组成:首先必须使燃料燃烧释放出热能,然后将释放出的热能转换成机械功。

油动无人机,也称为燃油无人机,以燃油发动机(航空发动机)作为动力来源,其包括活塞式发动机和喷气发动机两大类。与活塞式发动机通过活塞的往复运动或旋转运动产生动力的方式不一样,喷气发动机是通过高速喷射燃烧气体而产生的反冲作用获得动力使无人机前进的发动机。喷气推进是牛顿第三运动定律的实际应用,该定律表述为"作用在一物体上的每一个力都有一方向相反、大小相等的反作用力"。空气即是通过喷气发动机时受到加速的物体,在喷气式发动机的前部有一个进气口,吸进冷空气,这些冷空气的密度较高,但能量较低。冷空气在喷气发动机内被迅速加热、膨胀,然后从喷气发动机后喷口高速喷出,拥有极大的动能,在与外面的冷空气作用的过程中(作用力与反作用力)就对喷气发动机本身产生了很大的推力,进而传递到无人机机体上。

3. 混合动力工作原理

混合动力是将电动机和燃油发动机两者组合在一起构成的新型电力装置,它综合了两者的优点,具有更加优良的品质。油电混合动力(简称"混动")无人机是一种新型双动力的无人机,其动力系统由电动机和燃油发动机(航空发动机)两种动力装置构成,以实现良好的起飞、爬升性能和大载荷、超长航时的结合。安装混合动力装置的无人机称为混动无人机。

1.4.2 安装不同动力装置的无人机的特点

目前出于成本和使用方便的考虑,微型、轻型和小型无人机中普遍使用的是电动动力系统,电动动力系统主要由电动机、动力电源、调速系统三部分组成。而大、中型无人机广泛采用的动力装置大多为燃油发动机(航空发动机)系统。

1. 电动无人机的特点

电动无人机具有结构简单、质量轻、故障率低、维护简便、噪声小、无空气污染等许多优点,其缺点是载重小、续航时间短、电池消耗大等。

电动无人机大多都采用直流电动机作为驱动螺旋桨旋转的动力装置,由聚合物锂电池或燃料电池提供能量。电动机是一种旋转式电动机器,它将电能转变为机械能。对直流电动机的转速既可采用开环控制,也可采用闭环控制。这两种转速控制系统,后者的机械特性比前者高;当理想空载转速相同时,后者的静差率(额定负载时电动机转速降落与理想空载转速之比)比前者要小得多;当要求的静差率相同时,后者的调速范围可以大大提高。直流电动机的转速控制方案如图 1-17 所示。

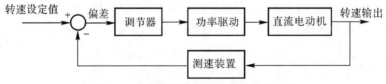

图 1-17 无刷直流电动机的转速控制方案

2. 油动无人机的特点

油动无人机采用燃油发动机(航空发动机)作为动力装置时,螺旋桨(旋翼)转速取决于发动机主轴转速。燃油发动机转速有一个最有利的值,在这个转速附近工作时,航空效率高,寿命长。因此油动无人机在飞行中发动机转速基本上是不变的,螺旋桨(旋翼)拉力的改变主要靠调节桨叶总距来实现。由于桨距变化将引起阻力力矩变化,所以,在调节螺旋桨(旋翼)桨距的同时还要调节发动机油门,保持转速尽量靠近最有利转速工作。油动无人机螺旋桨(旋翼)桨距是可变的,对于传统直升机形式的无人机(单旋翼或双旋翼无人机),其操纵系统必须安装自动斜倾器及液压系统,以保证飞行中既可以进行总距操控,又可以进行周期变距操控。对于多旋翼无人机,由于它只需要进行总矩操控,没有周期变距,因此可以取消结构复杂的自动斜倾器及液压系统,从而大大简化了总体结构,提高了飞行可靠性和稳定性。

油动无人直升机的优点是旋翼直径可以做得比较大,因而载重能力强,载重量可达几百、几千千克,甚至几十吨,比较适合于大型或重型的旋翼飞行器,其续航时间也基本上不受限制,主要由机上携带的油量来决定,一般可达几个小时或更长时间。其缺点是结构复杂、噪声大、会造成空气污染等。

3. 混动无人机的特点

混动无人机成功有效地将电动和油动两种无人机的优点综合在一起,优势明显。其设计和布局可以更为灵活,给无人机总体设计带来更大的自由度,既可以解决纯电动无人机载重小、续航能力差的问题,又能改善无人机的整体气动效率,降低能量消耗,减少空气污染和降低噪声水平,大幅度降低运营成本,并提高乘坐舒适性。

1.5　无人机动力系统的匹配选择和组成部件

无人机动力系统是指动力装置以及保证动力装置正常工作所必需的子系统和附件的汇总,也称为动力装置系统。它是无人机最重要的关键设备系统,其性能品质的优劣直接对无人机能否安全可靠飞行产生巨大的甚至是决定性的影响。

1.5.1　无人机动力系统的匹配选择

无人机动力系统对无人机的各种使用性能都有很大影响,在无人机总体设计过程中,会碰到选用哪种动力系统能最有效地满足设计技术要求的问题。因此,无人机总体设计必须根据它的性能要求正确选择动力系统,并达到与无人机飞行性能的最佳匹配。

1. 电动无人机动力系统的匹配选择

电动无人机动力系统主要由电动机、电调和电池组成,只有将这三者协调好,无人机动力系统才能发挥出色的性能,否则会损坏设备。

(1)电动机。电动机分为有刷电动机和无刷电动机两类。无刷电动机一般应用于较大型的飞行器,载重大,可以有更广泛的用途。无刷电动机在型号命名上用4位数字来表示它的尺寸,前面2位数是电动机转子的直径,后面2位数是电动机转子的高度。一般而言,越大的电动机,其转速和扭力也就越大。

(2)电调。电调全称为电子调速器(ESC),它是驱动电动机用的调速器,作用是将飞控系统的控制信号转变为电流的大小,以控制电动机的转速。同时电调还充当了变压器的作用,将较高电压转变为 5 V,为飞控系统和遥控器供电。

(3)电池。无人机需要使用质量轻、容量大的电源,当前动力型锂电池是首选,因为同样的电池容量,锂电池最轻,效率最高。

（4）电动机与螺旋桨的匹配。旋翼无人机飞行为了抵消螺旋桨的反扭矩，相邻螺旋桨旋转方向是不一样的，所以需要正反桨。螺旋桨越大，升力越大，需要更大的力量来驱动；螺旋桨转速越高，升力也越大。电动机的 KV 值越小，转动力量就越大。因此，在选择电调时，要注意电调和电动机的匹配问题，原则上电调的电流要和电动机的峰值相同，最好是大一点（但不能过于大）。

2. 油动无人机动力系统的匹配选择

燃油发动机（航空发动机）的功率状态分为最大应急功率、中等应急功率、起飞功率、最大连续功率状态等。无人机飞行状态的设计点应该和发动机功率状态相匹配，这样发动机和无人机才能都处于最有利的工作状态。另外，无人机承担的任务使命不同，发动机功率的选择也不同，要根据使用要求，权衡比较各方面得失来选择发动机。主要考虑的因素有以下几种。

（1）全机质量因素。无人机确定发动机个数的首要原则是要考虑它的全机质量。轻小型无人机由于起飞质量较小，大多采用单台发动机，以减小传动系统复杂性和质量，从而降低全机总质量；而大、中型无人机则一般安装 2 台发动机，以增大动力系统的总功率。

（2）发动机功率因素。发动机功率的大小在很大程度上决定了其在无人机上安装数量的多少。由于发动机的剩余功率越大，无人机响应特性就越好，如果单台发动机的功率太小，无法满足无人机的载重和飞行性能要求，就不得不采用多台发动机，以使多台发动机加在一起的总功率能达到无人机的功率要求。随着推进技术的进步，现代涡轮发动机的功率越来越高，推力越来越大，不需要很多台就可以为无人机提供足够的动力，因而近些年来无人机发动机的数目基本上都不会超过 3 台。

（3）发动机类型因素。油动无人机选择航空发动机时，针对两种不同类型的发动机（航空活塞式发动机和航空涡轮发动机），考虑的主要因素和重点也不一样。

1）航空活塞式发动机。采用航空活塞式发动机时，大多数无人机都只安装 1 台发动机，这是由总体布局决定的。如果安装 2 台或多台活塞发动机，将造成动力装置系统质量剧增，对无人机的有效载重、飞行性能等造成较大的不利影响。

2）航空涡轮发动机。采用高性能的航空涡轮发动机将大大改善无人机的性能，可以显著地增大有效载荷和航程。一般来说，航空涡轮发动机的功率越大，其比重及单位耗油率越小，从这个角度出发，采用单发动机（简称"单发"）比较有利，但是，采用双发动机（简称"双发"）或三发动机（简称"三发"）能更好地保证飞行安全，而且在巡航飞行时可以关掉其中的一台，既不影响巡航飞行，又能降低单位耗油率。因此大、中型无人机大多都采用双发或三发的方案，这样可以选择较大的机翼载荷，以减轻结构质量，缩小机体外廓尺寸，提高飞行安全性。但是对于轻小型无人机来说，由于目前市场上缺少功率很小的航空涡轮发动机，加上其功率越小则比重等性能越差，所以大多都采用单发的方案。

3. 混动无人机动力系统的匹配选择

无人机油电混合动力系统是把两种不同类型动力装置整合组成一个动力系统，安装在同一架无人机上。按照组合方式可将其分为串联式、并联式、混联式和分离式四类。

（1）串联式。串联式油电混合动力系统的优点是动力控制系统比较简单,缺点是整个动力机械效率比较低,经济性较差。

（2）并联式。并联式油电混合动力系统中燃油发动机不向电动机供电,电动机只由电池供电,整个系统工作方式较为灵活,缺点是动力电池需要人工拆下进行单独充电。

（3）混联式。混联式油电混合动力系统结构能充分发挥航空汽油能量密度高的特点,大大提高无人机载重量、航时和航程。其缺点是系统结构比较复杂,运行精度要求高。

（4）分离式。分离式油电混合动力系统算不上是真正意义上的油电混合动力系统,实质上仍是纯油动系统。

1.5.2　无人机动力装置的组成部件

1. 电动无人机动力装置的组成部件

为无人机提供动力的电动机主要有无刷直流电动机和空心杯有刷直流电动机两种。

（1）无刷直流电动机系统。无人机采用无刷直流电动机作为动力装置,其由 5 部分构成:

1）无刷直流电动机。无刷直流电动机属于外转子电动机,没有电刷。

2）电调。电调主要作用是控制电动机的转速。

3）电池。电池用来给电动机供电,无人机常用的电池有聚合物锂电池、燃料电池等。

4）平衡充电器。无人机电池的电流极大,其专用电池必须要用平衡充电器进行充电。

5）传动系统。微型无人机载重小,一般将螺旋桨(旋翼)叶片直接安装在电动机的转轴上,不另外加装传动齿轮。但对于载重大的无人机,螺旋桨(旋翼)轴与电动机转轴中间需要安装齿轮传动系统。原因是:首先电动机转轴只能承受及传递扭矩,因此螺旋桨(旋翼)轴外面要有轴套支架,轴套上端通过轴承与桨毂相连,轴套支架底部固定在机体上承受螺旋桨(旋翼)拉力,螺旋桨(旋翼)轴只需承受扭矩;其次电动机与螺旋桨(旋翼)之间必须安装自由行程离合器,当电动机停车时借助这种单向离合器可自行与螺旋桨(旋翼)脱开,使螺旋桨(旋翼)能自由地进行自转。

（2）空心杯有刷直流电动机系统。微型无人机采用空心杯电动机(伺服微特电动机),彻底消除了由于铁芯形成涡流而造成的电能损耗,使电动机的运转特性得到了极大改善。其动力装置包括:

1）空心杯有刷直流电动机。空心杯有刷直流电动机转子无铁芯。

2）MOS 管。MOS 管用作驱动电路。

3）电池。当前用锂电池来给电动机供电。

4）平衡充电器。专用电池必须要用平衡充电器充电。

2. 油动无人机动力装置的组成部件

为无人机提供动力的燃油发动机主要有航空活塞式发动机和涡轮发动机两大类,无人机动力装置的组成取决于所用燃油发动机的种类,可包括下面的全部或部分系统。

(1)航空发动机。航空发动机的功用是将燃油的化学能转换为机械能。

(2)起动点火系统。燃油发动机结构和循环过程的特点,决定了它不能像电动机那样自主点火起动,必须在发动机点火燃烧前先由其他能源带动发动机旋转。常用的起动动力源有电动机和压缩空气两大类,对于小功率燃油发动机,带动发动机到达一定转速所需的功率小,可采用起动电动机带动发动机旋转。但是随着大推力发动机的出现,采用电动机已无法提供如此大的能量来带动大功率发动机,无法使其达到点火燃烧时的转速,因此对于大功率燃油发动机,需要更大的能量来带动发动机,即采用压缩空气,利用气源代替电源来起动发动机成为了现在所有大功率发动机的起动方式。

(3)发动机固定装置。发动机固定装置是用于将发动机固定在无人机机体上的部件系统,它是无人机最重要的受力结构之一。它除了支承庞大的发动机结构外,还要承担无人机的动力传输,故其疲劳强度是该部件的设计关键。

(4)燃油系统。燃油系统用于存贮和向航空发动机的油泵供给燃油,保证发动机正常工作。

(5)滑油系统。滑油系统由带过滤装置的滑油箱、导管和空气滑油散热器组成,其功用是向发动机供给需用的滑油,并进行过滤和散热,保证一定量的滑油循环使用。

(6)发动机散热装置。无人机发动机散热方式有风冷式和液冷式两种,现在采用风冷式较多。

1)风冷式。风冷式发动机直接利用飞行时迎面气流进行冷却。为了减少冷却空气流量,降低阻力,在气缸后面加有挡流板,整个发动机加整流罩。在整流罩的进口或出口设置风门,根据散热需要调节冷却空气的流量。

2)液冷式。液冷式发动机的冷却方法类似于汽车发动机,用循环水或其他液体冷却发动机,而冷却液又通过蜂窝状空气散热器进行冷却。为了提高冷却效率和降低阻力,散热器通常装在精心设计的通道内。涡轮喷气发动机除尾喷管温度较高外,其他部分温度并不很高,发动机及其传动附件的散热比较简单,多从进气道引出少量空气,使其流过发动机和多无人机体间的环形通道,同时起隔热作用。

(7)防火和灭火装置。无人机的防火和灭火装置包括防火墙、预警系统和灭火系统。防火墙实质上是设置在发动机舱周围的防火隔板。预警系统向驾驶员指示发生火情的部位,以便及时妥善处置。灭火系统能自动扑灭火情于萌芽状态,保证飞行的安全。

(8)进气和排气装置。发动机的进气和排气装置包括进气道、排气管和喷口。

(9)附件传动装置。燃油发动机附件传动装置是指将发动机转子的功率、转速传输到附件,并驱动附件以一定的转速和转向工作的齿轮轮系及传动轴的组合体。

3. 混动无人机动力装置的组成部件

油电混合动力由电动机和燃油发动机两者组成,因此它的工作系统和附件除了由这两者的工作系统和附件合并组合以外,还会增加一些能使电动机和燃油发动机耦合在一起、协调运作的附件。

1.6 无人机动力装置品质和数量要求

动力装置是无人机最核心的部件之一。评价无人机的动力系统主要看两点,一是其在完成任务方面的限制,二是其对无人机本身的限制。动力装置的品质不单决定无人机的飞行时长,它还决定这架无人机的飞行稳定可靠情况。无人机上动力装置(电动机或发动机)的数目是由无人机的质量、种类、用途,以及电动机或发动机的类型所决定的。在无人机总体设计中,电动机或发动机数量选取的原则对于采用电动机和燃油发动机两种发动机类型的要求是不一样的,需要分开考虑。

1.6.1 无人机动力装置的品质要求

无人机动力装置品质要求是指该设备的工作特性满足无人机所需的动力特性要求的程度,主要反映在两个方面:一是单机的质量要求;二是组合系统的质量要求,包括系统优化、协调与关联性。

1. 电动无人机动力装置品质要求

电动无人机动力装置品质要求主要包括转速平稳、电流稳定(额定范围内)、运转声音轻、不发热等。具体内容有:

(1)电机三相阻值误差不超过 10%。

(2)电机轴承无卡死,转子无串动的现象。

(3)空载电流在额定电流的 30%～40% 范围内。

(4)电机运行时没有噪声,无异响;基本无发热,温度低。

(5)绝缘电阻在额定范围内,一般绝缘电阻等于或大于 10 mΩ。

(6)电机运行时无震动或振动<2.5mm/s。

(7)电机运行时轴向窜动<0.25 mm。

(8)加速后的电动机通过步距角度并过冲某个角度后,会被反方向拉回。

(9)在空载状态下,静止角度误差在±3′以内。

(10)电机标志清晰,包装完整,铭牌标志符合标准规范。

(11)电机引线长短、颜色符合要求,标志完好,裸线无氧化。

(12)整机装配完整,螺丝紧固,外壳电镀有良好的光泽,无锈蚀,铁芯表面无锈蚀。

2. 油动无人机动力装置品质要求

航空发动机性能品质的优劣对油动无人机的飞行性能和使用性能都有决定性影响,在油动无人机总体设计过程中,会碰到选用哪种发动机能最有效地满足无人机设计技术要求的问题。油动无人机对航空发动机品质的要求主要有:

(1)功率质量比大。构成无人机的任何部件,都应在满足使用要求的前提下,尽量减轻其质量。对动力装置来说,就是要保证足够大的功率而自重又很轻。通常以动力装置的功率与质量之比来衡量动力装置的轻重:比值越大,表明动力装置产生 1 ph(1 ph＝746 W)的功率所负担的动力装置自身质量越小,动力装置就越轻。

(2)耗能小。无人机的动力装置是否省电或省油,是其重要经济指标。评定动力装置的经济性,常用"耗电(油)率"作标准。耗电(油)率是指单位功率(1 N 或 1 ph)在 1 h 内所耗电能或油料质量。在一定的飞行条件下,动力装置耗能率越低,运行成本越低,经济性就越好。

(3)体积小。无人机动力装置应在保证功率不减小的前提下,力求体积最小,以减小飞行中的空气阻力,以及减轻动力装置质量。

(4)工作安全可靠。无人机在空中的飞行安全,是由各组成部分可靠的工作来保证的。要维持正常飞行,动力装置就必须始终处于可靠状态。描述动力装置可靠性的参数是:空中停车率＝动力装置空中停车次数/千飞行小时。

(5)寿命长。无人机动力装置的寿命长,可降低使用成本、节约原材料。动力装置寿命有翻修寿命和总寿命之分。翻修寿命是指动力装置制造厂商规定的从动力装置出厂到第一次翻修或两次翻修间的使用期限;总寿命是指动力装置经过若干次翻修后停止使用时的使用期限。在实际使用中动力装置的使用寿命与动力装置是否正确使用密切相关。正确使用动力装置不仅可以有效延长动力装置的使用寿命,还可降低动力装置的使用成本。

(6)维护方便。日常维护方便可提高维护质量,确保动力装置随时处于安全可靠状态。在无人机实际飞行中,动力装置维护性能将直接影响到飞行安全性、可靠性及维护成本。要使动力装置便于维护,降低维护成本,对动力装置的设计、制造都应有相应要求,如动力装置的安装位置、零部件的通用性及可更换性、零部件的快速拆卸及安装等。

3. 混动无人机动力装置品质要求

混动无人机动力装置品质要求包括电动和油动两种无人机动力装置的品质要求。

1.6.2 无人机动力装置的数量要求

1. 电动无人机电动机数量要求

电动无人机采用电动机的数量一般与螺旋桨(旋翼)的数量相同,即一台电动机驱动一个螺旋桨(旋翼),因此,在双旋翼和多旋翼的情况下,电动机数量主要取决于螺旋桨(旋翼)的数量。但是单旋翼无人机通常要采用一大一小两台电动机,一台功率大的电动机用于驱动主旋翼,另一台功率小的电动机用于驱动尾桨。对于电动多旋翼无人机,由于旋翼数量(即电动机数量)较多,考虑的因素主要有以下几方面:

(1)稳定性。多旋翼无人机在无风的情况下飞行,从理论上来讲,其飞行稳定性是八旋翼大于六旋翼,六旋翼大于四旋翼。原因是,对于一个运动特性确定的飞行器来说,自然是能参与控制的量越多,越容易得到好的控制效果。四旋翼无人机是一个欠驱动系统,而到六旋翼时就是一个完全驱动系统了。

（2）安全性。多旋翼无人机旋翼数量较多时，如果1台电动机突然失效，则安全保险系数大，例如八旋翼即使有2台发动机失效或六旋翼有1台发动机失效，仍然有4台电动机可保障多旋翼无人机正常降落，而四旋翼就只能靠旋翼自转下滑迫降了。但是，旋翼数量（即电动机数量）越多，出故障的概率也越高，所以也不能简单说旋翼数量越多越安全。

（3）体积尺寸。旋翼直径会给多旋翼无人机带来很大的影响，因为旋翼数目多了，体积尺寸会加大。假设总拉力相同时，几个旋翼的桨盘总面积相同，那么：四旋翼每隔90°放置一个旋翼，其旋翼直径为1，旋翼中心距离机体中心距离为1；六旋翼每隔60°放置一个旋翼，其旋翼直径为0.8，旋翼中心距离机体中心距离为1.414；八旋翼每隔45°放置一个旋翼，其旋翼直径为0.71，旋翼中心距离机体中心距离为1.839。很容易看出，旋翼的数量越多，多旋翼无人机的体积尺寸也就会做得越大，结构会越复杂。

（4）旋翼折叠。旋翼越多，其折叠收纳就越难。四旋翼和六旋翼尚且可以折叠，八旋翼就无法折叠。即使是简单地拆掉旋翼支臂，旋翼数量越多，在现场组装需要花费的时间也就越多。而且，由于多旋翼无人机有旋翼安装顺序的要求，现场要安装的旋翼越多就意味着潜藏的出错率可能越高。

（5）共轴双旋翼结构形式。为了在不增大多旋翼无人机体积的情况下使其总功率更大，最简单的办法是把两个旋翼上下叠放，由两个电动机分别驱动两个大小相同、转向相反的旋翼转动，使它们产生的反扭矩相互抵消。

多旋翼无人机采用共轴式双旋翼的方式，共轴反桨的上下一对旋翼的气流之间存在着相互干扰，这种气流干扰依据飞行状态的不同，对动力组合的效率的影响有好有坏，其特点如下：

1）悬停状态效率提高。多旋翼无人机采用共轴式双旋翼的方式，在悬停飞行状态两旋翼间的气动干扰会产生有利影响，能提高悬停效率。上旋翼尾迹的收缩通过下旋翼的引流得以扩张，从而增强了尾流的有效区，并可消除尾流的旋流损失。在相同总重下，共轴式旋翼的直径只相当于单旋翼直径的0.78，单旋翼和共轴式双旋翼模型的试验结果表明，在拉力系数与旋翼实度之比 $C_T/\sigma=0.13\sim0.20$ 范围内，共轴式双旋翼无人机的悬停效率比单旋翼式的要高 $17\%\sim30\%$，如图1-18所示。

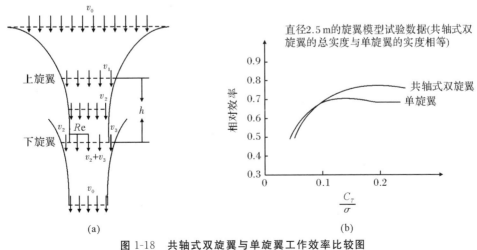

图1-18　共轴式双旋翼与单旋翼工作效率比较图

（a）共轴式双旋翼系统气流分布；（b）共轴式双旋翼与单旋翼工作效率比较

2)前飞状态效率降低。与悬停状态相反,多旋翼无人机采用共轴式双旋翼的方式,在前飞状态下两旋翼间的气动干扰会产生不利影响,即两个旋翼之间的气动干扰会产生附加的诱导损失,使双旋翼总的气动效率损失 15%～20%。附加诱导损失的大小与两个旋翼轴向距离 Y 与旋翼半径 R 之比(Y/R)有关。上、下两旋翼之间轴向距离增大,两个旋翼之间的气动干扰产生的附加诱导损失减小。为了减小双旋翼气动干扰产生的附加诱导损失及避免两个旋翼相碰撞,一般要求共轴式双旋翼之间轴向距离 Y 与旋翼半径 R 之比(Y/R)大于 0.2。

3)机体体积减小。多旋翼无人机采用共轴式双旋翼的方式的另一设计特点是减小了体积尺寸。例如四轴八旋翼无人机的体积约为八轴八旋翼无人机的 54%,体积减小了几乎 1/2。由于体积尺寸减小,降低了纵向和横侧惯量矩,在飞行质量相同的条件下,共轴式双旋翼的惯量矩仅为单旋翼式的 1/2。其优点是体积小、结构紧凑、质量效率高,具有较大爬升率和使用升限。

2. 油动无人机发动机数量要求

燃油发动机(航空发动机)是用来产生推力使无人机升空飞行的重要设备。油动无人机发动机数量要求与电动无人机的要求不同,它一般不要求发动机的数量与螺旋桨(旋翼)的数量相同或两者之间有什么关联。在进行旋翼无人机总体设计时,油动无人机发动机数量的选择主要考虑以下几个方面的因素。

(1)全机质量因素。油动无人机确定发动机个数的首要原则是考虑它的全机质量,比较小的无人机,大多数都采用单发动机,单发动机通常安装在机身中间位置。大、中型无人机为了增大动力系统的总功率,一般安装 2 台航空发动机。虽然有的大型无人机为了增大动力系统的总功率会选择安装 3 台航空发动机,但比较少见,因为增加 1 台发动机会大大增加传动系统复杂程度,增大全机质量。

(2)发动机功率因素。油动无人机上安装的航空发动机数量主要是由单台航空发动机功率的大小决定的,因为无人机动力装置的剩余功率越大,无人机飞行时的响应特性就越好。如果无法购买到满足无人机总体设计所需的具有足够大功率的单台航空发动机,就不得不采用多台航空发动机并车组合为一个具有大功率的动力装置,以满足无人机的载重和飞行性能要求。多台航空发动机并车组合的缺点是会增大减速器和传动系统的复杂程度,以及增加无人机全机总质量。

随着航空发动机技术的发展,现代涡轮发动机的功率越来越高,推力越来越大,不需要很多台就可以为旋翼无人机提供足够的动力,因而近些年来旋翼无人机发动机的数目基本上都不会超过 3 台。

(3)发动机类型的因素。油动无人机发动机的类型主要有航空活塞发动机和涡轮发动机两种,由于这两种发动机的结构和性能特点差别较大,因此考虑的主要因素和重点也不一样。

1)航空活塞发动机。无人机动力装置采用活塞发动机时,通常都只安装 1 台发动机。如果安装 2 台或多台航空活塞发动机并车组合,会大大增加动力装置的质量和无人机自身的总质量,从而减小无人机的有效载重。

2)航空涡轮发动机。飞行性能先进的无人机需要强大的心脏,无人机采用高性能的航空涡轮发动机将有效改进无人机的飞行性能,包括显著地增大有效载荷和航程。航空涡轮发动机是非常复杂的高端机械,工作条件具有"高温、高压、高速"的特点:工作温度高,内部各处的温度不同且不断变化;气体压力大,工作载荷高;转子转速高,且承受环境和机动飞行给发动机带来的各种影响。航空涡轮发动机作为无人机的动力来源,能在质量和体积受严格限制的情况下产生强大的推力,长时间可靠地工作,其性能还能灵活、精确地调节控制,大大提高了无人机的飞行性能、可靠性及经济性。

由于涡轮发动机的功率越大,其比重及单位耗油率越小,所以大多数中小型无人机都采用单发作为动力装置。但是,大、中型无人机大多都采用双发或三发的方案,目的是增加无人机飞行的安全性,即使无人机在空中飞行时关掉其中的一台,也不会影响正常飞行。对于轻小型无人机来说,大多都采用单发方案,这是由于目前市场上缺少功率很小的涡轮发动机,且功率越小则比重等性能越差。

3. 混动无人机动力装置数量要求

混动无人机动力装置数量要求包括电动和油动两种无人机动力装置的数量要求。

习　　题

1. 简述无人机的定义和发展历程。无人机的特点有哪些?
2. 按无人机产生升力的结构部件分类,无人机有哪些主要类型?
3. 按无人机动力装置分类,无人机有哪些主要类型?
4. 按无人机用途分类,无人机有哪些主要类型?
5. 航模与无人机的主要区别有哪些?
6. 无人机由哪些系统组成?简述每种系统的主要结构和功能。
7. 无人机的半自主控制方式和全自主控制方式有何区别?
8. 列举无人机的三种用途。
9. 简述电动机、燃油发动机和混合动力系统的工作原理。
10. 简述电动机、燃油发动机和混合动力系统的特点。
11. 电动、油动和混动三种无人机动力装置的组成部件有哪些?
12. 电动、油动和混动三种无人机动力装置的品质要求有哪些?
13. 电动、油动和混动三种无人机动力装置的数量要求有哪些?

第 2 篇　电动机篇

第 2 章　相关的电磁基础知识

2.1　磁的基础知识

电与磁中间存在着密切的关系:利用电流可以产生磁场,反之,利用闭合导体对磁场的相对运动可以产生电流。电动机的工作原理是,利用磁场对电流力的作用,使电动机转动。因此,要深入研究电动机的结构、运行机理和特性,有必要先研究并了解与之相关的磁的基本知识。

2.1.1　磁性、磁体和磁化的基本概念

磁现象是自然界中常见的现象,它在许多科学技术领域及日常生活中得到了广泛的应用。

1. 磁性

磁性是指物质在磁场的作用下,其原子或次原子水平起反应的性质。磁性是物质的一种基本属性,任何物质或强或弱都具有磁性,所以任何物质在不均匀磁场中都会受到磁力的作用。物质的磁性来源于原子的磁矩,其强弱是由在磁场中单位质量的物质所受到的磁力方向和强度来确定的。

物质是由原子组成的,原子又是由原子核和核外电子组成的。原子中电子绕原子核作圆轨道运转和绕本身的自旋运动,相当于有电流的闭合回路,会产生电磁以太的涡旋而形成磁性,即电子由于运动而产生磁矩。电子磁矩由电子的轨道磁矩和自旋磁矩组成,在晶体中电子的轨道磁矩受晶格的作用,其方向是变化的,不能形成一个联合磁矩,对外没有磁性作用;但是电子自旋运动会形成一个对外具有磁性作用的自旋磁偶极矩(磁矩),因此物质的磁性不是由电子的轨道磁矩引起的,而主要是由自旋磁矩引起的。虽然原子核也具有磁矩,但核磁矩很小,通常可忽略。因此,一个原子的总磁矩,是其内部所有电子自旋磁矩的矢量和。在填满了电子的次壳层中,各电子的轨道分别占据了所有可能的方向,所以磁矩相互抵消,于是在计算原子的总轨道磁矩时,只需考虑在未填满的那些次壳层上的电子的未被抵消的自旋磁矩。

物质按照其内部结构及其在外磁场中的性状可分为抗磁性、顺磁性、铁磁性、反铁磁性和亚铁磁性物质。抗磁性和顺磁性物质为弱磁性物质;铁磁性和亚铁磁性物质为强磁性物质,简称"磁性材料"。

（1）抗磁性物质。抗磁性物质没有固有原子磁矩，其原子和分子的电子壳层是充满的，电子总磁矩为零。在受外部磁场作用时，分子中产生感应的电子环流，它所产生的磁矩与外磁场方向相反，因此宏观表现为抗磁性。常见的抗磁性物质有水、金属铜、碳和大多数有机物和生物组织。

（2）顺磁性物质。顺磁性物质有固有原子磁矩，但是没有相互作用。把顺磁性物质，如铂、铝、氧和某些稀土元素等移近磁场时，可依磁场方向发生磁化，但很微弱，要用精密仪器才能测出。

（3）铁磁性物质。铁磁性物质有固有原子磁矩，直接交换，相互作用。铁磁性物质被磁化后，将得到很强的磁场，如铁、钴、镍及某些稀土元素。在外加磁场去掉后，材料仍会剩余一些磁场，或者说材料"记忆"了它们被磁化的历史，这种现象称为剩磁。所谓永磁体就是被磁化后，剩磁很大。

（4）反铁磁性物质。反铁磁性物质有磁矩，但是电子自旋反向平行排列，其磁化率为零。许多过渡元素的化合物都有这种反铁磁性。

（5）亚铁磁性物质。亚铁磁性物质有固有原子磁矩，间接交换，相互作用。在施加外磁场后，其磁化强度随外磁场的变化与铁磁性物质相似。亚铁磁材料多为各类铁氧体和某些金属间化合物。

2. 磁体和磁极

（1）磁体。具有磁性的物质就称为磁体。永磁体分为天然磁体和人造磁体。磁体两端的磁性最强，中间最弱。

物体是否具有较强磁性的判断方法：

1）根据磁体的吸铁性判断。

2）根据磁体的指向性判断。

3）根据磁体相互作用规律判断。

4）根据磁极的磁性最强判断。

（2）磁极。磁体上磁性最强的部分叫磁极。磁极的特点有：

1）同名磁极相互排斥，异名磁极相互吸引。

2）水平面自由转动的磁体，指南的磁极叫南极（S），指北的磁极叫北极（N），中间没有磁性的区域叫作中性区。

3）磁极不能单独存在，即单独的 N 极或单独的 S 极不能存在。

4）一个永磁铁被分成很多部分后，每一部分仍分有两极。

3. 磁化和磁化率

（1）磁化的定义。

磁化是指使原来没有磁性的物体获得磁性的过程。一般材料在正常情况下并不对外显示磁性，只有当被磁化以后，它才能对外显示出磁性。

材料磁化后就是磁性材料，是一种有磁有序的强磁性物质。人们最早发现的天然磁铁矿石的化学成分是四氧化三铁（Fe_3O_4）。近代制造人工电磁铁是把铁磁物质放在通有电流的线圈中去磁化,使之变成暂时的或永久的磁铁。从应用功能上来讲,磁性材料分为软磁材料、永磁材料、磁记录-矩磁材料、旋磁材料等类型。软磁材料、永磁材料、磁记录-矩磁材料中既有金属材料又有铁氧体材料;而旋磁材料和高频软磁材料就只能是铁氧体材料了。

1)永磁材料。永磁材料也称硬磁性材料,它经外磁场磁化以后,即使在相当大的反向磁场作用下,仍能保持一部分或大部分原磁化方向的磁性,磁性能长期保持。永磁材料有合金、铁氧体和金属间化合物三类。

2)软磁材料。软磁性材料被磁化后,磁性容易消失。它的功能主要是导磁、转换与传输电磁能量。因此,对这类材料,要求有较高的磁导率和磁感应强度,同时磁滞回线的面积或磁损耗要小。软磁材料大体上可分为合金薄带或薄片、非晶态合金薄带、磁介质(铁粉芯)和铁氧体等四类。

3)矩磁材料和磁记录材料。矩磁材料和磁记录材料主要用于信息记录、无接点开关、逻辑操作和信息放大。这种材料的特点是磁滞回线呈矩形。

4)旋磁材料。旋磁材料具有独特的微波磁性。常用的材料已形成系列,有 Ni 系、Mg 系、Li 系、YlG 系和 BiCaV 系等铁氧体材料,并可按器件的需要制成单晶、多晶、非晶或薄膜等不同的结构和形态。

5)压磁材料。压磁材料的特点是在外加磁场作用下会发生机械形变,故又称磁致伸缩材料,它的功能是磁声或磁力能量的转换。

(2)磁化率。

磁化率是表征磁化属性的物理量,用符号 cm 表示,$cm = M/H$,即磁化率等于磁化强度 M 与磁场强度 H 之比。对于顺磁质,$cm>0$,对于抗磁质,$cm<0$,其数值都很小。对于铁磁物质,cm 数值很大,且与 H 有关,即 M 与 H 之间有复杂的非线性关系。

2.1.2 磁场的基本概念

1. 磁场的定义和特性

磁体产生磁力作用的空间叫磁场。磁体之间的相互作用是通过磁场来实现的,它的性质是对放入磁场中的磁体产生磁力的作用。磁场也可视为电流、运动电荷、磁体或变化电场周围空间存在的一种特殊形态的物质,但它是一种看不见、摸不着的特殊物质。磁场不是由原子或分子组成的,但磁场是客观存在的。磁场具有波粒的辐射特性。磁体周围存在磁场,磁体间的相互作用就是以磁场作为媒介的,所以两磁体不用接触就能发生作用。

由于磁体的磁性来源于电流,电流是电荷的运动,因此概括地说,磁场是由运动电荷或电场的变化而产生的。用现代物理的观点来考察,物质中能够形成电荷的终极成分只有电子(带单位负电荷)和质子(带单位正电荷),因此负电荷就是带有过剩电子的点物体,正电荷就是带有过剩质子的点物体。运动电荷产生磁场的真正场源是运动电子或运动质子所产生的磁场。例如电流所产生的磁场就是在导线中运动的电子所产生的磁场。

磁场的基本特性是,对处于其中的磁体、电流、运动电荷有力的作用。当施加外磁场于物质时,磁性物质的内部会被磁化,会出现很多微小的磁偶极子。磁化强度估量物质被磁化的程度。知道磁性物质的磁化强度,就可以计算出磁性物质本身产生的磁场。创建磁场需要输入能量。当磁场被湮灭时,这能量可以再回收利用,因此,这能量被视为储存于磁场。

2. 磁场的类型

根据磁场空间各处的磁场强度分布情况,磁场可划分以下四种类型:

(1)恒定磁场。磁场强度和方向保持不变的磁场称为恒定磁场或恒磁场,如铁磁片和通以直流电的电磁铁所产生的磁场。

(2)交变磁场。交变磁场是磁场强度和方向都在发生规律变化的磁场,如工频磁疗机和异极旋转磁疗器产生的磁场。

(3)脉动磁场。脉动磁场是磁场强度有规律变化而磁场方向不发生变化的磁场,如同极旋转磁疗器、通过脉动直流电磁铁产生的磁场。

(4)脉冲磁场。脉冲磁场是用间歇振荡器产生间歇脉冲电流,将这种电流通入电磁铁的线圈产生的各种形状的磁场。脉冲磁场的特点是以间歇方式出现,磁场的变化频率、波形和峰值可根据需要进行调节。

除此以外,恒磁场又称为静磁场,而交变磁场、脉动磁场和脉冲磁场属于动磁场。磁场的空间各处的磁场强度相等或大致相等的称为均匀磁场,否则就称为非均匀磁场。

3. 地磁场

(1)地磁场的定义。

地球本身就是一个大磁体。地磁场是指在地球周围的空间里存在的磁场,磁针指向地球南北极是因为受到地磁场的作用。地磁场的北极在地理的南极附近,地磁场的南极在地理的北极附近。地磁的南、北极与地理的南、北极并不重合,它们的交角称为磁偏角,地磁场的形状跟条形磁体的磁场很相似。地球的磁场向太空伸出数万千米形成地球磁圈。地球磁圈对地球而言有屏障太阳风所挟带的带电粒子的作用。地球磁圈在白昼区(向日面)受到带电粒子的力的影响而被挤压,在地球黑夜区(背日面)则向外伸出。

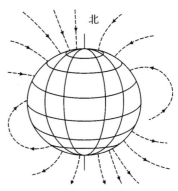

图 2-1　地磁场示意图

地球可视为一个磁偶极(见图 2-1),通过北、南(N-S)两个磁极的假想直线(磁轴)与地球的自转轴大约成 11.3°的倾斜。地磁场的成因可以由发电机原理解释。

(2)地磁场的起源。

基本磁场是地磁场的主要部分,起源于地球内部,比较稳定,属于静磁场部分。变化磁场包括地磁场的各种短期变化,主要起源于地球外部,相对比较微弱。地球变化磁场可分为平静变化和干扰变化两大类型。

地球存在磁场的原因还不为人所知,普遍认为是由地核内液态铁的流动引起的。最具代表性的假说是"发电机理论"。1945年,物理学家埃尔萨塞根据磁流体发电机的原理,认为当液态的外地核在最初的微弱磁场中运动时,像磁流体发电机一样产生电流,电流的磁场又使原来的弱磁场增强,这样外地核物质与磁场相互作用,使原来的弱磁场不断加强。由于摩擦生热的消耗,磁场增强到一定程度后就稳定下来,形成了现在的地磁场。地磁场强度大约是500~600 mGS。

（3）地磁场的主要作用。

人类很早就开始利用地磁场,例如,航海利用地磁场对指南针的作用来定向,以及根据地磁场在地面上分布的特征寻找矿藏。地磁场的变化能影响无线电波的传播,当地磁场受到太阳黑子活动而发生强烈扰动时,远距离通信将受到严重影响,甚至中断。假如没有地磁场,从太阳发出的强大的带电粒子流（通常叫太阳风）,就不会受到地磁场的作用发生偏转而直射地球。在这种高能粒子的轰击下,地球的大气成分可能不是现在的样子,生命将无法存在。所以地磁场这顶"保护伞"对我们来说至关重要。

2.2 电的基础知识

由于油动无人机在飞行过程中排出的废气会对周围空气造成污染,而电动无人机则没有这个问题,所以在环保方面,无人机采用电动机作为动力装置要优于采用燃油发动机。随着人们对生态环境保护问题越来越重视,将会投入更多的精力和资源来研究和解决电动型无人机目前所存在的问题。为了更好地研究电动型无人机的动力装置,首先需要更多地研究和了解有关电的基本知识。

2.2.1 电和电荷的基本概念

1. 电的重要性

人类历史发展通常被划分为农业社会、工业社会和信息社会三个阶段。农业社会是指18世纪60年代工业革命之前人类社会的一种形态,有几千年的历史。其社会基本特征是以家庭为基本生产单位,依靠人力和畜力,使用简单的手工农具,劳动效率低下,自给自足。

工业社会始于1785年的第一次工业革命,英国人瓦特制成的改良型蒸汽机投入使用,提供了更加便利的动力,得到迅速推广,大大推动了机器的普及和发展。人类社会由此进入工业社会（首先是以机器代替手工工具的蒸汽机时代）。

19世纪中,1866年德国人西门子研制成功发电机,1870年比利时人格拉姆发明了电动机,人类社会发生了第二次工业革命,以电力为动力,进入了电气时代。电气时代的主要特征是电大量应用于各个领域,使社会生产效率全面提高,使人们的生活水平获得改善,人的寿命得以延长。

信息社会始于1946年2月14日,美国宾夕法尼亚大学制成了世界上第一台计算机,人类社会进入了以知识经济为主导的信息时代。信息时代的主要特征是电获得了更加空前规模的应用,以及科学技术发展突飞猛进,各种新技术、新发明层出不穷,并被迅速应用于工农业生产,大大促进了经济的发展。

电的广泛应用是电气时代和信息时代发展的基础。现在,电对于人类社会是如此的重要,不论是国民经济建设,还是人们的日常生活都已经完全离不开电。如果没有电,现代国家和城市都会因此而瘫痪。

充分认识到电的重要性可以促进我们更加努力地学习和了解有关电的知识和学问。

2. 电和电荷的定义

(1)电的定义。

电是个一般物理学术语,是指静止或移动的电荷所产生的物理现象,它是像电子和质子这样的亚原子粒子之间产生的排斥力和吸引力的一种属性。在大自然里,电是一种自然现象,是一种能量,它是自然界四种基本相互作用(引力、电磁力、强相互作用、弱相互作用)之一,例如自然界的闪电就是电的一种现象。除了闪电,电还生成并显示出了其他许多令人印象深刻的自然效应,包括大家熟知的摩擦起电、静电感应、电磁感应等。

(2)电荷的定义。

构成物质的基本单元是原子,原子由电子和原子核构成,原子核又由质子和中子构成,电子带负电,质子带正电,它们是正、负电荷的基本单元,中子不带电。所谓物体不带电就是电子数与质子数相等,物体带电则是这种平衡被破坏。在自然界中不存在脱离物质而单独存在的电荷。在一个孤立系统中,不管发生了什么变化,电子和质子的总数不变,只是组合方式或所在位置有所变化,因而电荷必定守恒。

为了说明电荷的特征,不妨与质量做一些类比。电荷有正、负之分,于是电力有排斥力和吸引力的区别,质量只有一种,其间总是相互吸引,正是这种区别,使电力可以屏蔽,引力则无从屏蔽。德国科学家爱因斯坦描述了质量有随运动变化的相对论效应;而电子、质子以及一切带电体的电量都不因运动变化,电量是相对论性的不变量。

电或电荷有两种:一种叫作正电,另一种叫作负电。

3. 电荷守恒定律

电荷既不会创生,也不会消灭,它只能从一个物体转移到另一物体,或者从物体的一部分转移到另一部分。在转移过程中,电荷的总量保持不变,这就是电荷守恒定律,也就是说,在与外界没有电荷交换的一个系统内,总电荷量不变(电荷的代数和不变)。电荷守恒定律是自然界重要的基本规律之一,它是从大量实验中概括得出的自然界的基本规律,对宏观现象、微观现象都适用,对所有惯性参考系都成立。

要使物体带电,可利用电磁感应、摩擦起电、接触起电、静电感应、光电效应等方法。物体是否带电,通常可用验电器来检验。物体带电实际上是得、失电子的结果,这意味着电荷不能离开电子、质子而存在,即电荷是电子、质子等微观粒子所具有的一种属性。

电荷守恒定律的微分形式的表达式为

$$\frac{\partial J_x}{\partial x} + \frac{\partial J_y}{\partial y} + \frac{\partial J_z}{\partial z} = -\frac{\partial \rho}{\partial t} \tag{2-1}$$

式中,J 为电流密度;ρ 为电荷的体积密度。此式表明在闭合面上各处流出的总电流,等于在闭合面所包围的容积中总电荷的时间减少率,或者说电荷是守恒的。

2.2.2 电场的基本概念

1. 电场、电场力和电场强度

(1)电场的定义。

电场是存在于电荷周围能传递电荷与电荷之间相互作用的物理场,它是电磁场的一个方面。在电荷的周围存在着由它产生的电场,同时电场对场中其他电荷产生力的作用。观察者相对于电荷静止时所观察到的电场称为静电场。如果电荷相对于观察者运动,则除静电场外,还有磁场出现。除了电荷可以引起电场外,变化的磁场也可以引起电场,前者为静电场,后者叫作感应电场。由于变化的磁场引起电场,所以运动电荷或电流之间的作用要通过电磁场来传递。

电场是电荷及变化磁场周围空间里存在的一种特殊物质。电场这种物质与通常的实物不同,它不是由分子和原子所组成,但它是客观存在的,电场具有通常物质所具有的力和能量等客观属性。电场的力的性质表现为:电场对放入其中的电荷有作用力,这种力就称为电场力。电场的能的性质表现为:当电荷在电场中移动时,电场力对电荷做功(这说明电场具有能量)。

(2)电场力。

电场力是当电荷置于电场中所受到的作用力,或是在电场中为移动自由电荷所施加的作用力。库仑定律阐明,在真空中两个静止点电荷之间的相互作用力与距离的二次方成反比,与电量乘积成正比,作用力的方向在它们的连线上,同号电荷相斥,异号电荷相吸(见图2-2)。

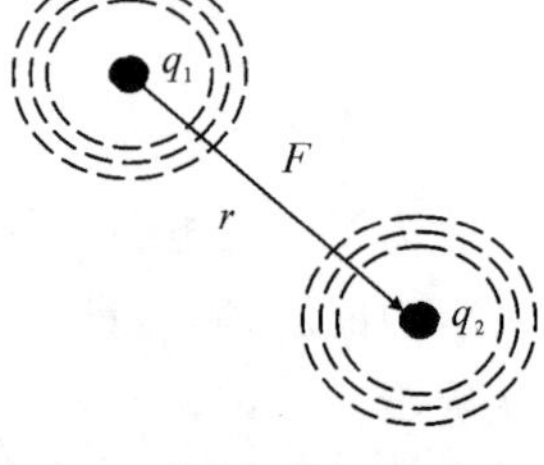

当有多个电荷同时作用时,其大小及方向遵循矢量运算规则。电场力是由电荷和电场强度共同决定的,而电场强度是由电场本身决定的。若知道某点电场强度的大小和方向,就可求出电荷在该点所受的电场力的大小和方向。

图 2-2 库仑定律示意图

(3)电场强度。

电场力的性质用电场强度来描述。在电场中放一个检验电荷,它所受到的电场力跟它所带电量的比值叫作这个位置上的电场强度。电场强度是一个矢量,电场中某点的电场强度的方向与正电荷在该点所受静电力的方向相同,与负电荷在该点受静电力的方向相反。正电荷受电场力的方向为该点场强方向,在点电荷形成的电场中,在以点电荷为球心的球面上的各点电场强度大小相等,但方向不同。

电场强度是用来表示电场强弱和方向的物理量,它是矢量,用 E 表示,其数值等于电场中某点的电荷所受静电力 F 跟它的电荷量 q 的比值,即 $E=F/q$,电场强度的单位为 V/m(伏特/米)或 N/C(牛顿/库仑),这两个单位实际上相等,常用的单位还有 V/cm(伏特/厘米)。

电场中某一点处的电场强度 E 的大小和方向是唯一的,其大小和方向取决于场源电荷及空间位置。电场是客观存在的,与放不放检验电荷以及放入检验电荷的正、负电量的多少均无关。

各点场强的大小相等、方向相同的电场就叫匀强电场。两个大小相同、正对且带等量异种电荷的平行金属板间的电场中,除边缘附近外,整体上是匀强电场。

2. 电流强度

导体中的自由电荷在电场力的作用下做有规则的定向运动就形成了电流。电流产生的原因是导体中有电压存在,产生了电力场强,使电路中的自由电荷受到电场力的作用而产生定向移动,从而形成了电路中的电流。

电流强度,简称"电流",是指单位时间里通过导体任一横截面的电量。通常用字母 I 表示,它的单位是安培,简称"安",用符号 A 表示。造成电荷在导体中定向移动的作用力来源于电源的电动势形成的电压,继而产生了电场力,在电场力的作用下,处于电场内的电荷发生定向移动,形成了电流。电流表达式为

$$I = Q/t \qquad\qquad (2-2)$$

式中:Q 为电荷量,单位为 C(库仑);t 为时间,单位为 s(秒)。

每秒通过 1 C 的电量称为 1 A(安培)。安培是国际单位制中所有电流的基本单位。除了安培(A),常用的单位有千安(kA)、毫安(mA)、微安(μA),1 A=1 000 mA=1 000 000 μA。

电学上规定:正电荷定向流动的方向为电流方向。有很多种承载电荷的载子,例如,导电体内可移动的电子、电解液内的离子、等离子体内的电子和离子、强子内的夸克。这些载子的移动,形成了电流。

3. 电场线

(1)电场线的定义。

电场线是为形象地描述电场而引入的假想曲线,规定电场线上每点的场强方向沿该点的切线方向,也就是正电荷在该点受电场力的方向(负电荷受力方向相反)。曲线的疏密表示电场的强弱。

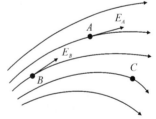

图 2-3 所示为某电场的一组电场线,不同点的场强的方向可以作该点的切线得到,场强的大小可以根据不同区域的电场线的

图 2-3　电场线示意图

疏密程度判断得到,电场线密的地方场强大。从图中可以看出 B 点的电场强度大于 C 点的电场强度。

电场线是人们为了研究电场而假想的曲线,不是实际存在的线。电场线只能描述电场的方向及定性地描述电场的强弱,并不是带电粒子在电场中的运动轨迹。带电粒子的运动轨迹是由带电粒子受到的合外力情况和初速度共同决定。电场中的电场线确定以后是不变的,但是电荷在电场中运动时初速度不同,得到的运动轨迹可以有无数种。只有当电场线是直线,而带电粒子又只受电场力作用时运动轨迹才有可能与电场线重合。

(2)电场线的特点。

1)电场线上每个点的切线方向就是该点电场强度的方向。

2)电场线的疏密反映电场强度的大小(疏弱密强)。

3)静电场中电场线始于正电荷或无穷远,止于负电荷或无穷远,既不封闭也不在无电荷处中断。

4)任意两条电场线不会在无电荷处相交。

（3）常见电场的电场线。

1)正点电荷。正点电荷的电场线呈现发散状（见图2-4），越靠近点电荷处，电场线越密，电场强度 E 越大。以场源电荷为圆心，一定长度为半径的圆周上的各点场强的大小相同，方向不同。

2)负点电荷。负点电荷的电场线呈现会聚状（见图2-5），其形状与正点电荷相似，越靠近点电荷处，电场线越密，电场强度 E 越大。以场源电荷为圆心，一定长度为半径的圆周上的各点场强的大小相同，方向不同。

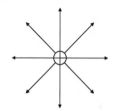

图 2-4　正点电荷的电场线　　　　图 2-5　负点电荷的电场线

3)等量同号电荷。等量同号电荷的电场线呈现相斥状（见图2-6），电荷连线的中点处电场强度 $E=0$，电荷连线的中垂线上各点的电场强度与中垂线共线。

4)等量异号电荷。等量异号电荷的电场线呈现相吸状（见图2-7），电荷连线上的电场的方向是由正电荷指向负电荷，连线的中垂线与该处的电场的方向处处垂直。

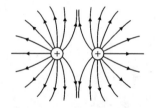
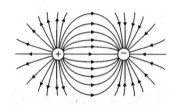

图 2-6　等量同号电荷的电场线　　　　图 2-7　等量异号电荷的电场线

5)匀强电场。匀强电场的电场线呈现平行的、等间距的、同向的直线状（见图2-8），电场强度处处相等。

4)电场线的疏密和电场强度的关系。

按照电场线的画法的规定，场强大的地方电场线密，小的地方电场线疏。在图2-9中，$E_A > E_B$。

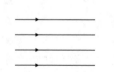
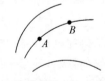

图 2-8　匀强电场的电场线　　　　图 2-9　电场线的疏密和电场强度的关系

但若只给一条直电场线，如图2-10所示，A,B 两点的场强大小无法由疏密程度来确定，对此情况可有多种推理判断：

1)若是正点电荷电场中的一根电场线，则 $E_A > E_B$。

2)若是负点电荷电场中的一根电场线，则有 $E_A < E_B$。

3)若是匀强电场中的一根电场线，则有 $E_A = E_B$。

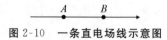

图 2-10　一条直电场线示意图

4. 电场叠加原理

如果空间有几个点电荷同时存在,它们的电场就互相叠加,形成合电场,这时某点的场强等于各个电荷单独存在时在该点产生的场强的矢量和,这叫作电场的叠加原理。

电场叠加时某点场强的合成遵守矢量运算的平行四边形定则。

(1)当两场强方向在同一直线上时,选定一个方向为正方向后可作代数运算。

如图 2-11 所示,正电荷$+q$ 在 P 点场强为 E_1,负电荷$-q$ 在 P 点场强为 E_2,则 $E_P = E_1 + E_2$,方向向右。

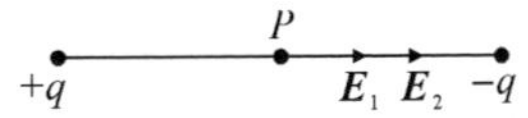

图 2-11　直线上电荷的电场叠加示意图

(2)当场强方向不在同一直线上时,应求出各电荷在该点场强大小,然后判断其方向进行矢量合成。如图 2-12 所示,空中有两个等量异种电荷,相距 r,求到两点电荷距离为 r 的 P 点的电场强度。

因为 E_1 和 E_2 的方向所成夹角为 $2 \times 60°$,依平行四边形定则,作出 E_1,E_2 的合场强 E_P,可知 $E_P = E_1 = E_2$,方向向右。

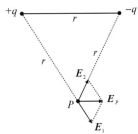

图 2-12　不同直线上电荷的电场叠加示意图

2.3　电磁效应的基础知识

1820 年之前,磁现象与电现象是被分别进行研究的,许多科学家都认为电与磁没有什么联系,连库仑也曾断言,电与磁是两种完全不同的实体,它们不可能相互作用或转化。但是电与磁是否有一定的联系,这个疑问一直萦绕在一些有志探索的科学家的心头。1820 年丹麦物理学家汉斯·奥斯特(H. C. Oersted)通过多次反复实验验证,向科学界宣布了电流的磁效应,从而揭开了电磁学的序幕。

2.3.1　电磁场、电流磁效应和安培定则

电与磁经常联系在一起并相互转化,凡是用到电的地方,都有磁参与其中。从本质上看,所有的磁现象都可归结为运动电荷之间通过磁场而发生的相互作用。

1. 电磁场

电磁场是有内在联系、相互依存的电场和磁场的统一体。随时间变化的电场产生磁场,随

时间变化的磁场产生电场,两者互为因果,形成电磁场。电磁场可由变速运动的带电粒子引起,也可由强弱变化的电流引起,不论原因如何,电磁场总是以光速向四周传播,形成电磁波。电磁场是电磁作用的媒递物,具有能量和动量,是物质存在的一种形式。

电磁场是电磁作用的媒递物,是统一的整体,电场和磁场是它紧密联系、相互依存的两个侧面,变化的电场产生磁场,变化的磁场产生电场,变化的电磁场以波动形式在空间传播。电磁波以有限的速度传播,具有可交换的能量和动量。电磁波与实物的相互作用,电磁波与粒子的相互转化等,都证明电磁场是客观存在的物质,它的"特殊"只在于没有静质量。

2. 电流的磁效应

任何通有电流的导线都可以在其周围产生磁场的现象,称为电流的磁效应,它揭示了性质不同的电现象与磁现象之间的联系。丹麦物理学家奥斯特于 1820 年就通过实验证明了电流可以对磁铁施加作用力,反过来,磁铁也可以对载流导体施加作用力,而且电流和电流之间也存在着相互作用力。

电流的磁效应是指任何通有电流的导线,都可以在其周围产生磁场的现象。非磁性金属通以电流,可以产生磁场,其效果与磁铁建立的磁场相同。在通电流的长直导线周围,会有磁场产生,其磁感线的形状为以导线为圆心封闭的同心圆,且磁场的方向与电流的方向互相垂直。

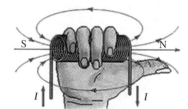

通电导线的周围存在磁场,且磁场与电流的方向有关。一个载流的螺线管线圈的行为很像一块磁铁,一端相当于 N 极,另一端相当于 S 极,并且螺线管的极性和电流方向间的关系,可以用安培定则(也称右手定则)来描述,用右手握住螺线管,弯曲的四指沿电流回绕方向,将拇指伸直,这时拇指便指向螺线管的 N 极,如图 2-13 所示。

图 2-13　确定载流螺旋管极性的安培定则二

3. 安培定则

法国科学家安培(A. M. Ampere,1775—1836)把磁的本质简化为电流,认为磁体有一种绕磁轴旋进的电流,磁体中的电流与导体中的电流相互作用便导致了磁体的转动。这在某种意义上起到了用电流相互作用力来统一解释各种电磁现象的效果。

安培定则,也叫右手定则,是表示电流和电流激发磁场的磁感线方向间关系的定则。针对通电导体是直线还是螺线管,安培定则分为两种情况,即安培定则一和安培定则二。

(1)安培定则一:适用于通电直导线中的电流和磁感线指向。用右手握住通电直导线,让大拇指指向电流的方向,那么四指的指向就是磁感线的环绕方向,如图 2-14 所示。

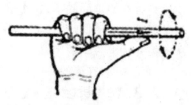

图 2-14　通电直导线中的安培定则一

(2)安培定则二:适用于通电螺线管中的电流和磁感线指向。用右手握住通电螺线管,使四指弯曲与电流方向一致,那么大拇指所指的那一端是通电螺线管的 N 极(见图 2-13)。

电磁学中,右手定则判断的主要是与力无关的方向。如果是和力有关的则全依靠左手定则,即关于力的用左手定则,其他的(一般用于判断感应电流方向)用右手定则。为了防止记混,可以发现"力"字向左撇,就用左手;而"电"字向右撇,就用右手。记忆口诀:左通力右生电。

2.3.2　磁感线、磁感强度和高斯定理

1. 磁感线

（1）磁感线的定义。

磁感应线（简称"磁感线"），也称为磁力线，是为了描述磁场的强弱与方向，人们想象在磁场中画出的一组有方向的曲线。磁感线任何一点的曲线方向都跟放在该点的磁针北极所指的方向一致，即磁体周围的磁感线都是从磁体的北极出来，回到磁体的南极，如图 2-15 所示。

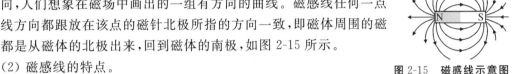

（2）磁感线的特点。

图 2-15　磁感线示意图

磁感线是为了直观、形象地描述磁场而引入的带方向的曲线，不是客观存在的。其特点有：

1）磁感线是封闭的曲线，不相切，不相交，没有起点也没有终点。

2）磁感线立体地分布在磁体周围，而不是平面的。

3）磁感线在磁体外部由 N 极至 S 极，在磁体的内部由 S 极至 N 极。

4）磁感线的疏密程度表示磁场的强弱。

5）每一点切线方向表示该点磁场的方向，也就是磁感应强度的方向。

6）匀强磁场的磁感线平行且距离相等，没有画出磁感线的地方不一定没有磁场。

2. 磁感应强度

磁感应强度是用来描述磁场强弱和方向的基本物理量，是矢量，常用符号 $\boldsymbol{B}$ 表示。磁感应强度也被称为磁通量密度或磁通密度。磁极或电流之间的相互作用是通过磁场来传递的。磁极或电流在自己周围的空间里产生一个磁场，而磁场的基本性质之一就是对于任何置于其中的磁极或电流施加作用力。物质的原子是由带正电的原子核和绕核旋转的负电子组成，电子不仅绕核旋转，而且自旋。原子、分子等微观粒子内电子的这些运动形成了"分子环流"，这便是物质磁性的基本来源。

磁铁对周围运动的电荷有力的作用，它是通过磁场来传递的。在磁场中任何一点，都存在一个特定的方向。当电荷 q 沿该方向运动时并不会受到力的作用，但当它垂直于该方向运动时，则要受到力 f 的作用。f 大小正比于电荷 q 及它的运动速度 v。

实验证明，在磁场中同一点上，对于不同的 q 和 v，比值 f/qv 都相同。可见这一比值反映了该点磁性的本质，称为磁感应强度 $\boldsymbol{B}$，它的大小为

$$B = f/qv \tag{2-3}$$

$\boldsymbol{B}$ 有大小和方向，是一矢量。在国际单位制中，$\boldsymbol{B}$ 的单位为 T［特（斯拉）］。1 T＝1 N/(A·m)，或 1 T＝1 Wb/m^2。

在工程计算中习惯于采用 GS（高斯），它和 T［特（斯拉）］换算关系为 1 T ＝1×10^4 GS。

3. 磁通和磁场高斯定理

(1)磁通。

磁通是表示磁场分布情况的物理量。设在磁感应强度为 $\boldsymbol{B}$ 的匀强磁场中,有一个面积为 S 且与磁场方向垂直的平面,磁感应强度 $\boldsymbol{B}$ 与面积 S 的乘积叫作穿过这个面积的磁通量,简称"磁通"。磁通是标量,用符号 ϕ 表示。

$$\phi = \boldsymbol{B}S \tag{2-4}$$

在一般情况下,磁通量是通过磁场在曲面面积上的积分定义的。其中 ϕ 为磁通量,$\boldsymbol{B}$ 为磁感应强度,S 为曲面,$\boldsymbol{B}\mathrm{d}S$ 为点积,$\mathrm{d}S$ 为无穷小矢量。对于闭合曲面,面积的方向垂直于曲面向外。

$$\phi = \int_S \boldsymbol{B}\mathrm{d}S \tag{2-5}$$

磁通量是标量。磁通量通常采用通量计进行测量。通量计包括测量线圈以及估计测量线圈上电压变化的电路。

在国际单位制中,磁通量的单位是韦(伯),是以德国物理学家威廉·韦伯的名字命名的,符号是 Wb,是标量,但有正负,正负仅代表穿向。在工程计算中,常用 Mx(麦克斯韦)作为磁通单位,它同韦(伯)的关系为 $1\ \mathrm{Mx} = 1 \times 10^{-8}\ \mathrm{Wb}$。

(2)磁场高斯定理。

对一封闭曲面来说,一般取向外的指向为正法线的指向。这样从闭合面穿出的磁通量为正,穿入的磁通量为负,由于磁感线是闭合线,那么穿过任一封闭曲面的磁通量一定为零,如图 2-16 所示。

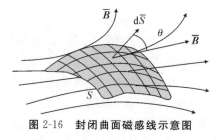

图 2-16　封闭曲面磁感线示意图

磁场的高斯定理表述为:磁场中通过任一封闭曲面的磁通量一定为零。高斯定理计算公式为

$$\oiint_S \boldsymbol{B}\mathrm{d}S\cos\theta = 0 \tag{2-6}$$

磁场高斯定理的物理意义:磁场为无源场(涡旋场)。

2.3.3　磁化电流和磁场强度的基本概念

1. 磁化电流

除非在真空中,电流周围总有物质存在,物质分子电流的磁矩在电流所产生的磁场中就要受到力偶矩的作用,使原来杂乱无章的分子电流平面的法线和外磁场方向趋向一致,分子电流因此产生附加磁场而影响原来的外磁场。这些能影响外磁场的物质称为磁介质。磁介质实质上是在磁场作用下发生变化并能反过来影响磁场的物质。磁介质在磁场作用下的变化叫作磁化，因磁化而出现的宏观电流叫作磁化电流。

设原来电流（传导电流）磁场的磁感应强度为 $\boldsymbol{B}_0$，磁介质因磁化产生磁化电流所激发起来的附加磁感应强度为 $\boldsymbol{B}_1$，总磁场的磁感应强度为 $\boldsymbol{B}$，它是由上述两部分叠加而成的，即

$$\boldsymbol{B} = \boldsymbol{B}_0 + \boldsymbol{B}_1 \tag{2-7}$$

不同的磁介质所产生的附加磁场有很大的差异。有些物质所产生的 $\boldsymbol{B}_1$ 与 $\boldsymbol{B}_0$ 方向相同，称为顺磁性物质，如铝、钨、钠及氧化铜等都是顺磁性物质；还有一些磁介质所产生的 $\boldsymbol{B}_1$ 与 $\boldsymbol{B}_0$ 方向相反，称为抗磁性物质，如铋、铜、氯化钠及石英等都是抗磁性物质。实验结果表明，磁介质的 $\boldsymbol{B}_1$ 都比 $\boldsymbol{B}_0$ 小很多，一般不到它的万分之一。只有少数几种磁介质，它在外磁场中所产生的附加磁场 $\boldsymbol{B}_1$ 和 $\boldsymbol{B}_0$ 同方向，而且 $\boldsymbol{B}_1$ 要比 $\boldsymbol{B}_0$ 大数百倍，甚至数千倍，即 $\boldsymbol{B}_1 \gg \boldsymbol{B}_0$。这种磁介质称为铁磁性物质，如铁、钴、镍、钆等元素及其合金。

铁磁物质有一些特殊的性质，并且在工、农业生产上得到了广泛的应用。由磁学基本知识可知，$\boldsymbol{B}_1$ 和 $\boldsymbol{B}_0$ 的关系由下式描述：

$$\boldsymbol{B}_1 = 4\pi\eta\boldsymbol{B}_0 \tag{2-8}$$

式中：η 是磁化率。

将式（2-8）代入式（2-7），可得

$$\boldsymbol{B} = (1 + 4\pi\eta)\boldsymbol{B}_0 \tag{2-9}$$

令 $\mu_r = 1 + 4\pi\eta$，μ_r 称为相对导磁率，则

$$\boldsymbol{B} = \mu_r\boldsymbol{B}_0 \tag{2-10}$$

真空中的相对磁导率 $\mu_r = 1$，顺磁性物质相对磁导率 μ_r 略大于 1，抗磁性物质的相对磁导率 μ_r 略小于 l，而铁磁物质的 $\mu_r \gg 1$。几种常用物质的相对磁导率见表 2-1。

表 2-1　几种常用物质的相对磁导率

材料名称	材料类型	相对磁导率 μ_r
钛	抗磁性物质	0.999 83
银	抗磁性物质	0.999 98
铅	抗磁性物质	0.999 983
铜	抗磁性物质	0.999 991
真空	顺抗磁性物质	1
空气	顺抗磁性物质	1.000 000 1
铝	顺磁性物质	1.000 02
钯	顺磁性物质	1.000 8
镍	铁磁性物质	600
锰锌铁氧体	铁磁性物质	1 500
软钢（0.2C）	铁磁性物质	3 000
铁（0.2 杂质）	铁磁性物质	5 000
硅钢（4Si）	铁磁性物质	7 000
坡莫合金（78Ni）	铁磁性物质	100 000
纯铁（0.05 杂质）	铁磁性物质	200 000
导磁合金（5Mo79Ni）	铁磁性物质	1 000 000

2. 磁场强度

磁场强度是描述磁介质中磁场的一个辅助物理量。常用符号 H 表示,定义为

$$H = B/\mu \tag{2-11}$$

式中:B 是磁感应强度;μ 是磁导率,$\mu = \mu_r\mu_0$,其中 μ_0 为真空磁导率,μ_r 为相对导磁率。

在国际单位制中,H 的单位为 A/m,但在工程上,过去一般采用 Oe(奥斯特)。它们的换算关系为 1 A/m $= 4\pi \times 10^{-3}$ Oe $= 0.012\ 6$ Oe。

由于在真空中 $\mu = 1$,因此在真空中的磁感应强度 $B = H$。在空气中,H 和 B 在数值上相差甚微。

磁场的研究与电场相类似,既然 E 称为电场强度,理应把 B 称为磁场强度,只是由于历史的原因,人们长期把 B 称为磁感应强度,而把磁场强度这一术语赋予了另一个物理量 H,实际上 H 本不该称为磁场强度的。由于历史习惯,人们现在还在把 H 称为磁场强度,本书沿袭这样的用法称谓。但真正确定磁场强度大小的物理量应用磁感应强度 B 这个物理量;而磁场强度 H 这个物理量在磁路计算中要用到它,它是作为一个重要的辅助量出现的。

3. 法拉第电磁感应定律和麦克斯韦方程组

(1)法拉第电磁感应定律。

1820 年丹麦科学奥斯特提出电能转化为磁之后,很多人尝试将磁转化为电,其中英国物理学家法拉第经过 10 年努力才得到实验上的成功,于 1831 年确定了电磁感应现象:闭合电路的一部分导体在磁场里做切割磁感应线的运动时,导体中就会产生电流。由于这个现象是法拉第发现的,故称法拉第电磁感应定律。电磁感应现象是电磁学中最重大的发现之一,它奠定了现代电机的基本理论基础,在电工技术、电子技术等方面都有广泛的应用。

(2)麦克斯韦方程组。

麦克斯韦方程组是英国物理学家麦克斯韦在 19 世纪建立的描述电场与磁场的 4 个基本方程。在麦克斯韦方程组中,电场和磁场已经成为一个不可分割的整体。该方程组系统而完整地概括了电磁场的基本规律,并预言了电磁波的存在。

麦克斯韦提出的涡旋电场和位移电流假说的核心思想是:变化的磁场可以激发涡旋电场,变化的电场可以激发涡旋磁场;电场和磁场不是彼此孤立的,它们相互联系、相互激发组成一个统一的电磁场(也是电磁波的形成原理)。麦克斯韦进一步将电场和磁场的所有规律综合起来,建立了完整的电磁场理论体系。这个电磁场理论体系的核心就是麦克斯韦方程组。

麦克斯韦方程是电磁学最基本的方程,奠定了电磁理论的基础。由电磁理论可知,磁路中的麦克斯韦方程为

$$\oint H \mathrm{d}L = NI \tag{2-12}$$

式中:N 是线积分路径所包围的导体数(如线圈匝数);I 是每根导体所流过的电流;H 是磁场强度,$\mathrm{d}L$ 是闭合回路长度微元。

根据安培环路定理,磁场强度沿闭合路径的线积分等于套着该路径的线圈中电流 I 和线

圈匝数 N 的乘积 NI。闭合路径上的磁通势的方向和线圈中电流的方向应符合安培定则（右手定则）。若线圈不止一个，磁通势等于每个线圈的 NI 的代数和。

由式（2-12）可得一闭合的、各处截面均匀磁场的安培定律形式，即

$$H = IN/L \tag{2-13}$$

由此可知，磁场强度 H 的大小和磁介质无关，而与安培匝（安匝）成正比。安匝数 IN 又称为磁通势。在国际单位制（SI）中，磁通势的单位是安培（A），但在工程上也用安培匝作为磁通势的单位。

4. 起始磁化曲线、磁滞回线和去磁曲线

（1）起始磁化曲线。

铁磁材料（如铁、镍、钴和其他铁磁合金）具有独特的磁化性质。取一块未磁化的铁磁材料，在磁化的过程中，其磁化曲线首先从坐标原点 O 开始，磁感应强度 B 随着磁场强度 H 的增大而沿着曲线 Oa 上升，并渐渐进入饱和状态 a 点，此后，如果再增加磁场强度 H，则 B 基本上保持不变。与 a 点相应的磁感应强度 B_S 称为饱和磁感应强度，此时的磁场强度 H_S 称为饱和磁场强度，曲线 Oa 称为起始磁化曲线，如图 2-17 所示。

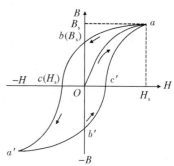

图 2-17　起始磁化曲线和磁滞回线

（2）磁滞回线和去磁曲线。

在磁铁充磁达到饱和状态之后，若逐渐减小外加磁场强度 H，磁铁中的磁感应强度 B 将随之减小。但是，B-H 关系不再按 Oa 曲线下降，而是按如图 2-17 所示的另外一条曲线 ab 下降。当外加磁场为零时，磁铁中的磁感应强度 B 不再等于零，而是等于 Ob，此时若改变外加磁场的方向，并逐渐向相反的方向增加，则 B-H 曲线按如图 2-17 所示的曲线 bca' 变化，a' 点达到负向饱和状态。此后若再增加负向外加磁场强度 H，则其磁感应强度 B 基本不变。而当它逐渐减小到零，并再逐渐向正值增加时，B-H 关系将沿曲线 $a'b'c'a$ 变化。随着外加磁场的不断反复变化，磁铁中的 B-H 关系将沿封闭曲线 $abca'b'c'a$ 重复变化。这样的封闭曲线称为磁滞回线。由于所谓永磁材料的"磁性适应"现象，所以一般磁滞回线要经过 2～3 次反复磁化后才会完全重合。

在如图 2-17 所示的磁滞回线中，其第二象限的 bc 段称为去磁曲线，它表示永磁材料被完全磁化后无外励磁时的 B-H 关系。由于永磁材料一般应用在无外励磁状况下，因此去磁曲线是表示永磁材料特性的主要曲线。

2.4　电路的基础知识

在研究电动型无人机动力装置时，需要了解与其相关电路的作用与组成，理解电压与电流参考方向的意义，理解电路的基本定律并能正确应用；了解电路的有载工作、开路与短路状态，以及理解电功率和额定值的意义，会计算电路中各点的电位。

2.4.1 电路的基本概念

1. 电路的定义和作用

(1)电路的定义。

电流流过的路径叫作电路,又称导电回路。它是由各种元器件为实现某种应用目的、按一定方式连接而成的整体。最简单的电路由电源、负载、传输环节和辅助设备四大部分组成,其中电源是提供电能或信号的设备;负载是消耗电能或输出信号的设备;电源与负载之间通过传输环节相连接,如用连接导线把电源、负载和其他辅助设备连接成一个闭合回路,起着传输电能的作用;为了保证电路按不同的需要完成工作,在电路中还需加入适当的辅助设备,如控制元件(开关、控制器和测量仪表等)。

电路导通叫作通路,只有通路,电路中才有电流通过。电路某一处断开叫作断路或者开路,实际工作中开路或断路是允许的。如果电路中电源正、负极间没有负载而是直接接通叫作短路,这种情况是决不允许的,因为电源的短路会导致电源、用电器、电流表被烧坏等现象的发生。另有一种短路是指某个元器件的两端直接接通,此时电流从直接接通处流经而不会经过该元器件,这种情况叫作该元器件短路。

(2)电路的作用。

1)实现电能的传输、分配与转换。

2)实现信号的传递与处理。

2. 电路的分类方法

电路的分类方法主要有以下几种。

(1)根据电源提供的电流不同,电路分为直流和交流两种。

1)直流电路。直流电路中电源采用直流电,其电流流向始终不变,由正极流向负极。直流电用符号 DC 表示,如电池等。

2)交流电路。直流电路中电源采用交流电,其电流流动的方向、大小会随时间改变。交流电用符号 AC 表示,如家用电源(110 V,220 V)。

(2)根据连接电路元件的基本方式分为串联和并联两种。

1)串联电路。将用元器件串联起来组成的电路叫作串联电路。串联是连接电路元件的基本方式之一,这种方式将电路元器件,如电阻、电容、电感、用电器等,逐个顺次首尾相连接。电流只有一条通路,开关在任何位置都控制整个电路,其作用与所在的位置无关。在一个电路中,若想控制所有电器,即可使用串联的电路。其缺点是,只要有某一处断开,整个电路就成为断路,所有相串联的元件都不能工作。

串联电路中总电阻等于各电子元件的电阻和,各处电流相等,总电压等于各处电压之和。

2)并联电路。并联电路是使在构成并联的电路元器件间电流有一条以上的相互独立通路。优点是用电器之间互不影响,一条支路上的用电器损坏,其他支路不受影响。

并联电路中,总电阻的倒数为所有电阻倒数之和,各处电压相等。

(3)根据所处理信号的不同,电子电路可以分为模拟电路和数字电路。

1)模拟电路。模拟电路是处理模拟信号的电路,由电气设备和元器件按一定方式连接起来,电路其实是在电压作用下,由自由电子移动或自由离子移动形成的。模拟信号是由自然界产生的周期性变化的连续性的物理自然变量。将连续性物理自然变量转换为连续的电信号,并运算连续性电信号的电路即称为模拟电路。模拟电路对电信号的连续性电压、电流进行处理。最典型的模拟电路应用包括放大电路、摇荡电路、线性运算电路(加法、减法、乘法、除法、微分和积分电路)。

2)数字电路。将连续性的电信号转换为不连续性的定量的电信号,并运算不连续性定量电信号的电路,称为数字电路。数字电路中,信号大小为不连续并定量化的电压状态。多数采用布尔代数逻辑电路对定量后信号进行处理。典型数字电路有振荡器、寄存器、加法器、减法器等。

3. 电路涉及的主要物理量

电路的作用是进行电能与其他形式能量之间的相互转换。因此,用一些物理量来表示电路的状态及各部分之间能量转换的相互关系。

(1)电流。

1)电流的含义。电流在实用上有两种含义:

A.电流表示一种物理现象:电荷有规则地运动就形成电流。

B.电流代表一个物理量:电流的大小用电流强度来表示,而电流强度是指在单位时间内通过导体截面积的电荷量,其单位是安培,简称"安",用大写字母 A 表示。电流强度多简称"电流"。

2)电流的方向。电流有真实方向和正方向之分,它们是两个不同的概念,不能混淆。

A.电流的真实方向:习惯上总是把正电荷运动的方向,作为电流的方向,这就是电流的实际方向或真实方向,它客观存在,不能任意选择,在简单电路中,电流的实际方向能通过电源或电压的极性很容易地确定下来。

B.电流的正方向:复杂直流电路中,某一段电路里的电流真实方向很难预先确定;在交流电路中,电流的大小和方向都是随时间变化的。这时,为了分析和计算电路的需要,引入了电流参考方向的概念,参考方向又叫假定正方向,简称"正方向"。

所谓正方向,就是在一段电路里,在电流两种可能的真实方向中,任意选择一个作为参考方向,即假定正方向。当实际的电流方向与假定的正方向相同时,电流是正值;当实际的电流方向与假定正方向相反时,电流就是负值。换一个角度看,对于同一电路,可以因选取的正方向不同而有不同的表示,它可能是正值或者是负值。要特别指出的是,电路中电流的正方向一经确定,在整个分析与计算的过程中必须以此为准,不允许再更改。

3)直流和交流。按照电源性质分类,电流分为两类。

A. 直流电流:直流电流的大小和方向均不随时间变化,称为恒定电流,简称"直流",用 I 表示。对于直流电流,单位时间内通过导体截面的电荷量是恒定不变的,其大小为

$$I = \frac{Q}{T} \tag{2-14}$$

B. 交流电流:交流电流的大小和方向均随时间变化,简称"交流",用 i 表示。对于交流电流,若在一个无限小的时间间隔 dt 内,通过导体横截面的电荷量为 dq,则该瞬间的电流为

$$i = \frac{dq}{dt} \tag{2-15}$$

(2)电阻。

导体对电流的阻碍作用就叫该导体的电阻,用符号 R 表示。电阻器是所有电子电路中使用最多的元件。电阻的主要物理特征是变电能为热能,也可说它是一个耗能元件,电流经过它就产生内能。电阻在电路中通常起分压分流的作用,对信号来说,交流与直流信号都可以通过电阻。电阻都有一定的阻值,它代表这个电阻对电流流动阻挡力的大小。电阻的单位是欧(姆),用符号 Ω 表示。当在一个电阻器的两端加上 1 V 的电压时,如果在这个电阻器中有 1 A 的电流通过,则这个电阻器的阻值为 1 Ω。

电阻器的电气性能指标通常有标称阻值、误差与额定功率等。它与其他元件一起构成一些功能电路,电阻的种类很多,通常分为碳膜电阻、金属电阻、线绕电阻、固定电阻与可变电阻、光敏电阻、压敏电阻、热敏电阻等。

(3)电压和电位。

电场中 A, B 两点之间的电压是指电场力把单位正电荷从 A 点移动到 B 点时所做的功 W。直流电压用符号 U 表示,交流电压用符号 u 表示。电压的单位为 V(伏特)。

电场中某点的电位等于电场力将单位正电荷自该点移动到参考点所做的功。比较电压和电位的概念可以看出,电场中某点的电位就是该点到参考点之间的电压,电位是电压的一个特殊形式。对于电位来说,参考点是至关重要的。在同一电路中,当选定不同的参考点,同一点的电位数值是不同的。原则上来说,参考点可以任意选定。在电工领域,通常选电路里的接地点为参考点,在电子电路里,常取机壳为参考点。在实际应用中,电压总是针对两点而言。不过,仅知道两点间的电压往往不够,还要求知道这两点中哪一点电位高,哪一点电位低。对于直流电动机来说,绕组两端的电位高低不同,电动机的转动方向可能是不同的。由于实际使用的需要,我们引入电压的极性,即方向问题。

在电路中指定流过元件的电流参考方向是从标以电压的正极性的一端指向负极性的一端,导体中的电流跟导体两端的电压成正比,跟导体的电阻阻值成反比,基本公式为

$$I = U/R \tag{2-16}$$

式中:I 为电流;U 为电压;R 为电阻。

在电路中,电场力把单位正电荷 Q 从 A 点移动到 B 点所做的功 W 与 Q 的比值称为这两点间的电压,也称电位差。对于直流电路有电压表达式:

$$U_{AB} = \frac{W}{Q} \tag{2-17}$$

对于交流电路有电压表达式：

$$u_{ab} = \frac{\mathrm{d}w}{\mathrm{d}q} \tag{2-18}$$

电压的实际方向规定：从高电位指向低电位，其方向可用箭头表示，也可用"＋"和"－"极性表示。

（4）电动势。

电路中因其他形式的能量转换为电能所引起的电位差叫作电动势。将电源力把单位正电荷由低电位点 B 经电源内部移到高电位点 A 克服电场力所做的功，称为电源的电动势。电动势用 E 或 e 表示，单位是 V（伏特）。在电路中，电动势也常用符号 δ 表示。

$$E = \frac{W}{Q} \tag{2-19}$$

$$e = \frac{\mathrm{d}w}{\mathrm{d}q} \tag{2-20}$$

电源的电动势是和非静电力的功密切联系的。非静电力是指除静电力外能对电荷流动起作用的力，在化学电池（干电池、蓄电池）中，非静电力是一种与离子的溶解和沉积过程相联系的化学作用。在温差电源中，非静电力是一种与温度差和电子浓度差相联系的扩散作用。在一般发电机中，非静电力起源于磁场对运动电荷的作用，即洛伦兹力。变化磁场产生的有旋电场也是一种非静电力，但因其力线呈涡旋状，通常不用作电源，也难以区分内外。

在电源内部，非静电力把正电荷从负极板移到正极板时要对电荷做功，这个做功的物理过程是产生电源电动势的本质。非静电力所做的功，反映了其他形式的能量有多少变成了电能。因此在电源内部，非静电力做功的过程是能量相互转化的过程。电源的电动势正是由此定义的，即非静电力把正电荷从负极移到正极所做的功与该电荷电量的比值，称为电源的电动势。

电动势与电势差（电压）是容易混淆的两个概念。电动势是表示非静电力把单位正电荷从负极经电源内部移到正极所做的功；而电压则表示非静电力把单位正电荷从电场中的某一点移到另一点所做的功。它们是完全不同的两个概念。电动势与电压的实际方向不同，电动势的方向是从低电位指向高电位，即由"－"极指向"＋"极，而电压的方向则从高电位指向低电位，即由"＋"极指向"－"极。此外，电动势只存在于电源的内部。

（5）电功率。

电功率是单位时间内电路中电场驱动电流所做的功。在物理学中，用电功率表示消耗电能的快慢，用符号 P 表示。它的单位是瓦特，瓦特表示符号是 W。一个用电器功率的大小数值上等于它在 1 s 内所消耗的电能。对于纯电阻电路，电功率计算公式为

$$P = I^2 R = \frac{U^2}{R} \tag{2-21}$$

用电器正常工作的电压叫额定电压，用电器在额定电压下正常工作的功率叫作额定功率，用电器在实际电压下工作的功率叫作实际功率。

2.4.2　电路图的基本概念

1.电路模型和电路图

(1)电路模型。

为了便于用数学方法分析电路,一般要将实际电路模型化,用足以反映其电磁性质的理想电路元件或其组合来模拟实际电路中的器件,从而构成与实际电路相对应的电路模型。

某一种实际元件在一定条件下,常忽略其他现象只考虑起主要作用的电磁现象,也就是用理想元件来替代实际元件的模型,这种模型称为电路元件,又称理想电路元件。用一个或几个理想电路元件构成的模型去模拟一个实际电路,模型中出现的电磁现象与实际电路中的电磁现象十分接近,这个由理想电路元件组成的电路称为电路模型。按照电路模型画出来的图称为电路模型图。

(2)电路图。

用电路元件符号表示电路连接的图,叫作电路图。电路图是人们为满足研究、工程规划的需要,用物理电学标准化的符号绘制的一种表示各元器件组成及器件关系的原理布局图。由电路图可以得知组件间的工作原理,为分析性能和安装电子、电器产品提供规划方案。在设计电路时,工程师可从容地在纸上或电脑上完成,确认完善后再进行实际安装。通过调试改进、修复错误,直至成功。采用电路仿真软件进行电路辅助设计、虚拟的电路实验,可提高工程师工作效率,节约学习时间,使实物图更直观。

电路图主要由元件符号、连线、结点、注释四大部分组成。

1)元件符号。元件符号表示实际电路中的元件,它的形状与实际的元件不一定相似,甚至完全不一样。但是它一般都表示出了元件的特点,而且引脚的数目都和实际元件保持一致。

2)连线。连线表示的是实际电路中的导线,在电路原理图中虽然是一根线,但在常用的印刷电路板中往往不是线而是各种形状的铜箔块,就像收音机原理图中的许多连线在印刷电路板图中并不一定都是线形的,也可以是一定形状的铜膜。

3)结点。结点表示几个元件引脚或几条导线之间相互的连接关系。所有和结点相连的元件引脚、导线,不论数目多少,都是导通的。

4)注释。注释在电路图中是十分重要的,电路图中所有的文字都可以归入注释一类。细看各图就会发现,在电路图的各个地方都有注释存在,它们被用来说明元件的型号、名称等。

电路模型图和电路图之间的区别:电路模型图是用实物的符号、图形或图片搭建或画出来的,一般没有特别严格的规范要求;而电路图则需要严格按照电路图画图的标准、规范进行绘制。在电路图中,各种电路元器件都要采用标准的电路符号和规定的图形符号表示。

2.电路图的分类

常见的电路图一共有四种,分别是原理图、方框图、装配图和印版图。

(1)原理图。

原理图就是用来体现电子电路工作原理的一种电路图,又被叫作"电原理图"。这种图直接体现了电子电路的结构和工作原理,所以一般用在设计、分析电路中。分析电路时,通过识别图纸上所画的各种电路元件符号,以及它们之间的连接方式,就可以了解电路实际工作时的情况(见图 2-18)。

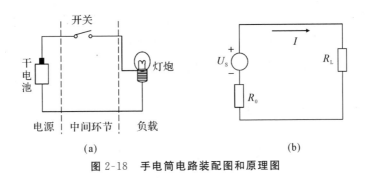

图 2-18 手电筒电路装配图和原理图

(2)方框图(框图)。

方框图是一种用方框和连线来表示电路工作原理和构成概况的电路图。从根本上来说,这也是一种原理图,不过在这种图纸中,除了方框和连线,几乎就没有别的符号了。它和上面的原理图的主要区别就在于,原理图上详细地绘制了电路的全部元器件和它们的连接方式,而方框图只是简单地将电路按照功能划分为几个部分,将每一个部分描绘成一个方框,在方框中加上简单的文字说明,用连线(有时用带箭头的连线)说明各个方框之间的关系。因此方框图只能用来体现电路的大致工作原理,而原理图除了详细地表明电路的工作原理之外,还可以用来作为采集元件、制作电路的依据。

(3)装配图。

装配图是为了进行电路装配而采用的一种图纸,图上的符号往往是电路元件的实物外形图。只要照着图上画的样子把一些电路元器件连接起来,就能够完成电路的装配。这种电路图一般是供初学者使用的。

装配图根据装配模板的不同而各不一样,大多数在电子产品的装配场合,用的都是下面要介绍的印刷线路板,所以印版图是装配图的主要形式。在初学电子知识时,为了能早一点接触电子技术,主要选用了螺孔板作为基本的安装模板,因此安装图也就变成另一种模式,如图 2-18 所示。

(4)印版图。

印版图的全名是"印刷电路版图"或"印刷线路版图",它和装配图其实属于同一类电路图,都是供装配实际电路使用的。

印刷电路板是在一块绝缘板上先覆上一层金属箔,再将电路不需要的金属箔腐蚀掉,剩下的部分金属箔作为电路元器件之间的连接线,然后将电路中的元器件安装在这块绝缘板上,利用板上剩余的金属箔作为元器件之间导电的连线,完成电路的连接。由于这种电路板的一面或两面覆的金属是铜皮,所以印刷电路板又叫"覆铜板"。印版图的元件分布往往和原理图中大不一样。这主要是因为,在印刷电路板的设计中,主要考虑所有元件的分布和连接是否合理,要考虑元件体积、散热、抗干扰、抗耦合等诸多因素,综合这些因素设计出来的印刷电路板,从外观上来看很难和原理图完全一致,而实际能更好地实现电路的功能。随着科技的发展,现在印刷线路板的制作技术已经有了很大的发展,除了单面板、双面板外,还有多面板,它们已经大量运用到日常生活、工业生产、国防建设、航天事业等许多领域。

在四种形式的电路图中,原理图是最常用也是最重要的,能够看懂原理图,也就基本掌握了电路的原理,绘制方框图,设计装配图、印版图,就比较容易了。掌握了原理图,进行电器的维修、设计,也是十分方便的。因此,关键是掌握原理图。

2.4.3 电路常用的基本元件

一张电路图就好比是一篇文章,各种单元电路就好比是句子,而各种元件就是组成句子的单词。因此,要想看懂电路图,还得从认识单词 —— 基本元件开始。

1. 电阻元件

(1)电阻与电导的基本概念。

导体的电阻不仅和导体的材质有关,而且和导体的尺寸有关。实验证明,同一材料导体的电阻和导体的截面积成反比,而和导体的长度成正比。为了方便计算,我们常常把电阻 R 的倒数用电导 G 来表示,电导 G 的单位为 S[西(门子)]。

$$G = \frac{1}{R} \tag{2-22}$$

(2)欧姆定律。

电路欧姆定律:流过电阻 R 的电流 I 与电阻两端的电压 U 成正比。

$$U = IR \tag{2-23}$$

电流 I 与电压 U 的方向一致。用欧姆定律列方程时,一定要在图中标明参考方向。

(3)电阻的伏安特性。

可以把电阻两端的电压 U 与电流 I 的关系标在坐标平面上,用一条曲线表示,这条曲线就称为电阻的伏安特性曲线,它常被用来研究导体电阻的变化规律,是物理学常用的图像法之一。

线性电阻的伏安特性曲线是一条过原点的直线。一般的电阻元件,均为线性电阻元件。

非线性电阻的伏安特性,由非线性电阻的伏安特性曲线图 2-19 可以看出它是一条曲线,即非线性元件电流与电压不成正比,例如二极管就是一个典型的非线性电阻元件。

由线性元件组成的电路称为线性电路,由非线性元件组成的电路称为非线性电路。

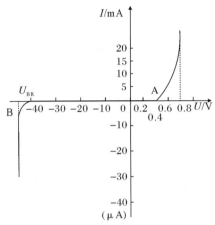

图 2-19　二极管的伏安特性曲线图

（4）电能。

电阻元件在通电过程中要消耗电能，是一个耗能元件。从 t_1 到 t_2 的时间内，电阻元件吸收的能量为 W，全部转化为热能。

$$W = \int_{t_1}^{t_2} R i^2 \, \mathrm{d}t \tag{2-24}$$

电能的单位是 J（焦耳），或 kW·h（千瓦·小时），简称为"度"。1 kW·h 是指功率为 1 kW 的电源（负载）在 1 h（小时）内所输出（消耗）的电能。

2. 电感元件

电感元件作为储能元件能够储存磁场能量。电感器是一个线圈，通常将导线绕在一个铁芯上制作成一个电感线圈（见图 2-20）。线圈的匝数与穿过线圈的磁通之积为 $N\phi$，称为磁链。

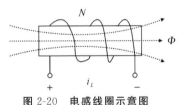

图 2-20　电感线圈示意图

当电感元件为线性电感元件时，电感元件的特性方程为

$$N\phi = Li \tag{2-25}$$

式中：L 为元件的电感系数，简称"电感"，它是一个与电感器本身有关，与电感器的磁通、电流无关的常数，又叫作自感，其单位为 H（亨利），有时也用 mH（毫亨）、μH（微亨）；磁通 ϕ 的单位是 Wb（韦伯）。

当通过电感元件的电流发生变化时，电感元件中的磁通也发生变化，根据电磁感应定律，在线圈两端将产生感应电压，设电压与电流关联时，电感线圈两端将产生感应电压。线性电感的电压与电流对时间的变化率成正比。

在一定的时间内，电流变化越快，感应电压越大；电流变化越慢，感应电压越小；若电流变化为零（即直流电流），则感应电压为零，电感元件相当于短路。

当流过电感元件的电流为 i 时，它所储存的能量为

$$W_L = \frac{1}{2} L i^2 \tag{2-26}$$

从式（2-26）中可以看出，电感元件在某一时的储能仅与当时的电流值有关。

3. 电容元件

电容元件作为储能元件能够储存电场能量。当电容为线性电容时,电容元件的特性方程为

$$q = Cu \tag{2-27}$$

式中:C 为元件的电容,是一个与电容器本身有关,与电容器两端的电压、电流无关的常数,其单位为 F(法拉)。

从式(2-27)可以看出,电容的电荷量是随电容两端电压的变化而变化的,由于电荷的变化,电容中产生了电流,线性电容的电流与端电压对时间的变化率成正比。当电容元件的两端电压恒定不变时,通过电容的电流为零,电容处于开路状态。因此,电容元件对直流电路来说相当于开路。

电容所储存的电场能为

$$W_C = \frac{1}{2}Cu^2 \tag{2-28}$$

4. 电压源和电流源

电源是将其他形式的能量,如化学能、机械能、太阳能、风能等转换成电能后提供给电路的设备。

(1)电压源。

电压源是指理想电压源,即其内阻为零,且电源两端的端电压值恒定不变(直流电压)。它的特点是电压的大小取决于电压源本身的特性,与流过的电流无关。流过电压源的电流大小与电压源外部电路有关,由外部负载电阻决定。因此,它称为独立电压源。

电压为 U_s 的直流电压源的伏安特性曲线,是一条平行于横坐标的直线,特性方程为

$$U = U_s \tag{2-29}$$

如果电压源的电压 $U_s = 0$,则此时电压源的伏安特性曲线,就是横坐标,也就是电压源相当于短路。

(2)电流源。

电流源是指理想电流源,即内阻为无限大、输出恒定电流 I_s 的电源。它的特点是电流的大小取决于电流源本身的特性,与电源的端电压无关,端电压的大小与电流源外部电路有关,由外部负载电阻决定。因此,也称其为独立电流源。

电流为 I_s 的直流电流源的伏安特性曲线是一条垂直于横坐标的直线。如果电流源短路,流过短路线路的电流就是 I_s,而电流源的端电压为零。

2.4.4 基尔霍夫定律

1. 有关电路结构的一些名词

(1)支路。通以相同电流且无分支的一段电路叫支路。图 2-21 中有 3 条支路,分别是 BAF,BCD 和 BE。支路 BAF,BCD 中含有电源,称为含源支路。支路 BE 中不含电源,称为

无源支路。

（2）节点。3 条或 3 条以上支路的连接点称为节点，如图 2-21 中 $B,E(F,D)$ 为两个节点。

（3）回路。电路中任一闭合路径称为回路。如图 2-21 中有 3 个回路，分别是 $ABEFA,BCDEB,ABCDEFA$。

（4）网孔。不含交叉支路的回路称为网孔，如图 2-21 中 $ABEFA$ 和 $BCDEB$ 都是网孔，而 $ABCDEFA$ 则不是网孔。

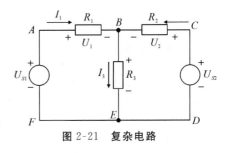

图 2-21 复杂电路

2. 基尔霍夫电流定律（KCL）

基尔霍夫电流定律指出：任一时刻，流入电路中任一节点的电流之和等于流出该节点的电流之和。基尔霍夫电流定律简称 KCL，反映了节点处各支路电流之间的关系。

$$\sum I = 0 \tag{2-30}$$

由此，基尔霍夫电流定律也可表述为：任一时刻，流入电路中任一节点电流的代数和恒等于零。基尔霍夫电流定律不仅适用于节点，也可推广应用到包围几个节点的闭合面（也称广义节点）。可见，在任一时刻，流过任一闭合面电流的代数和恒等于零。

3. 基尔霍夫电压定律（KVL）

基尔霍夫电压定律指出：在任何时刻，沿电路中任一闭合回路，各段电压的代数和恒等于零。基尔霍夫电压定律简称 KVL，其一般表达式为

$$\sum U = 0 \tag{2-31}$$

应用上式列电压方程时，首先假定回路的绕行方向，然后选择各部分电压的参考方向，凡参考方向与回路绕行方向一致者，该电压前取正号，凡参考方向与回路绕行方向相反者，该电压前取负号。基尔霍夫电压定律不仅应用于回路，也可推广应用于一段不闭合电路：开口电路两端的电压等于该两端点之间各段电压降之和。

2.5 磁路的基础知识

在电工技术中不仅要讨论电路问题，还要讨论磁路问题。因为电和磁是紧密相关的，如果只注意电而不重视磁，那么在很多情况下想深入研究其设备电路就会感到很困难，原因是电动机、变压器、互感器、接触器、磁放大器以及电工测量仪表等的工作原理都与磁密切相关，很多电工设备与电路和磁路都有关系，因此，既要重视电路，也要花一些精力学习并了解磁路的技术问题。

2.5.1 磁路的基本概念

从研制角度而言，我们希望制造电动机的磁性材料的性能尽可能地优越。但从使用角度

来考虑,对已研制出的材料,为了合理利用以期获得最大的收益,了解与磁路相关的基本概念就显得特别重要。

1. 磁路的定义

磁路是指磁通所通过的路径,这类似于电路的定义。分析磁路的主要目的是要确定励磁磁通势和它所产生的磁通的关系,这对了解器件的性能和进行相应的设计,诸如确定磁路形状、尺寸、励磁电流的大小、选择适用的材料等,都是必要的。

如图 2-22 所示,磁路与电路有许多相似之处。首先物理量相似:磁路中的磁通与电路中的电流相似;磁路中的磁阻与电路中的电阻相似;磁位差、磁通势分别与电路中的电压、电动势相似。其次它们遵循的基本定律相似:电路和磁路都有欧姆定律和基尔霍夫定律。但是,两者之间也有不少区别,例如磁通只是描述磁场的物理量,并不像电流那样表示带电质点的运动,它通过磁阻时,也不像电流通过电阻那样要消耗功率,因而也不存在与电路中的焦耳定律类似的磁路定律等。

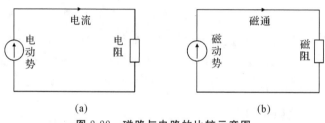

图 2-22 磁路与电路的比较示意图

(1)常见磁路。在实际工程项目中,常见的磁路有以下几种:

1)变压器磁路。由硅钢片叠成的铁芯组成闭合磁路,实现一二次侧电压高低变换和电能传递。

2)电抗器磁路。磁路由带有气隙的硅钢片铁芯组成,比不带气隙的饱和电抗器有较大的磁阻电抗值,用于抵消容性电流、降压起动、滤波和限流等。

3)电动机中的磁路。无刷直流电动机的磁路,由永磁体、磁轭和气隙组成。在电动机和电抗器中的气隙是由于工作原理需要而存在的,称为工作气隙。

为了加强磁场并把分散的磁场能集中起来,往往在磁通经过的路径中采用包括工作气隙的铁磁材料构成回路,以使绝大部分磁感线沿着铁磁材料和工作气隙形成回路,只有少量的磁力线穿出铁芯材料经周围空气形成回路,如图 2-23 所示。

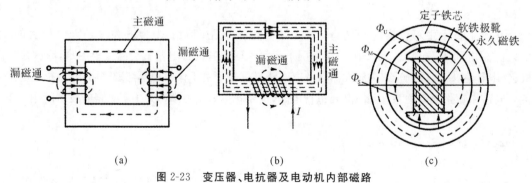

图 2-23 变压器、电抗器及电动机内部磁路

(2)磁路分类。根据磁路的导磁性能,将磁路分为以下几种:

1)主磁路。由于铁芯的导磁性能比空气要好得多,所以绝大部分磁通将在铁芯内通过,这部分磁通称为主磁通,它在能量传递或转换过程中起耦合作用。主磁通所通过的路径称为主磁路。

2)漏磁路。围绕载流线圈、部分铁芯和铁芯周围的空间,还存在少量分散的磁通,这部分磁通称为漏磁通,它与主磁通所通过的路径不同。漏磁通所通过的路径称为漏磁路。

3)分支磁路。磁路也像电路一样,分为有分支磁路和无分支磁路。在无分支磁路中,通过每一个横截面的磁通都相等。

4)恒定磁通磁路。当励磁电流为直流时,磁路中产生恒定磁通,此磁路称为恒定磁通磁路。

5)交变磁通磁路。当励磁电流为交流时,产生交变磁通,此称为交变磁通磁路。

由于电工中常用铁磁材料作铁芯,铁磁材料的磁导率与其中的磁通密度或磁场强度有关,而非恒定值,这就使磁路分析成为非线性问题。在一般电路中,导电材料的电导率与其周围的绝缘材料的电导率相差高达 10^{20} 倍左右,而磁路中导磁材料的磁导率只不过比周围的非导磁材料(如空气)的磁导率大几千倍。因此,磁路中的漏磁现象比电路中的漏电现象要严重得多,这就给磁路的精确计算带来了很大困难。有时,连近似计算也很烦琐。

在一般工程计算中,常常只计算主磁通,而忽略漏磁通,或在主磁通上加一个修正系数,作为对漏磁通多少的一个估计补偿。虽然漏磁现象较漏电现象严重,但在磁路中的许多基本定律都是在忽略漏磁通的条件下建立的,并不影响这些定律的正确性。

2. 磁路欧姆定律

假如某磁路是由一均匀截面为 S、长度为 L 的铁磁材料组成,材料的磁导率为 μ。根据该磁路中磁感应强度 B,磁场强度 H 以及磁通 ϕ 之间的关系,可得

$$\phi = \frac{IN}{L/\mu S} \tag{2-32}$$

简化为

$$\phi = \frac{F}{R_{\mathrm{m}}} \tag{2-33}$$

式中:F 是磁动势 $F = IN$;R_{m} 是磁阻 $R_{\mathrm{m}} = L/\mu S$。

由此可知,磁路中的磁阻与磁路长度成正比,与磁路的截面积及磁路中的导磁材料的磁导率成反比,其单位为 $\mathbf{H}^{-1}$。磁路中磁阻的公式和电路中电阻的公式 $R = l/\sigma S$ 在数学形式上相似,其中电导率 σ 与磁导率 μ 相对应。磁路中的磁动势 F 用来产生磁通 ϕ,磁阻 R_{m} 可看作是对磁通起阻碍作用的参数,与材料的磁特性和几何参数有关。仿照电路中的欧姆定律,故公式 (2-33) 称为磁的欧姆定律,但应强调二者的物理本质是不同的。

磁路中铁磁材料的磁导率 μ 不是常数,且随着磁状态的不同而发生很大的变化。因此由磁路欧姆定律来求解 F 和 ϕ 的关系比较困难。磁路欧姆定律往往用来定性分析磁路的工作情况。实际计算磁路时,还要针对具体的磁路的基本情况加以适当补充和修正。

3. 磁路基尔霍夫定律

在电路中,根据电流的连续性定理有基尔霍夫第一定律,即 $\sum I = 0$。同样在磁路中,根据磁通的连续性,也可以得到磁路的基尔霍夫第一定律,即磁路中通过任何闭合面上磁通的代数和等于零,也就是说,进入闭合面的磁通等于离开闭合面的磁通。它可以表示为

$$\sum \phi = 0 \tag{2-34}$$

式(2-34)中,穿出闭合面的磁通取正号,穿入闭合面的磁通取负号。

同样,根据磁路中的麦克斯韦方程,即式(2-12),可得出磁路基尔霍夫第二定律为

$$\sum HL = \sum IN \tag{2-35}$$

即在闭合磁路中,各段磁位降的代数和 $\sum HL$ 等于闭合磁路中磁动势的代数和 $\sum IN$。此定律适用于任何一个闭合回路,它把磁场强度和电流联系起来了,因此具有广泛用途。由于电动机和变压器的磁路总是由数段不同截面、不同铁磁材料和空气隙组成,所以在计算时,把整个磁路分成若干段,每段为相同材料、相同截面且段内磁通密度处处相等,从而磁场强度亦处处相等,这样便于应用第二定律计算。

4. 磁路与电路的对应关系

磁路和电路的物理量和基本定律有很多类似之处,可用类比的方法列出它们之间的对应关系,例如若磁路中有一磁通经过若干段磁路,则此各段磁路的总磁位降等于各段磁路上磁位降之和。每一段磁路的磁位降等于该段磁路的磁阻与磁通的乘积,从而可得总磁阻等于各段磁路磁阻之和。这相当于串联电阻电路的总电阻等于其中各电阻之和。同样,磁路中若有多个磁路支路并联,则各支路的两端有相同的磁位降,各磁路支路的磁通之和即等于总磁通,从而可得这些并联支路的总磁导等于各支路磁导之和。这相当于并联电路的总电导等于其中各电导之和。磁路与电路的对比见表2-2。

表 2-2 磁路与电路的对比

电路		磁路	
电流	I	磁通	ϕ
电动势	E	磁通势	E
电导率	σ	磁导率	μ
电阻	$R = \dfrac{L}{\sigma S}$	磁阻	$R_{\mathrm{m}} = \dfrac{L}{\mu S}$
电压降	$U(IR)$	磁压降	$HL(\phi R_{\mathrm{m}})$
欧姆定律	$I = \dfrac{E}{R}$	磁路欧姆定律	$\phi = \dfrac{F}{R_{\mathrm{m}}}$
基尔霍夫第一定律	$\sum I = 0$	磁路基尔霍夫第一定律	$\sum \phi = 0$
基尔霍夫第二定律	$\sum IR = \sum E$	磁路基尔霍夫第二定律	$\sum HL = \sum IN$

2.5.2 永磁磁路的等效磁路图

电动无人机动力装置大多采用无刷直流永磁电动机,该类型电动机在磁路结构上的最大特点是采用永磁体作转子,而定子结构与交流电动机相似。

1. 永磁磁路的基本概念

在含有永磁体的磁路中,永久磁铁既是一个可变磁通势源,又是磁路的一个组成部分。与类似的电路相比,它相当于一个内阻抗可变的电源。因此,可用图 2-24 所示的等效磁路来表示永久磁铁的运行状态。

图 2-24 中包括一个假想的"虚拟磁通势"F_{MX} 和永久磁铁的磁导 G_{MX}。换言之,作为一个磁通势源,永久磁铁对外磁路所提供的磁通势并非是恒值,而是与外磁路的磁阻有关,这是永磁磁路的一个特点。当永久磁铁的内部磁通为 ϕ_M 时,永久磁铁两端作用于外磁路的磁通势为 F_M。

当永久磁铁与外磁路组成闭合回路时,如设外磁路的总磁位降为 F_{12},按基尔霍夫第二定律 $\Sigma F = 0$,磁铁两端的磁通势 F_M 等于外磁路的总磁位降,两者符号相反。其等效磁路图如图 2-25 所示,并可以据此作出任何永磁磁路的等效磁路图。

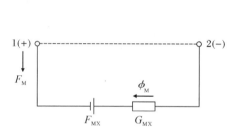

图 2-24 永磁磁路等效磁路

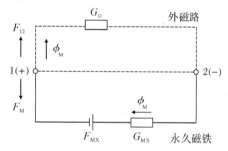

图 2-25 永磁磁路等效磁路图的组成部分

对于如图 2-26 所示的具有固定气隙的环形永久磁铁,其等效磁路如图 2-27 所示。

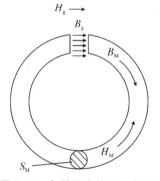

图 2-26 气隙固定的环形永久磁铁

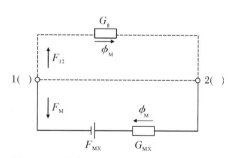

图 2-27 简单永磁磁路的等效磁路图

根据磁路和电路形式相似的原则,可以求得图 2-26 中的 F_M 和垂 ϕ_M 之间的关系为

$$F_M = F_{MX} - \frac{\phi_M}{G_{MX}} \tag{2-36}$$

然而,只有当 F_{MX} 和 G_{MX} 值为常数时,式(2-36)才是一个直线方程式,F_M 和 ϕ_M 才成线性

关系。在现有已查明的永磁材料中,只有稀土钴和一部分铁氧体磁铁的去磁曲线近似于直线。对于其他大多数永磁材料来说,其去磁曲线都是非线性的。

如果磁铁工作点在去磁曲线上,则上述等效磁路图中的 F_{MX} 和 G_{MX} 都是不定值。由于去磁曲线上每一点的磁导率 μ 不相等,即使工作点处于回复直线上,G_{MX} 也不是一个定值。由此可见,对大多数永磁材料来说,F_{MX} 和 G_{MX} 由去磁曲线的形状和磁铁工作点具体位置决定。它们与工作点及 B_M 之间的关系是比较复杂的,且 B_M 本身还是一个欲求的未知数,这就是求解永磁磁路的困难所在。

2. 开环式等效磁路图

开环式等效磁路图是以永久磁铁力磁路中的可变磁动势源为基础,但避开了 F_M 和 ϕ_M 之间的复杂变化关系。它适用于图解分析法、数学计算法以及一般的作图法。

(1)作图方法。

1)图解分析法。开环式等效磁路图解分析法的主要步骤是先算出磁铁两端外磁路的磁化曲线,然后利用永磁材料现成的去磁曲线,采用作图法解出所需的工作点。

2)数学计算法。开环式等效磁路数学计算法首先是用数学计算法算出永久磁铁两端外磁路的合成等效磁导,然后利用去磁曲线的方程式,用代数法解出所需的工作点。

(2)主要特点。开环式等效磁路图的主要特点有:

1)只须进行磁铁两端外磁路的磁导计算。

2)只须利用现成的永久磁铁去磁曲线或回复直线的图形或方程式。因此,在绘制永磁磁路的等效磁路图时,只须绘出磁铁两端外磁路的等效磁路图,而不必把磁铁本身包含进去,如图 2-28 所示。图中以 1 和 2 表示磁铁的两端,称为开环式的磁铁两端外磁路的等效磁路图。

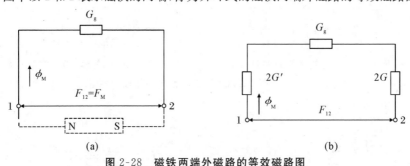

图 2-28 磁铁两端外磁路的等效磁路图

(a)具有固定气隙的环形磁铁磁路图;(b)具有 L 形导磁体的永磁磁路图

利用等效磁路图求解磁铁工作点时,首先按图 2-28 求出永久磁铁两端外磁路的总磁位降 F_{12} 和总磁通中 ϕ_{12} 的关系 $F_{12}=f(\phi_M)$。

当采用图解法时,将 $F_{12}=f(\phi_M)$ 曲线绘于第二象限内。采用数学计算方法时,去磁曲线或回复直线方程式中的 F_M 值以绝对值代入方程式 $F_M=F_{12}=f(\phi_M)$。由此可知,不论是图解分析法或是数学计算法,都只须应用 $F_{12}=f(\phi_M)$ 的关系,不必改变符号。这种等效磁路简单、明了,适用于无刷直流电动机主磁路的分析和求解。磁路计算时,通常是先给定磁通量,然后计算所需的励磁磁通势。若给定励磁磁通势来求磁通量,则是一个逆问题。由于磁路的非线性,需要进行试探和多次迭代,才能得到解答。

习　题

1. 什么是磁性、磁体、磁极、磁化和磁化率？

2. 从应用功能上讲,磁性材料可分为哪些类型？

3. 简述磁场的定义、特性、类型以及地磁场的起源和主要作用。

4. 什么是电、电荷、电场、电场强度、电场线？列举常见电场线的特点。

5. 什么是电磁场和电流的磁效应？简述安培定则的内容。

6. 什么是磁感线、磁感强度？磁感线有哪些特点？

7. 什么是磁通、磁场高斯定理、磁化电流和磁场强度？

8. 简述法拉第电磁感应定律和麦克斯韦方程组的内容。

9. 用图形画出起始磁化曲线、磁滞回线和去磁曲线,并作简单说明。

10. 简述电路的定义和作用、电路的分类方法。电路涉及的主要物理量有哪些？

11. 什么是电路模型和电路图？电路图如何分类？电路常用的基本元件有哪些？

12. 简述基尔霍夫电流定律和基尔霍夫电压定律的内容。

13. 什么是磁路？磁路有哪些类型？

14. 磁路与电路有何相似之处及不同之处？

15. 简述开环式等效磁路图的作图方法和主要特点。

第3章 直流电动机原理与特性

3.1 电机的定义、分类与电动机的结构类型

电能的生产、输送和应用已成为现代文明社会的主要标志之一。电机在人们生活工作的各个领域的应用越来越普及、越来越广泛,发挥的作用越来越大。

3.1.1 电机的定义和类型

电机是指依据电磁感应定律实现电能的转换或传递的一种电磁装置。

1. 静止电机

变压器是一种静止电机,它应用电磁感应原理,将一种电压的电能转换为另一种电压的电能(一般是交流电)。它的输入和输出均为电能,与机械能无关,故无转动部分。要将大功率电能输送到很远的地方去,采用较低的电压和相应的大电流来传输是不可能的。原因有两点:一方面,大电流将在输电线上引起大的功率损耗;另一方面,大电流还将在输电线上引起较大的电压降落,致使电能根本输送不出去。为此,需要用变压器将输电线路上电能的电压升高,相应的电流便可减小,这样可以极大地降低送电损耗。

2. 旋转电机

(1)发电机。发电机的主要作用是将机械能转化为电能,目前最常见的是利用热能、水能、风能等推动发电机转子来发电。根据发电机工作原理不同又分作直流发电机、异步发电机和同步发电机等类型。目前广泛使用的大型发电机都是同步发电机。

(2)电动机。电动机的主要作用是将电能转换为机械能。它利用电能产生驱动转矩,作为电器或各种机械的动力源。电动机按使用电源不同分为直流电动机和交流电动机。电力系统中的电动机大部分是交流电动机,直流电动机主要用于需要高转速的场合(交流电机的转速有 4 000 r/min 的瓶颈,直流可达 14 000 r/min 以上)、对速度精度有相当要求的场合、无交流电网的场合以及低压场合(48 V 以下)等。

3.1.2 旋转电机分类及可逆性原理

旋转电机的结构形式必须有满足电磁和机械两方面要求的结构,以及具备满足适时静止和转动两种状态的结构。

1. 旋转电机的分类

旋转电机的静止部分称为定子,旋转部分称为转子。按照定子和转子绕组中流过的电流的不同,旋转电机又可分为以下几种类型:

(1)直流电机。直流电机的定子和转子绕组中都是直流电流。

(2)交流电机。交流电机的定子和转子绕组中都是交流电流。

(3)同步电机。同步电机的定子和转子绕组中,一个是交流电流,另一个是直流电流。

(4)异步电机。异步电机的定子和转子绕组中都是交流电流。

2. 电动机与发电机的区别

电动机和发电机都属于旋转电机的范畴,在结构上也基本上是相同的,但它们的功用完全不同。电动机是一种把电能变作机械能的机器,利用电动机可以把发电机所发出的大量电能应用到人们的生活或生产事业上去。发电机是一种把机械能转变为电能的机电设备,发电是它的本职工作,其工作原理是利用外力带动其转子旋转,使转子线圈上产生感应电流,提供给输电线路及用户使用。电动机则相反,是利用通电线圈在磁场中受力转动的现象而制成的,其工作原理是把电流输入中心转子的线圈内,使转子旋转,然后带动其他机器工作,即它的本职工作是用电来做功。

3. 电机的可逆性原理

电机的可逆性是指同一电机既可作为发电机工作,又可作为电动机工作。同一台电机在不同的外界条件下作发电机或电动机运行的原理,称为电机的可逆性原理。

从基本电磁情况来看,一台电机原则上既可作为电动机运行,也可以作为发电机运行,只是约束的条件不同而已。闭合电路的一部分导体在磁场中做切割磁感线的运动时,导体中就会产生电流,这种现象叫电磁感应现象。如果从轴上输入机械功率,电机作发电机运行,向外输出直流电能。如果从电刷上输入电功率,电机即作电动机运行,向外输出机械功率。电机的可逆性与电机本身的性质有关,它就是机械能和电能相互转换的设备,在不同的客观条件下,表现出不同的运行工况。

3.2　直流电动机的工作原理、基本结构和分类

直流电动机在电力拖动系统的调速和起动方面具有先天优势,在工业生产、加工和电器产品的各个领域发挥着重要的作用,特别是小型直流电动机应用广泛。

3.2.1　直流电动机工作原理、异步电机与同步电机的区别

1. 直流电动机的工作原理

所谓直流电动机,实际上是指直流电动机的电枢供电电源是直流电,而在电枢绕组中流过

的电流是交流的。直流电动机的结构模型如图 3-1 所示,电刷 A 是正电位,B 是负电位,在 N 极磁场范围内的导体 ab 中的电流是从 a 流向 b,在 S 极磁场范围内的导体 cd 中的电流是从 c 流向 d。由于载流导体在磁场中要受到电磁力的作用,因此,ab 和 cd 两导体都要受到电磁力 F 的作用。

根据磁场方向和导体中的电流方向,利用电动机左手定则判断,ab 边受力的方向向下,而 cd 边则向上。由于磁场是均匀的,导体中流过的又是大小相同的电流,所以,ab 边和 cd 边所受电磁力的大小相等、方向相反。这样,线圈上就受到了电磁力矩的作用而按逆时针方向转动。当线圈转到磁极的中性面上时,线圈中的电流等于零,电磁力矩等于零,但是由于转子的惯性,线圈将继续转动。

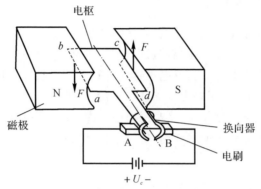

图 3-1　直流电动机的结构模型

线圈转过一个周期之后,虽然 ab 与 cd 的位置调换了,ab 边转到 S 极范围内,cd 边转到 N 极范围内,但是,由于换向片和电刷的作用,转到 N 极下的 cd 边中电流方向也变了,是从 d 流向 c,在 S 极下的 ab 边中的电流则是从 b 流向 a,电磁力 F 的方向仍然不变,线圈继续受力按逆时针方向转动。可见,分别处在 N,S 磁极范围内的导体中的电流方向总是不变的,因此,线圈两个边的受力方向也不变,这样,线圈就可以按照这个确定的受力方向不停地旋转,通过齿轮或皮带等机构的传动,便可以带动其他工作机械。

由图 3-2 所示直流电动机工作原理可以看到,要使线圈按照一定的方向旋转,关键问题是当导体从一个磁极范围内转到另一个异性磁极范围内时(也就是导体经过中性面后),导体中电流的方向也要同时改变。换向器和电刷就是完成这个任务的装置。在直流发电机中,换向器和电刷的任务是把线圈中的交流电变为直流电向外输出;而在直流电动机中,则是用换向器和电刷把输入的直流电变为线圈中的交流电。

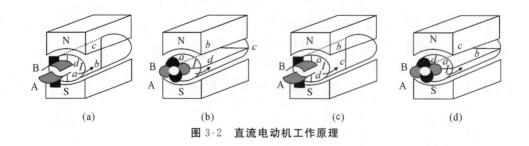

图 3-2　直流电动机工作原理

2.异步电机与同步电机的区别

异步电机的工作原理是通过定子的旋转磁场在转子中产生感应电流从而产生电磁转矩，转子中并不直接产生磁场，因此，转子的转速一定是小于同步速的（没有这个差值，即转差率就没有转子感应电流）。而同步电机转子本身产生固定方向的磁场（用永磁铁或直流电流产生），定子旋转磁场"拖着"转子磁场（转子）转动，因此转子的转速一定等于同步速。

3.2.2 直流电动机的基本结构和分类

1.直流电动机的基本结构

直流电动机与其他类型的电动机一样，基本结构由定子、转子和气隙 3 个主要部分组成。直流电动机的结构如图 3-3 所示。

（1）定子。定子主要起到电磁感应作用，用以产生磁场，以及起机械支撑作用，由主磁极、换向极、机座、端盖、轴承、电刷装置等部件组成。

1）主磁极。主磁极由主磁极铁芯、励磁绕组组成，用于产生工作磁场。主磁极铁芯用薄钢板冲制后叠装而成，主磁极绕组用电磁线（小型电机）或扁铜线（大、中型电机）绕制而成。主磁极是直流电动机的电磁感应部分，其作用是改变励磁电流方向，也可改变励磁磁场方向，产生恒定的气隙磁通。主磁极结构如图 3-4 所示。

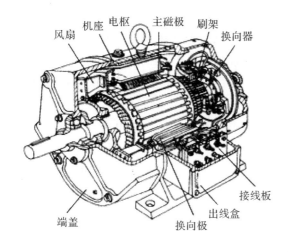

图 3-3 直流电动机的结构图

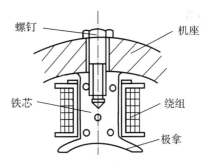

图 3-4 直流电动机主磁极的结构图

2）换向极。换向极是位于两个主磁极之间的小磁极，又称附加极，用于产生换向磁场，以减小电流换向时产生的火花，它由换向极铁芯和换向极绕组组成。

换向极铁芯是由整块钢制成，对换向性能要求高的电动机，用 1～1.5 mm 钢板叠压而成。换向极绕组与主磁极绕组一样，也是用铜线或扁铜线绕制而成，并经绝缘处理，固定在换向极铁芯上，如图 3-5 所示。换向极绕组一般都与电枢绕组串联，并且安装在两个相邻主磁极间的中线上。

一般容量在 1 kW 以上的直流电动机都会配置换向极。换向极绕组与电枢绕组串联,用于改善电动机的换向性能,防止产生电弧火花。整个换向极用螺钉固定在机座上。换向极数目和主磁极数目相等。

3)机座。机座是直流电动机的机械支撑,用来固定主磁极、换向极和端盖(见图 3-6)。

机座又是电动机磁路的一部分,机座上作为磁路的部分称为磁轭。为保证机座的机械强度和导磁性能,机座通常采用铸铁或厚钢板焊接而成,或直接用无缝钢管加工而成。

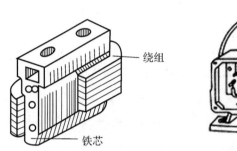

图 3-5　换向极的结构图

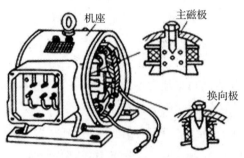

图 3-6　机座的结构图

4)电刷装置。电刷装置由电刷、刷握、刷杆、压缩弹簧和铜丝瓣等组成,电刷一般用石墨粉压制而成,其作用是通过电刷与换向器表面的滑动接触,将直流电压、直流电流引入或引出电枢绕组,与换向片配合,完成直流与交流的互换(见图 3-7)。

(2)转子(电枢)。转子的作用是产生电磁转矩和感应电动势,它是能量转换的枢纽,由电枢铁芯、电枢绕组、换向器、风扇、转轴等部件组成,其结构如图 3-8 所示。

1)电枢铁芯。电枢铁芯属于电动机磁路的一部分,主要作用是导磁和嵌放电枢绕组。为减少电动机中的铁耗,常将电枢铁芯用 0.5 mm 厚的硅钢片叠压而成,片间要绝缘。冲片圆周外缘均匀地冲有许多齿和槽,槽内嵌放电枢绕组;冲片上一般还有许多圆孔,以形成改善散热效果的轴向通风孔。

2)电枢绕组。电枢绕组是电动机的电路部分,其作用是产生感应电动势,通过电流,产生电磁转矩,传送电磁功率,实现电动机能量转换,它是电动机最关键的部件之一。电枢绕组由许多用绝缘导线绕制的线圈(又称元件)组成,各线圈以一定的规律焊接到各换向片上而连接成一个整体。

3)换向器。换向器是直流电动机的关键部件,如图 3-9 所示。它在电动机中和电刷一起将电动机外的直流电流转换成绕组内的交流电流;在发电机中和电刷一起将发电机内部的交流电流转换成外电路的直流电流。

从直流电动机工作原理的分析可以看出:换向器和电刷的功用是使线圈按照一定的方向旋转,当导体从一个磁极范围内转到另一个异性磁极范围内时(也就是导体经过中性面后),使导体中电流的方向也同时发生改变。

换向器和电刷的工作任务在直流发电机和直流电动机中是不一样的。在直流电动机中,换向器和电刷的任务是把输入的直流电变为线圈中的交流电。在直流发电机中,换向器和电刷的任务是把线圈中的交流电变为直流电向外输出。当然,在实际的直流电动机中,也不只有一个线圈,而是有许多个线圈牢固地嵌在转子铁芯槽中,当导体中通过电流并在磁场中因受力而转动,就带动整个转子旋转。

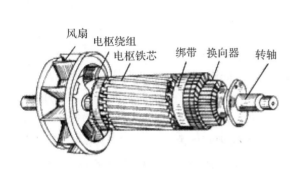

图 3-8　转子装置结构图

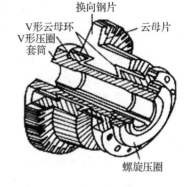

图 3-9　换向器结构图

换向器的换向片使用银-铜、镉-铜等合金材料,用高强度塑料模压而成。电刷与换向器滑动接触,为转子绕组提供电枢电流。电磁式直流电动机的电刷一般采用金属石墨电刷或电化石墨电刷。转子的铁芯采用硅钢片叠压而成,一般为 12 槽,内嵌 12 组电枢绕组,各绕组间串连接后,再分别与 12 片换向片连接。

4)转轴。转轴用来传递转矩。为了使电动机可靠地运行,转轴一般用合金钢锻压加工而成。

5)风扇。风扇用来散热,降低电动机运行中的温升。

(3)气隙。直流电动机的气隙是指定子、转子之间的间隙。气隙是电动机主磁极与电枢之间的间隙,小型电动机气隙为 $1\sim3$ mm,大型电动机气隙为 $10\sim12$ mm。气隙虽小,但因空气磁阻较大,其在电动机磁路系统中有重要作用,气隙的大小、形状对电动机性能有很大的影响。

2. 直流电动机的分类

直流电动机的种类较多,通常按照建立磁场的方式不同,分为永磁直流电动机和电磁直流电动机两大类。电磁直流电动机的励磁方式是指对励磁绕组如何供电、产生励磁磁通势而建立主磁场的问题。永磁直流电动机是用永磁体建立磁场的一种直流电机。永磁直流电动机起动和运行特性与电流励磁式的他励、并励直流电动机基本相同,在结构上除定子部分没有励磁绕组外,其电枢、电刷、换向器等零部件均与电流励磁式直流电机相同。

(1)电磁直流电动机。根据励磁方式的不同,电磁直流电动机分为他励和自励两类。自励的励磁方式包括并励、串励、复励等,复励又有积复励和差复励之分。电磁直流电动机因励磁方式不同,定子磁极磁通(由定子主磁极的励磁线圈通电后产生)的规律也不同。这使得电磁直流电动机的特性有很大的差异,从而使它们能满足不同生产机械及电器产品的要求。

1)他励直流电动机。他励直流电动机(见图 3-10)的励磁绕组与电枢绕组无连接关系,而由其他直流电源对励磁绕组供电。由于他励直流电动机的励磁绕组接到独立的励磁电源供电,其励磁电流也较恒定,起动转矩与电枢电流成正比。转速变化为 $5\%\sim15\%$。可以通过消弱磁场恒功率来提高转速或通过降低转子绕组的电压来使转速降低。

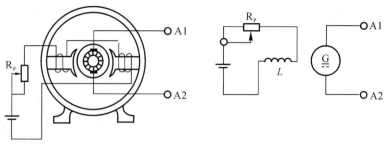

图 3-10　他励直流电动机的励磁方式

2）并励直流电动机。并励直流电动机（见图 3-11）的励磁绕组与电枢绕组并联，励磁绕组与电枢共用同一电源。并励发电动机是采用电动机本身发出来的端电压为励磁绕组供电，从性能上来讲与他励直流电动机相同。并励直流电动机的励磁电流较恒定，起动转矩与电枢电流成正比，起动电流约为额定电流的 2.5 倍左右。转速则随电流及转矩的增大而略有下降，短时过载转矩为额定转矩的 1.5 倍。转速变化率较小，为 5％～15％。可通过消弱磁场的恒功率来调速。

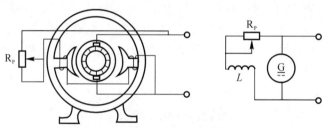

图 3-11　并励直流电动机的励磁方式

3）串励直流电动机。串励直流电动机的励磁绕组与电枢绕组串联后，再接于直流电源（见图 3-12）。

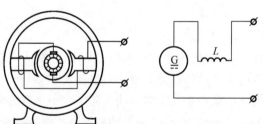

图 3-12　串励直流电动机的励磁方式

这种直流电动机的励磁电流就是电枢电流。串励直流电动机的励磁绕组与转子绕组之间通过电刷和换向器串联，励磁电流与电枢电流成正比，定子的磁通量随着励磁电流的增大而增大，转矩近似与电枢电流的平方成正比，转速随转矩或电流的增加而迅速下降。其起动转矩可达额定转矩的 5 倍以上，短时间过载转矩可达额定转矩的 4 倍以上，转速变化率较大，空载转速甚高（一般不允许其在空载下运行）。可通过将外用电阻器与串励绕组串联（或并联），或将串励绕组并联换接来实现调速。

4）复励直流电动机。复励直流电动机（见图 3-13）的定子磁极上除有并励绕组外，还装有与转子绕组串联的串励绕组（其匝数较少）。若串励绕组产生的磁通势与并励绕组产生的磁通势方向相同称为积复励，若两个磁通势方向相反，则称为差复励。复励直流电动机有并励和串励两个励磁绕组。串联绕组产生磁通的方向与主绕组的磁通方向相同,起动转矩约为额定转矩的 4 倍,短时间过载转矩为额定转矩的 3.5 倍左右。转速变化率为 25%～30%(与串联绕组有关)。转速可通过消弱磁场强度来调整。

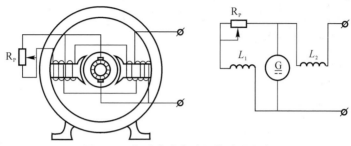

图 3-13　复励直流电动机的励磁方式

(2)永磁直流电动机。永磁直流电动机一定是同步电机,不可能是异步电机。它由定子磁极、转子、外壳等组成,定子磁极采用永磁体(永久磁钢)、有铁氧体、铝镍钴、钕铁硼等材料。按其结构形式可分为圆筒型和瓦块型等几种。绝大多数微型直流电动机都是永磁的,例如录放机中使用的直流电动机多数为圆筒型磁体,而电动工具及汽车用电器中使用的直流电动机多数采用瓦块型磁体。按照有无电刷永磁直流电动机可分为以下两种:

1)永磁无刷直流电动机。永磁无刷直流电动机是由一块或多块永磁体建立磁场的直流电动机,其特点是取消了一般传统电机上必不可少的电刷,是一种由电动机主体和驱动器组成的典型机电一体化产品。永磁无刷直流电动机的性能与恒定励磁电流的他励和并励直流电动机相似,可以由改变电枢电压来方便地调速。与他励式直流电动机相比,具有体积小、效率高、结构简单、用铜量少等优点,是小功率直流电动机的主要类型。

2)永磁有刷直流电动机。电机电刷是连接电源与转子绕组的导电部件,具备导电与耐磨两种性能。永磁电动机的电刷使用单性金属片或金属石墨电刷、电化石墨电刷。由于电刷和换向器的存在,有刷电机的结构复杂,可靠性差,故障多,维护工作量大,寿命短,换向火花易产生电磁干扰。

3. 直流电机的铭牌

每台直流电机的机座外表面上都钉有一块铭牌,直流电机铭牌上的数据是额定值,它是正确选择和使用直流电机的依据。直流电机铭牌的案例见表 3-1。

表 3-1　直流电机的铭牌

直流电动机				
标准编号				
型号　Z3-31		1.1 kW		110 V
13.45 A		1 500 r/min		励磁方式　他励
励磁电压	100 V	励磁电流		0.713 A
绝缘等级　　B		定额　　SI	质量	59 kg
出品编号		出品日期	年　　月	
×××电机厂				

电机的产品型号表示电机的结构和使用特点,其格式为:第一部分用大写的拼音表示产品代号,第二部分用阿拉伯数字表示设计序号,第三部分用阿拉伯数字表示机座代号,第四部分用阿拉伯数字表示电枢铁芯长度代号,如图 3-14 所示。第一部分产品代号的含义如下:

Z 系列:一般用途直流电动机(如 Z2,Z3,Z4 等系列)。

ZJ 系列:精密机床用直流电动机。

ZT 系列:广调速直流电动机。

ZQ 系列:直流牵引电动机。

ZH 系列:船用直流电动机。

ZA 系列:防爆安全型直流电动机。

ZKJ 系列:挖掘机用直流电动机。

ZZJ 系列:冶金起重机用直流电动机。

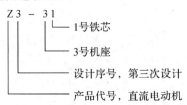

图 3-14　直流电机铭牌上型号每一个字符的含义

3.3　直流电动机的电枢绕组与基本方程式

直流电动机转子是直流电动机能量转换的枢纽,它由电枢铁芯、电枢绕组组成。其中电枢铁芯主要用于导磁和嵌放电枢绕组,对直流电动机做功效能起决定作用的则是电枢绕组。电枢绕组负责产生电磁转矩和感应电动势,它是实现电动机能量转换的关键部件。

3.3.1　直流电动机电枢绕组

1.直流电动机电枢绕组的结构

电枢绕组由许多完全相同的绕组元件组成,绕组元件数和铁芯上的槽数有关,绕组元件之间按一定规律连接起来。每个绕组元件可能是多匝线圈,也可能是单匝的,它的两个末端分别连到换向器的两个换向片上,各个元件是在换向片上互相连接起来的。

(1)绕组元件。构成绕组的线圈称为绕组元件,是由一匝或多匝导线绕制而成的线圈,即分单匝和多匝两种,如图 3-15 所示。在电枢槽中按一定规律相连的绕组元件组成电枢绕组。每一个元件均引出两根线与换向片相连,其中一根称为首端,另一根称为末端。

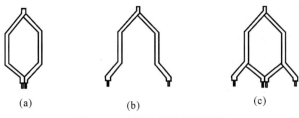

图 3-15　直流电机的绕组元件

(a)叠绕组;(b)波绕组;(c)混合绕组

(2)电枢绕组的形式。根据相邻两元件的连接规律不同,可分为单叠绕组、单波绕组、复叠绕组、复波绕组、混合绕组,其中单叠绕组和单波绕组最常用。

1)叠绕组。叠绕组是指串联的两个元件总是后一个元件的端接部分紧叠在前一个元件端接部分,整个绕组成折叠式前进。

2)波绕组。波绕组是指把相隔约为一对极距的同极性磁场下的相应元件串联起来,以波浪式前进。

(3)实槽和虚槽。如图 3-16 所示,电枢铁芯上实际存在的槽叫作实槽(实槽数为 Z),一个元件的上层边与另一个元件的下层边称为一个虚槽(虚槽数为 u),总虚槽数 $Z_0 = uZ$(以下仅讨论 $u=1$,即 $Z_0 = Z$ 的情况)。

实槽数 Z、元件数 S 与换向片数 K 的关系为 $Z = S = K$。

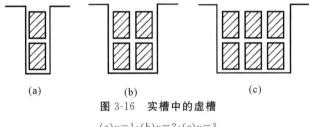

图 3-16　实槽中的虚槽

(a)$u=1$;(b)$u=2$;(c)$u=3$

(4)极距 τ。极距是相邻两个主磁极轴线沿电枢表面之间的距离,用 τ 表示。如图 3-17 所示,极距是指一个磁极所占的槽数。

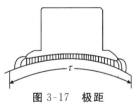

图 3-17　极距

(5)绕组的节距。绕组的节距如图 3-18 所示。

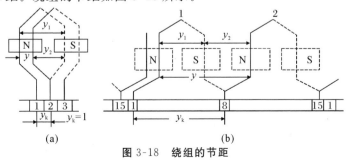

图 3-18　绕组的节距

(a)叠绕组的节距;(b)波绕组的节距

1)第一节距 y_1。第一节距是一个元件两条有效边所跨过的距离(槽数),通常 $y_1 = \tau$。

2)第二节距 y_2。第二节距是连至同一换向片上的两个元件中第一个元件的下层边与第二个元件的上层边间的距离,即前一个元件下层边与后一个元件上层边所跨的槽数。

3)合成节距 y。合成节距是连接同一换向片上的两个元件对应边之间的距离,即前、后两个相邻元件对应边之间所跨的槽数。

A. 单叠绕组: $y = y_1 - y_2$。

B. 单波绕组: $y = y_1 + y_2$。

4)换向器节距 y_k。换向器节距是同一元件首末端连接的换向片之间的距离,即一个元件两个出线端所跨的换向片数 $y_k = y$。

2. 电枢单叠绕组和单波绕组的特点

(1)单叠绕组。

1)结构。单叠绕组的特点是相邻元件(线圈)相互叠压,合成节距与换向节距均为 1($y = y_k = 1$),即一个元件的上层边和下层边分别接在相邻的两个换向片上($y_k = 1$),同时第一个元件的下层边与第二个元件的上层边接在同一换向片上(一般 $y = 1$ 右行),并联支路数等于磁极数。

2)展开图。单叠绕组的展开图是把放在铁芯槽里、构成绕组的所有元件取出来画在一张图里,展示元件相互间的电气连接关系及主磁极、换向片、电刷间的相对位置关系。例如,某直流电动机槽数、换向片数、元件数都为 16 极或 4 极,组成右行单叠绕组,如图 3-19 所示。

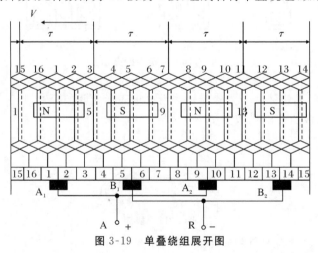

图 3-19 单叠绕组展开图

3)特点。

A.同一主磁极下的元件串联成一条支路,主磁极数与支路数相同。

B. 电刷数等于主磁极数,电刷位置应使感应电动势最大,电刷间电动势等于并联支路电动势。

C.电枢电流等于各支路电流之和。

(2)单波绕组。

1)结构。一个元件的上层边和下层边分别接在相隔较远的两个换向片上,同时相串联的第一个元件的上层边与第二个元件的上层边放在相同极性的相邻磁极下面,它们在空间位置上相距约两个极距。p 个元件串联沿圆周向一个方向绕行一周,其末尾所连的换向片必须回到起始换向片相邻的位置上,才能保证继续绕下去,并联支路数等于磁极对数。

2)展开图。单波绕组的合成节距与换向节距相等。例如,某直流电机槽数、换向片数、元件数都为 17 极和 4 极,组成左行单波绕组,展开图如图 3-20 所示。

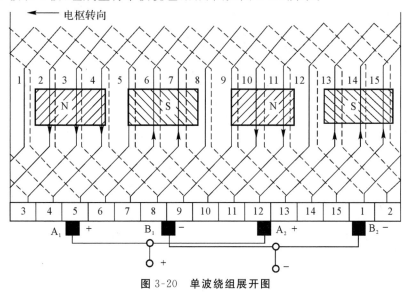

图 3-20　单波绕组展开图

3)特点。

A. 两个串联元件放在同极磁极下,空间位置相距约两个极距。沿圆周向一个方向绕一周后,其末尾所连的换向片落在与起始的换向片相邻的位置。

B. 同极下各元件串联起来组成一条支路,支路对数为 1,与磁极对数无关。

C. 当元件的几何形状对称时,电刷在换向器表面上的位置对准主磁极中心线,支路电动势最大。

D. 电刷数等于磁极数。

E. 电枢电动势等于支路感应电动势。

F. 电枢电流等于两条支路电流之和。

3.3.2　直流电动机的基本方程式

1. 直流电动机电枢电动势

电枢电动势是电枢绕组在磁场中运动产生的感应电动势。电动机电枢线圈通电后在磁场中受力而转动,同时,当电枢在磁场中转动时,线圈中也要产生感应电动势,这个电动势的方向(由右手定则确定)与电流或外加电压的方向总是相反,称为反电势,如图 3-21 所示。

按照图 3-21 可导出电枢电动势 E_a 的计算公式为

$$E_a = C_e \phi n \tag{3-1}$$

式中:C_e 为与电机结构有关的常数,称为直流电动机电动势常数;ϕ 为磁通;n 为直流电动机转速。

如图 3-21 所示,直流电动机的电枢电动势 E_a 的方向总是与电流的方向相反,称为反电动势。与此相对应,直流发电机中,电动势的方向总是与电流的方向相同,称为电源电动势。

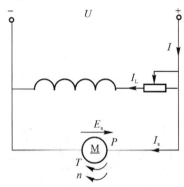

图 3-21 并励直流电动机电路图

2. 直流电动机电磁转矩

直流电动机电枢绕组有电流时,电枢绕组中的电流与磁通相互作用产生电磁力,电磁力产生的转矩称为电磁转矩,用符号 T 表示。直流电机的电磁转矩常用下式表示:

$$T = C_m \phi I_a \tag{3-2}$$

式中:C_m 为与电机结构有关的常数,称为直流电动机转矩常数,一般 $C_m = 9.55C_e$;ϕ 为磁通;I_a 为电枢绕组电流。

如图 3-21 所示,直流电动机的电磁转矩 T 是驱动转矩,与电动机旋转方向相同,同时,直流电动机的电磁转矩 T 必须与其机械负载转矩 T_L 及空载损耗转矩 T_0 相平衡,即 $T = T_L + T_0$,与此相对应,直流发电机中,电磁转矩 T 是阻转矩,在等速转动时,原动机的转矩 T_1 必须与发电机的电磁转矩 T 及空载损耗转矩 T_0 相平衡,即 $T_1 = T + T_0$。

3. 直流电动机电磁功率

在直流电动机中,把通过电磁作用传递的功率称为电磁功率,用 P 表示。电磁功率既可看成是机械功率,又可看成是电功率。从机械功率的角度来看 P,它是电磁转矩 T 和旋转角速度 ω 的乘积;从电功率角度来看 P,它是电枢电动势 E_a 和电枢电流 I_a 的乘积,根据能量守恒定律,两者相等。由图 3-21 可得

$$P = T\omega = E_a I_a \tag{3-3}$$

式中:P 为直流电动机电磁功率;ω 为直流电动机转动的角速度;T 为直流电动机的电磁转矩;E_a 为电枢电动势;I_a 为电枢绕组电流,也称为励磁电流。

4. 直流电动机功率、电压和转矩平衡方程式

(1)直流电动机功率平衡方程式。

直流电动机工作时,输入电功率 P_1 不能全部转换为机械功率,必须扣除电机本身的铜耗 P_{Cu} 后才能进行电磁转换。转换而来的机械功率不能全部输出,必须扣除电机的空载损耗后才能输出,其轴上的输出功率用符号 P_2 表示。

$$\left.\begin{array}{l} P_1 = P + \Delta P_{Cu} \\ P = P_2 + \Delta P_{Fe} + \Delta P_{\Omega} \\ P_1 = P_2 + \Delta P_{Cu} + \Delta P_{Fe} + \Delta P_{\Omega} \end{array}\right\} \qquad (3\text{-}4)$$

式中：P_1 为输入功率；P_2 为输出功率；P 为电磁功率；ΔP_{Cu} 为铜损耗；ΔP_{Fe} 为铁损耗；ΔP_{Ω} 为机械损耗。

$$\Delta P_{Cu} = I_a^2 R_a \qquad (3\text{-}5)$$

式中：R_a 为电枢回路电阻。

（2）电压平衡方程式。当直流电动机旋转轴上的机械负载发生变动时，则电动机的转速、电动势、电流及电磁转矩将自动进行调整，以适应负载的变化，保持新的平衡。当负载增加，即阻转矩增加时，电动机的电磁转矩暂时小于阻转矩，转速开始下降，随着转速的下降，当磁通 ϕ 不变时，反电动势 E_a 必将减小，而电枢电流 I_a 增加，于是电磁转矩也随着增加，直到电磁转矩与阻转矩达到新的平衡后，转速不再下降，而电动机以比原先低的转速稳定运行。由图 3-21 可得电源电压平衡方程式为

$$U = E_a + I_a R_a \qquad (3\text{-}6)$$

式中：U 为电源电压；R_a 为电枢回路电阻。

电压平衡方程式两边同乘电枢绕组电流 I_a，可得电源输入功率 P_1，即

$$P_1 = UI_a = EI_a + I_a^2 R_a \qquad (3\text{-}7)$$

式中：UI_a 为电源输入功率；EI_a 为电枢反电势从电源吸收的电功率；$I_a^2 R_a$ 为电枢铜损耗。

（3）转矩平衡方程式。直流电动机的电磁转矩是驱动转矩，它使电枢转动。电动机的电磁转矩 T，必须与机械负载（输出）转矩 T_2 及空载损耗转矩 T_0 相平衡。

$$\left.\begin{array}{l} T = T_0 + T_2 \\ T_2 = 9.55 \dfrac{P_2}{n} \end{array}\right\} \qquad (3\text{-}8)$$

式中：T 为电磁转矩；T_0 为空载转矩；T_2 为输出转矩；P_2 为输出功率；n 为直流电动机转速。

3.4　直流电动机的工作特性和机械特性

直流电动机的工作特性和机械特性是分析起动、调速和制动特性的依据，所以了解其工作特性和机械特性很重要，包括了解并掌握直流电动机工作特性和机械特性的表达式、计算和曲线绘制方法，以及外串电阻、改变电枢电压、改变磁通时工作特性和机械特性的特点、计算和曲线绘制的方法。

3.4.1　直流电动机的工作特性

1. 直流电动机工作特性的定义

直流电动机的工作特性是指供给电机额定电压 U_N、额定励磁电流 I_{fN} 时，电动机转速与负载电流之间的关系、转矩与负载电流之间的关系及效率与负载电流之间的关系。这三个关系

分别称为电动机的转速特性、转矩特性和效率特性。

直流电动机的励磁方式不同,其工作特性将有很大的差别,下面分别讨论。

2. 并励(他励)直流电动机的工作特性

并励直流电动机的工作特性与他励直流电动机的工作特性相同。

(1)转速特性。并励直流电动机的转速特性可表示为 $n=f(I_a)$,把式(3-1)代入式(3-6),整理可得

$$n = \frac{U_N}{C_e \phi_N} - \frac{R_a I_a}{C_e \phi_N} \tag{3-9}$$

式中:n 为直流电动机转速;I_a 为电枢绕组电流;U 为电源电压;R_a 为电枢回路电阻;C_e 为与电机结构有关的常数,称为直流电动机电动势常数;ϕ 为磁通。

式(3-9)即为转速特性的表达式。如果忽略电枢反应的去磁效应,则转速与负载电流按线性关系变化,当负载电流增加时,转速有所下降。并励直流电动机的工作特性如图 3-22 所示。

(2)转矩特性。当 $U=U_N$,$I_f=I_{fN}$ 时,$T_{em}=f(I_a)$ 的关系称为转矩特性。根据直流电动机电磁转矩公式可得电动机特性表达式有

$$T_{em} = C_m \phi_N I_a \tag{3-10}$$

式中:T_{em} 为转矩;C_m 为与电机结构有关的常数,称为直流电动机转矩常数,一般 $C_m=9.55C_e$。

由式(3-10)可见,在忽略电枢反应的情况下,电磁转矩与电枢电流成正比;若考虑电枢反应使主磁通略有下降,电磁转矩上升的速度比电流的上升的速度要慢一些,曲线的斜率略有下降,如图 3-22 所示。

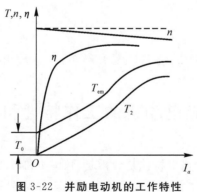

图 3-22 并励电动机的工作特性

(3)效率特性。当 $U=U_N$,$I_f=I_{fN}$ 时,$\eta=f(I_a)$ 的关系称为效率特性。

$$\eta = \frac{P_1 - \sum P}{P_1} = \frac{P_0 + R_a I_a^2}{U_N I_a} \tag{3-11}$$

式中:η 为电动机效率;$P_1=UI_a$ 为直流电源输入给电动机的电功率;P_0 为空载损耗,P_0 是不随负载电流变化的;T_0 为空载转矩;T_2 为机械负载(输出)转矩。

当负载电流较小时,效率较低,输入的功率大部分消耗在空载损耗上;当负载电流增大时,效率也增高,输入的功率大部分消耗在机械负载上;但当负载电流大到一定程度时铜损快速增大,此时效率又开始变低。

3. 串励直流电动机的工作特性

串励电动机的励磁绕组与电枢绕组相串联,电枢电流即为励磁电流。串励电动机的工作特性与并励电动机有很大的区别。当负载电流较小时,磁路不饱和,主磁通与励磁电流(负载电流)按线性关系变化,而当负载电流较大时,磁路趋于饱和,主磁通基本不随电枢电流变化。因此必须分段讨论串励电动机的转速特性、转矩特性和机械特性,如图 3-23 所示。

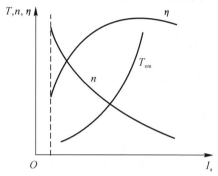

图 3-23　串励直流电动机的工作特性

(1)转速特性。当负载电流较小时,电动机的磁路没有饱和,每极气隙磁通 ϕ 与励磁电流 $I_f(I_f = I_a)$呈线性关系,即

$$\phi = K_f I_f = K_f I_a \tag{3-12}$$

式中:K_f 为比例系数,串励电动机的转速特性可写为

$$n = \frac{U}{C_e \phi} - \frac{R I_a}{C_e \phi} = \frac{U}{K_f C_e I_a} - \frac{R}{K_f C_e} \tag{3-13}$$

式中:R 为串励电动机电枢回路总电阻,$R = R_e + R_f$。

(2)转矩特性。串励电动机转矩特性可写为

$$T_{em} = K_f C_m I_a^2 \tag{3-14}$$

当负载电流较小时,转速较大,负载电流增加,转速快速下降,当负载电流趋于零时,电机转速趋于无穷大。因此,串励电动机不可以空载或在轻载下运行,电磁转矩与负载电流的平方成正比。当负载电流较大时,磁路已经饱和,磁通 ϕ 基本不随负载电流变化,串励电动机的工作特性与并励电动机相同。

4. 复励直流电动机的工作特性

对于复励直流电动机,如果是并励(他励)绕组磁势起主要作用,复励直流电动机的转速特性就与并励(他励)直流电动机接近;如果是串励绕组磁势起主要作用,复励直流电动机的转速特性就与串励直流电动机接近。由于有串励和并励(他励)磁势的存在,复励直流电动机既有较高的起动能力和过载能力,又可允许空载或轻载运行。

3.4.2　直流电动机的机械特性

1. 直流电动机机械特性的定义

直流电动机的机械特性是指在电动机的电枢电压、励磁电流、电枢回路电阻为恒值的条件

下，即电动机处于稳态运行时，电动机的转速 n 与电磁转矩之间的关系 $n=f(T_{em})$。由于转速和转矩都是机械量，所以把它称为机械特性。在直流电动机的诸多特性中，机械特性是最重要的，它将决定电机稳定运行、起动、制动以及转速调节的工作情况，是选用直流电动机的依据。按照方程式(3-1)、式(3-2)及电源电压平衡方程式(3-6)推导整理，可得直流电动机的机械特性的表达式为

$$n = \frac{U - R_a I_a}{C_e \phi} \tag{3-15}$$

2. 直流电动机机械特性的类型

直流电动机机械特性分为固有机械特性(又称自然机械特性)和人工机械特性(又称人为机械特性)。

(1)固有机械特性。在直流电动机铭牌上会给出额定功率 P_N、额定电压 U_N、额定电流 I_N 和额定转速 n_N。固有机械特性是指直流电动机转动时，当 $U=U_N=$ 常值、电枢回路不串外加电阻以及并励和他励直流电动机的 $I_L=I_{LN}=$ 常值时的机械特性。

(2)人工机械特性。人工机械特性是指直流电动机转动工作时，当电源电压 U 或励磁电流不是额定值，或电枢回路串入外加电阻时的机械特性。

直流电动机的励磁方式不同，机械特性将有很大的差别。

3. 并励(他励)直流电动机的机械特性

由于他励和并励直流电动机均是他励式，没有接法上的差别，所以他励直流电动机和并励直流电动机的机械特性相同。

图 3-24 所示为并励和他励直流电动机的电路原理图。并励和他励直流电动机的机械特性是指当电源电压 $U=$ 常数、励磁电流 $I_a=$ 常值及电枢回路电阻为常值时，电动机的转速 n 和电磁转矩 T 之间的关系曲线，即 $n=f(T)$。对他励与并励而言，ϕ 与 I_a 无关，将 $T=C_m\phi I_a$ 代入式(3-15)，可得他励和并励直流电动机的机械特性方程为

$$n = n_0 - \alpha T \tag{3-16}$$

式中：$n_0=U/C_e\phi$ 称为理想空载转速；$\alpha=R_a/C_eC_m\phi^2$；T 为电磁转矩。

由式(3-16)及图 3-24 可知他励直流电动机的特性：励磁电流 I_L 的大小与电枢电流 I_a 的大小无关，它的大小只取决于 R_L 和 U_L 的大小，当 R_L 和 U_L 的大小一定时，I_L 为定值，即磁通 ϕ 为定值。

并励直流电动机的机械特性曲线如图 3-25 所示。它是一条随负载转矩增加，转速略微下降的直线。因为它从空载到额定负载，转速下降不多，故属于硬特性。由于此特性曲线是在额定电压 U_N、额定励磁电流 I_{aN} 及电枢回路没有串入附加电阻的情况下得到的，所以又称为自然机械特性。并励直流电动机和他励直流电动机一般用于拖动要求转速变化不大的生产机械。

必须注意的是：在磁通过分削弱后，如果负载转矩不变，将使电动机电流大大增加而导致严重过载。另外，当 $\phi=0$ 时，从理论上来说，电动机的空载转速将趋于无限大，实际上励磁电流为零时，电动机尚有剩磁，这时转速虽不趋于无限大，但会升到机械强度所不允许的数值，产

生"飞速超转"的危险,通常称为"飞车",因此,直流他励电动机起动前必须先加励磁电流,在运转过程中,这两种电动机绝不允许励磁电路断开或励磁电流为零。为此,直流他励(并励)电动机在使用中,一般都设有"失磁"保护。

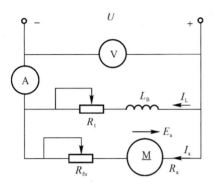

图 3-24　并励直流电动机的电路原理图

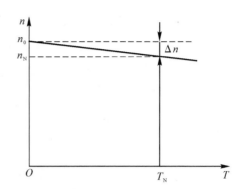

图 3-25　并励和他励直流电动机的机械特性曲线

4. 串励直流电动机的机械特性

图 3-26 所示为串励直流电动机的电路原理图。串励直流电动机的机械特性是指当电源电压 $U=$ 常值、电枢回路电阻为常值时,电动机的转速 n 和电磁转矩 T 之间的关系曲线,即 $n=f(T)$。

当磁极未饱和时,串励电动机的磁通 ϕ 跟电枢电流 I_a 成正比,将 $T=C_m \phi I_a$ 和 $\phi=C I_a$ 代入可得机械特性方程为

$$n = \frac{U}{C_1 \sqrt{T}} - \frac{R_a}{C_2} \tag{3-17}$$

式中: C_1,C_2 为常数。

串励直流电动机的机械特性曲线如图 3-27 所示。它是一条随负载转矩的变化,转速有很大变化的曲线。因为它从空载到额定负载,转速下降非常多,故属于软特性。

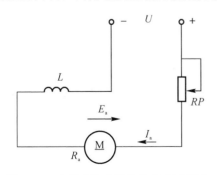

图 3-26　串励直流电动机的电路原理图

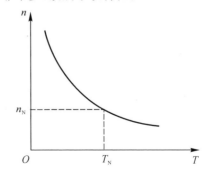

图 3-27　串励直流电动机的机械特性

当串励直流电动机转矩很小时,转速非常高,会产生"飞速超转"的危险,所以串励直流电动机不允许在空载或轻载的情况下运行,也不允许用传动带等容易发生断裂或滑脱的传动机

构传动,而应采用齿轮或联轴器传动。串励电动机适用于电车、电力机车、起重机及电梯等电力牵引设备。

5. 复励直流电动机的机械特性

在图 3-28 中,将几种不同励磁方式直流电动机的机械特性曲线画在一起,以便于比较。图中,曲线 1 表示并励直流电动机的机械特性曲线,曲线 2 表示以并励为主的复励直流电动机的机械特性曲线,曲线 3 表示以串励为主的复励直流电动机的机械特性曲线,曲线 4 表示串励直流电动机的机械特性曲线。

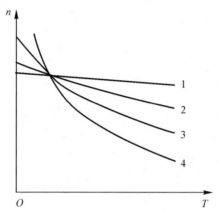

图 3-28 不同励磁方式直流电动机的机械特性曲线

3.5 直流电动机起动、调速、制动的电气控制系统

直流电动机的使用主要包括起动、调速、反转和制动等过程。电动机的电磁转矩是驱动转矩,电动机的电磁转矩必须与机械负载矩及空载损耗转矩相平衡。当轴上的机械负载转矩发生变化时,则电动机的转速、反电动势、电流及电磁转矩将自动进行控制调整,以适应负载的变化,保持新的平衡。

3.5.1 直流电动机起动电气控制系统

直流电动机接上电源以后,电动机转速从零到达稳定转速的过程称为起动过程。在起动过程中,电枢电流、电磁转矩、转速都随时间变化,这是一个过渡过程。直流电动机起动控制时,有不同的控制参数,需要采用不同的方法进行控制。

1. 通过电流控制直流电动机起动

图 3-29 所示为由电流控制的直流电动机起动控制电路图。

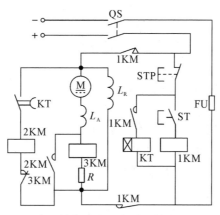

图 3-29　电流控制的直流电动机起动控制电路图

起动时,合上开关 QS,按下起动按钮 ST,接触器 1 KM 线圈得电吸合,其常开触点闭合,电动机电枢回路串联电阻 R 做降压起动,1 KM 的一个常开触点闭合,实现自锁,KT 线圈也得电。与此同时,3 KM 接触器动作,其常闭触点断开。当电动机转速升高,使电枢电流下降,3 KM 释放,其常闭触点闭合,2 KM 得电动作,2 KM 的常开触点闭合,把降压电阻 R 短接,电动机便开始在额定工作电压下正常运行。采用延时继电器 KT,目的是防止在起动之初,降压电阻 R 被接触器 2 KM 短接。

2. 通过时间继电器控制的直流电动机起动

图 3-30 所示为由时间继电器控制的直流电动机起动控制电路。这实际上是电阻降压起动的直流电动机起动电路,只不过是用时间继电器来控制短接电阻的先后而已。

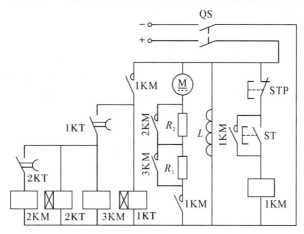

图 3-30　由时间继电器控制的直流电动机起动控制电路

起动时,闭合电源开关 QS,按下起动按钮 ST,直流接触器 1 KM 得电吸合,其常开触点闭合,使电枢回路串联 R_1,R_2 起动。而时间继电器 1 KM 也同时得电起动,其常开触点 1 KM 经延时闭合,使 3 KM 得电吸合,从而将 R_1 短接,电动机 M 加速。此时,另一只时间继电器 2 KT 得电动作,其常开触点延时闭合,使 2 KM 的电动作,把电阻 R_2 短接。这样,电动机便进入了正常运行状态。

3.5.2 直流电动机调速电气控制系统

1. 直流电动机开环 V-M 电气调速系统

开环 V-M 电气调速系统是由晶闸管整流装置来实现对直流电动机供电的调速系统,其控制原理框图如图 3-31 所示。从图 3-31 可以看出,对于开环调速系统,其控制电压与输出转速之间只有顺向作用而无反向联系,即控制是单方向进行的,输出转速并不影响控制电压,控制电压直接由给定电压产生。因此,开环调速方式稳速性能差,稳态精度低,转速波动较大,很难实现多电动机的同步拖动。如果生产机械对静差率要求不高,开环调速系统也能实现一定范围内的无级调速。但是,在实际生产中许多需要无级调速的生产机械常常对静差率提出较严格的要求,不允许有很大的转速波动,这时开环调速系统往往不能满足实际生产的需要。

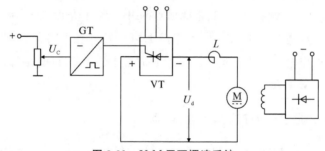

图 3-31　V-M 开环调速系统

2. 转速闭环直流电动机 V-M 电气调速系统

开环直流电动机调速系统的输出转速和控制电压之间只有顺向的作用而无反向的联系,即控制是单方向进行的。正是由于这种单向的控制作用,大大限制了开环直流调速系统在实际工业生产中的应用。采用闭环控制的直流调速系统可以克服开环直流调速系统的这种缺陷,较好地适应工业生产的实际需要。闭环直流调速系统的控制原理框图如图 3-32 所示。

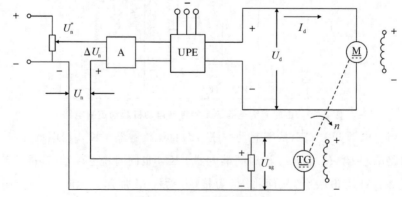

图 3-32　V-M 闭环调速系统

与开环直流调速系统相比,闭环调速系统是在系统的输出端和输入端引入了一条反馈通道,从而建立起了转速 N 与控制器 A 之间的反相联系。具体的实现方法是,与直流电动同轴连接一台直流伺服电动机,从而引出与被调量转速 N 成正比的负反馈电压 U_n,它与系统给定电压比较后,形成转速偏差控制电压 ΔU_n,经过控制器放大后,形成作用于电力电子变换器 UPE 的控制电压 U_c,在控制电压 U_c 的作用下,使电力电子变换装置输出跨接在直流电动机电枢两端的直流电压 U_{d0},最终达到控制转速的目的。

3. 带电流截止负反馈闭环直流调速系统

对于转速闭环直流调速系统而言,突加给定电压起动时,由于电动机的机械惯性,其转速仍然为零,则反馈电压也为零,此时加在控制输入端的电压就是电压的给定值,这相当于直流电动机全压起动,会产生很大的冲击电流。这不仅对电动机换向不利,而且对过载能力较低的晶闸管也是不允许的。

有些生产机械的电动机可能会遇到堵转的情况,这时的电流将远远超过其允许值。因此,必须采取措施来对原闭环调速系统进行改进,以适应实际生产的需要。这里采用的改进办法就是在原来闭环控制系统的基础上增设电流截止负反馈环节,组成带电流截止负反馈闭环直流调速系统(见图 3-33)。

在图 3-33 中,当流过直流电动机电枢的电流超过某一定值时,电流截止负反馈环节开始起作用,和转速负反馈电压一起加在控制器(图中采用运算放大器构成 PI 调节器)的输入端,依靠强烈的电流负反馈作用,使电动机转速急剧下降,很快把通过电动机电枢的电流限制在某一固定值,也称为堵转电流,从而达到保护电动机的目的。而当流过直流电动机电枢的电流小于某一定值时,电流截止负反馈环节不起作用,此时它相当于一个转速闭环直流调速系统。

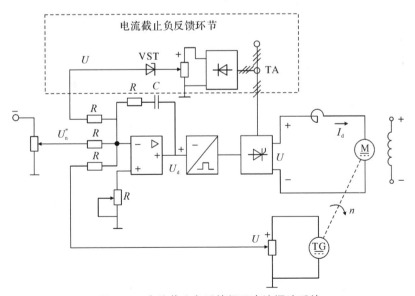

图 3-33　电流截止负反馈闭环直流调速系统

3.5.3 直流电动机制动电气控制系统与换向系统

1. 直流电动机制动电气控制系统

制动是直流电动机一种很重要的运行状态,其电气制动是指使直流电动机产生一个与转速方向相反的电磁转矩,起到阻碍转动的作用。直流电动机制动控制时,有不同的控制方式,以下介绍其中常用的一种:直流电动机单向旋转能耗制动电气系统。

图 3-34 所示为直流电动机单向旋转串联电阻起动、能耗制动电路。图中 KM1,KM2 为正反转接触器,KM3 为短接电枢接触器,KM4 为制动接触器,KA1 为过电流继电器,KA2 为欠电流继电器,KT1,KT2 为时间继电器,KV 为电压继电器。

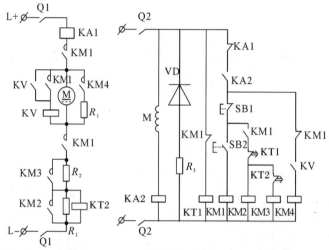

图 3-34 直流电动机单向旋转串联电阻起动、能耗制动电路

电动机停车时,按下停止按钮 SB1,KM1 线圈失电释放,其主触点断开电动机电枢直流电源,电动机以惯性旋转。由于此时电动机转速较高,电枢两端仍存在一定的感应电动势,并联在电枢两端的电压继电器 KV 经自锁触点仍保持电吸合状态。KV 常开触点仍闭合,使 KM4 线圈得电吸合,其常开主触点将电阻 R_4 并联在电枢两端,电动机实现能耗制动,电动机转速迅速下降,电枢感应电动势随之下降,当降至一定数值时 KV 释放,KM4 线圈失电,电动机能耗制动结束,停车至转速为零。

2. 直流电动机自动控制换向系统

在工作过程中,有时需要对直流电动机进行换向控制,对于需要频繁换向运行的直流电动机,通常采取改换电枢电流方向的方式来改变电动机的旋转方向,其自动控制换向电路如图 3-35 所示。

按下正转起动按钮 STF 时,正转直流接触器 KMF 得电吸合,其辅助触点 KMF 动作。一方面常开触点 KMF 闭合实现自锁,此时即使松开 STF,线圈 KMF 仍保持吸合状态;另一方面,常闭触点 KMF 释放,切断了反转线圈 KMR 电路,保证即使有人误按反转起动按钮 STR,也不致令 KMR 动作,从而避免误操作引起事故。KMF 吸合后,其主触点 KMF 动作,使电源电流从左至右通过电枢,电动机正向转动。同理,当按动反转按钮 STR 时,KMR 动作,电源电流从右至左通过电枢,而通过励磁线圈 L1 的电流方向不变,所以电动机反向转动。为避免过电压损坏电动机,在电枢中串联有限流电阻 R_1,在励磁电路中串联有放电电阻 R_2,其阻值一般为 L1 线圈阻值的数倍。

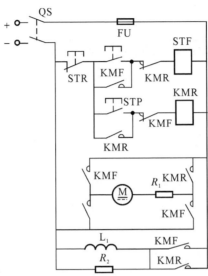

图 3-35　直流电动机自动控制换向电路

习　　题

1.什么是静止电机和旋转电机？举例说明电机的用途和分类。

2.电动机与发电机有何相同和不同之处？简述电机的可逆性原理。

3.简述直流电动机的工作原理。异步电机与同步电机有何区别？

4.简述直流电动机的基本结构,说明各部件所起的作用。

5.简述电磁直流电动机的分类方法。

6.直流电机的铭牌上各项文字(条款)有何含义？请举例说明。

7.简述直流电动机电枢绕组的结构和特点。

8.写出直流电动机的基本方程式,说明方程式中各有关物理量的定义。

9.什么是直流电动机的工作特性？

10.画出并励和串励两种直流电动机工作特性示意图。

11.什么是直流电动机的机械特性？

12.简述并励(他励)、串励和复励直流电动机的机械特性。

13.简述两种直流电动机起动控制电路图的内容。

14.简述直流电动机开环 V-M 电气调速系统的内容。

15.对比说明直流电动机开环和闭环 V-M 电气调速系统的控制原理。

16.简述直流电动机带电流截止负反馈闭环直流调速系统的内容。

17.简述直流电动机制动电气控制系统的内容。

18.简述直流电动机自动控制换向系统的内容。

第4章　无刷直流电动机与空心杯电动机

4.1　无刷直流电动机的基本结构和工作原理

无刷直流电动机是近几十年来随着电子技术和计算机技术飞速进步而发展起来的一种新型直流电动机,它是现代工业设备、现代科学技术和军事装备中重要的机电部件之一。

4.1.1　无刷直流电动机的基本结构及结构特点

无刷直流电动机(Brushless Direct Current Motor,BLDCM)是一种不使用机械结构换向电刷而直接使用电子换相器的新型电动机。它是一种最具发展前途的机电一体化电机系统。

1. 无刷直流电动机的基本结构

无刷直流电动机属于三相永磁同步电动机的范畴,其磁场来自电动机转子上的永久磁铁,其结构由电子开关线路、永磁同步电动机主体和位置检测装置3部分组成,是一种典型的机电一体化产品。无刷直流电动机的基本结构与有刷直流电动机有相似之处,也有转子和定子,只不过与有刷直流电动机的结构相反。有刷直流电动机的转子是线圈绕组,与动力输出轴相连,定子是永磁磁钢。无刷直流电动机的转子是永磁磁钢,连同外壳一起和输出轴相连,定子是绕组线圈,去掉了有刷直流电动机用来交替变换电磁场的换向电刷,故称为无刷直流电动机。

无刷直流电动机的基本结构原理如图4-1所示。无刷直流电动机定子的结构与普通的同步电动机或感应电动机相同,但没有笼型绕组和其他起动装置,在其铁芯中嵌入多相绕组(三相、四相、五相等),绕组可接成星形或三角形。转子上粘有已充磁的永磁体,由于磁极中磁性材料所放位置的不同,可以分为表面式磁极、嵌入式磁极和环形磁极。由于电动机本体为永磁电机,所以习惯上把无刷直流电动机也叫作永磁无刷直流电动机。图4-1中的电动机本体为三相两极。三相定子绕组分别与电子开关线路中相应的功率开关器件连接,A相、B相、C相绕组分别与功率开关管 V_1,V_2,V_3 相接。位置传感器的跟踪转子与电动机转轴相连接。

为了检测电动机转子的极性,在电动机内装有位置检测装置,常用的位置检测装置有直接检测式和间接检测式两种,其中位置直接检测装置是指各种类型的位置传感器,位置间接检测装置是指各种无传感器的转子位置检测装置。电子开关线路也称为电子调速器,其功能是接受电机的起动、停止、制动信号,以控制电机的起动、停止和制动。电子开关线路接受位置传感器信号和正反转信号,用来控制逆变桥各功率管的通断,产生连续转矩;接受速度指令和速度反馈信号,用来控制和调整转速;提供保护和显示等。

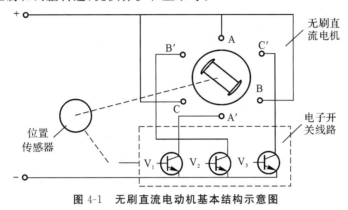

图 4-1　无刷直流电动机基本结构示意图

如图 4-2 所示,当定子绕组的某一相通电时,该电流与转子永久磁钢的磁极所产生的磁场相互作用而产生转矩,驱动转子旋转,再由位置传感器将转子磁钢位置变换成电信号,控制电子开关线路,从而使定子各相绕组按一定顺序导通,定子相电流随转子位置的变化而按一定的次序换相。由于电子开关线路的导通次序是与转子转角同步的,因而起到了机械换向器的换向作用。

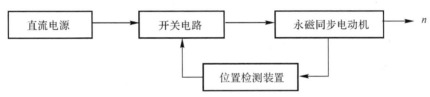

图 4-2　无刷直流电动机的原理框图

因此,所谓无刷直流电动机,就其基本结构而言,可以认为是一台由电子开关线路、永磁式同步电动机以及位置检测装置三者组成的"电动机系统"。其组成框图如图 4-3 所示。

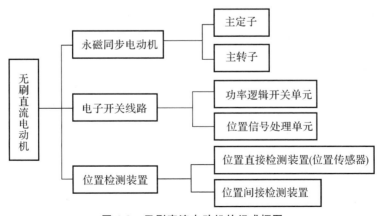

图 4-3　无刷直流电动机的组成框图

无刷直流电动机电子开关线路是用来控制电动机定子上各相绕组通电的顺序和时间,主要由功率逻辑开关单元和位置信号处理单元两个部分组成。功率逻辑开关单元控制电路的核心,其功能是将电源的功率以一定逻辑关系分配给无刷直流电动机定子上各相绕组,使电动机产生持续不断的转矩,而各相绕组导通的顺序和时间主要取决于来自位置检测装置的信号。对于采用位置传感器的情况,所产生的信号一般不能直接用来控制功率逻辑开关单元,往往需要经过一定逻辑处理后才能控制逻辑开关单元。

2. 无刷直流电动机的结构特点

由于无刷直流电动机是以自控式运行的,所以不会像变频调速下重载起动的同步电动机那样在转子上另加起动绕组,当负载突变时也不会产生振荡和失步。中、小容量的无刷直流电动机的永磁体,多采用高磁能积的稀土钕铁硼材料。稀土永磁无刷电动机的体积比同容量三相异步电动机缩小了一个机座号。

三相永磁无刷直流电动机和一般永磁有刷直流电动机相比,在结构上有很多相近或相似之处。在永磁有刷直流电动机的基础上,采用装有永磁体的转子取代有刷直流电动机的定子磁极,采用具有三相绕组的定子取代电枢,采用技术先进的逆变器和转子位置检测器组成的电子换相器取代有刷直流电动机的机械换相器和电刷,就得到了三相永磁无刷直流电动机。

安装在无刷直流电动机转子上的永久磁铁的性能,在很大程度上决定了电动机的特性。目前采用的永磁材料主要有铁淦氧、铝镍钴、钕铁硼等。根据磁感应强度和磁场强度呈线性关系这一特点,应用最为广泛的就是钕铁硼。它的线性关系范围最大,被称为第三代稀土永磁合金。

4.1.2 无刷直流电动机的工作原理及其优、缺点

1. 无刷直流电动机的工作原理

无刷直流电动机依靠改变输入到定子线圈上的电流波交变频率和波形,在绕组线圈周围形成一个绕电动机几何轴心旋转的磁场,这个磁场驱动转子上的永磁磁钢转动,电动机就转起来了。电动机的性能和磁钢数量、磁钢磁通强度、电动机输入电压大小等因素有关,更与无刷电动机的控制性能有很大关系,因为输入的是直流电,需要电子调速器将其变成三相交流电,控制电动机的转速,以满足使用需要。无刷直流电动机本体的结构是比较简单的,真正决定其使用性能的还是无刷电子调速器(电调),好的电子调速器需要有单片机控制程序设计、电路设计、复杂加工工艺等过程的总体控制,所以价格要比有刷电动机高很多。

图 4-4 所示为三相无刷直流电动机半控桥型电路原理图,采用光电器件作为位置传感器,以 3 只功率晶体管 V_1、V_2 和 V_3 构成功率逻辑单元,它们的安装位置各相差 120°,均匀分布在电动机一端。借助安装在电动机轴上的旋转遮光板的作用,使得从光源射来的光线依次照在各个光电器件上,并依照某一光电器件是否被照射到光线来判断转子的磁极位置。图 4-4 所示的转子位置与图 4-5(a)所示的位置相对应。

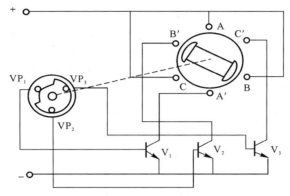

图 4-4　三相无刷直流电动机半控桥型电路原理图

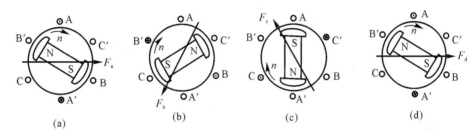

(a)　　　　　　(b)　　　　　　(c)　　　　　　(d)

图 4-5　开关顺序及定子磁场旋转示意图

　　由于此时光电器件 VP_1 被光照射,从而使功率晶体管 V_1 呈导通状态,电流流入绕组 A-A′,该绕组电流与转子磁极作用后所产生的转矩使转子磁极按图中所示的顺时针方向运动。当转子磁极转到如图 4-5(b)所示的位置时,直接装在转子旋转轴上的旋转遮光板亦跟着同步旋转,并遮住 VP_1 而使 VP_2 受光照射,从而使晶体管 V_1 截止,V_2 导通,电流从绕组 A-A′ 断开而流入绕组 B-B′,使得转子磁极继续朝箭头的方向转动,并带动遮光板同时朝顺时针方向旋转。当转子磁极转到图 4-5(c)所示的位置时,旋转遮光板已经遮住 VP_2,使 VP_3 被光照射,导致晶体管 V_2 截止,V_3 导通,因而电流流入绕组 C-C′,于是驱动转子磁极继续朝顺时针方向旋转,并重新回到如图 4-5(a)所示的位置,如图 4-5(d)所示。

　　这样,随着位置传感器扇形片的转动,定子绕组在位置传感器 VP_1,VP_2,VP_3 的控制下,一相一相地依次馈电,实现各相绕组电流的换相。不难看出,在换相过程中,定子各相绕组在工作气隙内所形成的旋转磁场是跳跃式的。这样旋转磁场在 360° 电角度范围内有 3 种磁状态,每种磁状态持续 120° 电角度。各相绕组电流与电动机转子磁场的相互关系如图 4-6 所示。

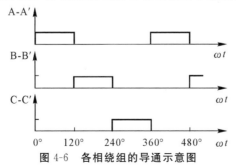

图 4-6　各相绕组的导通示意图

图 4-5(a)所示为第一状态,F_a 为绕组 A-A′通电后所产生的磁通势。显然,绕组电流与转子磁场相互作用,使转子沿顺时针方向旋转,转过 120°电角度后,便进入第二种状态,这时绕组 A-A′断电,而绕组 B-B′通电,即定子绕组所产生的磁场转过了 120°,如图 4-5(b)所示。电动机转子继续沿顺时针方向旋转,再转过 120°电角度,便进入第三种状态,这时绕组 B-B′断电,C-C′通电,定子绕组所产生的磁场又转过了 120°电角度,如图 4-5(c)所示,它继续驱动转子沿顺时针方向转过 120°电角度后就恢复到初始状态了。这样周而复始,电动机转子便连续不断旋转。图 4-6 所示为各相绕组的导通顺序示意图。图 4-7 所示为电子换相线路中的功率开关晶体管的电压波形(一相)。

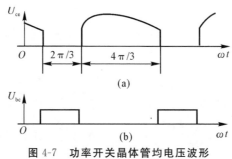

图 4-7　功率开关晶体管均电压波形

2. 有刷和无刷直流电动机优、缺点的比较

有刷直流电动机工作时,电枢线圈和换向器旋转,磁钢和碳刷不转,线圈电流方向的交替变化是靠随电动机转动的换向器和固定电刷配合接触来完成的。无刷直流电动机的转子和定子之间没有电刷和换向器。采用电子换相装置取代机械换向装置,由控制器提供不同电流方向的直流电,来达到电机线圈电流方向的交替变换。由于总体结构上存在这种差异,有刷直流电动机与无刷直流电动机在主要性能方面有很大差别,现将两者对比如下。

(1)有刷直流电动机的优、缺点。

1)有刷直流电动机的优点。

A. 制造简单,成本低。

B. 起动快,制动及时,可在大范围内平滑地调速。

C. 控制电路相对简单。

D. 定子与转子磁场的正交性好,因而反应特性和控制性能较好。

2)有刷直流电动机的缺点。

A. 磨损大,维护难:有刷直流电动机的碳刷摩擦大,容易损坏。使用一段时间以后,需要打开电动机来清理碳刷,费时费力。

B. 发热大,寿命短:由于有刷电动机的结构特性,电刷和换向器的接触电阻很大,造成电动机整体电阻较大,容易发热,而永磁体是热敏元件,温度太高会导致磁钢退磁,使电动机性能下降。其寿命短,一般工作寿命约为 1 000~2 000 h。

C. 效率低,输出功率小:有刷电动机发热问题突出,使相当一部分电能白白转化为热能,所以有刷电动机的输出功率不大,效率也低。比较而言,无刷电动机的耗电量只是有刷电动机的 1/3。

D. 噪声高,干扰大:有刷直流电动机碳刷摩擦所发出的噪声要比无刷电动机高得多,而且随着日后碳刷逐步磨损,噪声会越来越大。有刷电动机运转时电刷产生的电火花,会对无线电设备造成很大干扰。

(2)无刷直流电动机的优、缺点。

1)无刷直流电动机的优点。

A. 质量轻:由于取消了机械碳刷、滑环结构,机体结构紧凑、体积小、质量轻、出力大。

B. 干扰小:无刷电机去掉了电刷,最直接的变化就是没有有刷电机运转时产生的电火花,这样就极大减少了电火花对无线电设备的干扰。

C. 噪声低:没有了机械电刷,运转时摩擦力大大减小,运行顺畅,噪声降低许多。

D. 调速范围宽:无级调速,过载能力强,任何速度下都可以全功率运行。

E. 外特性好:转矩特性优异,中、低速转矩性能好,起动转矩大,起动电流小,能够在低速下输出大转矩,提供大的起动转矩,省去减速机而直接驱动大的负载。

F. 效率高:电动机本身没有励磁损耗和碳刷损耗,并消除了多级减速损耗,节能省电,综合节电率可达 20%～60%。

G. 寿命长:因为去掉了电刷,无机械换向器,机械磨损少;采用全封闭式结构,可以防止尘土进入电机内部,维修与保养简单(多数情况下不需要维修);寿命长,通常可连续工作20 000 h左右,常规的使用寿命7～10 年。

H. 制动性好:软启软停,制动特性好,无需机械制动或电磁制动装置。

I. 可靠性高:性能优异,稳定性好,适应性强,过载能力强,使得它在拖动系统中有出色的表现。

J. 震动小:运转平滑,噪声小,耐颠簸震动性好。

2)无刷直流电动机的缺点。

A. 成本高,其价格比有刷直流电动机高 2～3 倍。

B. 需要增加位置传感器或采用其他检测技术,同时电子控制电路相对复杂。

C. 定子与转子磁场的正交特性差,有较明显转矩波动,因而反应特性和控制性能较差。

D. 转子永磁材料限制了电机使用环境温度,不适合在高温场合使用。

4.2　无刷直流电动机的绕组结构

从原理结构上来看,无刷直流电动机本体部分就是一个永磁同步电动机,可安放多相绕组的定子和放置永磁体的转子。无刷直流电动机的定子结构和功能与一般交流异步电机或同步电机相类似,其主要作用是形成磁路和放置多相绕组。常见结构的定子铁芯有齿槽,便于安放绕组。

4.2.1　无刷直流电动机绕组结构的基本概念

1.无刷直流电动机绕组结构的定义

无刷直流电动机绕组是指许多个按某种规律互相连接在一起的线圈组。在有刷直流电动机转子电枢结构中,将构成绕组的线圈称为绕组元件。为了区别起见,对于无刷直流电动机,构成定子绕组的由一匝或多匝绝缘导线绕制而成的线圈就称为线圈,而不称为绕组元件。这些线圈安放在定子铁芯槽内,以一定的规律焊接成一个整体,即构成"绕组"。

绕组通电后,与转子磁铁所产生的磁场相互作用,产生力或力矩,就将电能转换成机械能,因此定子绕组成为能量转换过程中必经的中心环节。转子受到力或转矩的作用,便带动外施负载一起运动,完成了电动机的运动过程。在转子磁铁转动起来之后,其磁力线切割定子绕组,便在定子绕组中感生出感应电动势,反过来又影响了电动机内部电动势的平衡关系。可见,通电的定子绕组和永磁体磁场之间的相互作用,是电动机内部机电能量转换的基本机制,气隙磁场是将定子绕组中的电能转换转子机械系统动能的主要媒介。

2. 无刷直流电动机绕组结构的构成

无刷直流电动机绕组由许多用绝缘导线绕制的线圈组成。绕组的基本单元是线圈,每个线圈有两个边,分别放置在定子叠片的两个槽内。两个线圈边相连接的部分,称为线圈端部。线圈边的直线部分放在槽内,称为线圈的有效部分,如图4-8所示。无刷直流电动机中的电磁能量转换主要通过线圈的直线部分进行。线圈一般是由若干匝数的导线串联构成,如图4-8(a)所示,也可以是单匝的,如图4-8(b)所示。

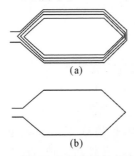

(a)

(b)

图4-8 单匝和多匝线圈的基本结构

与绕组结构密切相关的基本概念主要有以下几条:

(1)电角度和机械角度。电动机圆周在几何上分成360°,这个角度称为机械角度。但从电磁观点来看,若磁场在空间按正弦分布,则经过一对磁极N-S恰好相当于正弦曲线的一个周期。如果有导体去切割这种磁场,经过一对N-S磁极,导体中所感生的正弦电动势的变化亦为一个周期,变化一个周期即经过360°电角度,因而一对磁极占有的空间是360°电角度。若电动机有p对磁极,电动机圆周按电角度计算就为$p \times 360°$,而机械角度总是360°,则有

$$电角度 = p \times 机械角度 \tag{4-1}$$

(2)线圈。构成定子交流绕组的基本单元称为线圈,而在有刷直流电动机里称为元件。线圈由一匝或多匝串联而成,它有两个引出线,一个叫首端,另一个叫末端。

(3)节距、极距、整距(全距)、短距、长距。一个线圈的两个边所跨定子圆周上的距离称为节距,用字符γ表示,一般用槽数计算。相邻两个主磁极轴线沿电枢表面之间的距离称为极距,用字符τ表示,如图3-17所示,极距是指一个磁极所占的槽数,节距应接近极距。$\gamma = \tau$的绕组称为整距绕组,$\gamma < \tau$的绕组称为短距绕组,$\gamma > \tau$的绕组称为长距绕组。常用的是整距绕组和短距绕组。

(4)槽距角。定子铁芯相邻槽之间的电角度叫槽距角,用字符 α 表示。由于定子槽在定子内圆上是均匀分布的,如设 z 为定子槽数,p 为极对数,则

$$\alpha = \frac{p \times 360^\circ}{z} \tag{4-2}$$

(5)每极每相槽数。每一个极下每相所占的槽数,称为每极每相槽数,用字符 q 表示,有

$$q = \frac{z}{2pm} \tag{4-3}$$

式中:m 是定子线圈组数,称为相数。

4.2.2 无刷直流电动机绕组的类型与分数槽绕组

1. 无刷直流电动机绕组的类型

无刷直流电动机绕组是由许多基本单元线圈串联起来的,每个线圈有两个边,分别放置在定子叠片的两个槽内,两个线圈边相连接的部分称为线圈端部,绕组真正起作用能感生出感应电动势的有效部分是放在槽内的直线部分。

无刷直流电动机绕组的分类方法有以下几种。

(1)按照安放在定子铁芯槽内线圈的边数划分。

1)单层绕组。单层绕组是指每个定子铁芯槽内只放置一个线圈边的绕组结构。单层绕组的优点是每个定子槽内只有一个绕组边,在制作时嵌线方便,可提高工效,不像双层绕组那样需要层间绝缘,因而提高了槽满率,且不存在层间绝缘的击穿问题,提高了电动机运行的可靠性。但是,单层绕组也存在着不足,它不能同时采用分布的任选节距的办法来有效地抑制谐波。

2)双层绕组。双层绕组是指每个定子铁芯槽内放置两个线圈边,且分为上层和下层,中间用层间绝缘隔开的绕组结构。双层绕组一般都采用短距绕组,这样既改善了电动机的电磁性能,又可缩短绕组的端部接线,节省材料。因此,在实际应用中,为了更好地改善无刷直流电动机的性能,多数采用双层绕组,如图 4-9 所示。

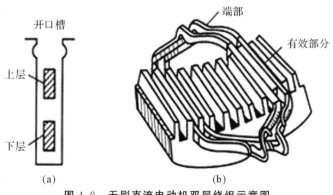

图 4-9 无刷直流电动机双层绕组示意图

(2)按照每相每极的线圈数划分。

1)集中绕组。集中绕组是用一个整距绕组作为电动机中的一相绕组,包括以下两种情况:

A.对于单层绕组,每相每极仅一个线圈。

B.对于双层绕组,每相每极仅两个线圈。

2)分布绕组。为了有效地利用定子内表面空间,便于绕组散热,每相绕组一般不用一个集中绕组,而是用几个集中绕组均匀地分散布置在定子表面上作一个相绕组,这就构成了所谓的分布绕组。分布绕组包括以下两种情况:

A.对于单层绕组,每相每极有两个或更多个线圈。

B.对于双层绕组,每相每极有两个以上线圈。

2. 无刷直流电动机分数槽绕组

在无刷直流电动机中,如采用整数槽,往往会因定子的齿同转子磁极相吸而产生类似于步进电动机的齿和磁极"对齐"的现象,如图 4-10(a)所示。对电动机的运行性能产生不良的影响。因此常常需要采用分数槽,它的优点之一就是能把定子上的齿和转子上磁极互相错开,从而改善电动机的运行性能,如图 4-10(b)所示。

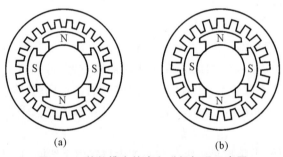

(a)　　　　　　　　(b)

图 4-10　整数槽中的齿和磁极相吸示意图

(a)齿和磁极相互对齐;(b)齿和磁极相互错开

所谓分数槽绕组,是指每极每相槽数 q 为一分数。一般表示为 $q=b+c/d$,其中 b 为一整数,c/d 为不可约的真分数。采用分数槽后,由于无刷直流电动机的槽不可能成为分数,又要保证各相所产生的转矩对称,在整数槽绕组中,按照 $60°$ 相带法,每对极仍可分为 3 个相带,每相带占 q 个槽,可很方便地构成三相对称绕组。但在分数槽绕组中,由于 q 是分数,而单个槽是不可能再分割的。

在分数槽绕组中,每一个极下每相所占的槽数实际上是互不相等的,部分极下多(或少)一个槽。一般所说的分数槽绕组的每极每相槽数实际上都是指平均值。

由于无刷直流电动机采用分数槽绕组的方式有很多优点,所以在实际应用中,无刷直流电动机一般都采用分数槽绕组。如果在某些一定要采用整数槽的场合,则定子槽最好采用斜槽形式,即把定子硅钢片上、下两端错开一个槽的位置,否则会产生定子齿同转子磁铁相吸而对齐的现象,对无刷直流电动机的运行特性将产生很不利的影响。

4.3　无刷直流电动机转子位置检测技术

无刷直流电动机转子位置检测装置的作用是检测主转子在运动过程中的位置,将转子磁钢的位置信号转换成电信号,为逻辑开关电路提供正确的换相信息,以控制它们的导通和截止,使电动机电枢绕组中的电流随着转子位置的变化按次序换相。

4.3.1　无刷直流电动机转子位置传感器

无刷直流电动机转子位置传感器是检测电动机转子位置的传感器,其功用是为换相线路及时、准确地提供转子位置,而转子位置是电动机进行换相的重要依据。实际使用中,转子位置传感器的种类很多,常用的有磁敏式、光电式和电磁感应式等。如今大量应用的是基于霍尔效应原理的磁敏式开关元件,其次是基于光电效应的发光二极管和以光敏晶体管为基础的光电变换开关元件。

1. 磁敏式位置传感器

磁敏式位置传感器是指某些电参数按一定规律随周围磁场变化的半导体敏感元件。其基本原理为霍尔效应和磁阻效应。目前,常规的磁敏传感器有霍尔元件或霍尔集成电路、磁敏电阻器及磁敏二极管、磁敏晶体管等多种。它们具有不同的特性,如图 4-11 所示。

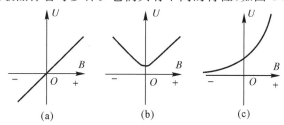

图 4-11　各种磁敏元件的特性

磁敏元件的主要工作原理是电流的磁效应,它主要包括霍尔效应和磁阻效应。

(1)霍尔效应与霍尔集成电路。

磁场会对位于其中的带电导体内运动的电荷施加一个垂直其运动方向的力,该力称为洛伦兹力,其大小与质点电荷量、磁感应强度及质点的运动速度成正比。洛伦兹力会使正、负电荷分别积聚到导体的两侧,这在薄而平的导体中尤为明显。电荷在导体两侧的积累会平衡磁场的影响,在导体两侧建立稳定的电势差,产生了新的电场,称为霍尔场。

随着半导体横向方向边缘上的电荷积累不断增加,霍尔电场力也不断增大,它逐渐抵消了洛伦兹力,使电子不再发生偏转,从而使电流方向又回到平行于半导体侧面方向,达到新的稳定状态。霍尔电场在元件两侧间显示出电压,称为霍尔电压。产生霍尔电压的过程就叫作霍尔效应,它定义了磁场和感应电压之间的关系,由美国物理学家霍尔在 1879 年发现。

利用霍尔效应产生电压输出的元件称为霍尔元件,两个输出端输出霍尔电压,两个控制端输入控制电流。实用的霍尔片厚度很薄,均在几微米以下。从霍尔元件的结构来看,它的制作和半导体器件相近。目前,由硅材料制作的霍尔元件制造方便,适于大批量生产,价格低,性能虽稍差,但应用广泛。由砷化镓制成的霍尔元件性能最好,但价格高,应用受到了限制。

当霍尔元件在磁场中的位置变化时,霍尔电动势的大小和方向也相应变化,这样就起到了反应传感器位置的作用。由于霍尔元件所产生的电动势不够大,在实际应用中往往要外接放大器,很不方便。随着半导体集成技术的发展,霍尔元件与霍尔电子电路集成在一起,制作在同一块芯片上,这就构成了霍尔集成电路。图 4-12 所示为典型的霍尔集成电路。

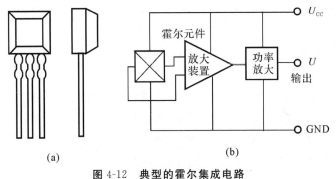

图 4-12　典型的霍尔集成电路

(a)外形;(b)内部电路

图 4-12(a)所示为霍尔集成电路的外形,与一般小型片式晶体管相类似,应用起来非常方便。其内部电路如图 4-12(b)所示,它通过简单开环放大器来驱动输出级。霍尔集成电路按功能分有线性型、开关型两种。线性型特性曲线如图 4-13(a)所示。选择何种形式霍尔集成电路需根据具体用途而定。一般而言,无刷直流电动机的位置传感器宜选用开关型,其特性曲线如图 4-13(b)所示。

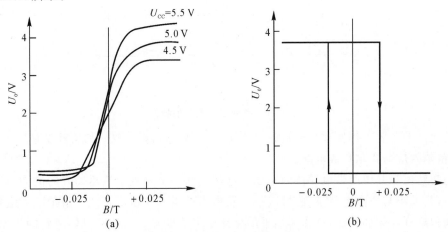

图 4-13　霍尔集成电路特性曲线

(a)线性型;(b)开关型

霍尔效应在应用技术中特别重要。根据霍尔效应做成的霍尔器件,就是以磁场为工作媒体,将物体的运动参量转变为数字电压的形式输出,使之具备传感和开关的功能。

(2)磁阻效应与磁敏电阻。

磁阻效应是指元件的电阻值随磁感应强度而变化的现象。根据磁阻效应制成的传感器叫磁敏电阻,它可以制成任意形状的两端子元件,也可以做成多端子元件,这有利于电路设计。

另外应当注意,霍尔元件输出电压的极性随磁场方向的变化而变化,磁敏电阻器的阻值变化仅与磁场的绝对值有关,与磁场方向无关,其输出特性如图4-13(b)所示。

磁敏式位置传感器也是由定子和跟踪转子两部分组成,以霍尔元件为例,定子由一组霍尔元件及导磁体组成,霍尔元件数一般与绕组相数相等,也可能比绕组相数少一半,可用于开关状态下四相半控电路的无刷直流电动机,并可控制正反转。

2. 光电式位置传感器

光电式位置传感器是基于光电效应制成的,由跟随电动机转子一起旋转的遮光板和固定不动的光源(发光二极管 LED)及光电管(光敏晶体管)等部件所组成,如图4-14所示。

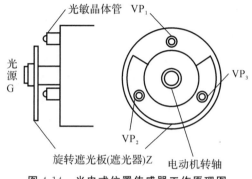

图 4-14　光电式位置传感器工作原理图

发光二极管作为光源,固定在一块不动的板上,光敏晶体管作为接收器。遮光板 Z 开有120°电角度左右的缝隙,且缝隙的数目等于无刷直流电动机转子磁极的极对数。当缝隙对着光电管 VP$_1$ 时,光源 G 射到光电管 VP$_1$ 上,产生"亮电流"输出。光电管 VP$_2$ 和 VP$_3$ 因遮光板挡住了光线,只有"暗电流"输出。在"亮电流"作用下,定子三相绕组中的一相绕组将有电流导通,其余两相绕组不工作。遮光板随转子旋转,光敏晶体管随转子的转动而轮流输出"亮电流"或"暗电流"信号,以此来检测转子磁极位置,控制电动机三绕组轮流导通,使该三相绕组按一定顺序通电,保证无刷直流电动机的正常工作。

光电式位置传感器性能较稳定,但存在输出信号信噪比较大、光源灯泡寿命短、使用环境要求较高等缺陷,若采用新型光电元件,则可以克服这些不足之处。

4.3.2　无位置传感器的转子位置检测技术

无位置传感器控制技术主要通过电机内容易获取的电压或电流等信号,经过一定的算法处理,得到转子位置信号,也称为转子位置间接检测法。

1. 反电势法

在各种无位置传感器控制方法中,反电势法是目前技术最成熟、应用最广泛的一种位置间接检测方法,其原理是利用电动机旋转时各相绕组内反电势信号来控制换相。常用的反电势检测主要有三种方法,即端电压法(反电势过零检测法)、积分法和续流二极管法。

在无刷直流电动机中,受定子绕组产生的合成磁场的作用,转子沿着一定的方向连续转动。电动机定子上安装有绕组,因此,转子一旦旋转,就会产生在空间导体切割磁力线的情况。根据电磁感应定律可知,导体切割磁力线会在导体中产生感应电动势,所以,在转子旋转的时候就会在定子绕组中产生感应电势,即运动电势,一般称为反电势或反电动势。

(1)端电压法(反电势过零检测法)。端电压法,也称为反电势过零点检测法,将检测获得的反电势过零点信号延迟 30°电角度,得到 6 个离散的转子位置信号,为逻辑开关电路提供正确的换相信息,进而实现无刷直流电动机无位置传感器控制。

1)端电压法的基本原理。端电压检测法通过检测非导通相绕组的端电压,经软件计算或利用硬件电路获得反电势过零点,从而控制无刷直流电动机正确换相。对于稀土永磁无刷直流电动机,其气隙磁场波形可以为方波,也可以是梯形波或正弦波,与永磁体形状、电机磁路结构和磁钢充磁等有关。由此,可以把无刷直流电动机分为方波电机和正弦波电机。对于径向充磁结构,稀土永磁体直接面对均匀气隙。由于稀土永磁体的取向性好,所以可以方便地获得具有较好方波形状的气隙磁场。对于方波气隙磁场的电机,当定子绕组采用集中整距绕组,即每极每相槽数 $q=1$ 时,方波磁场在定子绕组中感应的电势为梯形波,如图 4-15 所示。

对于两相导通星形连接、三相六状态控制的无刷直流电动机,方波气隙磁密在空间的宽度应大于 120°电角度,在定子绕组中感应的梯形反电势的平顶宽度也应大于 120°电角度。方波无刷直流电动机一般采用方波电流驱动,即与 120°导通型的逆变器相匹配,由逆变器向方波电动机提供三相对称的、宽度为 120°电角度的方波电流。方波电流应与反电势相位一致或位于梯形波反电势的平顶宽度范围内。

当某相绕组反电势过零时,转子直轴与该相绕组轴线恰好重合。因此,只要检测到各相绕组反电势的过零点,就能获知转子的若干个关键位置。再根据这些关键的转子位置信号,做相应的处理后控制电动机换相,实现连续运转。这就是"反电势法"无位置传感器控制的基本原理。

由图 4-15 可以看出 $\omega t = 30°$ 电角度为 A 相反电势过零点时刻。控制电路检测到这一时刻,延时 30°电角度,到 60°电角度时切换到 A 相导通。A 相导通 120°电角度后,到 180°电角度时关断 A 相,切换到 B 相导通。依此类推,就可以实现电动机的连续转动。

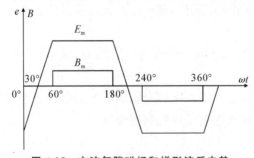

图 4-15　方波气隙磁场和梯形波反电势

无刷直流电动机绕组反电势的过零点严格地反映了转子磁极位置。因此,只要能准确地检测到绕组反电势的过零点信号,就可以判断出转子的关键位置。经过 30°电角度延时处理后,就可以作为绕组的换相时刻。再根据功率管的导通顺序触发相应的功率管,就能够实现无刷直流电动机的换相操作,保证电动机按固定的方向连续旋转。在实际应用中,反电势往往不能直接检测得到,要通过检测三相相电压,再根据不导通相绕组反电势过零点的条件,计算出不导通相的反电势。

2)端电压法的缺点。端电压法(反电势过零检测法)是以电动机中性点电压为基准进行反电势过零检测的,属于间接反电势法检测方法,该方法将端电压作分压滤波处理,导致获得的位置信号比真正的反电势过零点延迟了一定的电角度,并且延迟角随频率的不同而不同。这就要求通过实验测量出不同运行频率下的换相延迟角,用于补偿相位偏移,而且延迟角一旦大于 30° 时,很可能会因为换相不准而导致电动机失步。另外,当电动机在静止或低速时,反电势信号为零或很小,难以得到有效的转子位置信号。再者,这种方法的基本原理是建立在忽略电枢反应影响的前提下的,这在原理上就存在一定误差。尤其是对于大功率无刷直流电动机,电枢反应对气隙合成磁场的影响更明显,使得反电势过零点与总的感生电势过零点不重合,误差更大,导致检测出的转子位置误差增大。

3)改进的端电压法。针对以上缺点,人们提出了以下改进方法。

A. 利用神经网络的非线性任意逼近特性,采用基于神经元网络的电机相位补偿控制方法加以改进。其办法是首先由硬件电路获得有效的反电势信息,再利用 BP 神经网络进行正确的相位补偿,实现无刷直流电动机的无位置传感器控制,获得了较好的效果。

B. 将神经元网络方法对永磁无刷直流电动机反电势波形准确预测的结果进一步用于电机动、静态特性的仿真或预测,这将比假设电机反电势波形为理想正弦波或梯形波所进行的仿真更接近电机的实际运行结果。较之传统的电路和电场的计算方法,神经元网络方法达到了快速性和准确性的统一,且由于神经元网络的自学习神经元网络成功训练后,就可以用以预测所研究类型的永磁无刷直流电动机的反电势波形。

(2)反电势积分法。反电势积分法属于反电势法的范畴,它是通过非导通相反电势积分获得转子位置信息的方法。这种检测方法将悬空相反电势的积分量与门限值进行比较,当反电势积分量达到门限值时,即为该相绕组的换相时刻。其原理是反电势积分自开路相反电势过零开始,设置一个阀值对应于换相时刻用来截至积分信号,当积分达到一定阀值大小时认为达到换相时刻。反电势积分法存在积分累计误差与阀值设置问题,当电机低速运行时误差较大。

(3)续流二极管法(第三相导通法)。续流二极管法,也称为第三相导通法,同样属于反电势法的范畴,它是通过检测并联于逆变器 6 个续流二极管中的不导通相绕组续流二极管的开关状态,间接检测电动机反电势过零点,控制逆变器开关管的开关状态。这种方法实际上是反电势过零点的间接检测,实质上还是反电势法。较之反电势法中的端电压法,续流二极管法改善了无刷直流电动机的低速性能,获得了更宽的调速范围(45～2 300 r/min),该方法要使用六条检测电路,使硬件更加复杂,而且该方法要使逆变器中的开关管在 120° 的导通期间,以前半段调制、后半段开通的方式工作,使控制更加困难。

2. 三次谐波检测法

对于反电势为梯形的方波电机,它的反电势除了基波外,还有丰富的高次谐波分量,可以通过反电势中的三次谐波来检测转子的位置。该方法只适用于 Y 型连续的方波电机。通过对电枢三相相电压的简单叠加,反电势的基波分量和其他高次谐波分量由于相位互差120°相互抵消,只有3次谐波及其奇数倍谐波由于同相而叠加,可以从中提取反电势的3次谐波分量,用以检测转子的位置。这个信号的提取需要电机的中性线,以便3次谐波信号形成回路。将反映三次谐波相位信息的方波输入数字信号处理器(DSP)的I/O口,利用数字信号处理器强大的数据处理功能,用软件实现数字锁相功能和对换相时刻的准确估计,实验表明该方法能够准确、快速地估计转子位置,动静态特性很好,但是当电机的转速低于某个值时,检测到的三次谐波严重畸变,不能准确估计转子的位置,所以在低速时需要额外的起动程序。

3. 状态观测器法

现代出现的无刷直流电动机转子位置检测方法都需要结合现代控制技术,而现代控制需要知道全部状态变量,但实际情况中有些状态变量不易或无法检测,状态观测器正是为解决这个问题而出现的。状态观测器法,即转子位置计算法,其原理是将电动机的相电压、电流作为坐标变换,通过易于检测的输入、输出变量来估计系统的其他状态变量,在状态方程的基础上计算出转子的位置。

实际上,无刷直流电动机的无位置传感器控制问题与状态观测器问题相类似,也是通过电流、电压等电机变量来求解电机转子位置,因此可以设想通过设计状态观测器来观测转子位置,从而实现无位置传感器控制。因此,可以说具有随机干扰的动态系统的状态观测目的就是要在适当定义的统计意义上,实现估计误差最小的最优估计。这种方法一般只适用于感应电动势为正弦波的无刷直流电动机,且计算工作烦琐,对微电脑性能要求较高。

4.4   无刷直流电动机运行特性与转速控制技术

无刷直流电动机除使用电子换相器取代有刷直流电动机的电刷机械换向,使用永磁体产生转子磁场外,从结构和工作原理上都与有刷直流电动机类似。人们最关心的是它的转矩、转速,转矩和转速随输入电压、电流、负载的变化规律,以及它的转速控制技术。

4.4.1   无刷直流电动机运行特性

1. 与无刷直流电动机运行特性相关的基本方程

无刷直流电动机运行特性是指电动机在起动、正常工作和调速等情况下,电动机外部各可测物理变量之间的关系,主要包括起动特性、工作特性、机械特性和调速特性等。讨论无刷直流电动机运行特性一般都从转速公式、电动势平衡方程、转矩公式和转矩平衡方程式出发。

(1)电动势平衡方程式。

$$U = E + I_{\text{acp}} r_{\text{acp}} + \Delta U \tag{4-4}$$

式中:U 为电源电压;E 为电枢反电动势;I_{acp} 为平均电枢电流;r_{acp} 为电枢绕组的平均电阻;ΔU 为功率管饱和压降,对于桥式换相线路,功率管饱和压降为 $2\Delta U$。

(2)电枢反电动势 E。

对于不同的电枢绕组形式和换相线路形式,电枢绕组反电动势有不同的等效表达式,但不论哪一种绕组和线路结构,电枢反电动势 E 可以表示为

$$E = C_e n \tag{4-5}$$

式中:n 为电动机转速(r/min);C_e 为反电动势常数[V/(r·min)]。

(3)电动机转速 n。

由式(4-4)和式(4-5)可知,电动机转速 n 为

$$n = \frac{E}{C_e} = \frac{U - I_{acp} r_{acp} - \Delta U}{C_e} \tag{4-6}$$

(4)转矩平衡方程式。

$$T = T_2 + T_0 + J \frac{d\omega}{dt} \tag{4-7}$$

式中:T 为电磁转矩;T_2 为输出转矩;T_0 为摩擦转矩;J 为转动部分(转子及负载)的转动惯量;ω 为转子的机械角速度。其中电磁转矩 T 表示如下:

$$T = C_m I_{acp} \tag{4-8}$$

式中:C_m 为直流电动机转矩常数。

2. 无刷直流电动机的起动特性

无刷直流电动机的起动特性是指电动力机在恒定直流母线电压的作用下,转速从零上升至稳定值的转速、电流变化曲线。由于电动力机起动瞬间转速和反电动势均为零,直流电源电压用符号 U 表示,绕组线电阻用符号 r_{acp} 表示,此时电枢电流(即起动电流)用 I_n 表示,有

$$I_n = \frac{U - \Delta U}{r_{acp}} \tag{4-9}$$

式中:ΔU 为逆变桥功率器件管压降。

由于逆变桥功率器件管压降和电枢绕组阻值一般比较小,起动电流在短时间内会很大,可能达到正常工作电流的几倍到十几倍,所以起动电磁转矩非常大,起动过程的转速和电枢电流曲线如图 4-16 所示。在允许范围内,起动电流大有助于转子加速,电动机可以很快起动,并能带负载直接起动。随着转子的加速,反电动势增加,电枢电流逐渐减小,电磁转矩降低,加速度减小,最后进入正常工作状态。

无刷直流电动机的起动转矩除了与起动电流有关外,还与转子相对于电枢绕组的位置有关。转子位置不同时,起动转矩是不同的。这是因为电枢绕组产生的磁场是跳跃的,所处位置不同时,转子磁场与电枢磁场之间的夹角在变化。因此,所产生的电磁转矩也是变化的。这个变化量要比有刷直流电动机因电刷接触压降和电刷所短路元件数的变化而造成的起动转矩的变化大得多。

如果不考虑限制起动电流,图 4-16 中转速曲线的形状由电动机阻尼比决定。当阻尼比 $0 < \xi < 1$ 时系统处于欠阻尼状态,转速和电流会经过一段超调和振荡过程才逐渐平稳。实际工作中由于要对电枢电流加以限制,起动时一般不会发生转速和电流振荡的情况。

在电动机控制系统中,驱动电路的功率器件对流过电流比较敏感,如果流过的电流超过自身的上限值,器件在很短时间内就会被击穿。因此,为了能承受起动大电流,就需要选择较大容量的功率器件。而电动机正常工作的额定电流比起动电流小很多,使功率管大部分时间工作在远远低于自身额定电流的状态,结果会降低器件的使用效率并增加成本。为此,在设计驱

动电路的时候,要根据电动机的起动特性和工作要求选择合适的功率器件,并对起动电流加以适当限制。无刷直流电动机气隙磁场呈梯形分布,若相绕组在反电势梯形斜边范围内导通,则此时的反电势较小,电枢电流较大,因此相比于传统的有刷直流电动机,无刷直流电动机的起动电流可能较大。

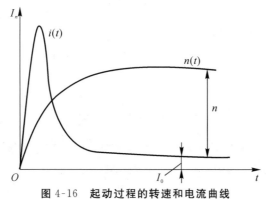

图 4-16　起动过程的转速和电流曲线

3. 无刷直流电动机的工作特性

无刷直流电动机的工作特性是指在直流母线电压 U_d 不变的情况下,电枢电流、电动机效率和输出转矩之间的关系。在正常工作状态下,电枢电流随负载转矩的增大而增大,这样电磁转矩才能平衡负载转矩,保证电动机平稳运行,如图 4-17 所示。

对于电动机效率和输出转矩之间的关系,这里只考察电动机部分的效率与输出转矩的关系,则电动机效率 η 计算公式为

$$\eta = \frac{P_2}{P_1} = 1 - \frac{\sum P}{P_1} \tag{4-10}$$

式中:$\sum P$ 为电动机的总损耗;P_1 为电动机的输入功率,$P_1 = I_{acp}U$;P_2 为输出功率,$P_2 = nM_2$,其中 M_2 为输出转矩。当 $M_2 = 0$ 时,即没有输出转矩时,电动机的效率为零。随着输出转矩的增加,电动机的效率增加。当电动机的可变损耗等于不变损耗时,电动机效率达到最大值。随后,效率又开始下降,如图 4-17 所示。

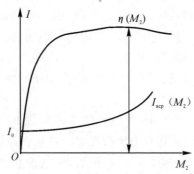

图 4-17　负载和效率特性曲线

4. 无刷直流电动机的机械特性

无刷直流电动机的机械特性是指外加电源电压恒定时,电动机转速和电磁转矩之间的关

系。由式(4-4)和式(4-6)可知

$$I_{acp} = \frac{U - \Delta U}{r_{acp}} - \frac{nC_e}{r_{acp}} \tag{4-11}$$

$$T = C_m I_{acp} = C_m \left(\frac{U - \Delta U}{r_{acp}} - \frac{nC_e}{r_{acp}} \right) \tag{4-12}$$

当不计 U 的变化和电枢反应的影响时,式(4-12)等号右边的第一项是常数,所以电磁转矩随转速的减小而线性增加,如图 4-18 所示。当转速为零时,即为起动电磁转矩。当式(4-12)右边两项相等时,电磁转矩为零,此时的转速即为理想空载转速。

无刷直流电动机的机械特性与普通他励有刷直流电动机的机械特性相似,有着良好的伺服控制性能。改变直流母线电压的大小可以改变机械特性曲线上的空载点,随着转速的减小,无刷直流电动机的反电动势减小,功率器件管压降 ΔU 增大,到一定值后,增加较快,所以机械特性曲线在接近堵转(即转速很低)时,会加快下跌。

图 4-18 所示是无刷直流电动机在不同的供电电压驱动下的机械特性曲线。其中 n_{01},n_{02},n_{03},n_{04} 是空载时的转速。在实际工作中,当转矩较大、转速较低时,流过开关管和电枢绕组的电流很大。这时,管压降随着电流增大而加快增加,使加在电枢绕组上的电压有所减小,图 4-18 中靠近横轴的直线部分会向下弯曲。又从式(4-12)可以看出,改变电源电压,就能很容易地改变输出转矩或改变转速。因此无刷直流电动机的调速性能很好,可以采用改变电源电压的方法实现平滑的调速,但此时电子换相线路及其他控制线路的电压仍应保持不变。

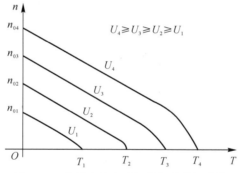

图 4-18　无刷直流电动机的机械特性曲线

5. 无刷直流电机的调速特性

无刷直流电动机的调速特性是指在电磁转矩不变的情况下转速与电源电压之间的变化关系。当转速为零时,即为起动电磁转矩;当式(4-12)等号右边括号内两项相等时,电磁转矩为零,此时的转速即为理想空载转速。实际上,由于电动机损耗中可变部分及电枢反应的影响,输出转矩会稍微偏离直线变化。图 4-19 表示不同电磁转矩下无刷直流电动机转速随电源电压变化的曲线,图中 $T_1 < T_2 < T_3 < T_4$,其中 A_1 点表示能够驱动电动机转动的最低电源电压,称为门限电压。当电源电压低于 A_1 后,电动机将无法起动或停止转动,无法正常工作。图 4-19 中 $O \sim A_1$ 区称为无刷直流电动机转速调节特性的死区,当电源电压 U 在死区范围内变化时,电磁转矩不足以克服负载转矩而使电动机起动时,转速始终为零。当电源电压大于门限电压,超出死区范围时,电动机才能起转并达到稳态,电源电压越大稳态转速也越大。

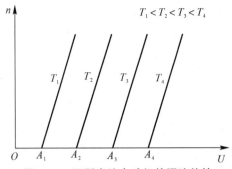

图 4-19　无刷直流电动机的调速特性

从无刷直流电动机的机械特性和式(4-12)可以看出,在同一转速下改变电源电压,可以很容易地改变输出转矩。因此,无刷直流电动机具有良好的调速控制性能,可以通过调节电源电压实现平滑调速,而此时电子换相电路及控制不必做任何修改。

6.无刷直流电动机的 KV 值

无刷直流电动机 KV 值定义为"转速 N",表示输入电压增加 1 V,无刷直流电动机空转转速增加的转速值。从这个定义来看,无刷直流电动机电压的输入与电动机空转转速是遵循严格的线性比例关系的。

(1)KV 值与绕线匝数的关系。

无刷电动机的意义不只是说明电动机转速与电压成严格的线性比例关系,还对于电动机的性能有一个开阔性的表示。无刷电动机的空转极速是 KV 值乘以输入的电压,因而内转子电动机的转速高于外转子无刷电动机。就扭力特性来看,KV 值体现了电动机扭力性能,在加上负载后,其极速降落到空载时的 60%～70%,对于同种尺寸规格的无刷直流电动机来说,KV 值与绕线匝数的关系如下:

1)绕线匝数多的,KV 值低,最高输出电流小,但扭力大。

2)绕线匝数少的,KV 值高,最高输出电流大,但扭力小。

(2)低电压环境下 KV 值对输出功率的影响。

不可以单从 KV 值评价电动机的好坏,因为不同 KV 值有不同的适用场合,无刷直流电动机的电压范围很宽。在低电压环境(例如 7.4 V)下 KV 值对输出功率的影响有:

1)KV 值低的,由于转速偏低,适合配较小的减速比和较大的螺旋桨,可输出较大功率。

2)KV 值高的,由于转速较高,适合配较大的减速比和较小的螺旋桨,在满足输出功率的条件下,要减小负荷,避免电流过大。

(3)高电压环境下 KV 值对输出功率的影响。

在高电压环境(例如 11.1 V)下 KV 值对输出功率的影响有:

1)KV 值低的,在这个电压环境下可以达到较高的转速,扭力比较大。需要配合较大的减速比和较小的螺旋桨,在满足输出功率的条件下,要减小负荷,避免电流过大。

2)KV 值高的,在该环境中转速过高,为避免电流过大,要尽量减少负荷。由于具有高转速,将其用于涵道风扇发动机很适合。

7. 无刷直流电动机的指标参数

无刷直流电动机常用的指标参数如下：

(1)标称空载电流和电压。在空载试验中,对电动机施加标称空载电压(通常为 10 V),使其不带任何负载空转,定子三相绕组中通过的电流,称为标称空载电流。

(2)最大瞬时电流和最大持续电流。电机能承受的最大瞬时通过的电流为最大瞬时电流,电机能允许持续工作而不烧坏的最大连续电流为最大持续电流。

(3)内阻。电机电枢本身存在内阻,虽然该内阻很小,但是由于电机电流很大,有时甚至可以达到几十安培,所以该小内阻不可忽略。

4.4.2　无刷直流电动机转速控制技术

无刷直流电动机常用的转速控制方法大多都采用闭环自动控制技术,是基于反馈的概念以减少不确定性。在工程实际中,应用最为广泛的调节器控制规律为比例(Proportion)、积分(Integration)、微分(Differentiation)控制,简称 PID 控制。

1. PID 控制基本原理

将偏差的比例、积分、微分通过线性组合构成控制量,并用这一控制量对被控对象进行控制的技术就称为 PID 控制。PID 控制器是一个在工业控制应用中常见的反馈回路部件,由比例单元 P、积分单元 I 和微分单元 D 组成,其工作原理是根据系统的误差,利用比例、积分、微分计算出控制量进行控制。PID 控制器理论和应用的关键是做出正确的测量和比较后,才能更好地纠正系统。由于 PID 控制器具有算法简单、鲁棒性好、可靠性高、参数易整定,以及使用中不需精确的系统模型等先决条件,它作为最早实用化的控制器已有近百年历史,现在仍然是应用最广泛的工业控制器。其控制系统典型结构如图 4-20 所示。

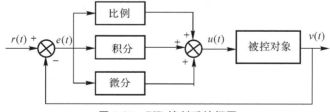

图 4-20　PID 控制系统框图

图 4-20 中,$r(t)$是给定值,$y(t)$是系统的实际输出值,给定值与实际输出值之差构成控制误差 $e(t)$,有

$$e(t) = r(t) - y(t) \tag{4-13}$$

标准 PID 控制器的基本原理是根据设定值与实际值之间的偏差 $e(t)$,按比例-积分-微分的线性组合关系构成控制量 $u(t)$,利用控制量 $u(t)$ 再对控制对象进行控制。连续控制系统 PID 控制规律形式为

$$u(t) = K_P \left[e(t) + \frac{1}{T_I} \int_0^t e(t)\mathrm{d}t + T_D \frac{\mathrm{d}e(t)}{\mathrm{d}t} \right] \tag{4-14}$$

式中：K_P 为比例增益常数；T_I 为积分增益/时间常数；T_D 为微分增益/时间常数。

有些应用只需要 PID 控制器的部分单元，将不需要单元的参数设为零即可。因此 PID 控制器可以变成 PI 控制器、PD 控制器、P 控制器或 I 控制器。其中又以 PI 控制器比较常用，因为 D 控制器对系统噪声十分敏感，但没有 I 控制器的话，则系统一般不会回到参考值，而存在一个稳定的误差量。

（1）比例（P）控制。比例控制输出的数学式表示为

$$P_{\text{out}} = K_P \, e(t)$$

比例控制是一种最简单的控制方式，控制器的输出与输入误差信号成比例关系。当仅有比例控制时系统输出存在稳态误差。在模拟 PID 控制器中，比例环节的作用是对偏差瞬间做出反应。偏差一旦产生，控制器立即产生控制作用，使控制量向减少偏差的方向变化。控制作用的强弱取决于比例系数。比例系数越大，控制作用越强，则过渡过程越快，控制过程的静态偏差也就越小。但是比例系数越大，也越容易产生振荡，破坏系统的稳定性。故而，比例系数的选择必须恰当，这样才能使得过渡时间短，达到静态偏差小而又稳定的效果。

比例控制在误差为 0 时，其输出也为 0。若要让受控输出为非零的数值，就需要有一个稳态误差或偏移量。稳态误差和比例增益成正比，和受控系统本身的增益成反比。若加入一个偏置，或是加入积分控制，可以消除稳态误差。

（2）积分（I）控制。积分控制输出的数学式表示为

$$I_{\text{out}} = \frac{K_P}{T_I} \int_0^t e(t)\mathrm{d}t$$

从积分控制数学表达式可以知道，只要存在偏差，则它的控制作用就不断增加。只有当偏差为零时，它的积分才能是一个常数，控制作用才是一个不会增加的常数。可见，积分控制可以消除系统的偏差。

在积分控制中，控制器的输出与输入误差信号的积分成正比关系。对一个自动控制系统，如果在进入稳态后存在稳态误差，则称这个控制系统是有稳态误差的，或将该系统简称为"有差系统"。为了消除稳态误差，在控制器中必须引入"积分项"。积分项对误差取决于时间的积分，随着时间的增加，积分项会增大。这样，即便误差很小，积分项也会随着时间的增加而增大，它推动控制器的输出增大，使稳态误差进一步减小，直到等于零。因此，比例＋积分（PI）控制器，可以使系统在进入稳态后无稳态误差。

积分环节的调节作用虽然会消除静态误差，但也会降低系统的响应速度，增加系统的超调量。积分常数越大，积分的积累作用越弱。这时，系统在过渡时不会产生振荡。但是，增大积分常数会减慢静态误差的消除过程。消除偏差所需的时间也较长，但可以减少超调量，提高系统的稳定性。当积分常数较小时，积分的作用较强。这时系统过渡时间中有可能产生振荡，不过消除偏差所需的时间较短，所以必须根据实际控制的具体要求来确定积分系统。

（3）微分（D）控制。微分控制输出的数学式表示为

$$D_{\text{out}} = K_P \, T_D \frac{\mathrm{d}e(t)}{\mathrm{d}t}$$

在微分控制中,控制器的输出与输入误差信号的微分(即误差的变化率)成正比关系。自动控制系统在克服误差的调节过程中可能会出现振荡甚至失稳。其原因是存在有较大惯性组件或有滞后组件,具有抑制误差的作用,其变化总是落后于误差的变化。解决的办法是使抑制误差的作用的变化"超前",即当误差接近零时,抑制误差的作用就应该是零。这就是说,在控制器中仅引入"比例"项往往是不够的,比例项的作用仅是放大误差的幅值,而目前需要增加的是"微分项",它能预测误差变化的趋势,这样,具有比例+微分的控制器,就能够提前使抑制误差的控制作用等于零,甚至为负值,从而避免了被控量的严重超调。因此,对有较大惯性或滞后的被控对象,比例+微分(PD)控制器能改善系统在调节过程中的动态特性。

微分控制的作用由微分增益/时间常数决定。微分系统越大,则它抑制偏差变化的作用越强;微分系统越小,则它反抗偏差变化的作用越弱。微分控制显然对系统稳定有很大的作用。适当地选择微分常数,可以使微分作用达到最优。虽然微分控制可以提升整定时间及系统稳定性,不过因为纯微分器不是因果系统,因此当 PID 系统实现时,一般会在微分控制加上一个低通滤波器以限制高频增益和噪声。实际应用中较少用到微分控制,估计 PID 控制器中只有约 20% 用到了微分控制。

2. PID 参数调试

(1)PID 参数调试的基本概念。

PID 的参数调试是指透过调整控制参数(比例增益、积分增益/时间、微分增益/时间)让系统达到最佳的控制效果。稳定(不会有发散性的振荡)是首要条件。此外,不同系统有不同的行为,不同的应用其需求也不同,而且这些需求还可能互相冲突。PID 只有 3 个参数,在原理上容易说明,但 PID 参数调试是一项困难的工作,因为要符合一些特别的判据,而且 PID 控制存在限制。历史上有许多不同的 PID 参数调试方式,包括齐格勒尼科尔斯方法等,其中也有一些已申请专利。

PID 控制器的设计及调试在概念上很直接,但若有多个且互相冲突的目标(例如高稳定性及快速的暂态时间)都要达到的话,在实际上很难完成。PID 控制器的参数若仔细调试会有很好的效果,相反地,若调试不当则效果会很差。一般初始设计常需要不断地进行环路模型仿真,并且修改参数,直到达到理想的性能或是可接受的偏差为止。有些系统有非线性的特性,在无负载条件下调试的参数可能无法在满负载的情况下正常工作。对这样的系统可以利用增益规划的方式进行修正(在不同的条件下选用不同的数值)。

1)稳定性。若 PID 控制器的参数未挑选妥当,则其控制器输出可能就是不稳定的,也就是其输出发散过程中可能有振荡,也可能没有振荡,且其输出只受饱和或是机械损坏等原因所限制。系统不稳定一般是因为过大增益造成的,特别是针对环路延迟时间很长的系统。一般而言,PID 控制器会要求响应的稳定,不论程序条件及设定值如何组合,都不能出现大幅振荡的情形。不过有时可以接受临界稳定的情形。

2)最佳性能。PID 控制器两个基本的需求是调整能力(抑制扰动,使系统维持在设定值)及命令追随(设定值变化下控制器输出追随设定值的反应速度)。有关命令追随的一些判据包括上升时间及整定时间。有些应用可能基于安全考虑,不允许输出超过设定值,也有些应用要求在到达设定值过程中的能量消耗可以最小化。

（2）PID参数调试的效果指标。

1）上升时间。上升时间是受控对象的输出从0到第一次增加到稳态输出值所消耗的时间（或输入y从10%增加到90%所消耗的时间）。

2）超调量。超调量是指在响应过程中，超出稳态值的最大偏离量与稳态值之比，即

$$\sigma\% = \frac{y_{max} - y_{\infty}}{y} \times 100\% \tag{4-15}$$

3）调节时间。调节时间是输出曲线最终收敛于稳态值（5%以内）所用的时间。

4）稳态误差。稳态误差是指稳态值与参考信号输入值之差。

（3）PID调试的内容。

P,I,D三个参数的内容如下：

1）P：比例控制系统的响应快速性，快速作用于输出。

2）I：积分控制系统的准确性，消除过去的累积误差，回到准确轨道。

3）D：微分控制系统的稳定性，具有超前控制作用。

在参数调试的时候，所要做的任务就是在系统结构允许的情况下，在这三个参数之间权衡调整，达到最佳的控制效果，实现稳、快、准的控制特点，见表4-1。

表4-1　P,I,D三个参数增加的影响

参　数	上升时间	超调量	调节时间	稳态误差	系统稳定性
K_P增加	减小	增加	小幅减小	减小	下降
K_I增加	小幅减小	增加	增加	大幅减小	下降
K_D增加	小幅减小	减小	减小	几乎不变	提高

（4）PID参数调试的步骤。

1）把P,I和D参数都归零或取器件默认值。

2）逐步增大P，一直到输出响应发生振荡，再稍微减小P。

3）稍微加入一点积分信号，用于修正存在的稳态误差。

4）加入少量的D观察效果。注意：一些控制器会尽量避免使用D，因为微分项对测量噪声非常敏感，在传感器测量信号本身有较大噪声，且后期信号滤波处理并不好的情况下，应该尽量减小D的使用，否则反而会造成系统的不稳定。

5）如果加入D后对输出响应有改善则可以适当增加D，同时调整P使得上升时间较小且超调较小或无超调。

6）反复调整P,I和D的值，直到输出响应达到最佳效果。

4.5　电　　池

为了更好地了解有关电动无人机动力装置的技术问题，有必要对电池的基本概念、结构、工作原理和特性进行讨论分析。

4.5.1　电池的定义和性能参数

1. 电池的定义

电池是指盛有电解质溶液和金属电极以产生电流的杯、槽或其他容器的部分空间,能将化学能转化成电能的装置,具有正极和负极之分。随着科技的进步,电池泛指能产生电能的小型装置,如太阳能电池。利用电池作为能量来源,可以得到具有稳定电压、稳定电流,长时间稳定供电,受外界影响很小的电流,并且电池结构简单,携带方便,充、放电操作简便易行,不受外界气候和温度的影响,性能稳定、可靠,在现代社会生活中的各方面发挥着很大的作用。

2. 电池的性能参数

电池的性能参数主要有电动势、容量、比能量和电阻。电动势等于单位正电荷由负极通过电池内部移到正极时,电池非静电力(化学力)所做的功。电动势取决于电极材料的化学性质,与电池的大小无关。电池所能输出的总电荷量为电池的容量,通常用安培·小时作单位。在电池反应中,1 kg 反应物质所产生的电能称为电池的理论比能量。电池的实际比能量要比理论比能量小。因为电池中的反应物并不全按电池反应进行,同时电池内阻也要引起电动势降,所以常把比能量高的电池称为高能电池。电池的面积越大,其内阻越小。电池的能量储存有限,电池所能输出的总电荷量叫作它的容量,通常用安培·小时作单位,它也是电池的一个重要参数。原电池制成后即可以产生电流,但放电完毕即被废弃。

4.5.2　原电池的基本概念

1. 原电池的定义和工作原理

(1)原电池的定义。原电池,又称非蓄电池,是将化学能转变成电能的装置,其电化学反应不能逆转,只能将化学能转换为电能,不能像蓄电池那样重新储存电力。

(2)原电池的工作原理。原电池的工作原理是,利用两个电极的电势不同产生电热差,从而使电子流动,产生电流。原电池是电化学电池的一种,原电池反应属于放热的反应,一般是氧化还原反应,但区别于一般的氧化还原反应的是,电子转移不是通过氧化剂和还原剂之间的有效碰撞完成的,而是还原剂在负极上失电子发生氧化反应,电子通过外电路输送到正极上,氧化剂在正极上的电子发生还原反应,从而完成还原剂和氧化剂之间电子的转移。两极之间溶液中离子的定向移动和外部导线中电子的定向移动构成了闭合回路,使两个电极反应不断进行,发生有序的电子转移过程,产生电流,实现化学能向电能的转化。

从能量转化角度来看,原电池是将化学能转化为电能的装置;从化学反应角度来看,原电池的原理是氧化还

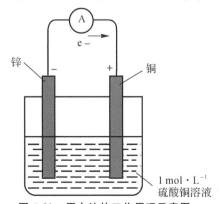

图 4-21　原电池的工作原理示意图

原反应中的还原剂失去的电子经外接导线传递给氧化剂,使氧化还原反应分别在两个电极上进行,如图 4-21 所示。普通的干电池、燃料电池等非蓄电池都属于原电池。

2. 原电池的结构

从图 4-21 可知,原电池的基本结构主要由盛放在容器中的电解液和正、负两个电极组成。在原电池中,某一电极若不断溶解或质量不断减少,该电极发生氧化反应,此为原电池的负极;若原电池中某一电极上有气体生成、电极的质量不断增加或电极质量不变,该电极发生还原反应,此为原电池的正极。负极发生氧化反应,失去电子;正极发生还原反应,得到电子。电子由负极流向正极,电流由正极流向负极。负极材料一般要能与电解液自行发生氧化还原反应,溶液中,阳离子移向正极,阴离子移向负极。

常用原电池有锌锰干电池、锌汞电池、锌银扣式电池及锂原电池等。

4.5.3　可充电电池的基本概念

1. 可充电电池的定义和工作原理

(1)可充电电池的定义。可充电电池,也称为二次电池或蓄电池,是指在电池放电后可通过充电的方式使活性物质激活而继续使用的电池,即当一个化学反应的化学能转化为电能之后,还可以用电能使化学体系修复,然后利用化学反应将化学能转化为电能。

(2)可充电电池的工作原理。可充电电池的工作原理是电池放电后,能够用充电的方式使内部活性物质再生,把电能储存为化学能。当需要放电时再次把化学能转换为电能。实质上,可充电电池的作用是储存能量,而不是产生能量。

(3)常用可充电电池。常用可充电电池有镍氢电池、镍镉电池、铅酸蓄电池和锂离子电池等。

2. 可充电电池的充电时间

充电时间是可充电电池一个十分重要的性能评估指标,不同的电池充满电所需时间是不同的。

(1)高容量。容量越大,持续使用时间越长。

(2)耐快充。电池耐快充性能越好,越能承受较大充电电流,优质电池能承受 1.5 h 即 1 C 充电速率,可采用快充。

(3)急充充电速率较高。用较短时间充足电池,使用快捷。

(4)自放电率低。自放电反映电池保持容量的能力,自放电率越低,存放期越长,即用性好。

(5)循环寿命长。循环寿命指电池充、放电次数,镍镉镍氢电池标称循环寿命为 500～1 000次,与电池品质和充放电条件有关,优质电池在正确使用条件下循环寿命甚至可达 5 000 次以上。

4.5.4　锂电池

1. 锂电池的定义和类型

(1)锂电池的定义。锂电池是指电化学体系中含有锂(包括金属锂、锂合金和锂离子、锂聚合物)的电池。锂电池大致可分为两类,即锂原电池和锂离子电池。这两种电池是不一样的。现在可多次充电的锂离子电池已经成为了主流。

(2)锂电池的类型。

1)锂原电池。锂原电池,也称为锂金属电池,内含金属态的锂,是不可充电的。可以连续放电,也可以间歇放电。一旦电能耗尽便不能再用,目前在照相机等耗电量较低的电子产品中广泛使用。锂原电池自放电率很低,可保存 3 年之久,在冷藏的条件下保存,效果会更好。锂原电池与锂离子电池不同,锂原电池不能充电,充电将十分危险。

2)锂离子电池。锂离子电池,也称二次锂电池,不含有金属态的锂,是可以充电的。在 20℃下可储存半年以上,这是由于它的自放电率很低,而且大部分容量可以恢复。

如果锂电池电压在 3.6 V 以下长时间保存,会导致电池过放电而破坏电池内部结构,减少电池寿命。因此,长期保存的锂电池应当每 3~6 个月补电一次,即充电到电压为 3.8~3.9 V(锂电池最佳储存电压为 3.85 V 左右),保持 40%~60% 放电深度为宜,不宜充满。电池应保存在 4~35℃的干燥环境中或者防潮包装,要远离热源,也不要置于阳光直射的地方。

2. 锂电池的特点

(1)锂电池主要优点有以下几点。

1)能量比较高。具有高储存能量密度,目前已达到 460~600 Wh/kg,是铅酸电池的 6~7 倍。

2)使用寿命长。使用寿命可达到 6 年以上,磷酸亚铁锂为正极的电池 1 C 充放电,有可以使用 10 000 次的纪录。

3)额定电压高。单体工作电压为 3.7 V 或 3.2 V,约等于 3 只镍镉或镍氢充电电池的串联电压,便于组成电池电源组。

4)具备高功率承受力。例如电动汽车用的磷酸亚铁锂离子电池可以达到 15~30 C 充放电的能力,便于高强度的起动加速。

5)自放电率很低。自放电率低是锂离子电池最突出的优越性之一,目前一般可做到每月 1% 以下,不到镍氢电池的 1/20。

6)质量轻。锂离子电池在相同体积下质量为铅酸产品的 1/6~1/5。

7)高低温适应性强。锂离子电池可以在 -60~-20℃的环境下使用,经过工艺上的处理,可以在 -45℃环境下使用。

8)绿色环保。不论生产、使用还是报废,锂电池都不含有也不产生任何铅、汞、镉等有毒有害重金属元素和物质。

9)生产基本不消耗水。这对我国缺水的现状来说,十分有利。

(2)锂电池的主要缺点有以下几点。

1)锂原电池安全性差,有发生爆炸的危险。

2)钴酸锂的锂离子电池不能大电流放电,安全性较差。

3)锂离子电池均需保护线路,防止电池被过充过放电。

4)生产要求高,成本高。

4.5.5 燃料电池

1.燃料电池的定义

燃料电池是很有发展前途的新型动力电源,一般以氢气、碳、甲醇、硼氢化物、煤气或天然气为燃料作为负极,用空气中的氧作为正极。它与一般电池的主要区别在于,一般电池的活性物质是预先放在电池内部的,因而电池容量取决于贮存的活性物质的量,而燃料电池的活性物质(燃料和氧化剂)是在反应的同时源源不断地输入的。因此,这类电池实际上只是一个能量转换装置。

2.燃料电池的工作原理

燃料电池的工作原理是利用一种叫质子交换膜的技术,使燃料(例如氢气或甲醇)在覆盖有催化剂的质子交换膜的作用下,在阳极将燃料催化分解成为质子,这些质子通过质子交换膜到达阴极,在燃料的分解过程中释放出电子,电子通过负载被引出到阴极,这样就产生了电能。在阳极经过质子交换膜和催化剂的作用,在阴极质子与氧和电子相结合产生水。也就是说燃料电池内部的燃料与空气中的氧进行化学反应生成水,同时产生了电流,也可以理解为是电解水的逆反应,如图 4-22 所示。

用氢作燃料的燃料电池在阳极除供应氢气外,同时还收集氢质子(H^+),释放电子;在阴极通过负载捕获电子产生电能。质子交换膜的功能只是允许质子 H^+ 通过,并与阴极中的氧结合产生水。这种水在反应过程中的温度作用下,以水蒸气的形式散发在空气中。注意,用氢作燃料电池所生成的是纯净水可以饮用,而用甲醇作燃料生成的水溶液中可能产生甲醛之类的有毒物质,不能饮用。图 4-22 所示为燃料电池工作原理的示意图。氢氧燃料电池的理论比能量达 3 600 Wh/kg。单体电池的工作电压一般为 0.8~0.97 V,为了满足负载所需的工作电压,往往由几十个单体电池串联成电池组。

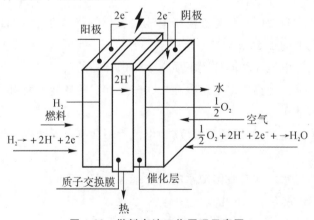

图 4-22 燃料电池工作原理示意图

根据上述燃料电池的工作原理,只要不断地补充燃料,燃料电池就能不间断地运行,提供电能。它从外表上看有正负极和电解质等,像一个蓄电池,但实质上它不能"储电",而是一个"发电厂"。

3.燃料电池的特点

(1)燃料电池的主要优点有以下几点。

1)清洁环保,产物是水。

2)能量转换效率高,能量转换率超过 80%(普通燃烧能量转换率只有 30% 左右)。

3)容量大,比能量高,功率范围广,不用充电,产生持续电流。

4)排放废弃物少,噪声小,绿色发电。

(2)燃料电池的主要缺点有以下几点。

1)系统比较复杂。

2)成本高,仅限于一些特殊用途。

4.5.6 其他新型电池

续航能力是目前制约电动无人机发展的重大障碍。无人机必须在动力源方面实现突破,才能达到新的革命性高度,目前适用于无人机动力装置的新型电池,除了燃料电池以外,还有以下几种。

1.石墨烯电池

石墨烯是目前发现的最薄、最坚硬、导电导热性能最强的一种新型纳米材料。石墨烯电池是利用锂离子在石墨烯表面和电极之间快速大量穿梭运动的特性,开发出的一种新能源电池。

从微观的角度来看蓄电池的充放电过程,实际上是一个阳离子在电极中"镶嵌"和"脱离"的过程。因此,电极材料中的孔洞越多,则这个过程进行得越迅速,从宏观的角度来看则表现为蓄电池充放电的速度越快。石墨烯的微观构造,是一个由碳原子所组成的网状结构。因为具有极限的薄度(只有一层原子的厚度),所以阳离子的移动所受限制很小。由于具有网状结构,由石墨烯所制成的电极材料也拥有充分的孔洞。同时正因为其具有高导电性、高强度、超轻薄等特性,石墨烯是一种非常理想的电极材料,使用石墨烯作为电池的阳极材料,其充放电速度将超过锂离子蓄电池的 10 倍。

2016 年 12 月 1 日,中国华为公司中央研究院瓦特实验室宣布其在锂离子电池领域实现重大研究突破,推出电池工业界首个高温长寿命石墨烯基锂离子电池。

2.铝空气电池

铝空气电池的化学反应与锌空气电池类似,铝空气电池以高纯度铝(含铝 99.99%)为负极、氧为正极,以氢氧化钾或氢氧化钠水溶液为电解质。铝摄取空气中的氧,当电池放电时产生化学反应,铝和氧作用转化为氧化铝。铝空气电池在工作时只消耗铝和少量的水。

铝空气电池的理论比能量可达 8 100 Wh/kg,虽然目前实际生产出来的铝空气电池的比能量只达到 350 Wh/kg,但也是铅酸电池的 7~8 倍、镍氢电池的 5.8 倍、锂电池的 2.3 倍。采用铝空气电池后,无人机能够明显地提高续航时间和航程,因此它是一种很有发展前途的电池。铝空气电池的特点有以下几方面。

(1)优点。铝对人体不会造成伤害,可以回收循环使用,不污染环境。铝的原材料丰富,已具有大规模的铝冶炼厂,生产成本较低。铝回收再生方便,回收再生成本也较低。而且可以采用更换铝电极的方法,来解决铝空气电池充电较慢的问题。

(2)缺点。虽然铝空气电池含有高的比能量,但比功率较低,充电和放电速度比较缓慢,电压滞后,自放电率较大,需要采用热管理系统来防止铝空气电池工作时的过热。

3. 纳米电池

$1\ nm = 1.0 \times 10^{-9}\ m$,纳米电池即用纳米材料制作的电池,纳米材料具有特殊的微观结构和物理化学性能,如量子尺寸效应、表面效应和隧道量子效应等。

目前国内技术成熟的纳米电池是纳米活性碳纤维电池,由正负电极、电解质、聚合物隔离膜组成。纳米电池的负极材料是纳米天然石墨,纳米电池的正极是纳米材料,采用由 PP 和 PE 复合的多层微孔膜作为隔离膜,并在电解质中加入导电的纳米碳纤维。电池的正极由铝箔与电池正极连接;中间是聚合物的隔膜,它把正极与负极隔开;由纳米石墨组成的电池负极,由铜箔与电池的负极连接。电池的上、下端之间是电池的电解质,电池由金属外壳密闭封装。

纳米电池最大的优点是充电和放电速度极快,能在几秒钟内快速地充电和放电,效率是块状电极电池的 100 倍,是锂电池的 20 倍,而且快速充、放电对电池的能量密度毫无影响。

4. 固态电池

固态电池是一种使用固体电极和固体电解液的电池,它的整体结构与传统锂离子电池相似,充放电方式也大同小异。传统的液态锂电池的两端为电池的正负两极,中间为电解质(液态),当锂离子从正极到负极再到正极的运动过程中,电池的充放电过程便完成了。固态电池的工作原理与之相同,只不过其电解质为固态,具有较高密度,可以让更多带电离子聚集在一端,传导更大的电流,进而提升电池容量。因此,同样的电量,固态电池体积将变得更小。不仅如此,固态电池中由于没有液态的电解液,电池内部更紧密,体积更小,能量密度增加,充电速度比锂离子电池快,也没有腐蚀性的问题,寿命更长。作为无人机动力系统使用时,不需要再额外增加冷却管、电子控件等附件,不仅节约了成本,还能有效减轻质量。

与传统锂电池相比,固态电池最突出的优点是安全。固态电池具有不可燃、耐高温、无腐蚀、不挥发的特性。固态电解质可以抑制锂枝晶、不易燃烧、不易爆破、无电解液走漏、不会在高温下发生副反应,在大电流下工作不会因出现锂枝晶而刺破隔膜导致短路,不会因产生气体而发生燃烧。

固态电池的缺点是界面阻抗过大、成本相对较高等,这将是今后研究过程中需要重点解决的问题。固态电解质是固态电池的核心材料。按电解质材料划分,固态电池目前分为氧化物、聚合物、硫化物三种开发路线。氧化物是现在相对成熟的路线,而硫化物离子导电率最高,是后期最可能的技术路线,难度当前还比较大。

4.6 DIY 四旋翼无人机动力装置

电动旋翼飞行器飞行的动力来源是由无刷直流电动机,以及保证其正常工作所必需的附件构成的系统,该系统称为电动旋翼飞行器动力装置。为了更好地理解有关电动旋翼飞行器动力装置的技术问题,下面以常见的 DIY(Do It Yourself)航模级四旋翼无人机动力装置作为实例进行讨论分析。

4.6.1　DIY 精神与四旋翼无人机动力装置的组成

在旋翼飞行器销售市场上,为了满足不同消费者的需要,商家销售方法主要有两种:一种是销售成品机,消费者买回去可以直接放手飞;另一种销售的不是成品机,而是组装所需软、硬件的各种零配件,消费者通过购买、自造将所有零配件收集齐全后,自己动手组装出一架属于"自己制造"的无人机。

1.DIY 精神的定义

DIY 是"Do It Yourself"的英文缩写,兴起于近几年,逐渐成为一种流行。简单来说,DIY 就是自己动手,没有性别、年龄的限制,每个人都可以自己做。

DIY 起源于欧美,已有 50 年以上历史。在欧美国家,由于工人薪资非常高,所以一般居家修缮或家具布置,能自己动手做就尽量不找工人,以节省费用。国外 DIY 产品公司通常有一系列相配合的资讯、材料、工具等,另外,产品所附的说明书非常详尽,自己动手做的过程不会有任何困难,而 DIY 产品的配件在超市就可轻易购得,因此,DIY 产品就像是一般商品一样,随处可买得到。

Do it yourself! 这不是一句简单的英文,它代表的是一种精神。什么精神? 自己去做,自己体验,挑战自我,享受其中的快乐,这就叫作 DIY。这也是它能够流行的关键。

2.四旋翼无人机动力装置的组成

航模级四旋翼无人机与大、中型旋翼飞行器的总体结构基本上是一样的,都要在机身上安装起落装置、旋翼系统、动力装置、数据链路系统、飞行自控系统以及任务设备等,其中动力装置系统主要包括无刷直流电动机、电子调速器(ESC)、电池等。

一架典型的航模级四旋翼无人机整体电路接线要求如图 4-23 所示。

(1)4 个电调的正、负极需要并联(红色连一起,黑色连一起),并接到电池的正、负极上。

(2)电调 3 根黑色的电动机控制线,连接无刷直流电动机。

(3)电调有个 BEC 输出,用于输出 5 V 的电压,给飞控板供电及接收飞控板的控制信号。

(4)遥控接收器连接在飞控板上,输出遥控信号,并同时从飞控板上得到 5 V 供电。

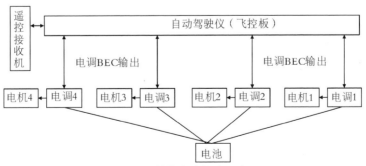

图 4-23　整体电路接线示意图

在图 4-23 中,BEC 的英文全称为 Battey Elimination Circuit,中文翻译成免电池电路。其原理是在电调里设置了一个电路模块,将 12 V 电池输出的电压转换到 5~6 V,给遥控接收机和舵机自动驾驶仪(飞控)等电子设备使用,而电机还是用 12 V 供电。这样就省去了那个 5 V 电池,这就是 BEC(免电池电路)名称的由来。BEC 大多采用线性稳压方式,线性稳压方式的优点是线路简单,体积小,只要一个稳压管就可以了。但缺点是转换效率不高,稳压的时候能量损耗大(线性稳压效率一般只有 65%~70%),所以在工作过程中稳压管会很烫(电调发烫的主要热量来自这个稳压管,真正控制电机的 MOS 开关管其实发热量不大)。由于其效率不高,自然输出电流不可能很大,一般最大也就 1 A 左右。

4.6.2 四旋翼无人机动力装置的主要部件

1. 电动机

电动机是四旋翼无人机的动力来源,是最重要的关键部件之一,被人们比喻为心脏。直流电动机类型分为有刷电动机和无刷电动机两种,四旋翼无人机采用的是无刷直流电动机。

(1)尺寸。无刷直流电动机在型号命名上用 4 位数字来表示它的尺寸,如 2212,2018 电动机等。前面 2 位数是电动机转子的直径,后面 2 位数是电动机转子的高度。形象地讲,前面 2 位越大,电动机越大,后面 2 位越大,电动机越高。又高又大的电动机,功率就更大。例如常用的新西达 2212 电动机,表示直径为 22 mm,转子的高度为 12 mm。一般而言,越大的电动机,其转速和扭力也就越大。

(2)标称空载 KV 值。无刷直流电动机 KV 值定义为"转速/伏特",意思是输入电压增加 1 V,无刷直流电动机空转增加的转速值。例如:1 000KV 电动机,外加 1 V 电压,电动机空转时每分钟转 1 000 r;外加 2 V 电压,电动机空转转速就达 2 000 r/min 了;电压为 11 V 的时候,电动机的空转转速达到 11 000 r/min。KV 值越大,速度越快,扭力越小;KV 值越小,速度越慢,扭力越大。单从 KV 值,无法评价电动机的好坏,因为不同 KV 值适用于不同尺寸的螺旋桨。对于无人机而言,无刷电机的 KV 值与电压决定了电机的最高转速。

(3)电压。把一节锂电池的电压 3.7 V 称作一个 S,微微型四旋翼无人机的电动机常用 1 S 电池驱动,而较大些的四旋翼无人机的无刷直流电动机一般采用 2~3 S,也就是 7.4~11.1 V 来驱动。一般的无刷直流电动机都可以支持 2~3 S 的电压,其中最常用的配置还是 3 S 的锂电,也就是 11.1 V。

2. 电调

电调全称为电子调速器(ESC),是连接飞控板和电动机的部件,是四旋翼无人机最重要的部件之一。无刷直流电动机应该选用无刷电调。无刷电调输入的是直流电,可以接锂电池。输出的是三相交流电,直接与电动机的三相输入端相连。如果上电后,电动机反转,只需要把这三根线中的任意两根对换位置即可。电调还有三根信号线连出,用来与遥控接收机连接,控制电动机的运转。

(1)电调功能。

1)电动机调速。电调最基本的功能是电动机调速,就是将飞控板的控制信号转变为电流的大小,用以控制电动机的转速。因为电动机的工作电流是很大的,通常每个电动机正常工作时平均有 3 A 的电流,如果中间没有电调的存在,飞控板根本无法承受这样大的电流。

2)变压供电。电调第二个功能是充当变压器的作用,将 11.1 V 电压转变为 5 V 为飞控板和遥控接收机供电。每个电调上面都会标出能够提供的电流值,如 20 A,40 A。大电流的电调可以兼容用在小电流的地方,小电流电调不能超标使用。

3)电源转化。电调第三个功能是充当换相器的角色,因为无刷直流电动机没有电刷进行换相(直流电源转化为三相电源供给无刷直流电动机,并对无刷直流电动机起调速作用),所以需要靠电调进行电子换相。

4)其他功能。电调还有一些其他辅助功能,如电池保护、起动保护、刹车制动等。

(2)电调参数。

1)功率。无刷电调最主要的参数是电调的功率,通常以安培数来表示,如 10 A,20 A,30 A。不同电动机需要配备不同安培数的电调,安培数不足会导致电调甚至电动机烧毁。

2)电流。无刷电调有持续电流和 x s 内瞬时电流两个重要参数,前者表示正常时的电流,而后者表示 x s 内容忍的最大电流。选择电调型号的时候一定要注意电调最大电流的大小是否满足要求,是否留有足够的安全裕度容量,以避免电调上面的功率管烧坏。

3)内阻。所有的电调都具有其相应内阻,需要注意其发热功率。有些电调电流可以达到几十安培,由于发热功率是电流的二次方的函数,所以电调的散热性能也十分重要,因此大规格电调内阻一般都比较小。

4)额定电压。电调的额定电压可能与免电池电路的额定电压不同。例如电调额定电压是 14.8 V,但是免电池电路可能不超过 12 V,这就不得不给遥控接收机单独供电。如果没注意到这个问题,突然接到 4 S 电池,电调可能没问题,但是电池电路可能会不工作。

5)刷新频率。电动机的响应速度与电调的刷新频率有很大关系。在多旋翼无人机开始发展之前,电调多为航模飞机而设计,航模飞机上的舵机由于结构复杂,工作频率最大为 50 Hz。相应地,电调的刷新速率也都为 50 Hz。四旋翼无人机与固定机翼飞机不同,不使用舵机,而是由电调直接驱动电动机,其响应速度远超舵机。目前,高性能的电调可支持高达 500 Hz 的刷新频率。

(3)可编程特性。通过内部参数设置,可以达到最佳的电调性能。设置的参数包括电池低压断电电压设定、电流限定设定、刹车模式设定、油门控制模式、切换时序设定、断电模式设定、起动方式设定以及脉冲宽度调制(PWM)模式设定等。通常有三种方式可对电调参数进行设置:

1)通过编程卡直接设置电调参数。

2)通过 USB 连接,用电脑软件设置电调参数。

3)通过接收器,用遥控器摇杆设置电调参数。

(4)电调与电动机的匹配。无刷电调的种类按照功率分为 30 A,40 A,50 A,60 A,80 A 和 120 A 电调等。不同功率的电调要对应不同的电动机,否则会出现电动机转速不足或烧坏电调的情况。

当选择电子调速器的时候,最重要的事情是考虑电调与电动机的匹配。选择电调额定安培数高于电动机额定安培数是必要的,这样可以防止电调因过载失效而受到损坏。通常选择的电调要比指标范围多 10%～20% 的余度。

(5)临界电压。在电调上要设置临界电压,以确保电池不会过放而损坏。

3. 电池

电池主要用于提供能量,属于易耗品,也是后期投入比较多的一个主要部件。

可用来作四旋翼无人机动力的电池种类很多,常见的有锂电池(LiPo)和镍氢电池(NiMh),这主要缘于其优良的性能和便宜的价格。然而,对于四多旋翼无人机而言,电池单位质量的能量载荷很大程度上限制了其飞行时间和任务拓展。续航时间的多少,其关键就在于电池容量的大小。

在相同电池容量的情况下,锂电池最轻,效率最高,因此多旋翼无人机大多都选择锂电池;电池品牌的选择除了受机架尺寸限制外,还要注意以下几个参数。

(1)电池电压。锂电池组包含电池和锂电池保护线路两部分。

1)锂电池单节电压为3.7 V,3S1IP表示3片锂聚合物电池的串联,电压是11.1 V,其中S表示串联,P表示并联。又如2S2P电池表示2片锂聚合物电池的串联,然后两个这样的串联结构并联,总电压是7.4 V,电流是单个电池的两倍,如图4-24所示。

(a)   (b)

图 4-24　锂电池电芯组合方式

(a)3S1P;(b)2S2P

2)不仅在放电过程中电压会下降,而且由于电池本身具有内阻,其放电电流越大,自身由于内阻导致的压降就越大,所以输出的电压就越小。

(2)电池容量。电池容量的单位用毫安时(mAh)来表示,电池的容量越大,存储的能量就越大,可以提供的续航时间就越长,不过相应的质量也越大。例如1 000 mAh电池,以1 000 mA放电,可持续放电1 h;如果以500 mA放电,可以持续放电2 h。随着放电过程的进行,电池的放电能力在下降,其输出电压会缓慢下降,所以导致其剩余容量与放电时间并非线性关系。单电芯充满电电压为4.2 V,放电完毕会降至3.0 V(再低可能过放导致电池损坏),一般无人机在3.6 V时会电量报警。

在实际四旋翼无人机飞行过程中,有两种方式检测电池的剩余容量是否满足飞行安全的要求。一种方式是检验电池单节电压,另一种方式是实时检测电池输出电流做积分计算。

(3)放电倍率。电池放电能力是普通锂电池和动力锂电池最重要的区别,动力锂电池需要很大电流放电。电池充、放电电流的大小用充、放电倍率来表示,它是充、放电快慢的一种量度,其单位为C,计算公式为:充放电倍率=充放电电流/额定容量。例如额定容量为100 mAh的电池用20 A放电时,放电倍率为0.2 C;1 000 mAh电池,放电倍率为5 C,则电池可以5 000 mAh的电流强度放电。

锂聚合物电池一般属于高倍率电池。实际使用中,所用电池的容量1 h放电完毕,称为1 C放电;5 h放电完毕,则称为(1/5) C=0.2 C放电。容量为5 000 mA的电池最大放电倍率为20 C。如果用低倍率电池大电流放电,电池会迅速损坏,甚至自燃。另外,不能让一块电池把它的电量完全放完,如果这样的话,这块电池就废掉了,当11.1 V电池电压降低到10 V时最好更换电池。

（4）充电倍率。C 也表示锂电池充电倍率，只是将放电变成了充电，如 1 000 mAh 电池，2 C 快充，就代表要用 2 000 mAh 的电流来充电。充电时要注意：千万不要图快贸然用大电流，超过规定参数充电，电池很容易损坏。

（5）电池内阻。电池欧姆内阻主要是由电极材料、电解液、隔膜电阻及各部分零件的接触电阻组成，与电池的尺寸、结构、装配等有关。电池的内阻不是常数，在充、放电过程中随时间不断变化，且不是线性关系，常随电流密度的对数增大而线性增加。电池的内阻很小，一般用单位毫欧来度量它。正常情况下，内阻小的电池的大电流放电能力强，内阻大的电池放电能力弱。

（6）平衡充电器。由于四旋翼无人机电池的电流极大，其专用电池是不能用普通充电器充电的，必须要用平衡充电器。常用的 11.1 V 的锂电池是由 3 节 3.7 V 的锂电组成，因为制造工艺原因，每节电池的充电放电特性都有差异，电池串联的情况下，容易导致某节电池放电过度或充电过度。解决办法是分别对内部单节电池充电，平衡充电器就是起这个作用的，即采用平衡充电器来分别充其中的每一个 S，也就是每一个放电单元，这样可以保护电池。

经验表明：四旋翼无人机常用 2 200 mAh，3S，25C 的电池。值得注意的是，市面杂牌动力电池虚标、掉电压、虚焊问题严重，故应尽量选择知名厂家的优质电池，避免空中掉电摔机造成更大损失。

4. 电动机与螺旋桨的匹配

四旋翼无人机的旋翼系统是指它的 4 个空气螺旋桨，由电动机驱动螺旋桨高速旋转产生升力。其外形结构非常简单，两片桨叶由中间的桨毂固定在一起构成一个整体，称为桨片。由于旋翼系统是电动旋翼飞行器动力装置驱动的对象，其尺寸大小、桨片和翼型形状等几何参数对动力装置的性能和功率要求有极大的影响，所以四旋翼无人机动力装置设计必须考虑电动机功率与螺旋桨大小的匹配问题。

四旋翼无人机有 4 个旋翼，每个旋翼都只有 1 个桨片，全机总共有 4 个桨片，其中有 2 个为正桨，另外 2 个为反桨。桨叶的横剖面是翼型，假设螺旋桨在一种不能流动的介质中旋转，那么其每转一圈，就会向前进一个距离，这个距离称为螺距。常用桨片的尺寸有 1145，1045，9047，8045 等，其中四位数字的前两位代表直径，后两位代表螺距。如 1045 桨片的直径为 10 in（1 in＝0.025 4 m），而螺距为 4.5 in，最大转速为 10 500 r/min。

四旋翼无人机采用的螺旋桨越大，升力越大，但对应需要更大的力量来驱动；螺旋桨转速越高，升力越大；电动机的 KV 越小，转动力量就越大。为了用转速来弥补升力不足，大螺旋桨需要采用低 KV 电动机，小螺旋桨就需要采用高 KV 电动机。如果高 KV 带大桨，力量不够，电动机和电调很容易烧掉。如果低 KV 电动机带小桨，完全没有问题，但升力不够，可能造成无法起飞。因此，在选择无人机电动机、电池和电调时，要将这三者协调好，无人机才能发挥出色的性能，否则可能会损坏设备。如果电动机的最大效率电流为 30 A，则选择的电调应该至少为 30 A，但出于安全考虑，应选择更大的电调，例如 35～40 A。但是，最好不要过度使用，以免影响电机的使用寿命。不同电动机需要使用的对应的桨片见表 4-2。

表 4-2　电动机与桨片的选择对应关系

电动机(KV 值)	桨　片
800～1 000	1 110 in 桨
1 000～1 200	10～9 in 桨
1 200～1 800	9～8 in 桨
1 800～2 200	8～7 in 桨
2 200～2 600	7～6 in 桨(注意桨强度,当心射桨)
2 600～2 500	6～5 in 桨(注意桨强度,当心射桨)
2 800 以上	建议使用 9050 剪桨(注意桨强度,当心射桨)

4.7　空心杯电动机的基本结构、原理与特性

空心杯电动机在结构上突破了传统电动机的转子结构形式,采用的是无铁芯转子,也叫空心杯型转子。其最大的特征是响应速度快、反应敏捷。原因主要在于空心(无铁芯),所以电动机转动惯量特别小,反应非常快,起动性能和制动性能好。空心杯电动机一般应用在要求高精密度、高控制精度的情况下,如微微型和微型无人机上。

4.7.1　空心杯电动机基本结构与原理

空心杯电动机属于直流、永磁、伺服微特电动机,转子电感小、响应性好、效率高、体积小且易取得大扭矩,特别随着辐射磁环的发展,空心杯也将会有更广阔的发展前景。

1. 空心杯电动机的基本结构

空心杯电动机与普通电动机的主要区别是采用无铁芯转子,也叫空心杯型转子。空心杯电动机具有突出的节能特性、灵敏方便的控制特性和稳定的运行特性,作为高效率的能量转换装置,代表了电动机的发展方向之一。微特电动机,全称微型特种电动机,简称微电动机,是指直径小于 160 mm 或额定功率小于 750 W 或具有特殊性能、特殊用途的微型特种电动机。微特电动机常用于控制系统中,实现机电信号或能量的检测、解算、放大、执行或转换等功能,或用于传动机械负载,也可作为设备的交、直流电源。空心杯电动机的应用,从军事、高科技领域进入大工业和民用领域后,十多年来得到迅速的发展,已经涉及大部分行业和许多产品,尤其是在民用航空无人机领域,深受广大专业技术人员的青睐。

空心杯电动机在结构上突破了传统电动机的转子结构形式,采用无铁芯转子彻底消除了由于铁芯形成涡流而造成的电能损耗,同时其质量和转动惯量大幅减小,从而减少了转子自身的机械能损耗。由于转子的结构变化而使电动机的运转特性得到了极大改善,不但具有突出的节能特点,更为重要的是具备了铁芯电动机所无法达到的控制和拖动特性。

空心杯电动机分为有刷和无刷两种,有刷空心杯电动机转子无铁芯,无刷空心杯电动机定子无铁芯。绕组采用三角形接法,如图 4-25 所示。

一般来说,空心杯电动机都是高转速电动机,其空载转速可以达到 50 000 r/min 左右。对于直流电动机,其调速方式一般都是使用脉宽调制(PWM)来控制电动机转速。由单片机输出一定频率的 PWM 波,通过改变 PWM 的占空比来改变电动机的转速。单片机与电动机之间需要一个驱动电路来连接。驱动电路又分 H 全桥和 H 半桥,全桥电路可以控制电动机的正、反转和转速,而半桥则只能控制电动机的转速,无法控制旋转方向。

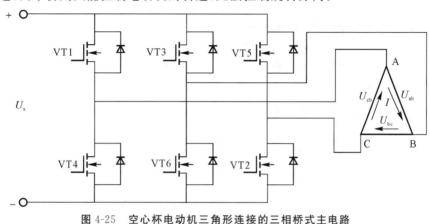

图 4-25　空心杯电动机三角形连接的三相桥式主电路

2. 空心杯直流电动机的基本原理

空心杯直流电动机保持着有刷直流电动机的优良机械及控制特性,在电磁结构上与有刷直流电动机一样,但它的电枢绕组放在定子上,转子上放置永久磁钢。空心杯直流电动机的电枢绕组像交流电动机的绕组一样,采用多相形式,经由逆变器接到直流电源上,定子采用位置传感器或无位置传感器技术实现电子换向代替有刷直流电动机的电刷和换向器,各项逐次通电产生电流,和转子磁极主磁场相互作用,产生转矩,使电动机旋转。

与有刷直流电动机相比,空心杯直流电动机由于消除了电动机滑动接触机构,因而消除了故障的主要根源。转子上没有绕组,也就没有了电的损耗。又由于主磁场是恒定的,因此铁损也是极小的。除轴承旋转产生磨损外,转子的损耗很小,因而进一步增加了工作的可靠性。

正是空心杯电动机这种独特的结构,才使它更节能。随着稀土磁材料和功率半导体价格的不断提高,新技术不断出现,在工业领域的应用也越来越广泛。

4.7.2　空心杯电动机的主要特性与应用范围

1. 空心杯电动机的主要特性

空心杯电动机具有十分突出的节能、控制和拖动特性,主要有以下几点。

(1)节能特性。能量转换效率很高,其最大效率一般在 70% 以上,部分产品可达到 90% 以上(有铁芯电动机一般在 20%～50%)。

（2）控制特性。因为空心，所以转动惯量特别小，响应极快，起动、制动迅速，机械时间常数小于 28 ms，部分产品可以达到 10 ms 以内（有铁芯电动机一般在 100 ms 以上）；在推荐运行区高速运转状态下，可对转速进行灵敏地调节。

（3）拖动特性。运行稳定性十分可靠，转速的波动很小，作为伺服微特电动机，其转速波动能够控制在 2% 以内。

（4）能量密度特性。空心杯电动机的能量密度大幅度提高，与同等功率的有铁芯电动机相比，其质量、体积减轻 1/3～1/2。

2. 空心杯电动机在微型无人机上的应用

由于空心杯电动机克服了有铁芯电动机不可逾越的技术障碍，而且其突出的特点集中在电动机的主要性能方面，使其具备了广阔的应用领域。尤其是随着工业技术的飞速发展，对电动机的伺服特性不断提出更高的期望和要求，使空心杯电动机在很多应用场合拥有不可替代的地位。

空心杯电动机的应用，从军事、高科技领域进入大工业和民用领域后，十多年来得到了迅速的发展。微型无人机利用空心杯电动机质量轻、体积小、能耗低的优点，可以最大限度地减轻本身的质量。具体说来是采用有刷直流空心杯电动机结合 MOS 管驱动电路作为动力。由于空心杯电动机需要的电流较大，因此常常将空心杯电动机的一端接到 V_cc 上面（微型无人机的 V_cc 电压通常是 3.7 V），另一端用 MOS 管控制通断，并接到 GND（公共端）上面。当信号输入端为高电平时，MOS 管接通，则原本接到电动机的一端的 MOS 管 D 极与 GND 连通，加上原本接到 V_cc 的电动机的另一条线，则电动机开始旋转；当信号输入端为低电平时，MOS 管截止，电动机停止。因此，通过调节信号输入端的脉冲宽度调制（PWM 波占空比），就可以控制空心杯电动机的转速快慢。

4.8 直线电机的基本结构、原理与特性

直线电机也称线性电机或推杆马达，是一种将电能直接转换成直线运动机械能，而不需要任何中间转换机构的传动装置，可以省去大量中间传动机构，因此它比旋转电机需要经过转换装置形成的直线运动效率更高，加快了系统反应速度，提高了系统精确度，所以得到广泛的应用。

4.8.1 直线电机的基本结构与工作原理

1. 直线电机的基本结构

直线电机的基本结构可以看成是一台旋转电机按径向剖开，并展成平面而成。直线电机中将旋转电机的定子称为初级，将旋转电机的转子称为次级，如图 4-26 所示。直线电机具有

系统结构简单、磨损少、噪声小、组合性强、维护方便等优点。

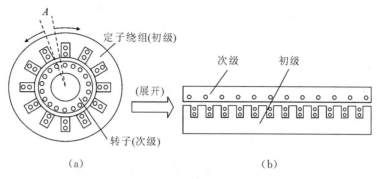

图 4-26　**直线电机可看作旋转电机展成平面而成**

(a)旋转电机；(b)直线电机

直线电机的动子是用环氧材料把线圈压缩在一起制成的,磁轨是把磁铁(通常是高能量的稀土磁铁)固定在钢上而成,电机的动子包括线圈绕组、霍尔元件、电路板、电热调节器(温度传感器监控温度)和电子接口。在旋转电机中,需要旋转轴承支撑动子以保证相对运动部分的气隙。同样的,直线电机需要直线导轨来保持动子在磁轨产生的磁场中的位置。和旋转伺服电机的编码器安装在轴上反馈位置一样,直线电机需要反馈直线位置的反馈装置(直线编码器),它可以直接测量负载的位置,从而提高负载的位置精度。

直线电机的控制和无刷旋转电机一样,动子(次级)和定子(初级)无机械连接(无刷)。直线电机系统可以是磁轨动或推力线圈动(大部分定位系统采用磁轨固定,推力线圈动)。电磁力作用在直线电机上产生直线推力作用。直线电机的形状可以是平板式、U 型槽式和管式,具体哪种构造最适合要看实际应用的规格要求和工作环境。

2. 直线电机的工作原理

直线电机的工作原理并不复杂,与旋转电机工作原理相同,遵循电机学的一些基本电磁原理。通常,直线电机的初级要做得很长,延伸到运动所需要达到的位置,而次级绕组则不需要那么长。在直线电机初级绕组中通以交流电源时,便在气隙中产生行波磁场,当不考虑由于铁芯两端开、断而引起的纵向边缘效应时,这个气隙磁场的分布情况与旋转电动机相似,沿着直线方向按正弦规律分布,但它不是旋转而是沿着直线平移,称为行波磁场。行波磁场的移动速度与旋转磁场在定子内圆表面上的线速度是一样的,称为同步速度。次级绕组在行波磁场切割下,将感应出电动势并产生电流,该电流与气隙中的磁场相互作用就产生电磁推力,次级绕组就在电磁力的作用下沿着初级绕组做直线运动。

需要注意的是:在实际应用中,直线电机既可以把初级做得很长,也可以把次级做得很长;既可以初级固定,次级在推力作用下做直线运动,也可以次级固定,初级在推力作用下做直线运动。

直线电机使用和旋转电机相同的控制和可编程配置。推力线圈运动的电机,推力线圈的质量和负载比很小。然而,需要高柔性线缆及其管理系统。磁轨运动的电机,不仅要承受负载,还要承受磁轨质量,但无需线缆管理系统。

4.8.2 直线电机的类型与特性

1. 直线电机的类型

对于旋转电机所具有的品种,直线电机几乎都有与之对应的品种。市面上直线电机的类型越来越多,其中最常见的直线电机结构类型如下:

(1)有铁芯直线电机(平板型直线电机)。有铁芯直线电机将线圈缠绕在硅钢板上,通过单面磁路最大限度提高效率。它采用特殊的电磁设计,可提供最大额定推力,电机常数 K_m 高,热损耗低,并且齿槽力小。它的推力大,是传动大质量物品的理想之选,可在机加工与处理过程中保持刚性。

(2)无铁芯直线电机(U型直线电机)。无铁芯直线电机没有供线圈缠绕的铁芯或插槽。它的齿槽效应为零,质量轻并且线圈组与磁路之间无任何引力。这些特点非常适合于需要非常小的轴承摩擦力、对较轻负载具有大加速度,以及在超低速度条件下依然可确保最高恒速的应用场合。模块化设计磁路由两排磁铁构成,可最大限度提高产生的推力,并为磁路提供磁通回路。

(3)棒状直线电机。平板型直线电动机沿着与直线运动相垂直的方向卷成筒形,就形成了棒状直线电机。在特殊需求下,它还可以制成既有旋转运动又有直线运动的旋转直线电机。旋转直线的运动体可以是初级侧,也可以是次级侧(见图 4-27)。

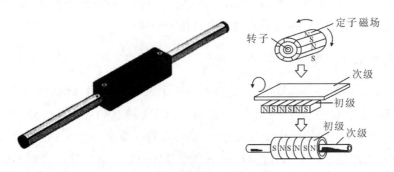

图 4-27　棒状直线电机结构示意图

(4)音圈直线电机。音圈电机工作原理是在均匀气隙磁场中放入一个圆筒状绕组,绕组通电产生电磁力带动负载做直线往复运动,改变电流的强弱和极性,就可以改变电磁力的大小和方向。它具有结构简单、体积小、高速、高加速、响应快等特性,主要应用于2轴轻型负载、短行程、高频往返运动,也适用于力控制场合。

(5)弧形无铁芯直线电机。无铁芯直线电机可以理解为经过电磁和机械优化设计后的变异体。其结构通过配置多个线圈或多个拼接磁轨,可以实现有限角度或360°运行模式。

2. 直线电机的特性

直线电机是一种新型电机,具有许多优点,近年来应用日益广泛。

(1)结构简单。直线电机不需要经过中间转换机构而直接产生直线运动,使结构大大简化,运动惯量减小,动态响应性能和定位精度大大提高,同时也提高了可靠性,节约了成本,使制造和维护更加简便。它的初次级可以直接成为机构的一部分,这种独特的结合使其优势进一步体现出来。

(2)适合高速直线运动。因为不存在离心力的约束,普通材料亦可以达到较高的速度。而且如果初、次级间用气垫或磁垫保存间隙,运动时无机械接触,运动部分也就无摩擦和噪声。这样,传动零部件没有磨损,可大大减小机械损耗,避免拖缆、钢索、齿轮与皮带轮等所产生的噪声,从而提高整体效率。

(3)初级绕组利用率高。在管型直线感应电机中,初级绕组是饼式的,没有端部绕组,因而绕组利用率高。

(4)无横向边缘效应。横向效应是指由于横向开断造成的边界处磁场的削弱,而圆筒型直线电机横向无开断,所以磁场沿周向均匀分布。

(5)容易克服单边磁拉力问题。径向拉力互相抵消,基本不存在单边磁拉力的问题。

(6)易于调节和控制。通过调节电压或频率,或更换次级材料,可以得到不同的速度、电磁推力,适用于低速往复运行场合。

(7)适应性强。直线电机的初级铁芯可以用环氧树脂封成整体,具有较好的防腐、防潮性能,便于在潮湿、粉尘和有害气体的环境中使用,而且可以设计成多种结构形式,满足不同情况的需要。

(8)高加速度。这是直线电机驱动相比其他丝杠、同步带和齿轮齿条驱动的一个显著优势。

(9)精度高。直线电机因传动机构简单,定位精度、重复精度通过位置检测反馈控制,都会较旋转伺服电机滚珠丝杠高,且容易实现。直线电机定位精度可达 $\pm 2 \ \mu m$,甚至更高,而旋转伺服电机滚珠丝杠最高只能达到 $10 \ \mu m$。

(10)寿命长。直线电机因运动部件和固定部件间有安装间隙,无接触,不会因动子的高速往复运动而磨损,长时间使用对运动定位精度无影响,适合高精度的场合。

习　　题

1. 什么是无刷直流电动机? 说明其基本结构、工作原理和特点。

2. 对比分析无刷直流电动机和有刷直流电动机的优、缺点。

3. 什么是无刷直流电动机绕组结构? 说明其构成、基本要求和类型。

4. 无刷直流电动机转子位置传感器有哪些类型? 说明其工作原理。

5. 无位置传感器的转子位置检测技术有哪些类型? 说明其工作原理。

6. 写出与无刷直流电动机运行特性相关的基本方程。

7. 简述无刷直流电动机的起动特性、工作特性、机械特性、调速特性的定义和内容。

8. 什么是无刷直流电动机的 KV 值? 常用的无刷直流电动机的指标参数有哪些?

9. 什么是 PID 控制？简述比例控制、积分控制和微分控制的内容。

10. 常用的数字式 PID 控制算法有几种？分别说明各种算法的主要内容。

11. 简述 PID 参数调试的基本概念、效果指标、调试的内容和步骤。

12. 什么是电池、原电池和可充电电池？简述它们的工作原理。

13. 什么锂电池、燃料电池、石墨烯电池、铝空气电池和纳米电池？简述它们的工作原理和特点。

14. 画出四旋翼无人机整体电路接线框图，并加以说明。

15. 四旋翼无人机动力装置主要部件有哪些？说明与各主要部件相关的内容。

16. 什么是空心杯电动机？说明其基本结构、主要特性和应用范围。

17. 如何将空心杯电动机应用到微型多旋翼无人机上？

18. 什么是直线电机？说明其基本结构和工作原理。

19. 常用的直线电机有哪些类型？简述直线电机的特性。

第 3 篇　航空发动机篇

第5章 航空发动机基础知识

5.1 气体的基础知识

航空燃油发动机,即航空发动机产生动力的工作过程是以空气为介质,将燃料的热能转换成气体的机械能,从而获得动力的过程。在这个转换过程中,气体的状态在不断变化着,这些变化都必须遵循一定的规律。了解这些规律才能理解航空发动机产生动力的原理。

5.1.1 气体运动的特点和工质的定义

1.气体运动的特点

物质都是由分子组成的,分子时刻都在做无规则的热运动。分子之间存在着空隙,分子之间有相互作用力,相互之间经常碰撞,交换着动能和热能。但是,与液体或固体比较起来,气体的分子运动得最快,分子间空隙最大,分子间的作用力最小。因此,若把气体充入容器内,其分子很快便能均匀地充满在容器中,使容器具有膨胀的趋势,此时如果容器的体积能够变大,气体便能够膨胀而对外做功。

2.工质的定义

不论是航空活塞式发动机,还是涡轮轴发动机都是利用气体的这些特点,把气体(燃气)作为媒介来完成热能与机械能之间的相互转换的,这种媒介物质称为工作介质,简称"工质"。气体是航空发动机的理想工质,它与液体或固体相比,具有更好的膨胀性、压缩性和流动性,因而易于实现能量转化。

5.1.2 理想气体和气体的属性

1.理想气体

气体分子本身的体积与分子间的空隙比较起来是微不足道的,分子间作用力也很微弱,所以在研究实际问题时,可以把分子的体积及分子间的作用力忽略不计,这会使研究的问题大为简化,而得出来的结论又与实际情况非常接近。因此,在热力学中,设想出一种气体,它的分子只有质量而没有体积,而且分子之间完全没有作用力,这种气体称为理想气体。

当实际气体的压力与大气压力相比不太大,以及实际气体的温度与室温相比不太低时,便与理想气体非常接近。由于航空发动机实际工作中的工质气体在其工作的温度和压力内,性质与理想气体非常接近,所以,可以将航空发动机的工质气体都作为理想气体来处理。

2. 气体的属性

(1)连续介质假设。大气连续性假设是将大量的、单个分子组成的大气看成是连续的介质。所谓连续介质就是指组成介质的物质连成一片,内部没有任何空隙。在其中任意取一个微团都可以看成是由无数分子组成的,微团表现出来的特性体现了众多分子的共同特性。对大气采用连续性假设的理由是与所研究的对象(飞机)相比,空气分子的平均自由行程要比飞机的尺寸小得多。

燃油航空发动机都是在较稠密的气体中工作,气体分子的平均自由行程与物体的尺寸相比都是微乎其微的,即在微小的体积中,有非常多的分子。因此,当研究气体的流动时,可以不考虑气体分子间的间隙及其相互作用,而是认为气体的质点是稠密的,并且连续地充满它所占据的空间。当气体作为热机工质而稳定流动时,既不会中断,也不会堆积。

(2)气体的压缩性。气体因压力和温度的变化而改变其密度的性质,称为气体的压缩性。气体压缩性的大小通常用压缩系数 β 来表示,其定义为在一定温度下,压强 p 升高一个单位时,流体体积 V 或密度 ρ 的相对变化量,则有

$$\beta = -\frac{1}{V}\frac{\mathrm{d}V}{\mathrm{d}p} = \frac{1}{\rho}\frac{\mathrm{d}\rho}{\mathrm{d}p} \tag{5-1}$$

式中:V 为原有的体积;$\mathrm{d}V$ 为体积的改变量;$\mathrm{d}p$ 为压强的改变量。因为压强与体积的变化方向是相反的,故式(5-1)中有一负号。

当气体的速度改变时,会引起其压力和密度的变化,但若气体以低速流动时,引起的气体密度的变化会很小,只有当气流速度较大时才要考虑对气体压缩性的影响。

(3)气体的黏性。流体都是有黏性的,空气也是有黏性的。黏性是施加于流体的应力和由此产生的变形速率以一定的关系联系起来的流体的一种宏观属性,表现为流体的内摩擦。由于黏性的耗能作用,在无外界能量补充的情况下,运动的流体将逐渐停止下来。黏性对物体表面附近的流体运动产生重要作用使流速逐层减小并在物面上为零,在一定条件下也可使流体脱离物体表面,凡是有黏性作用的地方,各层气流的速度是不均一的,这也是摩擦阻力产生的根源。

不同性质的流体,其黏性系数相差很大。温度对黏性系数的影响很大,例如液体的黏性系数随温度的升高而急剧降低,而气体的黏性系数则随温度的升高而增大。

5.2 热力系统的基础知识

5.2.1 热力系统、状态和状态参数

1. 热力系统的定义

在热力学中,把所要研究的对象称为热力系统。与热力系统有关的周围物体称为外界或环境。将热力系统与外界分隔开的空间界限,称为边界或界面。边界可以是真实的,也可以是假想的。热力系统的变化总是存在热现象,往往伴随着热能和机械能之间的转换。热现象是一种复杂的物质运动形式,是物质中大量分子热运动的宏观表现。

2. 热力系统的分类

在进行热力学分析时,既要考虑热力系统内部的变化,也要考虑热力系统通过边界和外界发生的能量交换和物质交换,但对外界的变化不必追究。热力系统的选取,取决于所要研究的任务,它可以是一群物体、一个物体或物体的某一部分。

(1)闭口系统。热力系统与外界只发生能量交换,无物质交换,则该热力系统为闭口系统(见图5-1)。

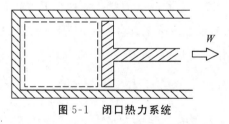

图 5-1 闭口热力系统

(2)开口系统。热力系统与外界不仅发生能量变换,而且有质量交换,即有物质流入或流出系统,则称该热力系统为开口系统(见图5-2)。

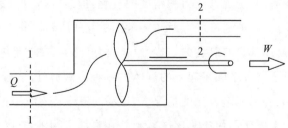

图 5-2 开口热力系统

(3)绝热系统。热力系统与外界不发生热交换,则称该热力系统为绝热系统。

(4)孤立系统。热力系统与外界既无能量交换,也无物质交换,即与外界无任何联系,则称该热力系统为孤立系统。实际上,与外界绝对不发生任何联系的系统是不存在的。当实际存在的系统与外界的能量交换和物质交换少到可忽略的程度时,就可近似地当作孤立系统来处

理,因此,孤立系统只是一种假设的极限情况。

3. 热力状态和状态参数

热机依靠工质从热源吸热及对外膨胀做功而实现热功转换,这时工质本身也在不断发生变化。为了说明热机的热功转换过程,必须研究这个过程中工质所发生的变化,因而就需要说明在这个过程中,工质所组成的热力系统发生变化时所经历的每一种宏观状况。热力学中把工质所处的某处宏观状况称为工质的热力状态,简称"状态"。

工质的状态常用一些物理量来描述,这种描述工质状态的物理量称为状态参数。状态参数的数值仅决定于工质的状态,而与达到这个状态所经历的变化过程无关。故对应于所给定的状态,所有的状态参数都各自有确定的数值。当有一个状态参数的数值发生变化时,工质的状态也就发生变化,常用的状态参数有 6 个,这 6 个状态参数是比容、压力、温度、内能、焓和熵。其中比容、压力、温度是基本状态参数,它们可以直接测量,比较直观,其他状态参数可以根据基本状态参数进行计算间接得到。

(1)压力。压力是指单位面积上所承受的垂直方向的作用力。压力的法定计量单位是 Pa (N/m^2),由于 Pa(帕)这个单位太小,工程上常用 MPa(兆帕,$1\ MPa = 10^6\ Pa$)或 bar(巴,$1\ bar = 10^5\ Pa$)作为压力的单位。

热力系统的真实压力是绝对压力,用符号 p 表示。由于测量压力的仪表总是处于大气环境下,因此绝对压力是不能直接测得的,一般测得的是绝对压力与当时当地大气压力的差值。热力系统的真实压力超出当地大气压力的部分称为表压力或表压,用 p_g 表示,则有

$$p_g = p - p_0 \tag{5-2}$$

式中:p_0 为当时当地大气压力,可以用气压计测得。

(2)比容。比容也称为比体积,是指单位质量的物质所占有的容积。比容的法定计量单位是 m^3/kg。其表达式为

$$v = V/m \tag{5-3}$$

式中:v 为比容;V 为容积;m 为质量。

(3)温度。温度表示物体的冷热程度,是描写处于热平衡状态的热力系统宏观特性的物理量。对于气体,温度可以用分子平均移动动能的大小来表示。

温度的数值表示法称为温标,有热力学温标、摄氏温标、华氏温标等。热力学温标是与测温物质的性质无关的温标,单位为开尔文(K)。以水的三相点为唯一的固定点,规定水的三相点的温度为 273.16 K。摄氏温标是选用标准大气压下水的两相点(冰水混合物)为 0℃,沸点为 100℃,并将温度视为测温物某一物性的线性函数的温标。

热力学温度与摄氏温度之间的关系为:$T_K = T_℃ + 273.15$。

同摄氏温标类似,华氏温标是选用标准大气压下水的两相点(水的冰点,冰水混合物)为 32°F,沸点为 212°F,将水的冰点和沸点之间等分为 180 份。

热力学温度与华氏温度之间的关系:$T_K = (T_F - 32) \times 5/9$。

(4)内能。内能也称热力学能,是指组成热力系统的大量微观粒子本身具有的能量(不包括热力系宏观运动的能量和外场作用的能量)。内能包括分子的动能、分子力所形成的位能、构成分子的化学能和构成原子的原子能。在热能和机械能的转换中,一般不涉及化学反应和

核反应,因此化学能和原子能一般不发生变化,故在工程热力学中,内能只考虑分子的动能和分子力所形成的位能。

分子动能大小与气体的温度有关,而位能大小与分子之间的距离有关,即当压力一定时与热力系统的比容有关。由此可知内能是状态参数,是热力系统的温度和比容的函数。对于完全气体内能只是温度的函数,即 $U=U(T)$。

单位质量的物质的内能称为比内能,用 u 表示,即 $u=U/m$。内能的法定计量单位为焦耳(J),比内能的单位为焦耳/千克(J/kg)。

(5)焓。焓是一个组合的状态参数,定义为

$$H = U + pV \tag{5-4}$$

可以看出:焓(H)是状态参数,对于完全气体焓也只是温度的函数。

单位质量物质的焓称为比焓,用 h 表示,即 $h=H/m$。焓的法定计量单位为焦耳(J),比焓的单位为焦耳/千克(J/kg)。

(6)熵。熵为在微元可逆过程中热力系统与外界交换的热量 δQ 与换热时热力系统的温度 T 的比值,用 S 表示熵,其表达式为

$$dS = \frac{\delta Q}{T} \tag{5-5}$$

单位质量的物质的熵称为比熵,用 s 表示,即 $s=S/m$。熵的法定计量单位为 J/K,比熵的法定计量单位为 J/K·kg。

5.2.2 热力系统平衡状态、气体状态方程和热力过程

1. 热力系统的平衡状态

热力系统平衡状态是指在没有外界作用的情况下宏观性质不随时间变化的状态。平衡状态是宏观状态中一种重要的特殊情况。任何热力系统,如果它原来处于平衡状态,而又没有外界的作用,那么它将一直保持这种平衡状态;如果原来处于非平衡状态(内部存在不平衡势:温差、压差等),那么它内部必然会自发地进行一个变化过程。经过一段时间,当不平衡势逐渐消失而内部不再发生变化时,热力系统也达到了平衡状态。

处于平衡状态的单相流体,如果忽略重力的影响,又没有其他外场作用,它内部各处的各种性质都是均匀一致的,体现为压力均匀一致、温度均匀一致,而且所有宏观性质也都是均匀一致的。热力学主要研究的就是这种均匀的平衡状态。

2. 气体的状态方程

根据气体的分子运动理论,气体的比容、温度和压力三者之间相互的关系可由状态方程表示为

$$pv = RT \tag{5-6}$$

式中:p 为气体的绝对压力(N/m²);v 为气体的比容(m³/kg);T 为气体的热力学温度(K);R 为气体常数[J·(kg·K)⁻¹]。

常见气体的气体常数 R 数值见表 5-1。

表 5-1　常见气体的气体常数 R 数值

气　体	$R/[\text{J} \cdot (\text{kg} \cdot \text{K})^{-1}]$	气　体	$R/[\text{J} \cdot (\text{kg} \cdot \text{K})^{-1}]$
氧	26.00	氨	297.20
氢	4 158.88	一氧化碳	297.20
空气	287.10	二氧化碳	189.31

根据状态方程，在气体状态参数 p, v, T 中，只有两个参数是独立的，已知任意两个参数，就可求出第三个。在热力学中常用压力和比容作为独立参数，并将气体的状态通过 p-v（压-容）图的形式表示出来，如图 5-3 所示。当气体的状态发生变化时，把变化过程中每一瞬间的状态都在压-容图上用点表示出来，就得到一条曲线。因此压-容图上的一条曲线，就表示气体状态的一个变化过程。

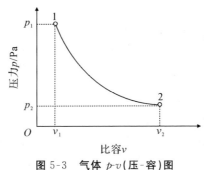

图 5-3　气体 p-v（压-容）图

3. 气体的热力过程

气体理想的热力过程有等容过程、等压过程、等温过程和绝热过程。这些理想热力过程的 p-v 图如图 5-4 所示。

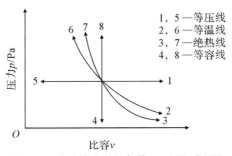

1, 5—等压线
2, 6—等温线
3, 7—绝热线
4, 8—等容线

图 5-4　特殊热力过程气体 p-v（压-容）图

（1）等容过程。等容过程是比容不变的热力过程，活塞发动机的燃烧过程就是近似的等容过程。

（2）等压过程。等压过程是压力不变的热力过程，涡轮轴发动机的燃烧过程是近似的等压过程。

（3）等温过程。等温过程是温度不变的热力过程。

（4）绝热过程。绝热过程是气体与外界没有热交换的热力过程，活塞发动机和涡轮轴发动

机的压缩和膨胀过程就是近似的绝热过程。经理论推导,在绝热条件下,气体的压力和比容满足下列关系:

$$pv^k = 常数 \tag{5-7}$$

式中:k 为气体的绝热指数。对空气 $k = 1.4$,对燃气 $k = 1.33$。

5.3 气流的基础知识

当航空发动机工作时,燃料与空气均匀混合,形成混合气流进行燃烧膨胀做功。通常在发动机工作的主要状态下,都可以认为混合气流是稳定流动的,即气体在流动过程中,其热力学参数及运动参数都不随时间而变化,而随流动位置的变化而变化。但不论其变化的情况如何复杂,气流的速度、压力、温度和密度等各个参数总是有规律地相互联系和互相影响着。

5.3.1 稳定流动和连续方程

1. 稳定流动的定义

稳定流动是指流体在空间各点的流动参数,包括流速、压力、温度和密度等,不随时间变化的流动,也称为定常流动。当航空发动机稳定工作时,流过发动机气体的流动,可近似看成是稳定流动,即气体在流动过程中,其热力学参数及运动参数都不随时间而变,但随流动位置的变化而变化。

2. 连续方程

连续方程是质量守恒定律应用于流体流动的关系式。当气体稳定地流过管道时,单位时间内,流过任何横截面的气体质量相等。这就是气体的连续性原理,表达这个原理的数学方程称为连续方程。

单位时间内流过管道某一横截面的气体质量称为流量,用符号 m 表示,按照流量的定义,可写出流量的计算式为

$$m = CA\rho = CA/v \tag{5-8}$$

式中:A 为管道的横截面积;C,v,ρ 分别为截面处气体的流速、比容和密度。

5.3.2 能量方程和伯努利方程

1. 能量方程

气体动力学能量方程,是能量守恒与转换定律应用于开口系统中的方程表达式。考察航空发动机工作时的边界系统,燃料与空气均匀混合的气体在不停地流动着,所以物质也能通过所研究的系统边界。此时,流动气体的能量也随工质流动通过边界面进出该系统。因此,该系统的能量就受到热、功以及通过边界的物质的影响。

若系统中的流动为稳定的流动,则:

(1)工质进出控制面时,各截面上工质的状态参数恒定不变,但不同的截面上各参数可不相同,即工质的全部参数(包括流速)只沿流动方向存在着变化,这称为一元流动。

(2)进入控制体的工质质量,恒等于同时间内离开控制体的工质质量,即 $m_1 = m_2$,且不随时间而变化。

(3)通过控制面的热和功不随时间而变化,系统中稳定的单位质量流动工质具有的能量包括以下几种:

1)因工质所处的高度而具有的位能 Z_g。

2)因工质的流动而具有的动能(动压)$C^2/2$。

3)因工质内部分子热运动而具有的内能 U。

4)推动工质流动的功,这种能量称为流动能或推动功 pv。

推动功来源于当工质从横截面 1 流入系统时,受到系统内工质的阻挡,外面的流体必须克服这一阻力才能进入系统,后面的流体推动前面的流体向前流进系统而做功。同样,当工质流出系统时也需要这样的推动功。根据推动功的含义可计算其大小,设进口横截面 1 的压力 p_1、流速 C_1 都不随时间而变化。假设横截面 1 的面积为 A,那么前面的流体从后面的流体获得的推动功为 $p_1 A C_1 = p_1 V_1 = m p_1 v_1$,考虑到流进系统的这部分工质所具有的内能为 U_1,两者之和正是这部分工质系统的焓 $H_1 = U_1 + p_1 v_1$。

同样,可推导得到流出系统的工质带出系统的能量。

依据能量守恒与转换定律可推导得到能量方程,经过整理得出其微分形式为

$$dq - dw_N = dh + \frac{dC}{2} + g dZ \tag{5-9}$$

式中:w_N 为气体对外所做的功(除推动功以外的功,称为轴功)。

2. 伯努利方程

伯努利方程实为以机械能形式表示的能量方程,因而只要把能量方程基本式中有关热量的项用机械能的形式代换,便可得出伯努利方程。

将热力学第一定律解析式代入能量方程,经过推导、整理,可得

$$p_1 + \rho \frac{C_1^2}{2} = p_2 + \rho \frac{C_2^2}{2} = p^* \tag{5-10}$$

式中:$C^2/2$ 称为动压,它表示流动气体中从动能转化成的压力能;p 为静压,它表示气体本身所具有的真实压力(当地压力);p^* 为常数,称为总压或全压。

式(5-10)为不可压缩气体做理想流动时伯努利方程的常用表达式。

伯努利方程式(5-10)可总结为:当不考虑密度变化的气体作稳定、连续的理想流动时,其总压是不变的,即其静压和动压之和为常数。因此,若气体的流速增加,其静压必然下降,反之亦然。

5.3.3　声速和马赫数

1. 声速

声速是弱扰动波在介质中的传播速度,用符号 a 表示。经理论推导有

$$a = \sqrt{\frac{\Delta p}{\Delta \rho}} \qquad (5-11)$$

式中：Δp 为受扰动后引起的介质压力微变量；$\Delta \rho$ 为受扰动后引起的介质密度微变量。

由此可见，声速描述了介质的压缩性：a 变大，说明介质受压后，其密度变化小，介质不易压缩；a 变小，说明介质受压后，其密度变化大，介质易压缩。例如，常温下声音在水中的传播速度为 1 450 m/s。

对于空气介质，声速为

$$a = 20\sqrt{T} \qquad (5-12)$$

式中：T 为气体绝对温度。

由此可见，对于一定的气体，其声速只与介质温度有关，当温度升高时，声速也升高，介质压缩性变差。相反，当温度降低时，声速也降低，介质压缩性变好。因此，热空气不易压缩。如在海平面，当空气温度为 288 K 时(15℃)，声速值为 340 m/s(1 224 km/h)。当在 11 000 m 高空时，大气温度降为 216.5 K(− 56.5℃)，声速值减小为 295 m/s(1 062 km/h)。

2. 马赫数

马赫数的定义是气流中任意一点处的流速与该点处气流声速的比值，用符号 Ma 表示，即

$$Ma = \frac{C}{a} \qquad (5-13)$$

经理论推导，当气体与外界无能量交换且没有摩擦损失（即绝能无摩擦流动）时，气流马赫数 Ma、气流流速 C、气体密度 ρ 的关系为

$$-Ma^2 \frac{\mathrm{d}C}{C} = \frac{\mathrm{d}\rho}{\rho} \qquad (5-14)$$

式中：$\mathrm{d}C, \mathrm{d}\rho$ 分别为某横截面处气流流速 C、气体密度 ρ 的微分变量。

由此可见，当气流 Ma 较大时，将会带来因气流流速变化引起的密度变化量增大，气流压缩性变好。相反，当气流 Ma 较小时，气流压缩性变差。通过式(5-14)可以看出，对于气流 Ma 小于 0.3 的低速气流，因气流流速变化引起的密度变化量很小，可以忽略不计。因此，通常将 Ma 小于 0.3 的低速气流当作不可压流，即绝能无摩擦流动时，气体密度可认为不变。根据不同气流 Ma 的大小，可以将气流分成：

(1) $Ma < 0.3$ 时，低速气流。

(2) Ma 为 0.3～0.8 时，亚声速气流。

(3) Ma 为 0.8～1.2 时，跨声速气流。

(4) $Ma > 1$ 时，超声速气流。

(5) $Ma > 3$ 时，超高声速气流。

因此，气流的马赫数不仅可以描述一定声速下的气流速度，更重要的是可以反映气流的压缩性。

5.3.4 气流的滞止参数和管道中气流参数的变化

1. 气流的滞止参数

按一定的过程将气流阻滞到速度为零时气流的参数称为滞止参数。运用滞止参数分析或

计算问题比较方便,同时滞止参数也比较容易测量,所以滞止参数在发动机中得到广泛的应用。

(1)总温。气流绝能地阻滞到速度为零时气体的温度叫总温,用 T^* 表示,如图 5-5 所示。经理论推导,总温 T^*、静温 T 及马赫数 Ma 的关系为

$$T^* = T + \frac{k-1}{2kR}C^2 = T\left(1 + \frac{k-1}{2}Ma^2\right) \tag{5-15}$$

式中:C 为气体流速;k 为气体的绝热系数;R 为气体常数;Ma 为气流马赫数。

由此可见,气流的总温 T^* 等于静温 T 和动温 $\frac{k-1}{2kR}C^2$(由动能转换而成)之和。

例如,飞机在飞行中,飞机的蒙皮因其附面层作用实际上承受着气流总温(尤其是飞机机头和机翼前缘可直接感受到气流总温)。当飞行高度为 11 000 m、飞机飞行马赫数为 0.8 时,总温为 −28℃。飞行马赫数增加到 3 时,总温为 333℃。飞行马赫数进一步增加到 5 时,总温为 1 026℃。这就是通常所说的气动加热,即"热障"问题。

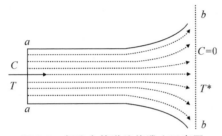

图 5-5　气流在管道绝能滞止示意图

气流的总温描述了气流所具有的总能量大小,气流绝能流动时总温不变。

(2)总压。气流绝能无摩擦地阻滞到速度为零时气体的压力叫总压,用 p^* 表示。经理论推导,对于不可压流,总压 p^*、静压 p 及马赫数 Ma 的关系可简化为

$$p^* = p + \frac{\rho C^2}{2} \tag{5-16}$$

式中:ρ 为流体的密度;C 为流体的流速。

气流的总压描述了气流所具有的总机械能大小及气体做功的能力。当气体绝能无摩擦流动时,其总压不变。气流马赫数 $Ma=1$ 时的状态称为临界状态。在此状态下,总压与静压之比称为气体的临界压力比(π)。在分析燃气涡轮发动机喷管工作时,常用此状态作为基准。

2. 管道中气流参数的变化

当气流在管道内做绝能无摩擦流动时,经理论推导可得到气流流速 C 与管道截面积 A 及马赫数 Ma 的关系为

$$\frac{\Delta A}{A} = (Ma^2 - 1)\frac{\Delta C}{C} \tag{5-17}$$

管道截面形状的变化对亚声速气流和超声速气流的影响是完全不同的。

(1)亚声速气流。对于亚声速气流($Ma<1$),在流过收敛型管道时,随着截面积 A 的减小,流速 C 升高,同时伴随压力、温度降低。当流过扩散型管道时,截面积 A 增大,流速 C 降

低,同时伴随压力、温度升高。

(2)超声速气流。对于超声速气流($Ma>1$),在流过收敛型管道时,随着截面积A的减小,流速C也减小,同时伴随压力、温度升高。在流过扩散型管道时,截面积A增大,流速C升高,同时伴随压力、温度的降低。

扩散型和收敛型管道如图5-6所示。

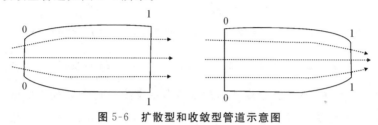

图5-6　扩散型和收敛型管道示意图

由式(5-17)可以看出,单纯的收敛型管道不可能将亚声速气流($Ma<1$)加速到超声速($Ma>1$),要将亚声速气流加速到超声速($Ma>1$)必须采用收敛-扩散型管道,即前端为收敛型管道,后端连接着扩散型管道,这种管道称为拉瓦尔管(见图5-7)。

拉瓦尔管是一种先收缩后扩张、用以产生超声速气流的管道,形状如图5-7所示,管的横截面为圆形或矩形,壁面形状通常按二维等熵流动或轴对称流理论计算。1883年,瑞典工程师拉瓦尔在他发明的汽轮机中,首先使用这种管道,因而得名。拉瓦尔管广泛使用于超声速风洞、喷气发动机、汽轮机、火箭推进器等需用超声速气流的设备中。

拉瓦尔管在正常工作状态下,亚声速气流在收缩段加速,至喉道(即管中横截面最小处)达到声速,进入扩张段成为超声速流,然后继续加速,直到管出口为止。就功能而言,拉瓦尔喷管实际上起到了一个"流速增大器"的作用,不仅仅是航空飞行器的燃气涡轮发动机,其他高速飞行的飞行器,包括能飞出地球大气层的航天飞行器所使用的发动机,如火箭发动机、飞弹的喷管也是这样的喇叭形状,所以拉瓦尔喷管在航空和航天飞行器上都有着非常广泛的应用。

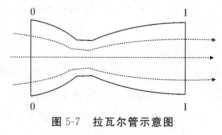

图5-7　拉瓦尔管示意图

5.4　燃烧和火焰传播的基础知识

燃料燃烧是航空燃油发动机最重要的热力过程之一,它是将燃料的化学能转变为热能的过程。旋翼飞行器动力装置系统工作时,燃料的燃烧性能直接影响发动机的工作稳定性、功率、经济性和可靠性,甚至影响旋翼飞行器的飞行安全。

5.4.1　燃料燃烧的基础知识

1. 燃烧的定义和实质

燃烧是物质产生发光、发热的化学反应。燃烧过程实际上就是将燃料所具有的热能释放出来，燃料燃烧越完全，热能释放就越彻底，热效率就越高。燃烧产物中若再无可燃物质时，这种燃烧就叫完全燃烧；否则，叫作不完全燃烧。

航空发动机目前都采用航空汽油和航空煤油作为燃料，用空气作为氧化剂。汽油和煤油都是液态的碳氢化合物。碳氢燃料燃烧反应的实质是：空气中的氧分子与某些具有高能量的分子相碰撞，当高能分子能量足以破坏氧分子结构时，氧分子就变成了具有活化能的分子，即活性氧分子，活性氧分子与燃料分子碰撞后，将生成一种化学性质极不稳定的叫作过氧化物的物质，作为活性中心，这种过氧化物活性中心会自动繁殖，引导化学反应的产生。因此，在碳氢燃料与氧燃烧过程中，生成的过氧化物越多，化学反应速度越快，燃料燃烧得也越快。

2. 余气系数和油气比

在航空燃油发动机中，燃料首先与空气均匀混合，形成混合气，然后才进行燃烧。要使混合气中的燃料完全燃烧，混合气中油和气的比例必须适当。因为一定量的燃料只有与适量的空气混合，才能从空气中获得完全燃烧所需要的氧气。余气系数和油气比是用来描述混合气中油和空气成分的参数。

（1）余气系数。1 kg 燃料完全燃烧所需要的最少空气量称为理论空气量，用 L_i 表示，单位是 kg 空气/kg 燃料。燃料的种类不同，理论空气量的数值也就不同。任何一种燃料的理论空气量都可由燃烧的化学反应式计算出来。例如常规大气条件下，氧在空气中的质量含量约为 23.2%，经计算，航空汽油的理论空气量为 15.1 kg 空气/kg 汽油，航空煤油的理论空气量为 14.7 kg 空气/千克煤油。所以近似地讲，在常规大气条件下完全燃烧 1 kg 航空汽油或航空煤油所需要的最少空气量为 15 kg。发动机实际燃烧时，混合气中的空气量和燃油量都可能变化。实际同 1 kg 燃料混合燃烧的空气量称为实际空气量，用 L_p 表示。实际空气量不一定等于理论空气量。

余气系数是指混合气中实际空气量与理论空气量的比值，用 α 表示，即

$$\alpha = \frac{L_p}{L_i} \tag{5-18}$$

1）富油混合气。燃油发动机工作时，如果混合气中实际空气量小于理论空气量，则余气系数小于 1。混合气燃烧时，由于氧气不足，燃料过多（富油），燃料不能完全燃烧，这种混合气叫作富油混合气。余气系数比 1 小得越多，表示混合气越富油。

2）贫油混合气。燃油发动机工作时，如果混合气中实际空气量大于理论空气量，则余气系数大于 1。混合气燃烧时，由于氧气有剩余，燃料能够完全燃烧，这种混合气叫作贫油混合气。余气系数比 1 大得越多，表示混合气越贫油。

3）理论混合气。燃油发动机工作时，如果混合气中实际空气量等于理论空气量，则余气系

数等于1。混合气燃烧时,燃料能够完全燃烧,氧气也没有剩余。混合气既不贫油也不富油,这种混合气叫作理论混合气。由此可见,余气系数的大小可以较为直观地反应混合气贫、富油程度,是影响发动机燃烧的重要物理概念。

(2)油气比。油气比也可以用来描述混合气的成分,它是混合气中燃料的质量与空气质量的比值,用 C 表示,即

$$C = \frac{m_o}{m_a}$$ (5-19)

式中:m_o 为混合气中燃油的质量;m_a 为混合气中空气的质量。

油气比 C 与余气系数 α 的关系为

$$C = \frac{1}{\alpha L_i}$$ (5-20)

油气比可以直接反应混合气中燃料与空气的比例,但不能直观反应混合气的贫、富油程度。当油气比 $C = 0.066\ 2$ 时,相应的余气系数 $\alpha = 1.0$。

3. 燃料的热值

1 kg 燃料完全燃烧后,将燃烧产物冷却到起始温度,所放出的热量,叫作燃料的热值,单位为 kJ/kg。起始温度根据测量条件来规定,通常定为 25℃。

由于航空燃料都是碳氢化合物,完全燃烧后必然生成大量的水,当燃烧产物冷却到 25℃ 时,这部分水蒸气便会凝结成水,还要放出一部分热量(约 2 512 kJ/kg)。测量燃料热值时,若计入水蒸气凝结放出的这部分热量,得到的燃料热值,称为高热值,用 H_h 表示;若不计入这部分热量得到的燃料热值,称为低热值,用 H_1 表示。

航空发动机工作时,因为燃料在发动机中燃烧后燃烧产物排出发动机时,废气温度很高(一般在 300℃ 以上),水蒸气不会在发动机内凝结成水,所以发动机实际工作时只能利用燃料的低热值。因此,在计算和分析发动机的燃料热值时,指的都是低热值。几种常用液体燃料的低热值数据见表 5-2。

表 5-2　几种常用液体燃料的低热值

燃　料	低热值 $H_1/(\text{kJ} \cdot \text{kg}^{-1})$	燃　料	低热值 $H_1/(\text{kJ} \cdot \text{kg}^{-1})$
汽油	43 961	柴油	41 868
煤油	43 124	乙醇	2 710

如果燃料不能完全燃烧,1 kg 燃料的实际放热量就小于燃料的热值。所以说,混合气越富油,1 kg 燃料的实际放热量就越小。

4. 混合气的放热量

发动机实际工作中,混合气的放热量直接影响发动机的功率和温度。对于单位质量混合气的放热量 q_e 而言,其只与混合气的余气系数 α 有关,其关系如图 5-8 所示。

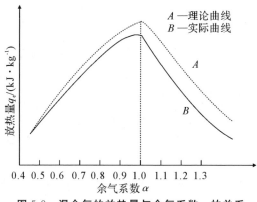

图 5-8　混合气的放热量与余气系数 α 的关系

从图 5-8 中可以看出:当余气系数大于 1 过多时,尽管燃料可以完全燃烧,但由于剩余的空气较多,燃料释放出的热量被多余的空气吸收,最终使混合气发热量减小;当余气系数小于 1 过多时,因氧气不足,燃料不能完全燃烧,同时多余的燃料也将吸收热量,所以混合气发热量减小。实践证明,只有当余气系数稍小于 1 时(约为 0.97),混合气发热量最大。

5.4.2　火焰传播的基础知识

1. 混合气着火的基本概念

发动机中混合气温度达到一定数值后,开始出现火焰而燃烧起来的现象,叫作混合气着火。混合气着火所需要的最低温度,叫作着火温度。

当混合气温度较低时,虽然其过氧化物活性中心不断地繁殖,但活性中心与容器壁碰撞后会迅速消失,活性中心的消失速度远大于其繁殖速度,混合气不可能着火。只有当混合气的温度升高到一定值,活性中心的繁殖速度增加并开始大于其消失速度时,活性中心的数量急剧增多,混合气便立即着火,最终引导化学反应的发生。因此,要使混合气燃烧,必须使混合气温度达到着火温度,这是混合气燃烧不可缺少的条件。混合气的着火温度随组成混合气的燃料与氧化剂种类的不同而不同。几种常见的燃料与空气组成的混合气经实验测得的着火温度见表 5-3。

表 5-3　几种常见燃料与空气组成的混合气着火温度

燃　料	着火温度/℃	燃　料	着火温度/℃
汽油	440	煤油	229
乙烷	515	苯	562
正庚烷	223	异辛烷	418

目前,使混合气开始着火的方法有两种:①用专门的火源对混合气加温,使混合气的温度达到着火温度,这种方法叫作点燃;②先压缩空气,提高其温度,使空气与燃料组成混合气时即可达到着火温度,这种方法叫作压燃。现代航空发动机中,通常采用点燃的方法使混合气着火,地面某些柴油发动机则采用压燃方式。

2. 混合气中火焰的传播

混合气被点火装置点燃以后,产生的火焰就在混合气中传播而使所有的混合气逐渐燃烧起来。

(1)静止混合气中火焰的传播。静止混合气中火焰的传播情况如图 5-9 所示,在点火装置点燃了其邻近一小部分混合气后,在已燃气体与新鲜混合气之间,有一层向前推进的正在起剧烈化学反应的发光、发热的气体薄层,这个气体薄层就叫作火焰前锋,它是已燃区与未燃区的分界面。

在图 5-9 中,(a)表示混合气开始燃烧时的火焰前锋的位置;(b)表示过了很短时间以后火焰前锋前进的位置。在火焰前锋内,燃气的温度很高,活性中心浓度很大。因此,燃气会将热能传给邻近的新鲜混合气,使其温度逐渐升高,同时燃气的活性中心也会向邻近的新鲜混合气内扩散,结果使邻近火焰前锋的一层新混合气活性中心迅速繁殖,温度很快上升,当达到着火温度时便燃烧起来。随即这一层就成为新的火焰前锋,火焰前锋在新鲜混合气中就是这样一层一层地向前推进,连续点燃新鲜混合气,直到新鲜混合气燃烧完为止。火焰的传播即是指火焰前锋不断向前推进、不断产生新的火焰前锋的过程。火焰前锋相对于新鲜混合气向前推进的速度叫作火焰传播速度,用 v_p 表示。

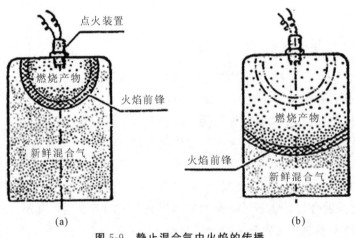

图 5-9 静止混合气中火焰的传播

(2)流动混合气中火焰的传播。流动混合气中火焰的传播原理与静止混合气中火焰的传播原理相同,但是,由于混合气是流动的,火焰前锋的位置与静止气体中的情况有所不同;同时,发动机内的混合气通常都在做紊流流动,在这种情况下,火焰的传播速度比在静止混合气中要大得多。

1)火焰在层流混合气中的传播。假设混合气在绝热材料制成的圆管内,以一定的速度从左向右流动,则圆管任意横截面上各点的流速都相等,如图 5-10 所示。在管内右边某处点燃混合气后,所形成的火焰前锋便向新鲜混合气内推进。

如果火焰传播速度等于新鲜混合气的流速,火焰前锋便稳定在管内某一位置,如图 5-10(a)所示,这与逆水行舟中划行速度等于水流速度时船即停滞不前的道理相同。如果火焰传播速度大于新鲜混合气的流速,火焰前锋的位置则逐渐向前移动,如图 5-10(b)所示,这与逆水行舟中划行速度大于水流速度时船便逆水而上的情形相同。如果火焰传播速度小于新鲜混合气的流速,火焰前锋的位置则逐渐向后移动,如图 5-10(c)所示,这与逆水行舟中划行速度小于水流速度时船被推向下游的情形相同。

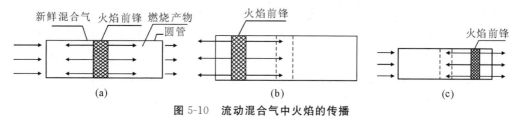

图 5-10　流动混合气中火焰的传播

由此可见,要使火焰前锋保持在管内某一位置不动,以便不断点燃新鲜混合气,火焰传播速度必须等于混合气的流动速度。

2)火焰在紊流混合气中的传播。航空发动机的实际燃烧过程是在紊流中进行的,当气体做紊流流动时,管道内同一截面上各点的气流速度变化很大,所以,火焰前锋的表面呈现极不规则的曲面,如图 5-11 所示。这种弯曲的表面,有效地增大了火焰前锋内的燃气与新鲜混合气的接触面积。因此,气体运动的紊乱和接触面积的增大都加强了燃气与新鲜混合气之间的热传递和活性中心的扩散。新鲜混合气的温度能够比较迅速地达到着火温度,大大加快了新鲜混合气的燃烧速度。当气体做紊流流动时,紊流混合气中的火焰传播速度远大于静止混合气中的火焰传播速度。

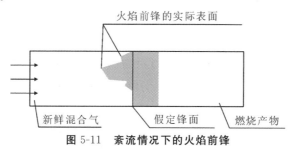

图 5-11　紊流情况下的火焰前锋

3. 影响火焰传播速度的因素

火焰传播速度的大小与混合气达到着火温度所需的时间和火焰前锋内进行的化学反应速度密切相关,归纳起来有以下因素。

(1)混合气的性质。不同性质的燃料与氧化剂组成的混合气,由于燃料的热值、燃料与氧化剂进行化学反应所需的活化能,以及混合气的导热性不同,有着不同的火焰传播速度,几种燃料火焰传播速度 v_p 值见表 5-4。

表 5-4　几种燃料的火焰传播速度 v_p 值

燃　料	热值/(kJ·kg^{-1})	火焰传播速度 v_p/(cm·s^{-1})
汽油	43 961	45
煤油	43 124	36
戊硼烷	67 826	450

　　燃料的热值越大,燃料与氧化剂进行化学反应所需的活化能就越小。燃料与氧化剂组成的混合气的导热性越好,最终都会使混合气达到着火温度的时间越短,火焰传播速度也越大。

　　(2)混合气的余气系数。实验表明,任何碳氢燃料与空气组成的混合气,无论是在静止还是在流动状态下燃烧,一般都是混合气的余气系数为 0.8~0.9 时,火焰传播速度最大。余气系数过大或过小(超过某一极限值时,火焰则不能传播)。火焰能够传播的最大余气系数,叫作贫油极限;最小余气系数,叫作富油极限。火焰传播速度最大时的余气系数和贫、富油极限,随燃料种类和实验条件的不同而有所不同。例如,汽油与空气组成的混合气在层流状态下,初温为 150℃ 时的实验结果,如图 5-12 所示。

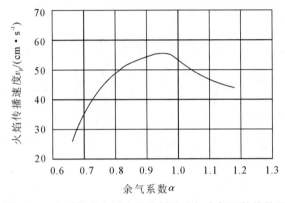

图 5-12　在层流状态下火焰传播速度与余气系数的关系

　　火焰传播速度随余气系数变化的规律主要受混合气放热量因素的影响。余气系数稍小于 1 时,混合气的放热量最大,燃气温度最高,火焰前锋内燃气与新鲜混合气之间的热传递和活性中心的扩散作用最强,所以火焰传播速度最大。余气系数过大或过小,由于混合气的放热量过小,致使火焰前锋内燃气温度过低,不能点燃邻近的新鲜混合气,因此火焰就不能传播,燃烧中断。

　　(3)混合气的初温、初压。混合气的初温、初压是指混合气在燃烧以前的温度和压力。混合气的初温升高,新鲜混合气达到着火温度的时间就越短。而且,燃烧后气体的温度也升高,活性中心浓度增大,其扩散作用增强,因此火焰传播速度增大。混合气的初压对火焰传播速度的影响则较为复杂,实验结果表明:在静止的混合气中,初压的变化对火焰传播速度基本没有影响;在紊流混合气中,火焰传播速度则随初压的增大而增大。

　　(4)气流的紊流强度。由于在紊流混合气中的火焰传播速度远大于层流混合气中的火焰传播速度,所以气流的紊流强度越大,火焰前锋表面越弯曲(见图 5-12)。甚至某些正在燃烧的气团可能脱离火焰前锋而进入新鲜混合气内,某些新鲜混合气的气团也可能穿入火焰前锋,使火焰前锋表面碎裂,形成犬牙交错的形状,大大地增大了燃气与新鲜混合气的接触面积、热传递作用和活性中心扩散的作用,最终使火焰传播速度增大。

　　(5)点火能量。点火装置的点火能量越高,邻近混合气达到着火温度的时间越短,火焰传播速度越大。

5.5　热力学基本定律

热力学第一定律和第二定律是科学界公认的宇宙普遍规律。能量守恒定律是说,能量可以由一种形式变为另一种形式,但其总量既不能增加也不会减少,是恒定的。这个定律应用到热力学上,就是热力学第一定律。这一定律指出,物质和能量既不能被消灭也不能被创造。热力学第二定律是描述热量传递方向的:分子有规则运动的机械能可以完全转化为分子无规则运动的热能,热能却不能完全转化为机械能。此定律的一种常用的表达方式是,每一个自发的物理或化学过程总是向着熵增高的方向发展。

5.5.1　热力学第一定律

在工程热力学中,热力学第一定律主要说明热能和机械能在转移和转换时,能量的总量是守恒的。它确定了热能与机械能在转换时相互间的数量关系,是热力学的基本定律,是进行热力分析的基础。

1. 热力学第一定律的表述

能量守恒与转换定律是自然界中最重要的普遍规律之一。它说明自然界中物质所具有的能量,既不能创造,也不能消灭,只能从一种形式转变为另一种形式,在转变的过程中,能量的总和保持不变。热力学第一定律是能量转换和守恒定律在热力学上的应用,它确定了热能与其他形式能量相互转换在数量上的关系。热和功都是能量的形式,因此它们可以相互转换。热和功相互转换的数量关系,便是由热力学第一定律来阐明的。

能量转换和守恒定律指出:在自然界,一切物质都具有能量。能量有各种不同的形式,能量转换和守恒定律不是从任何理论推导出来的,而是人类在长期的生产斗争和科学实验中积累的丰富经验的总结,并为无数实践所证实。它是自然现象中最普遍、最基本的规律之一,普遍适用于机械、热、电磁、原子、化学、生物等现象的变化过程。物理学中的功能原理,工程力学中的机械能守恒定律等,其实质都是能量转换和守恒定律。热力学第一定律就是能量转换和守恒定律在热现象上的应用。

热力学第一定律可以表述为:热可以变为功,功也可以变为热。一定量的热消失时,必产生与之数量相当的功,消耗一定量的功时也必出现相当数量的热。

历史上曾有不少人企图制造一种不消耗能量而能连续不断做功的所谓第一类永动机,但所有此类永动机违反能量转换和守恒定律,均归失败。因此,热力学第一定律也可表述为:第一类永动机是不可能造成的。

2. 热力学第一定律的解析式

热力系统在状态变化过程中的能量平衡方程可由能量守恒定律推得,它是分析热力系统状态变化的基本方程。热力学第一定律只说明了热力系统储存的能量不变化的情况。一般热

力系统在状态变化过程中储存的能量都会有所变化,因此能量平衡关系可表述为

输入热力系统的能量-热力系统输出的能量=热力系统储存能量的变化

上式表达了热力系统储存能量和传输能量之间相互转换与守恒的普遍关系,反映了一切热过程的共性。但在不同的具体热力过程中,参与转换的能量形式各不相同,因而能量方程的形式也各不一样,从而体现了各热过程的个性。

在具体分析实际过程时,一般遵循以下步骤:

(1)根据需要确定研究范围,即划定热力系统。

(2)根据过程进行的具体情况,确定通过边界参与热过程的各种能量形式。

(3)按能量转换与守恒原则建立能量方程式。

现以图 5-13 所示气缸内气体膨胀过程为例进行说明,设气缸内装有 m kg 气体,其状态参数为 p_1,v_1 和 T_1,加入热量 Q 之后,活塞从位置 1 移动到位置 2,气体的压力、比容和温度分别变为 p_2,v_2 和 T_2。这样,加入热量 Q 后,气体的能量有了变化,温度升高了,内能增大了,气体膨胀推动活塞作了功。可见,加给气体的热量,一部分用来增大气体的内能 ΔU,其余部分,即 $Q-\Delta U$,根据热力学第一定律,必然转换成了外功 W,即

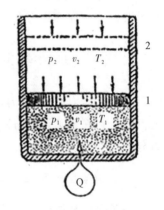

$$Q = W + \Delta U \qquad (5\text{-}21)$$

式(5-21)称为热力学第一定律解析式。

在一般的热力过程中,加给气体的热量,一部分用来增大气体的内能,其余部分用来对外做功。在各种热力过程中,气体可能吸热,也可能放热,其内能可能增大,也可能减小,气体可能膨

图 5-13　气缸内气体膨胀过程示意图

胀做功,也可能被压缩而获得外功。因此,应用热力学第一定律解析式时规定:吸热量为正值,放热量为负值;内能增大量为正值,内能减小量为负值;气体的膨胀功为正值,压缩功为负值。

若把式(5-21)写成微元过程,有

$$dq = du + dw \qquad (5\text{-}22)$$

5.5.2　热力学第二定律

在自然界中热力过程具有方向性。热力学第一定律只是准确地肯定了过程中的能量平衡关系,并不能说明过程的方向性。而研究过程的方向性,正是热力学第二定律的任务。研究热力学第二定律,分析发动机的理论循环,主要目的在于弄清怎样把加入的热能更多地转换为机械能,明确提高热效率的方法。目前广泛用在航空发动机上的热力循环是航空活塞发动机采用的奥托循环和航空燃气涡轮发动机采用的布莱顿循环。

1.活塞式发动机的理想循环(奥托循环)

如图 5-14 所示,奥托循环是由绝热压缩 1—2、等容加热 2—3、绝热膨胀 3—4 和等容放热 4—1这 4 个热力过程组成的。这个循环由德国工程师奥托在 1876 年成功地应用于内燃机并由此得名。由于该循环在等容条件下加热,也称为等容加热循环。现代航空活塞发动机都是

按奥托循环来工作的。

在奥托循环中,工质首先被活塞压缩,进行绝热压缩。在这个过程中,发动机对工质做功,气体压力和温度升高,为气体燃烧、膨胀做准备。其次进行等容加热,实际上是燃料燃烧释放出热能的过程,气体温度、压力急剧升高,为膨胀做功准备条件。再次进行绝热膨胀,在这个过程中,工质推动活塞做功,气体压力、温度降低。最后气体进行等容放热过程,工质向外界放出热量,气体温度、压力降低,直到恢复到原来状态为止。这样,工质就完成了一个循环。由此可见,通过工质气体不断地完成热力循环,最终发动机就不断地输出机械功。这一切都依赖于燃料可靠的燃烧,因此必须确保可靠的点火源。

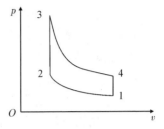

图 5-14　航空活塞发动机的
理想循环(奥托循环)

奥托循环热效率(η_{hot})定义为:一次循环中,1 kg 工质气体对发动机所做的功与燃料加给它的热量的比值,其公式为

$$\eta_{hot} = \frac{q_1 - q_2}{q_1} \qquad (5-23)$$

式中:q_1 为燃料加给单位工质的热量;q_2 为单位工质散发到大气的热量。

经进一步的推导,可得

$$\eta_{hot} = 1 - \frac{1}{\varepsilon^{k-1}} \qquad (5-24)$$

式中:ε 为气缸压缩比,即气体在气缸中压缩前、后的体积比。

由式(5-24)可以看出,奥托循环热效率的大小取决于发动机的压缩比。压缩比越大,气体被压缩得越厉害,加热后气体具有的膨胀能力就越强,可将更多的热能转换成机械功,且随废气排出而散失到大气中的不可利用的热能越少,热的利用率越高,故热效率就越高。

若发动机压缩比为 6.0,则循环热效率为 51%。

若发动机压缩比为 8.0,则循环热效率为 56.5%。

若发动机压缩比为 9.0,则循环热效率为 58.5%。

发动机的实际工作过程较为复杂,如压缩、膨胀过程并非严格的绝热过程,存在着散热损失,燃烧过程也并非严格的等容加热,实际的加热过程是通过组织燃油与空气燃烧,并释放出燃油中的热能而实现的,存在不完全燃烧及燃烧产物的离解损失等。所有这些损失最终都会使气体膨胀能力降低,气体对发动机所做的机械功减小。因此,实际发动机的热效率更低。为了提高其热效率,除主要提高发动机的压缩比外,还需尽可能地降低发动机各工作过程的损失。

2. 涡轮喷气发动机的理想循环(布莱顿循环)

如图 5-15 所示,布莱顿循环由绝热压缩 1—2、等压加热 2—3、绝热膨胀 3—4 和等压放热 4—1 这四个热力过程组成。这个循环是由科学家布莱顿在 1873 年左右首先提出来的。由于这个循环存在等压加热,故也称为等压加热循环。涡轮喷气发动机和冲压喷气发动机的理想循环就是布莱顿循环。

在布莱顿循环中,工质从状态 1 开始,进行绝热压缩过程 1—2,在这个过程中工质获得外功,比容减小,压力和温度提高。工质变到状态 2 时,外界开始对它加热,进行等压加热过程 2—3,工质的温度升高,比容增大。当工质变到状态 3 时,进行绝热膨胀过程 3—4,在这个过程中,工质膨胀做功,比容增大,压力和温度降低。为了使工质恢复到原来的状态 1,以便再度膨胀做功,工质进行等压放热过程 4—1,在这个过程中,工质放出热量,温度降低,比容减小。当工质恢复到原来的状态 1 时,就完成了一个循环。

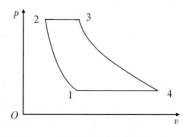

图 5-15　航空涡轮喷气发动机的理想循环(布莱顿循环)

布莱顿循环的理想循环功,在图 5-15 上可用封闭曲线 1—2—3—4—1 所包围的面积的大小来表示。

在等压加热过程 2—3 中,加给工质的热量为

$$q_1 = C_p(T_3 - T_2) \tag{5-25}$$

在等压放热过程 4—1 中,工质放出的热量为

$$q_2 = C_p(T_4 - T_1) \tag{5-26}$$

由于理想循环,布莱顿循环的理想循环做功为

$$w_0 = C_p(T_3 - T_2) - C_p(T_4 - T_1) \tag{5-27}$$

式中:T_1,T_2,T_3,T_4 分别为工质状态 1,2,3,4 下的温度。

布莱顿循环的理想循环效率为

$$\eta_{hot} = 1 - \frac{T_1}{T_2} = 1 - \frac{1}{\left(\frac{p_2}{p_1}\right)^{\frac{k-1}{k}}} = 1 - \frac{1}{\pi^{\frac{k-1}{k}}} \tag{5-28}$$

式中:π 为工质被压缩后的压力 p_2 与压缩前的压力 p_1 的比值,称为增压比。增压比的大小说明工质在压缩过程中压力提高的程度。

布莱顿循环的热效率的高低取决于增压比和绝热指数,而与加热量无关。增压比越大,热效率越高。

工质的绝热指数增大,效率也随之提高。但由于工质的绝热指数的变化范围较小,所以它对热效率的影响不大。因此,提高布莱顿循环的热效率的基本方法是增大发动机增压比。

布莱顿循环的循环功为

$$w_0 = \left(1 - \frac{1}{\pi^{\frac{k-1}{k}}}\right)q_1 \tag{5-29}$$

由此式可知,理想循环功主要与增压比和加热量有关。当增压比保持不变,或者说热效率保持不变时,理想循环功与加热量成正比。当加热量保持不变时,如果增压比加大,热效率就提高,加热量中有更多的热量被用来做功,因而理想循环功增大。但是,提高增压比和增加加热量,都会提高循环中的最高温度 T_3,虽然布莱顿循环的热效率与循环中的最高温度 T_3 无关,但是 T_3 过高,将烧坏涡轮叶片。所以 T_3 不能过高,必须限制在涡轮叶片安全极限以下。

3. 热力学第二定律的表述

人们在研究机械能与热能相互转化的过程中,通过大量的实践发现,机械能可以通过摩擦自发地全部转换成热能,但反过来,热能就不可能全部转换成机械能。无数实践表明:热能转

变成机械能的过程中,必须损失一部分热能,才能将另一部分热能转变成机械能,而不可能将全部热能转变成机械能。

热力学第二定律是人们在实践中总结出来的客观规律。它有各种不同的说法,其中涉及范围最广泛的一种说法是:自然界中凡是有关热现象的自发过程都是不可逆的。

这里所说的自发过程是指不需外界辅助就能自动进行的过程。例如有两个被分隔开的容器,甲容器内盛有气体,乙容器内为真空,当它们连接在一起并互相沟通时,气体就会自发地从甲容器流入乙容器,这是一种自发过程。反之,已经流进乙容器的气体,决不会自发地逆向全部流回到甲容器中去。

在长期的生产实践中,人们早就熟悉这样的事实:热能不会自发地转换为机械能,而机械能通过摩擦却能自发地转换为热能。为什么机械能转换为热能,与热能转换为机械能这两种过程之间会有这种区别呢?这是由热能的本质所引起的。热能是物质内部大量分子做无规则运动所具有的能量。大量分子的无规则运动是一种漫无秩序的混乱运动,一切有规则的运动往往很容易被破坏而转变为这种无规则的运动。也就是说,有规则的运动转变为无规则运动的机会较多。反之,大量分子的漫无秩序的混乱运动自发地转变为同一方向的有规则运动机会非常少,因此可以说,这种转变是不可能自发性出现的。机械运动是大量分子的有规则运动,所以,可以自发地转变为热能,而热能不会自发转变为机械能。

要想使自发过程逆向进行,必须提供一定的条件。例如要使热从温度较低的物体逆向传至较高温物体,必须要有制冷机,同时要靠外界对制冷机做功,这里所说的"外界做功"就是使热由温度较低的物体传至温度较高的物体所必须具备的条件。没有这个条件,热决不会从温度较低的物体自发地传到温度较高的物体。

热力学第二定律的表述形式主要有以下两种。

(1)克劳修斯表述。克劳修斯将热力学第二定律表述为:热不可能从低温物体传到高温物体而不引起其他任何变化。

航空发动机工作时,燃料在气缸或燃烧室中燃烧,释放出热能,对工质加热,相当于热源向工质供热,工质膨胀做功后排出发动机。无论工质膨胀得如何彻底,膨胀后的温度总是比大气温度高,从而不可避免地有一部分热能排入大气中,这可以看作是向冷源排热。所以说任何一种热机,要将热能转变成机械能,必须具备热源和冷源,工质必须向冷源排热,因而只能将部分热能转变成机械能。这是热机热效率不高的根本原因之一。

由于任何热力发动机都要向冷源排热,所以从热源获得的热量不可能全部转换为功,只有热源获得的热量与排到冷源中的热量的差额这部分热量才能转换为功。

(2)开尔文-普朗克表述。开尔文-普朗克将热力学第二定律表述为:不可能制造出只与单一温度的热源交换热量并对外界做功,又不引起其他变化的循环热力发动机。

热力学第二定律克劳修斯表述指出,为了使热从低温物体传到高温物体,必须由外界做功;开尔文-普朗克表述指出,为了使热力发动机运行,必须同时具备高温热源和低温热源。因此,不可能把吸收的热量全部转变为功,即不可能制造出热效率为 100% 的热力发动机。那种所谓不违反热力学第一定律,能利用存在于自然界中的无限能量并永久运转下去的发动机,称为第二类永动机,热力学第二定律表明第二类永动机是不可能成功实现的。

热力学第二定律的两种表述法在语句表达方式上虽然不同,但在实质上是等效的。如果否定其中一种表述,必定导致否定另外一种表述。

热力学第二定律是人们在实践中总结出来的自然界的一条客观规律,不能违背。历史上曾有人企图创造一种发动机,利用大气所含热能来源源不断地做功。这种只从一个热源(大气)吸收热能来做功的发动机(称为第二类永动机)是违反热力学第二定律的(没有冷源),只有转变为机械能的热量而没有废气带走的热量,这种想法是不可能实现的。根据热力学第二定律,人们虽然不能把加入发动机的热量全部转变成机械功,但是,在尽可能的范围内,必须想方设法减小损失,把加入的热量尽可能多地转变为机械功,以提高发动机的效率。

5.6　航空发动机概述

航空燃油发动机,即航空发动机,是一种高度复杂和精密的热力机械,其功用是为航空飞行器提供飞行所需动力。作为航空飞行器的心脏,它不仅直接影响航空飞行器的飞行性能、可靠性及经济性,而且是一个国家科技、工业和国防实力的重要体现。目前,世界上能够独立研制高性能航空发动机的只有美国、俄罗斯、英国、法国等少数几个国家,可见其技术门槛很高。

5.6.1　航空发动机的类型和世界各国研发情况对比

1. 航空发动机的类型

航空发动机本质上是热机,即它将航空油料的热能转换成机械能。这一转换过程分为两步:第一步是燃油燃烧释放热能,第二步是将释放出的热能转变成机械能。根据能量转换的方式和规律,航空发动机可分为两大类型。

(1)航空活塞式发动机。航空活塞式发动机采用的燃油为航空汽油,它是利用航空汽油与空气的混合气体在变化的封闭空间中燃烧完成热能与机械能的相互转换的。其特点是发动机功率较小,主要用作低空、低速、短途航空飞行器的动力装置,如小型飞机、小型旋翼飞行器、无人机、农用飞机等。

(2)航空喷气式发动机。航空喷气式发动机采用的燃油是航空煤油,它是利用航空煤油与空气的混合气体在高速流动过程中完成热能与机械能的相互转换的。其特点是发动机功率很大,相对而言体积小、质量轻,主要用作大型、高空、高速和大航程航空飞行器的动力装置,如大型民用客机、大型旋翼飞行器、高速战斗机、大型运输机等。根据不同的用途,航空喷气式发动机还可划分为涡轮喷气发动机、涡轮风扇发动机、涡轮螺旋桨发动机和涡轮轴发动机等几种类型。

航空活塞式发动机与航空喷气式发动机相比较,其工作原理是相同的,燃气(混合气)做功都需要有进气、加压、燃烧和排气这4个阶段,不同的是,在活塞式发动机中这4个阶段是分时依次进行的,但在喷气式发动机中则是连续进行的,燃气依次流经喷气发动机的各个部分,就对应着活塞式发动机的4个工作位置。在经济性方面,小功率航空活塞式发动机经济性优于小功率涡轮轴发动机,但大功率涡轮轴发动机不仅单位耗油率较低,而且购置和使用成本都优于航空活塞式发动机。

2. 世界各国研发情况对比

航空发动机行业具有高技术、高投入、高风险、高壁垒的特性。研发普通单台发动机的投入在 10 亿~30 亿美元,时间周期为 10~15 年。从 20 世纪 60 年代开始至今,全球主要航空发动机制造商和供应商不超过 25 家,主要集中在欧美发达国家,美国的通用和普惠、法国的斯耐克玛和英国的罗·罗是目前全球最大四家航空发动机巨头。2011 年,全球航空发动机市场规模约 750 亿美元。其中中国航空发动机市场产值仅为 200 亿元人民币(约合 30.76 亿美元)。

相关统计数据表明:美国通用、美国普惠、法国斯耐克玛及英国的罗·罗这四家航空发动机制造厂商占据全球 84% 的市场份额,美国通用公司处于市场绝对老大地位,占有 40% 市场份额,其次是英国罗·罗公司,占据 22% 市场份额,法国斯耐克玛公司和美国普惠公司分别以 13% 和 9% 的市场份额分列三、四位。

在世界航空发动机市场格局中,虽然中国的飞机发动机制造水平和市场份额均远远落后于欧美发达国家,但中国航空工业快速发展,各种先进战斗机不断研制出来,如歼-20 隐形战斗机成功试飞。但同时必须看到,中国航空发动机制造技术落后,严重制约着各种新战机装备,长期依赖于国外航空发动机对中国的国家战略安全形成巨大的威胁,航空发动机成为中国迫切需要解决的难题之一。

此外,相比欧美发达国家,中国在航空发动机预研上规划和投入还存在较大的差距,欧美发达国家长期以来始终高度重视航空发动机技术的研究和发展,投入大量资金,通过连续不断地实施先进航空发动机技术的研究与验证计划,为其占据当今世界航空发动机领域的领先地位奠定了坚实的基础。

2011 年,中航发动机公司的航空产业营收约 200 亿元,仅是国内年均 1 000 亿航空发动机市场需求的 1/5,未来仍有广阔的成长空间。从市场结构来看,中国生产的几乎全部是战斗机发动机和干支线运输机发动机,而相关的民用发动机市场空间广阔,且尚未涉及。

5.6.2　航空发动机的由来与发展

航空发动机的功用是为动力航空飞行器提供动力,推动飞行器升空并维持其空中飞行,因此,发动机性能的优劣对动力航空飞行器安全可靠地飞行起着至关重要的作用。综观人类航空事业的发展历史,可以看出:人类航空史上的一切重大成就,几乎都与航空发动机参数及性能的改善或新型动力装置的研制成功有关。换言之,航空发动机从狭义上讲是动力航空飞行器飞行的动力,从广义上讲它也是航空事业发展的推动力。

航空发动机诞生一百多年来,其发展历程主要经过了两个阶段。

(1)前 40 多年(1903—1945 年)以活塞式发动机为主的时代。

(2)后 70 多年(1939 年至今)以喷气式发动机为主的时代。

1. 航空活塞式发动机时代

(1)航空活塞发动机的由来。人类很早以前就幻想像鸟一样在天空中自由飞翔,也曾做过各种尝试,但是多半因为动力源问题未获得解决而归于失败。最初曾有人把专门设计的蒸汽机装到飞机上去试,但因为发动机太重,都没有成功。到 19 世纪末,在内燃机开始用于汽车的同时,人们即联想到把内燃机用到飞机上去作为飞机飞行的动力源,并着手这方面的试验。

1903 年,莱特兄弟把一台 4 缸、水平直列式水冷发动机改装之后,成功地用到他们的"飞行者一号"飞机上进行飞行试验。这台发动机只发出 8.95 kW 的功率,质量却有 81 kg,功重比为 0.11 kW/daN(1 daN=10 N)。发动机通过两根自行车上那样的链条,带动两个直径为 2.6 m 的木制螺旋桨。首次飞行的留空时间只有 12 s,飞行距离为 36.6 m。但它是人类历史上第一次有动力、载人、持续、稳定、可操作的重于空气飞行器的成功飞行,并意味着人类航空史上第一台航空活塞发动机的诞生。

(2)航空活塞发动机的发展。虽然航空活塞发动机的诞生,为人类动力航空飞行打开了大门,但飞机及其动力装置真正有规模地发展还是在 1914 年 7 月第一次世界大战爆发以后。战争是技术的催化剂,两次世界大战,把航空活塞式发动机技术发展推向顶峰。经过历时 4 年的第一次世界大战,航空活塞发动机功率从 75 kW 左右提高到 313 kW,功重比提高到 0.75 kW/daN,从而使飞机的速度从 100 km/h 提高到 200 km/h。在第二次世界大战期间,航空活塞式发动机更加获得不断改进完善和迅速发展,当大战结束时,达到其技术发展的顶峰。航空活塞发动机功率从近 10 kW 提高到 2 500 kW 左右,功重比从 0.11 kW/daN 提高到 1.5 kW/daN,飞行高度达 15 000 m,飞行速度从 16 km/h 提高到近 800 km/h,接近了螺旋桨飞机速度极限。

1903—1945 年是航空活塞式发动机的全盛时期。活塞式发动机加上螺旋桨,构成了所有战斗机、轰炸机、运输机、侦察机以及民航飞机的动力装置;活塞式发动机加上旋翼,构成了所有旋翼飞行器的动力装置。著名的活塞式发动机有:英国的梅林 V 型 12 缸液冷式发动机,功率为 1 120 kW,用于"飓风""喷火"和"野马"战斗机;美国普拉特·惠特尼公司(简称普惠公司)的"黄蜂"系列星形气冷发动机,气缸为 7~28 个,功率为 970~2 500 kW,广泛用于各种战斗机、轰炸机和运输机。

带螺旋桨的航空活塞式发动机的最大缺点是飞行速度受到限制(800 km/h 以下)。一方面,因为发动机需要功率与飞行速度的三次方成正比,随着速度的提高,所需发动机功率急剧增大,而通过增加气缸数目来增大功率所带来的质量负荷使飞机不能承受;另一方面,随着飞行速度的提高,螺旋桨的效率急剧下降并有机毁人亡的危险。因此,为了实现高速飞行,必须寻求新的动力装置,这就是喷气式发动机。第二次世界大战之后,随着涡轮喷气发动机的发展,活塞式发动机逐渐退出了航空动力装置领域的霸主地位。人们再没有研制出大功率的活塞式发动机,设计工作主要集中在功率小于 370 kW 的小发动机上,用于公务机、农林机、运动机、无人机等轻型飞机和旋翼飞行器上。

2. 航空喷气式发动机时代

(1)航空喷气发动机的由来。喷气式发动机是一种直接反作用推进装置。低速工质(空气和燃料)经增压燃烧后高速喷出,从而直接产生反作用推力。由于喷气发动机没有了限制飞行速度的螺旋桨,而且单位时间流入发动机的空气流量比活塞式发动机大得多,从而能产生很大的推力,使飞机的飞行速度得到了极大的提高。

与喷气发动机原理有关的研究已有久远的历史,中国古代的火箭和走马灯就是喷气推进和涡轮机原理的体现。将燃气涡轮发动机用于飞机动力的研究工作始于 20 世纪 20 年代,当时美、苏、德、英等国都有人提出了各种燃气涡轮喷气发动机专利和方案,并进行研究工作。英国空军少校于 1903 年 1 月 16 日申请了第一项飞机推进专利,经过多年研究试验,终于在 1937 年 4 月 12 日试验成功了世界第一台怀特离心式涡轮喷气发动机 WU,推力为 200 daN。

1937 年 9 月,德国人奥海因研制的首台燃气涡轮发动机 HeSI 台架试车成功,推力为 265 daN。到 1939 年春,改进型 HeS3B 的台架推力达到 490 daN。1939 年 8 月 27 日,一架 He178 飞机装了这种发动机进行了世界上首次喷气飞行试验,试飞获得成功。这次成功的试飞意味着诞生了世界上第 1 台喷气发动机,并同时诞生了第 1 架喷气式飞机,人类喷气飞行的时代就此开始。此后,又陆续出现了涡轮螺旋桨发动机、涡轮轴发动机、涡轮风扇发动机和桨扇发动机,由于其在质量和高速性能方面远远优于活塞式发动机,使各种燃气涡轮发动机成为当今航空动力装置的主力。

(2)航空喷气发动机的发展。早期的涡轮喷气发动机和飞机在第二次世界大战时尚处于试验阶段,并没有发挥多大的作用,到战后特别是 20 世纪 50 年代才获得迅速的发展。战后第一批装备部队使用的喷气式战斗机是 1944 年美国制造的 F80 和 1946 年苏联制造的米格 9,飞机为平直梯形机翼,发动机推力为 800~900 daN,飞行速度为 900 km/h 左右。飞机速度达到声速以后,为了突破“声障”,在涡轮喷气发动机上加装了加力燃烧室,它可以在短时间内大幅度提高推力。之后,战斗机继续向高空高速发展。1958 年美国推出 F104 战斗机,最大飞行 Ma 为 2.2,使用升限为 17.68 km。J79 单转子加力式涡轮喷气发动机,最大推力为 7 020 daN,推重比为 4.63。涡轮喷气发动机在军用战斗机上广泛应用的同时,也被其他机种所选用。首先是轰炸机,其次是运输机、旅客机和侦察机。

如果把 20 世纪四五十年代研制的单轴涡轮喷气发动机算为第一代,那么 20 世纪五六十年代研制的加力式涡轮喷气发动机为第二代,其性能参数水平为:涡轮前燃气温度为 950~1 100℃,推重比为 4.5~5.5,不加力耗油率为 0.9~1.0 kg/(daN·h),加力耗油率为 2.0 kg/(daN·h)左右。现在已发展到第四代,推重比达 9~11。

(3)航空涡轮轴发动机的发展。在涡轮喷气发动机蓬勃发展的过程中,驱动旋翼飞行器旋翼的动力装置也实现了涡轮化,派生出一种新型航空燃气涡轮发动机,称为航空涡轮轴发动机。它的工作原理是靠动力涡轮把燃气发生器出口燃气中的绝大部分可用能量转变为轴功率,通过减速器驱动旋翼。与活塞式发动机相比,涡轮轴发动机质量轻、振动小、功重比大。

世界上最早研制涡轮轴发动机的是法国透博梅卡公司。20 世纪 50 年代中期,透博梅卡公司研制的功率为 405 kW 的阿都斯特 2 涡轮轴发动机成功应用到“云雀 2”直升机上。自此 50 年多年来,涡轮轴发动机不断改进创新,已经发展到第四代。

第三代涡轮轴发动机是 20 世纪 70 年代设计、80 年代投产的产品,主要代表机型有马基拉、T700-GE-701A 和 TV3-117VM,分别装备到 AS322“超美洲豹”、UH-60A、AH-64A、米-24 和卡-52 直升机上。第四代航空涡轮轴发动机是 20 世纪 80 年代末 90 年代初开始研制的新一代发动机,功重比已从 2kW/daN 提高到 6.8~7.1 kW/daN,代表机型有英、法联合研制的 RTM322、美国研制的 T800-LHT-800、德法英联合研制的 MTR390 和俄罗斯研制的 TVD1500,分别用到 NH-90,EH-101,WAH-64,RAH-66,PAH-2/HAP/HAC“虎”和卡-52 直升机上。

世界上最大的涡轮轴发动机是乌克兰的 D-136,起飞功率为 7 500 kW,装两台 D-136 发动机的米-26 直升机可运载 20 t 的货物。美国贝尔公司和波音公司共同研制的倾转旋翼机 V-22 以 T406 涡轮轴发动机为动力,突破常规旋翼飞行器的飞行速度上限,直接将飞行速度提高到 638 km/h。

3. 现代高性能航空发动机研发的特点

目前,中国致力于开发国产高性能航空发动机,用于装备国产军用飞机的战略方向已经明晰,这一战略选择包含着重大的航空技术挑战,世界上仅有少数几家大公司真正掌握着这项技术。这本身并不奇怪,因为发动机对于飞机的重要程度,不亚于心脏对于人体的重要性。现代高性能航空发动机的设计研发,面临着温度、压力、过载等一系列严峻问题,只有最为先进的材料,最为合适的加工方法,科学的设计,合理的使用维护,才能解决这些难题。虽然近些年中国在材料和制造方面取得了一些进步,但在部件和系统设计、集成以及根据可靠性特征制订勤务和使用管理方案等方面仍然存在不少问题,而这些方面是优化发动机使用效能的关键。现代高性能航空发动机研发工作的特点如下:

(1)系统复杂。现代高性能航空发动机的研发是当今世界上最复杂的、多学科集成的工程机械系统之一,涉及气动热力学、燃烧学、传热学、结构力学、控制理论等众多领域。现代高性能航空发动机需要在高温、高压、高转速和高载荷的严酷条件下工作,并满足推力/功率大、质量轻、可靠性高、安全性好、寿命长、油耗低、噪声小、排污少等众多十分苛刻而又互相矛盾的要求。举个例子,发动机燃烧室及涡轮处的工作温度能达到 1 600～1 700℃,加力燃烧室内温度更是高达 1 800～1 900℃,而目前高温合金材料耐受的最高温度仅为 1 100℃。这就必须在发动机中采用复杂的冷却系统,设置迷宫一样复杂的冷却管道、成千上万个引入冷气的细微小孔等。

(2)研发周期长。据统计,研制一个全新型号的跨代航空发动机,通常需要二十多年时间,比研制全新同一代飞机时间长一倍。例如国外第四代战斗机的发动机部件技术研究始于 20 世纪 70 年代初,到 2005 年 12 月投入使用,具备初始作战能力,研发周期长达 30 年。

现代高性能航空发动机之所以研制周期长,资金投入大,是因为航空发动机不仅是设计和制造出来的,也是试验和试飞出来的。即使是世界上技术最先进的国家,其当前技术水平也不足以完全通过设计分析预测结果。现代高性能航空发动机只有经过设计—制造—试验—修改设计—再制造—再试验的反复摸索和迭代过程,才有可能完全达到技术指标的要求。

(3)产业链长。航空发动机产业链长,覆盖面广,涉及机械、材料、电子、信息等诸多行业,对基础工业和科学技术的发展有巨大带动作用和产业辐射效应。据统计,按照产品单位质量创造的价值计算,如果以船舶为 1,则小汽车为 9,电视机为 50,大型喷气飞机为 800,航空发动机高达 1 400。

(4)战略地位重要,带动作用巨大。现代高性能航空发动机的研发工作,对于中国具有重要战略地位和巨大技术经济带动作用。航空发动机是保证国家安全、彰显强国地位的航空武器装备的"心脏"。近代飞行能力的每一次突破,都与推进技术的发展直接相关,而先进民用航空发动机正是民用航空业发展的重要推动力。正是随着民用航空发动机推力、耗油率、可靠性和寿命等指标的不断提高,人类现在才能够在 24 h 内到达世界任何地方,使世界变成了真正意义上的"地球村"。

习　题

1. 什么是工质？简述气体运动的特点。

2. 什么是热力系统？热力系统的类型有哪些？

3. 气体最常见的状态参数有哪些？其物理意义是什么？

4. 简述热力系统的平衡状态、气体的热力过程。写出气体的状态方程。

5. 写出连续方程、能量方程和伯努利方程，并作简单说明。

6. 什么是气体的绝热过程？举例说明在航空发动机工作中气体的哪些过程是绝热过程。

7. 声速、马赫数的物理意义是什么？

8. 什么是气流的滞止参数？管道截面形状的变化对气流有何影响？

9. 什么是拉瓦尔管？其用途是什么？

10. 余气系数的物理意义是什么？与油气比的关系如何？

11. 什么叫着火温度、火焰传播速度？影响火焰传播速度的因素有哪些？

12. 对比分析火焰在静止混合气中和在流动混合气中传播的特点。

13. 简述热力学第一定律的内容。

14. 简述奥托循环和布莱顿循环的内容。

15. 克劳修斯如何表述热力学第二定律？

16. 开尔文-普朗克如何表述热力学第二定律？

17. 航空发动机分成几大类？对航空发动机的基本要求有哪些？

18. 简述航空发动机发展历程及研发特点。

第6章 航空活塞式发动机

6.1 航空活塞式发动机概述

活塞式发动机是发展最早的航空发动机,其技术已经非常成熟。航空活塞式发动机分为往复活塞式和旋转活塞式两大类,它们都是依靠活塞在气缸中的往复或旋转运动使气体工质完成热力循环,将燃料的化学能转化为机械能的热力机械。其中往复活塞式发动机是发展历史最长、技术最为成熟、使用最多、应用最广泛的航空活塞式发动机,因此,一般谈到航空活塞式发动机时,如果没有注明或特别申明,都是指的往复活塞式发动机。

6.1.1 航空活塞式发动机的分类

航空活塞式发动机在长期的发展过程中,种类繁多,型式千差万别。现仅对目前仍有较广泛应用的类型做简单的阐述。一般航空活塞式发动机类型按照以下方式划分。

1. 按混合气形成的方式划分

(1)汽化器式发动机。发动机上装有汽化器,燃料和空气预先在汽化器内混合好,然后进入发动机气缸内燃烧。

(2)直接喷射式发动机。发动机上装有直接喷射装置,燃料由直接喷射装置直接喷入气缸,然后同空气在气缸内混合形成混合气。

通常功率较小的航空活塞式发动机多为汽化器式发动机,功率较大的航空活塞式发动机则既有汽化器式的,也有直接喷射式的。

2. 按发动机的冷却方式划分

(1)气冷式发动机。发动机直接利用迎面气流来冷却气缸。

(2)液冷式发动机。发动机利用循环流动的冷却液来冷却气缸,由冷却液把吸收的热量耗散到周围的大气中。

通常功率较小的航空活塞式发动机多为气冷式发动机,功率较大的航空活塞式发动机则既有气冷式的,也有液冷式的。

3. 按空气进入气缸前是否增压划分

(1)增压式发动机。发动机上装有增压器,外界空气先经过增压器提高压力后,然后进入气缸。

(2)吸气式发动机。发动机上未装增压器,工作时外界空气被直接吸入气缸。

通常增压式发动机用在飞行高度较高的无人机上,吸气式发动机用在飞行高度较低的无人机上。

4. 按气缸排列方式划分

航空活塞式发动机的气缸通常排列在发动机的壳体(机匣)上,按照气缸的排列方式可分为直列型和星型两种,如图 6-1 所示。

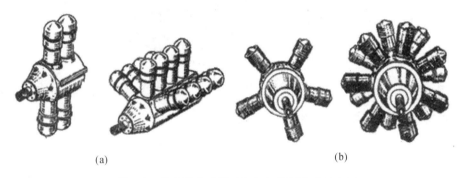

(a)   (b)

图 6-1　航空活塞式发动机气缸排列方式示意图

(a)直列型活塞式航空发动机;(b)星型活塞式航空发动机

(1)直列型发动机。直列型发动机的气缸沿机匣前、后成行排列,分为对缸、V 型、W 型等排列方式。

(2)星型发动机。星型发动机的气缸以曲轴为中心沿机匣向外呈辐射状均匀排列。

通常直列型的航空活塞式发动机多用在小型无人机上,直列型发动机既有气冷式的,也有液冷式的。而星型的航空活塞式发动机则广泛地用在各种无人机上,一般都是气冷式的发动机。

6.1.2　航空活塞式发动机的结构和基本组成

1. 航空活塞式发动机的结构

航空活塞式发动机是一种利用一个或多个活塞将压力转换成旋转动能的发动机,是一种四冲程、电点火的汽油发动机,如图 6-2 所示。

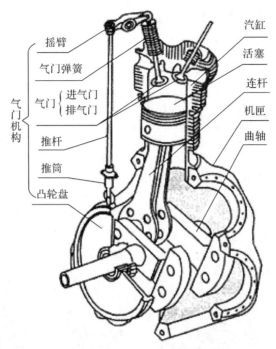

图 6-2　航空活塞式发动机结构示意图

2. 航空活塞式发动机的基本组成

(1)气缸。气缸呈圆筒形固定在机匣上,是混合气进行燃烧并将燃烧释放出来的热能转变为机械能的地方。活塞式发动机工作时,气缸承受燃气高温、高压作用,因此气缸必须要有足够的强度及良好的散热性能,此外还要求气缸的质量轻。为了满足这些要求,气缸一般都由气缸头和气缸筒两部分组成。气缸筒由合金钢制成,以确保其强度。气缸头则由导热性较好且质量较轻的铝合金制成。为加强散热,气冷式发动机的气缸头和气缸筒都装有许多散热片。此外,为减轻活塞高速往复运动而产生的摩擦和磨损,气缸筒内表面经过了仔细研磨抛光处理。航空活塞发动机都是多气缸发动机,气缸的数目随发动机的类型及功率大小的不同而不同。

1)气缸头。气缸头提供了混合气燃烧的空间。在气缸头上安装有进气门、排气门、两个电嘴,以及进、排气操纵机构及散热片。

2)气缸筒。气缸筒由筒体和钢衬套组成。气缸筒的外表面镶制有散热片,便于散热、冷却。

(2)活塞。活塞装在气缸里面,并在气缸内做往复非匀速的直线运动,将燃气所做的功传递出去。活塞常用导热性较好且质量较轻的铝合金制成,其内部是空心的,装有与连杆连接的活塞销。活塞外部周围有几道圆周槽,槽内装有特种耐磨生铁制成的弹性涨圈。涨圈与气缸抛光内表面紧密贴合,用来防止燃气漏入机匣和滑油漏进气缸,起到密封和润滑的作用。活塞由活塞柱、活塞销和活塞涨圈三部分组成。

1)活塞柱。活塞柱的形状具有一定的椭圆度,所起的作用是在工作温度下与气缸更好地配合。活塞的顶面可以是平面、凸面或凹面。在活塞的头部可以加工出两个凹槽,以防止与气门相碰撞。

2)活塞销。活塞销的功用是连接活塞和连杆。用于现代航空活塞发动机的活塞销大多是全浮动式的,这样的活塞销可以在活塞和连杆活塞销轴承中间自由转动。

3)活塞涨圈。活塞涨圈安装在活塞涨圈槽内,借助本身的弹力和燃气从内面作用的侧压力而紧压在气缸壁上,可防止燃气从燃烧室中泄漏出去及阻挡滑油流向燃烧室,使渗到燃烧室中的滑油量降到最小。

(3)连杆。连杆一端连接活塞,另一端与曲轴相连,起着传递力的作用,并与曲柄一起将活塞的直线运动转变为旋转运动,如图 6-3 所示。连杆必须具有足够的强度和刚度,以保证传力可靠。此外,质量还要小,以便在连杆和活塞停止运动、改变方向和从每个死点再次运动时能减小惯性力。连杆有以下 3 种类型。

1)普通型连杆。普通型连杆用在直立式和对立式发动机上。连杆装曲拐销的杆端用一个盖板和一个分体轴承通过夹紧螺栓装在一起。

2)叉片型连杆。叉片型连杆用在 V 型发动机上。连杆由叉杆和片杆组成,叉杆在曲轴端分叉,为片杆活动提供空间。叉杆和片杆在曲轴端用夹紧端盖和同一个分体轴承连接。

3)主副连杆。星型发动机上通常有主副连杆机构。每一排中有一个气缸的活塞通过主连杆与曲轴连接,其他气缸的活塞通过副连杆连接到主连杆上。主连杆是活塞销与曲柄销的连接杆件,曲柄销端称为大端,容纳曲柄销或主连杆轴承的端周围的凸缘供副连杆安装用。副连杆通过副连杆销连接到主连杆上,活塞销端称为活塞端,又叫小端,与 1 号气缸中的活塞相连。

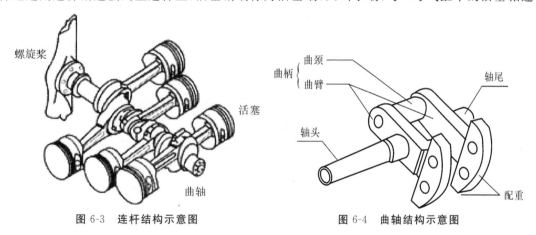

图 6-3 连杆结构示意图 　　　图 6-4 曲轴结构示意图

(4)曲轴。曲轴的主要功用是把活塞和连杆的往复运动转变为旋转运动,将发动机产生的功率传给旋翼,如图 6-4 所示。此外,曲轴还带动发动机附件凸轮盘、增压器等运转,并保证在非做功行程中连杆和活塞也能运动。曲轴是发动机上承力最大的构件,要求具有足够高的强度,通常由高强度合金钢锻造而成。

在曲轴上安装有平衡块(配重)和阻尼器(减振器),平衡块用来保证曲轴的静平衡,阻尼器用来保证曲轴的动平衡,以减小发动机的振动。曲轴的类型有以下 4 种。

1)单曲拐曲轴。单曲拐曲轴是最简单的,由前/后轴颈、两个曲拐颊、曲拐销和配重组成。此类曲轴应用于单排星型发动机。

2)双曲拐曲轴。双曲拐曲轴由前/后轴颈、2 个曲拐颊、2 个曲拐销和中间部件组成。2 个曲拐互成 180°,曲拐颊一端带配重。此类曲轴应用于双排星型发动机和四缸 V 型发动机。

3)三曲拐曲轴。三曲拐曲轴有 3 个曲拐,互成 120°。应用于三缸直立式发动机和六缸 V 型发动机。

4)四曲拐曲轴。四曲拐曲轴有 4 个曲拐,成 180°排列。应用于四缸直立式发动机、四缸对立式发动机和四排星型发动机。

(5)平衡块和阻尼器。发动机的振动超过规定的数值,不但会导致机件的疲劳裂纹,而且会引起运动部件的迅速磨损。在有些情况下,振动过大是由于曲轴不平衡造成的,故在曲轴上安装有平衡块(配重)和阻尼器(减振器)。一般来说,平衡块用来保证曲轴的静平衡,阻尼器用来保证曲轴的动平衡,以减小发动机的振动,如图 6-5 所示。

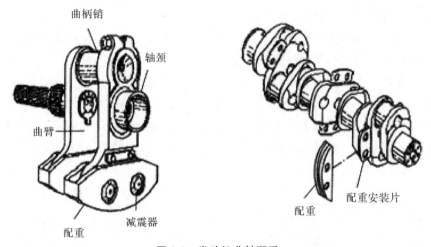

图 6-5　发动机曲轴配重

当曲柄销、曲臂和配重的整个组件围绕转子轴线平衡时,曲轴就达到了静平衡。检验曲轴是否达到静平衡的方法是:将曲轴架在两个刀刃上,看曲轴是否有向任何方向转动的趋势,如果有旋转的趋势,则说明曲轴没有达到静平衡。

当由曲轴转动所引起的全部力都达到平衡时,就说明曲轴达到了动平衡。为了使发动机工作时的振动降到最小值,在曲轴上安装了减振器。减振器只不过是一个重摆,它被安装在曲轴上,在一个小的弧度范围内可以自由摆动。减振器和配重组件结合在一起,有些曲轴装有两个或多个这样的配件,每个分别安装到不同的曲轴颈上。摆动配重运动的距离和振动的频率与发动机功率振动的频率有关,当曲轴出现振动时,摆动配重与曲轴振动的不同步来回摆动就会将振动降低到最小。

(6)气门机构。活塞式发动机工作时气缸内不断地进行着气体的新陈代谢,气门机构的作用是控制气门开启和关闭,保证新鲜混合气在适当的时机进入气缸,以及使燃烧做功后的废气适时地从气缸中排出。气门机构由凸轮盘、滚轮、挺杆、推杆、调整螺丝、摇臂、转轮、气门弹簧等组成。气门机构工作流程是凸轮盘上有许多凸起的部分,凸起部分顶着一个凸轮滚轮或随动轮工作,凸轮滚轮依次推动挺杆和推杆,推杆又作用于摇臂而打开气门。当凸轮滚轮和挺杆沿着凸轮盘较低的部分滚动时,气门弹簧在气门杆上滑动,通过气门弹簧座锁扣和气门杆环形槽将气门压在气门座上,这时气门就关闭,并将气门机构推向相反的方向,如图 6-6 所示。

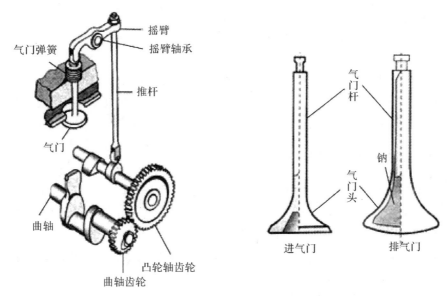

图 6-6　气门机构结构及进、排气门示意图

发动机的每一个气缸上都有一个进气门和排气门,它们的开启和关闭都由气门机构来控制。由于气门处在气缸头高温区,故由特种耐热钢制成。为了便于形成进气涡流,进气门头部常特制成凹形;为了加强排气门的散热,排气门制成空心的,内部充填金属钠,所以排气门杆较粗,头部常呈凸形。

(7)机匣。机匣作为发动机的壳体,外部装有气缸、附件和辅助零件,内部装有发动机主要机构的轴承和支座。依靠装在机匣上的结合支座,将发动机固定在无人机的发动机安装架上。由机匣壁组成的内腔,可使飞溅的滑油润滑发动机的一系列零件,并汇集工作过的滑油。机匣常用高强度的铝合金或铝镁合金制成,其类型主要有以下两种:

1)直列型发动机机匣。直列型发动机机匣通常包括主机匣、增压机匣和后盖。

2)星型发动机机匣。星型发动机机匣通常包括前机匣、中机匣、增压机匣和附件机匣(后盖)。各部分机匣是用螺栓连接起来的,为避免连接处漏油,通常使用胶圈、橡胶条等进行封严。

6.2　航空活塞式发动机工作原理与旋转活塞式发动机

往复活塞式发动机与旋转活塞式发动机都是将热能转变成机械能的动力机器,两者的主要区别是活塞在气缸中运动的方式。前者活塞在气缸中做往复运动,带动曲轴旋转,动力由曲轴输出;后者活塞在气缸中做旋转运动,不需要通过曲轴传递动力,而由主轴直接输出。由于实际运用中绝大多数情况都是采用往复活塞式发动机,而旋转活塞式发动机一般功率都比较小,不论是应用范围,还是数量规模,都比往复活塞式发动机小很多(小到可忽略不计的程度),所以通常情况下(未注明或特别说明时),航空活塞式发动机指的都是往复活塞发动机,这在航空业界已经形成了一种共识或惯例。

6.2.1 航空活塞式发动机的工作原理

航空活塞式发动机的主要作用是将热能转变成机械能,是由活塞运动的几个行程完成一个工作循环来实现的。活塞运动 4 个行程而完成一个循环的发动机叫四行程发动机。现代航空活塞发动机都属于四行程发动机。

1. 发动机工作时活塞的关键位置

航空活塞式发动机工作时燃料与空气组成的混合气经进气门进入气缸,在气缸内被活塞压缩后,由电火花点火进行燃烧,放出热能。高温、高压下燃气膨胀,推动活塞做功,将热能转换为机械能。最后将做功后的废气经排气门排到大气中。

航空活塞式发动机工作过程中,活塞在气缸中的往复运动使气体工质完成热力循环,其涉及的几个关键位置和概念如下(见图 6-7)。

(1)上死点。上死点是活塞距曲轴旋转中心最远的位置。

(2)下死点。下死点是活塞距曲轴旋转中心最近的位置。

(3)活塞行程。活塞上、下死点之间的距离称为活塞的行程。

(4)燃烧室容积。活塞在上死点时,气体在气缸内所占有的容积,用 V_R 表示。

(5)气缸全容积。活塞在下死点时,气体在气缸内所占有的容积,用 V_Q 表示。

(6)气缸工作容积。活塞在上死点与下死点之间的气缸容积,用 V_W 表示。气缸工作容积等于气缸横截面积与活塞行程的乘积,也等于全容积与燃烧室容积之差,即 $V_W = V_Q - V_R$。

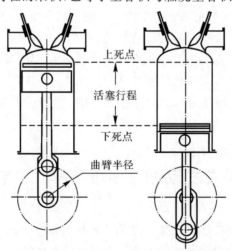

图 6-7 发动机工作过程中活塞关键位置示意图

2. 活塞式发动机工作的四行程

航空活塞式发动机工作时,混合气从进入气缸起,分别经过压缩、燃烧、膨胀,直到废气排出。在这整个过程中,活塞从上死点到下死点之间往返了 2 次,也就是连续地移动了 4 个行程。

由于在这 4 个行程中,分别完成了进气、压缩、膨胀和排气的工作,所以这 4 个行程相应地叫作进气行程、压缩行程、膨胀行程和排气行程。从进气行程开始,到排气行程结束,4 个行程组成一个工作循环(见图 6-8)。

(1)进气行程。在进气行程中,排气门始终关闭。活塞在上死点时进气门打开。因此,当活塞从上死点向下死点移动时,气缸内容积扩大,压力减小,在气缸内外压力差的作用下,混合气经过进气门进入气缸。活塞到达下死点时,进气门关闭,不再进气,于是进气行程结束[见图6-8(a)]。

(2)压缩行程。在进气行程之后,活塞从下死点往上死点移动,此时由于进气门和排气门都关闭着,使气缸内的容积不断缩小,混合气受到压缩后压力和温度升高,成为压缩行程。活塞到达上死点后,压缩行程也就结束[见图 6-8(b)]。

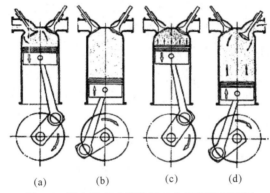

图 6-8　航空活塞式发动机工作四行程示意图

(3)膨胀行程。在压缩行程结束后,电嘴产生电火花,将压缩后的混合气点燃。膨胀行程就是混合气燃烧膨胀做功的一个行程,也就是发动机赖以产生动力的一个行程,即工作行程。在膨胀行程中进气门和排气门仍然关闭着,混合气在电嘴点火后的瞬间全部烧完,放出大量的热能,燃气的温度和压力急剧升高。在燃气膨胀的同时,以很大的压力推动活塞,使活塞从上死点向下死点移动,这样燃气便做了功。燃气在膨胀做功的过程中,所占的容积逐渐扩大,压力和温度不断下降,直到活塞到达下死点后膨胀行程就结束[见图 6-8(c)]。

(4)排气行程。燃气膨胀做功以后就变为废气。为了再次把新鲜混合气送入气缸,以便连续工作,必须把废气排出气缸。排出废气的工作便是靠排气行程来完成的。在排气行程中,进气门仍然关闭着。当膨胀行程结束活塞到达下死点时排气门打开,废气便在气缸内、外气体的压力差及活塞从下死点向上死点移动的推压作用下排出气缸。活塞到达上死点后排气门关闭,排气行程结束[见图 6-8(d)]。

排气行程结束后,活塞又重复进行进气行程、压缩行程……从进气行程开始到排气行程结束,活塞运动了 4 个行程,完成了一个工作循环。一个循环结束后又接着下一个循环,航空活塞式发动机连续不断地工作,热能就不断地转变为机械能。在一次工作循环中,曲轴共转了 2圈,进、排气门各开、关 1 次,点火 1 次,气体膨胀做功 1 次。活塞在 4 个行程中,只有膨胀行程获得机械功,其余 3 个行程都要消耗一部分功,消耗的这部分功比膨胀得到的功小得多。因此从获得的功中扣除消耗的那部分功,所剩下的功仍然很大,用于驱动附件和旋翼旋转。

6.2.2 旋转活塞式发动机

与普通常规的往复活塞式发动机不同,旋转活塞式发动机是燃烧室内产生的高温、高压燃气推动活塞旋转以产生动力的内燃机,动力由主轴输出。

1. 旋转活塞式发动机的基本结构

旋转活塞式发动机又称汪克尔发动机(系德国人 Wankel 在 20 世纪 50 年代发明的,1958 年 7 月研制成功的 KKI 旋转活塞式发动机功率达到 161 kW)。它由缸体、转子、中心齿轮、电嘴和主轴组成。缸体内腔是一种特殊型面,是按三角形转子的中心内齿轮在一个不同心的固定的外齿轮上啮合滚动时,三角形顶点的运动轨迹形成的。在其短轴方向分别设置进/排气口和电嘴,如图 6-9 所示。

转子外形呈曲面三角形,中间有一个内齿轮,与固定在缸体盖上的中心齿轮啮合。转子外表面

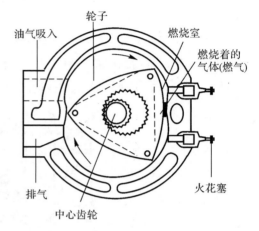

图 6-9 旋转活塞式发动机结构示意图

与缸体内表面形成 3 个独立的工作室。转子在自转的同时还绕中心齿轮做行星运动。转子的3 个顶点在缸体内滑动时,每个工作室的容积周期性地变化。

2. 旋转活塞式发动机的工作过程

旋转活塞式发动机从 20 世纪 80 年代起开始用于某些轻型飞机,特别是在近年来掀起的无人机热潮中,旋转活塞式发动机开始应用到无人机上,并取得了较好的效果。目前使用中的旋转活塞式发动机的功率一般小于 100 kW,尚在研制中的分层进气旋转活塞式发动机的功率可达到 200 kW。其工作过程如下:

(1)当转子的某个表面朝向进/排气口方向开始转动时,该工作室的容积先逐渐变大,在吸入混合气后,逐渐变小,压缩混合气。

(2)当该工作面转动至朝向电嘴时,容积最小而压力最大,混合气被点火燃烧。

(3)接着工作室的容积又逐渐变大,燃气膨胀,燃气压向转子,依靠偏心轴径的偏心距产生主轴的扭矩,输出功率。

(4)三角形活塞再继续转动,工作室容积又逐渐变小,将废气压出排气口,直到工作表面回到正对进/排气口,废气被完全排出后,又开始进气。到此完成一个进气、压缩、膨胀和排气的热力循环。转子自转 1 周,主轴转动 3 周。

与常规的往复活塞式发动机相比,旋转活塞式发动机的优点是没有往复运动构件和复杂的分气机构,因而结构轻巧、工作平稳、振动小,缺点是缸体局部高温,冷却困难,各工作室之间难以密封,难以达到大的扭矩,排气污染重。

6.3　航空活塞式发动机混合气燃烧过程

航空活塞式发动机利用燃料燃烧放出的热做功,其原理是使燃料释放出热能,提高气体的温度和压力,以便气体膨胀,推动活塞往复运动,带动曲轴旋转输出功率。因此,混合气在气缸中燃烧过程的好坏将直接影响发动机的工作效果。

6.3.1　航空活塞式发动机混合气正常燃烧过程

1. 燃烧过程的阶段划分

燃烧是指燃料和氧化剂所起的剧烈的发热、发光的化学反应,其反应以火焰的形式出现,过程极其复杂。航空活塞式发动机混合气燃烧过程是指混合气在气缸内燃烧放热的过程。混合气燃烧的作用是使燃料放出所含的热能,提高燃气的温度和压力,以便气体膨胀,推动活塞做功。

在讨论四行程发动机的工作循环时,认为混合气燃烧是在压缩行程末期活塞在上死点时瞬间等容情形下完成的。实际上,燃烧时间虽然很短,但仍有一个过程,即正常燃烧过程是在压缩行程末期和膨胀过程的初期进行的;若混合气过贫油或过富油,其燃烧持续时间会延长。根据燃烧过程中气体压力的变化,可将燃烧过程分为三个阶段,如图 6-10 所示。

(1)第一阶段:隐燃期。第一阶段从电嘴产生火花使混合气着火到火焰形成,再到气体压力开始显著增大为止(见图 6-10 上的 3—3′ 段)。由于此阶段气缸内气体的压力尚不够高,所以燃烧后气体的压力变化与气体受到压缩后的压力变化大致相同。隐燃期所占的时间,约为从点火时刻起到气缸内达到最大压力所需时间的 15%～20%。此阶段延续时间的长短取决于点燃混合气的电火花的能量、混合气着火前的温度和压力,以及混合气的余气系数。混合气的余气系数是指发动机工作时,实际空气流量与供入的燃料完全燃烧时所需要的理论空气量的比值,用符号 α 表示。图 6-10 所示的虚线表示混合气不燃烧,只受压缩时压力变化的情况。

电火花能量的大小确定起始火焰的强度。当电火花能量不足时,混合气不易点燃,即使点燃了,火焰也不稳定,从而延长了第一阶段的时间。在电火花能量足够保证混合气可靠点燃时,再增大电火花能量,对此阶段的延续时间就无显著的影响。当混合气的温度和压力升高时,混合气就容易点着,火源向四周散失的热量也少,火源比较稳定,同时,火焰传播速度也大,所以第一阶段延续时间就短。压缩比增大时,混合气的温度和压力升高,从而使此阶段延续时间缩短。

对定型的发动机而言,点火系统在正常工作的条件下,电火花能量足以使混合气点着火,压缩比也是既定的,所以隐燃期的延续时间主要取决于混合气的余气系数(见图 6-11)。

(2)第二阶段:显燃期。第二阶段从气体压力开始显著增大时起,到气体压力达到最大值为止,这一阶段称为燃烧的显燃期(见图 6-10 上的 3′-c 段)。火焰前锋迅速向前推进,火焰在整个气缸中传播,燃料热能迅速释放,气体的压力和温度都急剧地升高。活塞通过上死点后,曲轴转角为 10°～15°时,燃气压力和温度达到最大值。

显燃期燃烧延续时间的长短,主要取决于混合气的余气系数和紊流强度。当混合气的余气系数在 0.8～0.9 之间时,火焰传播速度最大(见图 6-11)。紊流强度对火焰传播速度的影响是:紊流强度越大,火焰传播速度越大;紊流强度越小,火焰传播速度越小。发动机转速增大,新鲜气体进入气缸的流速增加,涡流运动加剧,紊流强度也增大。因此,转速增加,火焰传播速度提高,从而使显燃期缩短,增加发动机的功率。

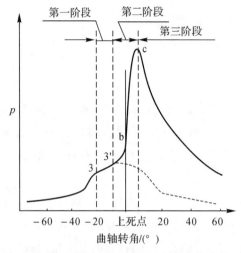 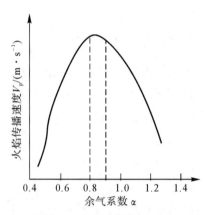

图 6-10 燃烧过程中气体压力随曲轴转角变化的情形   图 6-11 火焰传播速度与余气系数之间的关系

(3)第三阶段:后燃期。第三阶段从气体压力为最大值时起,到全部混合气烧完为止,如图 6-10 上 c 点以后的一段曲线所示。

后燃期主要是剩余的新鲜混合气及燃料离解产物的残余燃烧。由于是在膨胀过程中进行,气体体积变大,所以气体压力逐渐降低。

后燃期时间的长短,取决于混合气的余气系数和提前点火角。后燃期的燃料应控制在混合气中燃料的 6% ～ 8%。后燃期的时间过长或残余燃料过多,都会使燃气最大压力值降低,膨胀功减小,发动机性能变差;同时使废气温度升高,引起发动机过热,严重时还会损坏发动机。因此,为了缩短后燃期的时间和燃油量,应确保发动机的混合气余气系数适当及点火时刻准确。

2. 燃烧过程的提前点火

活塞式发动机工作时,在压缩行程的末期,活塞到达上死点以前,电嘴就会产生电火花点燃混合气,这叫作提前点火,如图 6-12 所示。从电嘴跳火起,到活塞运动到上死点时为止,曲轴所转动的角度叫作提前点火角,用 θ 表示。

(1)提前点火的必要性。混合气在燃烧过程中虽然燃烧进行得很快,但是从电嘴跳火到最大压力出现仍需 0.002 到 0.005 s。如果待活塞到达上死点才点火燃烧,那么,在大转速的情况下,混合气经过千分之几秒的燃烧到最大压力出现时,曲轴已转过上死点较大的角度,使活塞离开上死点较远,气缸容积会变得较大。这样会造成混合气在膨胀燃烧时燃气最大压力出现较晚,压力值也减小,从而使燃气膨胀做功的能力减小,发动机功率下降。实践经验表明:如果燃烧过程第二阶段在活塞到达上死点后,曲轴再转过 10°～15° 结束时燃气压力达到最大值,发动机功率可以达到最大值。图 6-13 所示为活塞发动机在各种不同提前点火角工作时,混合气体的压力随曲轴转角变化的情形。

为了保证混合气最大压力值出现在曲轴转过上死点后 10°～15°,以获得尽可能大的发动机功率,就必须使发动机点火提前。因此,在压缩行程的末期,活塞尚未到达上死点时,电嘴就应跳火点燃混合气。

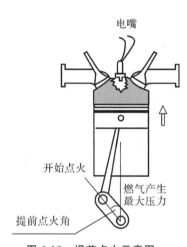

图 6-12　提前点火示意图

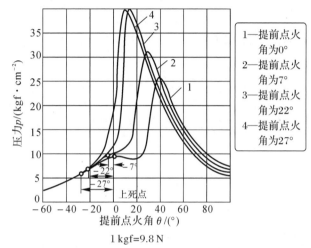

1 kgf=9.8 N

图 6-13　活塞式发动机混合气体压力随曲轴转角的变化

(2)提前点火角的选择。提前点火角适当,发动机功率才能达到最大值;提前点火角过大或过小,发动机功率都要下降。根据发动机实际的工作情况,使燃气压力最大值正好出现在曲轴转过上死点 10°～15° 时,此时的提前点火角叫作有利提前点火角。

若提前点火角选择得太小,点火过晚,最大压力值出现时燃气体积已较大,此时最大压力值将减小,燃气的膨胀能力也被削弱;同时,由于燃气未充分膨胀,将使排气温度升高,最终将引起发动机功率降低,经济性变差及发动机过热,如图 6-13 所示。

若提前点火角选择得过大,点火过早,此时混合气在燃烧的同时还受到活塞的压缩,燃气压力急剧升高,会消耗过大的活塞压缩功。同时,因高温、高压下,燃气不能及时膨胀做功,散热损失增加,膨胀功减小,从而引起发动机功率减小,经济性变差。因燃气压力和温度上升过早、过快,容易引起爆震等不正常燃烧现象,甚至使发动机倒转或停车,如图 6-13 所示。

(3)影响有利提前点火角的因素。有利提前点火角等于曲轴在燃烧过程第一、二阶段内的旋转角减去 10°～15°。由于燃烧过程第一、二阶段内曲轴旋转角取决于发动机转速和燃烧过程第一、二阶段所需的时间,而此时间又取决于火焰的传播速度,因此,有利提前点火角取决于发动机转速和火焰传播速度。

在发动机转速保持不变的情况下,火焰传播速度增大,燃烧时间就缩短,在这段较短的时间内,曲轴转过的角度也减小。为了使燃气在上死点后 10°～15° 时产生最大的压力,有利提前点火角应该减小。反之,火焰传播速度减小,有利提前点火角就应该增大。因此,所有增大火焰传播速度的因素都使有利提前点火角减小。例如,活塞式发动机的压缩比增大时,压缩后混合气的温度和压力提高,火焰传播速度增大,有利提前点火角应该减小。

在火焰传播速度不变的情况下,发动机转速增加,则在燃烧过程第一、二阶段时间内,曲轴的转角增大,为了使燃气能在上死点后 $10°\sim15°$ 产生最大压力,有利提前点火角就应增大。虽然当转速增加时,由于混合气紊流强度增加,火焰传播速度增大,这将使有利提前点火角减小,但是,实践证明,在这种情况下,火焰传播速度增大对有利提前点火角的影响较小。因此,有利提前点火角仍将随转速的增加而增大。现代发动机一般都安装有自动提前点火装置,可以根据发动机的不同转速,自动调整提前点火角到有利值。

6.3.2 航空活塞式发动机混合气的不正常燃烧

航空活塞式发动机混合气的不正常燃烧是指可能造成破坏发动机正常工作的某些燃烧现象。这些不正常燃烧现象的发生,不但降低发动机的功率和经济性,严重时还会损坏机件,甚至造成事故。因此,研究燃烧过程,还必须了解混合气不正常燃烧的现象,分析其产生的原因,从而找出预防的方法。

1. 混合气过贫油燃烧

混合气的余气系数 $\alpha>1.1$ 时,为过贫油燃烧。过贫油燃烧时,由于混合气中燃料过少、空气过多,所以火焰传播速度减小,每千克混合气燃烧后的发热量减少,从而产生下列不正常的燃烧现象及危害。

(1)发动机功率减小,经济性变差。由于混合气过贫,每公斤混合气燃烧后发出的热量少,燃气最大压力减小,而且火焰传播速度慢,燃烧时间延长,燃气最大压力出现得晚,热量散失多,燃气膨胀做功减少,发动机功率下降,经济性变差。

(2)排气管发出短促、尖锐的声音。由于火焰传播速度小,燃烧过程延续时间长,部分混合气在排气过程中仍在燃烧,流过排气管时便会发出短促而尖锐的声音。在夜间还可看到在排气管口有脉动的淡红色或淡黄色的火舌,这表明混合气流出排气管时还在燃烧。

(3)气缸头温度降低。当混合气余气系数略小于 $1(\alpha=0.97)$ 时,气缸头温度最高。因为这时每千克混合气燃烧后发热量大,燃烧过程中,燃烧温度高。混合气过贫油燃烧时,由于每千克混合气燃烧后热量小,使燃气温度降低,从而导致气缸头温度降低。

(4)汽化器回火。当混合气过分贫油时,火焰传播速度很慢,当排气过程快要结束时,进气门已经打开,气缸内一小部分混合气还在燃烧,下一个工作循环进入的新鲜混合气就会被残余的火焰点燃。如果火焰传播速度大于进气管内气体的流速,火焰就会窜入进气管内。由于汽化器式发动机的进气管内充满新鲜可燃混合气,窜入进气管内的火焰此时就会点燃可燃混合气,从而引起沿进气管一直回烧到汽化器,这种现象称为汽化器回火。

当发动机在低温条件下起动时,由于发动机温度低,汽油不易蒸发,混合气容易形成过贫油,而且起动时进气速度很小,故易产生汽化器回火。

(5)发动机振动。混合气过贫油时,由于混合不均,不同气缸、不同工作循环、同一气缸的不同区域,其贫油程度都不相同,从而引起燃气压力大小不等,作用在曲轴上的力不均匀,引起发动机振动。

2. 混合气过富油燃烧

当混合气的余气系数 $\alpha < 0.6$ 时,则为过富油燃烧。混合气过富油燃烧时,会出现燃料不能完全燃烧、燃料汽化吸收的热量增多、每千克混合气燃烧后的发热量减小,以及燃气最大压力出现得晚等现象。因此,发动机过富油燃烧时也会出现与过贫油燃烧时相似的现象,如发动机功率减小、经济性变差、气缸头温度低、发动机振动等。不过,混合气过富油燃烧还会有另外一些不同的不正常燃烧现象及危害。

(1)气缸内部积炭。混合气过富油燃烧后,燃料中的炭不能燃尽,一部分残余的炭就会积聚在活塞顶、气缸壁、电嘴和气门等处,这种现象称为积炭。

活塞顶和气缸壁积炭的地方,导热性变差,散热不良,会造成这些机件过热;电嘴上积炭,会使其产生的电火花能量减弱,甚至使电嘴不能跳火;气门上积炭可使气门关闭不严而导致漏气,还可使压缩比降低,或因散热不良而烧坏气门。所有这些,都会使发动机功率下降,经济性变差,严重时将使机件损坏,发动机出现故障。

(2)排气管口冒黑烟和"放炮"。混合气过富油燃烧时,由于燃烧不完全,在废气中含有大量未燃或正在燃烧的炭,使排出的废气带有浓密的黑烟。当废气中剩余的可燃物质在排气管口与外界空气相遇而复燃时,就会产生一种类似放火炮的声音,称为排气管"放炮",在夜间还可以看到排气管口喷出长而红的火舌。

3. 早燃

混合气在压缩过程中,如果在电嘴跳火花之前温度已达到着火温度,混合气就要自燃,这种发生在电嘴点火之前的自燃现象叫早燃。

早燃的现象及其危害类似于有利提前点火角过大时的情况。早燃发生后,气体压力升高过早,压缩行程消耗的功增大,同时燃气散热量增大,膨胀所做的功减小。于是发动机功率减小,经济性变差。对多缸发动机,如果某些气缸出现早燃,则曲拐机构受力不均匀,发动机产生振动。若发动机在小转速工作时发生早燃,则压缩过程后期燃气作用在活塞上的力过大,而曲轴旋转惯性又较小,便会引起曲轴倒转,从而损坏机件。

引起早燃的原因主要是气缸头温度过高或压缩比过大。气缸头温度过高时,电嘴、排气门等高温机件以及炽热的积炭,都能使混合气早燃。因此,必须防止气缸头温度过高及气缸内部积炭,以免炽热的炭粒引燃混合气。压缩比过大时,混合气受压缩后温度过高,容易达到着火温度而发生早燃。

在对发动机进行维护时,对于刚停车的发动机决不允许随意扳动旋翼。因为此时气缸头温度仍然很高,如果扳动旋翼,混合气受压缩可能发生自燃,使旋翼转动起来出现伤人事故。

4. 爆震

在一定的条件下,气缸内混合气的正常燃烧遭到破坏而在未燃混合气的局部区域出现爆炸性燃烧的现象叫作爆震燃烧,简称"爆震"。发生爆震时,瞬间的火焰传播速度、局部燃气压力和温度都远远超过正常燃烧时的数值。瞬间的火焰传播速度可达 2 000 m/s,局部燃气压力可达 98 ~118 bar,局部燃气温度可达 3 000℃以上。

(1)爆震发生时的现象和后果。

1)发动机内发出不规则的金属敲击声。这是由于爆震燃烧产生的爆震波猛烈碰击气缸壁和活塞顶发出的声音,但该声音往往被发动机的工作噪声所掩盖。

2)气缸局部温度急剧升高,活塞、气门及电嘴等机件过热或烧损。

3)排气总管周期性冒黑烟。这是由于气缸爆震产生的局部高温,使燃烧产物离解,游离出的炭随废气排出形成的。

4)发动机振动,机件易损坏。这是由于爆震产生的局部高压作用在活塞上,曲拐机构受到强烈冲击而引起的,如图 6-14 所示。

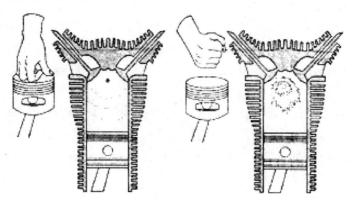

图 6-14　正常燃烧与爆震燃烧示意图

5)发动机功率减小,经济性变差,转速下降。由于燃烧产物的离解,燃料不完全燃烧,同时热损失增加,热利用率降低,最终引起发动机功率减小,经济性变差,发动机转速下降。因此,在发动机使用中是不允许发生爆震的。

(2)爆震产生的原因。发动机中燃料的燃烧过程是按连锁反应进行的,在反应中形成若干中间产物,例如氢过氧化物和有机过氧化物,这些过氧化物成为连锁反应的衍活性中心,过氧化物越多,化学反应速度越快,燃烧开始后,已燃区内燃气热量增多,压力和温度升高。由于燃气压力升高,产生一系列的压缩波,并以声速前进,超过火焰前锋移动的速度而压缩未燃区的混合气;由于燃气温度的升高,热量向未燃区混合气传递。这样,未燃混合气由于压缩和传热的作用,压力和温度升高很多,过氧化物浓度大为增加。

当过氧化物生成速度不很大,浓度还在一定值之内时,气缸内的燃烧仍能正常进行,火焰前锋正常移动,气缸内压力、温度比较均匀。但是,当未燃区混合气中的过氧化物生成速度很大,浓度积累到一定值时,在火焰前锋未到达之前,未燃区中受挤压特别严重的那部分混合气发生剧烈的化学反应而自行着火(见图 6-14)。这时,火焰传播速度极大,局部燃气的压力和温度急剧上升到很大的值,形成爆炸性燃烧,也就是爆震。

(3)燃料的抗爆性。发动机工作时是否发生爆震,与所采用的燃料性质有密切的关系。燃料本身所具有的抵抗、防止爆震发生的能力,叫作这种燃料的抗爆性。

燃料的抗爆性与混合气的成分有很大关系。同一种燃料,若其与空气形成的混合气的余气系数不同,其抗爆性也不同。通常混合气余气系数 $\alpha=1$ 时,燃料的抗爆性用辛烷值来表示,辛烷值大,抗爆性好。混合气余气系数 $\alpha=0.6$ 时,燃料的抗爆性用级数表示,级数大,抗爆性好。

由于辛烷值是在 $\alpha=1$ 时定义的,这时的混合气相对于发动机所使用的混合气来说,是在较贫油的范围,因此辛烷值表示发动机贫油时的抗爆性。

如果汽油的辛烷值低,可加入少量抗爆剂来提高汽油的抗爆性。通常用铅水作为抗爆剂,它含有四乙基铅和溴化物(或氯化物)。加入铅水的汽油燃烧时,四乙基铅与氧化合为氧化铅,能阻止混合气中过氧化物的大量生成,故能提高燃料的抗爆性。但生成的氧化铅呈固体状态,会沉积在气门或电嘴上,使气门关闭不严或电嘴咀不跳火。这时,铅水中的溴化物(或氯化物)能与固态的氧化铅化合生成气态的溴化铅(或氯化铅),随废气一同排出机外。四乙基铅是一种无色有毒物质,对人体的神经系统和血液有害。为了识别,在铅水中加入颜料,使铅水带黄色、绿色或橘黄色,以便引起人们注意。

由于级数是在 $\alpha=0.6$ 时定义的,这时的混合气相对于发动机使用的混合气来说,是在富油的范围内,因此,级数便表示了富油时燃料的抗爆性。通常,汽油的抗爆性同时用辛烷值和级数来表示,此时用分子表示辛烷值,分母表示级数。例如辛烷值95、级数130的航空汽油表示为 RH-95/130(或 H-95/130)。

通常,辛烷值在 95 以上时,才标出级数,而辛烷值大于 70 时才加入抗爆铅水,所以,RH-70 即表示没有加入铅水的辛烷值为 70 的纯汽油。

(4)发动机工作状态对爆震的影响。发动机工作状况方面诸因素的变化,将改变混合气中过氧化物活性中心浓度的大小,因而与爆震有直接关系。

1)进气压力和进气温度。进气压力和进气温度高,混合气被压缩后的压力和温度也就高,燃烧较晚的那部分混合气产生的过氧化物也随之增多,故容易产生爆震。因此,进气压力和温度不能过高。

2)气缸头温度。气缸头温度过高时,混合气受热的程度增大,温度升高,产生的过氧化物也就增多,容易产生爆震。因此,必须保持气缸的良好散热性,防止发动机温度过高。

3)发动机转速的影响。在一定的进气压力下,发动机转速增大,气缸内紊流强度增强,火焰传播速度增大,燃烧时间缩短,燃烧较晚的那部分混合气的过氧化物还来不及增加到一定的值,便被烧完,发动机不容易发生爆震。相反,在同一条件下,减小发动机转速,则比较容易发生爆震。

4)提前点火角。提前点火角过大,混合气边压缩边燃烧,混合气压力和温度升高得越快,过氧化物生成积累得越多,发动机越容易发生爆震。

(5)防止爆震的方法。人们了解爆震的危害、原因及影响因素,目的是防止爆震的发生。防止爆震的方法主要有以下几种。

1)按规定使用燃料,切忌使用辛烷值和级数低于规定值的燃料。向油箱加油时必须检查所加油料是否符合规定要求。

2)操纵使用发动机时,不可使进气温度过高;同时应按规定使用进气压力,使用最大进气压力的时间不得超过规定时间。

3)发动机在小转速下工作时,不应使用大进气压力,以免燃气压力温度过高而发生爆震。

4)发动机温度不能过高,不能超过规定值。发动机在大功率状态下工作时间不能太长,以免过热。

5)避免发动机机件积炭。由于机件积炭会造成散热不良,容易使混合气局部过热,同时积炭过多,使燃烧室容积变小,压缩比变大,压力温度增高,易引起爆震。防止积炭,应使混合气不要过富油。

切实按照上述要求使用发动机,发动机爆震是可以防止的。

6.4　航空活塞式发动机功率、经济性和工作状态

航空活塞式发动机功率和经济性是衡量其性能的重要指标,其中发动机功率是指发动机单位时间内所做的功,它表示发动机做功的快慢。发动机经济性指标一般用燃油消耗率表示,燃油消耗率是指发动机以 1 kW 的功率工作 1 h 的燃油消耗量。

6.4.1　航空活塞式发动机的功率

航空活塞式发动机工作时,各气缸内燃料燃烧释放出的能量,经燃气膨胀并由曲拐机构转换成机械功,在克服摩擦等损失后,最后由曲轴输出机械功。曲轴除带动旋翼外还需要驱动发动机的一些附件,如减速器、增压器、燃油泵、滑油泵、发电机、磁电机等,也要消耗部分功率。

1.航空活塞式发动机功率的基本概念

与航空活塞式发动机功率相关的基本概念如下。

(1)指示功与指示功率。

1)指示功。航空活塞式发动机工作时,在一次实际循环中,一个气缸中的气体对活塞所做的功称为指示功。它是气缸发出的功。

2)指示功率。单位时间做的指示功称为指示功率。影响指示功率的因素包括指示功和转速。

(2)阻力功率。发动机所得到的指示功率有一部分要消耗于发动机本身的机械损失。这部分因机械损失所消耗的功率称为阻力功率,它包括以下三部分。

1)摩擦消耗的功率。

2)驱动发动机的一些附件,如减速器、增压器、燃油泵、滑油泵、磁电机等,所消耗的功率。

3)进、排气损失的功率。

(3)增压器功率。由于内传动式增压器是由发动机本身曲轴带动的,它也要消耗一部分功率。

(4)有效功率。航空活塞式发动机用来带动旋翼的功率叫作有效功率,用符号 N_e 表示,单位为 W(kW)或 hp(马力,1 hp= 75 kgf·m/s=735 W)。没有特别说明时,通常所说的发动机功率指的都是有效功率。

2. 有效功率的影响因素

(1)进气温度。进气温度降低,充填量增加,使指示功率增大;混合气燃烧后压力高,活塞与气缸壁之间的摩擦损失大,使阻力功率增加;同样因空气流量增加而使增压器功率增加。但由于后两项功率的增加较指示功率的增加小,所以进气温度降低,最后使有效功率增加。相反,进气温度增加,有效功率减小。

(2)发动机转速。发动机转速增加后,一方面单位时间内各气缸完成的热循环次数增加,传递给曲轴更多的机械功;但另一方面,转速增加,进气速度增加,摩擦损失的功率增加,带动附件所消耗的功率也增加。试验表明,在发动机使用的转速范围内,发动机转速增加,有效功率也增加。

(3)提前点火角。提前点火角的变化主要影响指示功率,对阻力功率和增压器功率影响较小。由于提前点火角过大或过小,均使指示功率减小,从而使有效功率减小,所以,只有在有利提前点火角下工作时,发动机的指示功率最大,有效功率也最大。

(4)进气压力。发动机进气压力增加,使充填量增加,发动机的指示功率增大。这时阻力功率基本不变,增压器功率虽因空气流量增多而有所增加,但没有指示功率增加得多。最后的结果如图 6-15 所示,仍是使发动机的有效功率随进气压力的升高而增大。相反,进气压力降低,有效功率减小。

(5)曲轴转速。曲轴转速的变化,不仅影响指示功率,同时也影响阻力功率和增压器功率,使有效功率按一定规律变化。

(6)滑油温度。滑油温度的变化主要影响阻力功率。当滑油温度适当时,摩擦损失功率最小,有效功率最大。过大或过小的滑油温度,都会使有效功率减小。

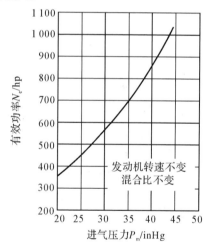

图 6-15　进气压力对有效功率的影响

(7)混合气余气系数。混合气余气系数主要影响指示功率,对阻力功率和增压器功率影响很小。混合气余气系数在 0.85 左右时,因获得最大指示功率而使有效功率大为增加。余气系数大于或小于 0.85 时,有效功率都会减小。

(8)大气条件。大气湿度也对有效功率有影响。当气体湿度较大时,气体中水的成分增加,氧的密度减小,相当于充填量减小,同时燃烧速度减慢。因此,大气湿度增加,发动机有效功率降低,然而发动机爆震的倾向减小。因此,当无人机飞行高度变化时,大气压力和温度的变化必然会引起发动机功率的变化。如飞行高度升高时,大气压力和大气温度都将降低,大气密度也降低,当发动机转速、节气门开度和混合比一定时,功率随飞行高度的上升而降低。

6.4.2 航空活塞式发动机的经济性

1.发动机燃油消耗率的定义

航空活塞式发动机的燃油消耗率定义为:发动机产生 1 hp 的有效功率,在 1 h 内所消耗的燃油质量,用 SFC 表示,单位为 kg/hp·h,即

$$SFC = \frac{m_t}{N_e} \tag{6-1}$$

式中:m_t 为发动机每小时燃油消耗量;N_e 为发动机有效功率。

燃油消耗率是描述航空活塞式发动机经济性的主要参数之一。目前航空活塞式发动机的燃油消耗率已经很低,吸气式发动机 SFC 一般为 0.21 ~ 0.23 kg/hp·h,增压式发动机 SFC 一般为 0.26 ~ 0.32 kg/hp·h。

2.影响发动机燃油消耗率的因素

(1)混合气的余气系数。当混合气的余气系数等于最佳经济余气系数值 $\alpha = 1.05 \sim 1.10$ 时,发动机燃油消耗率最低。当余气系数偏离此范围时,燃油消耗率将增加。

(2)机械损失。发动机的机械损失主要指摩擦损失和带动附件所消耗的功率。机械损失越小,发动机工作效率越高,燃料热利用率越高,燃油消耗率也越低。

发动机摩擦损失主要取决于润滑质量,将滑油温度调整到适当的范围,可以有效降低摩擦损失;带动附件所消耗的功率主要取决于附件的类型和数量,除满足发动机工作性能所必需的附件外,应尽量减少附件的数量。这样既可以减小机械损失,还可以减轻发动机质量。如装在小型、轻型无人机上的发动机,根据飞行器的实际使用性能,取消了减速器或增压器。虽然旋翼效率和无人机的飞行高度、起飞性能有一定降低,但发动机的总体性能得到优化。

3.发动机有效效率

航空活塞式发动机在工作中,燃料燃烧释放出的热能只有一部分转换成有效的机械功,用来驱动旋翼转动以产生升力功率,其余大部分能量随废气排入大气和用于克服机械损失。

发动机的有效效率为:在发动机的一次热力循环中,有效功的热当量与燃料的理论放热量的比值,即

$$\eta_e = \frac{L_e}{Q_o} \tag{6-2}$$

式中:L_e 为一次热力循环中,驱动旋翼的有效功;Q_o 为一次热力循环中,燃料的理论热量。

发动机的有效效率描述了燃料热能的有效利用程度,评定了由热能转换成有效功能量转换过程中,能量损失的大小,是衡量发动机经济性的重要参数之一。目前,吸气式发动机 η_e 一般在 0.20 ~ 0.32 之间,增压式发动机 η_e 一般在 0.16 ~ 0.28 之间。

如果不考虑发动机实际工作中存在燃料不完全燃烧损失的情况,即假定是在完全燃烧的情况下,燃料燃烧释放出的热能一部分随高温废气排出发动机,一部分被冷却剂(空气或冷却液)和滑油带走,剩下的部分转换为有效功。

废气带走的热量比例最高,所以有的大功率增压式发动机可以通过高温废气驱动废气涡轮带动增压器(见图 6-16),从而充分利用废气的能量,提高发动机效率。但这一装置结构相对比较复杂,同时也增加了动力装置的质量。

由于发动机燃油消耗率和发动机有效效率从不同侧面描述了发动机的经济性,所以两者间必然存在一定的联系。下面以发动机工作 1 h 来计算:

假设发动机的有效功率为 η_e(hp);发动机的小时耗油量为 m_t'(kg/h);燃料的低热值为 H_e(kJ/kg)。发动机工作 1 h 所输出的有效功为 $\eta_e \times 3\,600 \times 75 \times 9.8$(J);发动机工作 1 h 燃料的理论放热量为 $m_t \times H_e \times 1\,000$(J)。故

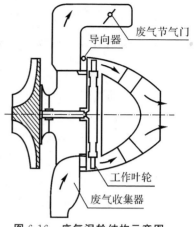

图 6-16　废气涡轮结构示意图

$$\eta_e = \frac{N_e \times 3\,600 \times 75 \times 9.8}{m_t \times H_e \times 1\,000} = \frac{2\,646}{\text{SFC} \cdot H_e} \tag{6-3}$$

由此可见,发动机燃油消耗率与发动机有效效率成反比。发动机燃油消耗率是从消耗燃料的角度来衡量发动机经济性的,发动机有效效率是从能量损失的角度来衡量发动机经济性的。两者是统一的,当输出一定的有效功率时,有效效率越高说明能量损失越小,燃油的消耗必然少。

6.5　航空活塞式发动机的特性

发动机的有效功率和燃油消耗率随发动机的转速、进气压力和飞行高度的变化规律,叫作发动机的特性。航空活塞式发动机的特性主要是指负荷特性、螺旋桨特性、高度特性和增压特性。

6.5.1　航空活塞式发动机的负荷特性

1. 吸气式发动机的负荷特性

(1)定义。对于吸气式发动机,当节气门全开时,发动机的有效功率和燃油消耗率随发动机转速变化的规律,叫作吸气式发动机的负荷特性。

(2)试验方法。吸气式发动机的负荷特性试验在地面进行。在试验中,节气门全开,混合气的余气系数保持不变,提前点火角在每个转速都调到最有利的数值。用改变桨叶角的办法来改变发动机的转速。

1)桨叶角增大,负荷增大,转速减小。

2)桨叶角减小,负荷变小,转速增大。

(3)负荷特性。吸气式发动机的负荷特性如图 6-17 所示。

1)当转速由较小转速增大时,有效功率增大,到达峰值后随着转速的增大而减小。

2)燃油消耗率随转速的增大一直是增大的。

2. 增压式发动机的负荷特性

（1）定义。对于增压式发动机，当进气压力保持为最大时，发动机的有效功率和有效燃油消耗率随发动机转速的变化规律，叫作增压式发动机的负荷特性。

（2）试验方法。增压式发动机的负荷特性试验在地面或按空中的条件进行。在试验中，余气系数保持不变，提前点火角在每个转速都调到最有利的数值，用改变桨叶角的办法改变负荷以改变发动机的转速，并利用改变节气门放开度的方法来保持进气压力不变。

1)桨叶角增大，负荷增大，转速减小。

2)桨叶角减小，负荷变小，转速增大。

3)当转速减小时，增压器的增压能力变小，必须逐渐开大节气门，转速减小到某一数值以后，节气门全开，转速继续减小，进气压力也随之减小。

（3）负荷特性。增压式发动机的负荷特性如图 6-18 所示。

1)当转速由较小转速增大时，有效功率增大，到达峰值后随着转速的增大而减小。

2)燃油消耗率随转速的增大一直是增大的。

增压式发动机的负荷特性与吸气式发动机的负荷特性相似。其区别在于：增压式发动机的有效功率随转速的增大而增大的程度，比吸气式发动机的平缓，而有效燃油消耗率随转速增大而增大的程度比吸气式发动机的急剧。

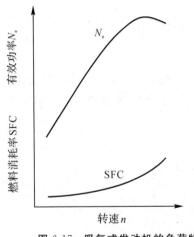

图 6-17　吸气式发动机的负荷特性

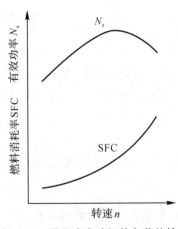

图 6-18　增压式发动机的负荷特性

6.5.2　航空活塞式发动机的螺旋桨特性

在螺旋桨的桨叶角保持不变的条件下，发动机的有效功率和燃油消耗率随发动机转速变化的规律，叫作发动机的螺旋桨特性。

1. 吸气式发动机的螺旋桨特性

（1）试验方法。吸气式发动机的螺旋桨特性试验在地面标准大气状态下进行。在进行吸气式发动机的螺旋桨特性试验时，利用改变节气门开度的方法来改变转速。这时，把每个转速下的提前点火角都调到有利值,混合气的余气系数则根据发动机的各种工作状态的需要加以调整。

(2)螺旋桨特性。吸气式发动机的螺旋桨特性如图 6-19 所示。

1)有效功率随转速的增大而迅速增大。

2)燃油消耗率随转速的增大,先减小,而后增大。

2.增压式发动机的螺旋桨特性

(1)试验方法。增压式发动机的螺旋桨特性试验与吸气式发动机的基本相同,在地面标准大气状态下进行。在进行增压式发动机的螺旋桨特性试验时,利用改变节气门开度的方法来改变转速。这时,把每个转速下的提前点火角都调到有利值,混合气的余气系数则根据发动机的各种工作状态的需要加以调整。

(2)螺旋桨特性。增压式发动机的螺旋桨特性如图 6-20 所示。

1)转速增大时,有效功率与转速的立方成正比地增大。

2)燃油消耗率随转速的增大,先减小,而后增大。

增压式发动机的螺旋桨特性与吸气式发动机的基本相同,但是,由中转速到大转速增加时,增压发动机的有效燃油消耗率增大较快。

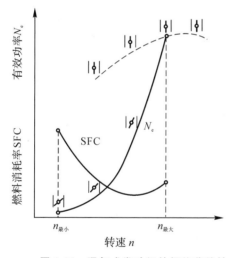

图 6-19　吸气式发动机的螺旋桨特性

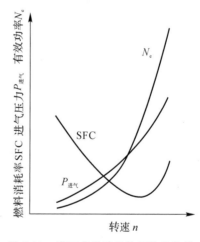

图 6-20　增压式发动机的螺旋桨特性

6.5.3　航空活塞式发动机的高度特性

在保持转速不变的条件下,发动机的有效功率和燃油消耗率随飞行高度变化的规律叫作发动机的高度特性。

1.吸气式发动机的高度特性

(1)试验方法。吸气式发动机的高度特性试验是在飞行条件下,保持节气门全开,混合气的余气系数保持不变,提前点火角保持在最有利数值的条件下进行的,对变距螺旋桨发动机,采用变距方法保持发动机转速不变。

（2）高度特性。吸气式发动机的高度特性如图 6-21 所示。

1）随着飞行高度的升高，有效功率减小。

2）随着飞行高度的升高，燃油消耗率增大。

2. 单速内传动增压式发动机的高度特性

（1）试验方法。单速内传动增压式发动机的高度特性试验是在飞行条件下，保持节气门全开，混合气的余气系数保持不变，提前点火角保持在最有利的数值下，进气压力保持为额定值不变，超过额定高度的条件下进行的，对变距螺旋桨发动机，采用变距方法保持发动机转速为额定值（不变）。

（2）高度特性。

1）在额定高度以下，随着高度增加，有效功率一直增大，有效燃油消耗率不断减小。

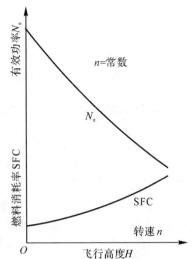

图 6-21　吸气式发动机的高度特性

2）在额定高度以上，随着高度增加，有效功率一直减小，有效燃油消耗率不断增大。

（3）飞行速度对高度特性的影响。实际上，无人机飞行时，相对气流以与飞行速度相等的速度流过飞行器，相对气流具有很大的动能，这部分动能可以用来提高空气的压力，以增加发动机的功率，从而提高高空性能。

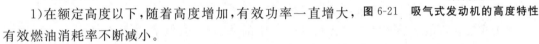

习　题

1. 航空活塞式发动机有哪些类型？

2. 航空活塞式发动机主要由哪些部件组成？

3. 简述活塞式发动机工作原理。

4. 什么是旋转活塞式发动机？简述其基本结构和工作过程。

5. 航空活塞发动机混合气正常燃烧过程划分为几个阶段？什么是提前点火？

6. 什么是航空活塞发动机混合气过贫油燃烧、过富油燃烧和早燃？

7. 什么是爆震？说明爆震发生时的现象、后果、产生的原因和预防方法。

8. 什么是指示功与指示功率、阻力功率、增压器功率和有效功率？

9. 有效功率的影响因素有哪些？

10. 什么是发动机燃油消耗率？影响发动机燃油消耗率的因素有哪些？

11. 什么是发动机有效效率？

12. 简述航空活塞式发动机的负荷特性、螺旋桨特性、高度特性和增压特性的内容。

第7章 航空活塞式发动机工作系统

7.1 航空活塞式发动机燃油系统

航空活塞式发动机动力装置除发动机外,还包括各种附件工作系统,用以保证发动机安全、可靠地工作。工作系统能否正常地工作,决定了发动机的性能能否充分地发挥出来。

7.1.1 燃油系统的定义、功用和类型

1. 燃油系统的定义、供油方式和功用

(1)燃油系统的定义。燃油系统是由动无人机能源的供应系统。燃油系统有内、外之分,内燃油系统是指发动机内部有一套燃油系统,用来将外燃油系统提供的燃油输送到气缸或燃烧室内去,它属于发动机总体结构的一部分;外燃油系统是指发动机外部的一套燃油系统,安装在无人机的机体上,燃油箱中储存一定量的燃油,并根据需要可靠地将燃油供应到发动机内燃油系统和辅助动力装置。这里所讲的燃油系统指的是外燃油系统,包括燃油箱、输油管路、油泵、燃油增压泵、防火开关、放油开关和燃油控制系统等。

(2)燃油系统供油方式。航空活塞式动力装置燃油系统有以下两种供油方式:

1)重力供油。重力供油是利用燃油自身的重力从油箱流向发动机,这种供油方式一般用于小功率的油动无人机动力装置。

2)油泵供油。对于大功率的油动无人机动力装置,多采用的是油泵供油方式,即通过燃油泵将燃油从油箱抽出并加压后送往发动机。

(3)燃油系统功用。航空活塞式动力装置燃油系统的功用是储存燃油并在所有的飞行状态下向发动机提供适量的、连续的、清洁无污染的航空燃油,能够保证发动机正常工作。归结起来,燃油系统的主要功能如下:

1)储存燃油。

2)按照发动机各个工作状态的不同要求,安全、可靠地把燃油定时、定量地输送到发动机和辅助装置。

3)可调整重心位置,保持无人机平衡和机体结构受力。

4)为发动机滑油、液压油提供冷却。

5)显示储油、供油和系统工作情况。

2. 燃油系统的类型

航空活塞式动力装置燃油系统有两种类型,即汽化器式燃油系统和直接喷射式燃油系统。它们的组成基本相似,主要组成部件有油箱、燃油滤、燃油选择开关、油泵、燃油计量装置、系统显示仪等,对于直接喷射式燃油系统还包括燃油流量分配器和喷油嘴,如图 7-1 和图 7-2 所示。

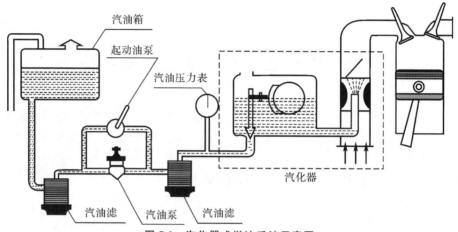

图 7-1　汽化器式燃油系统示意图

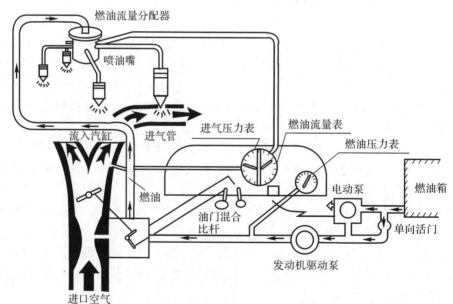

图 7-2　直接喷射式燃油系统示意图

当燃油选择开关选择好供油油箱后,主燃油泵将燃油从油箱中抽出并加压,经过主油滤的过滤送到燃油调节器,燃油调节器再根据外界条件(如飞行状态和外界大气温度、压力等)和发动机的工作状态(如发动机的转速、油门杆和混合比杆的位置)计量出合适的燃油量:若是汽化器式燃油系统,计量后燃油和空气在汽化器内混合,然后进入气缸;若是直接喷射式燃油系统,计量后燃油由燃油流量分配器平均分配后送到喷油嘴并喷到气缸进气门处,进气门打开后随新鲜空气一起进入气缸(有的发动机燃油直接喷入气缸)。

7.1.2　燃油系统的组成部分

1. 燃油箱

燃油箱是安装在无人机机体内用于储存燃油的容器。燃油箱的体积大小须保证其内部具有足够的容量,以保证发动机正常工作时的燃油消耗。

(1)燃油箱的类型。

1)软油箱。油动无人机上采用的软油箱主要特点是能从不大的舱口放进机体上的油箱舱内,充分利用机体内部各种形状的可用空间,增加贮油量,并且不受振动的影响,不易产生裂缝或损坏。普通软油箱壁由内衬耐油橡胶和外层涂胶布组成。有的油箱壁厚度甚至不到1 mm,质量较轻。

软油箱没有受力骨架,所以,燃油和增压气体的压力都是靠油箱舱壁来支承的。因此,油箱的外廓尺寸都稍大于油箱舱,以便在内压作用下使油箱紧贴在舱壁上。

2)硬油箱。在机体内的高温区,或在油箱舱不能承受内压的情况下,一般可以安装金属硬油箱。硬油箱多由防锈的铝合金制成。

3)整体油箱。利用机体本身的一部分结构构成的油箱,称为整体油箱。采用整体油箱可以显著降低燃油系统的质量,最充分地利用机体内部空间储油。整体油箱除了应满足结构的各项要求外,还应保证可靠密封。为此,常采用整体壁板以减少结构的连接缝,同时还要有可靠的密封措施。

在同一架油动无人机上,可以兼用两种以上的油箱,因为它们各有优、缺点,有各自适用的范围。

(2)燃油箱的结构。通常将油箱布置在机体重心附近,或者对称于机体重心放置。油箱中设有通气孔,通气孔连接通气管,以便使油箱与外界大气相通,如图 7-3 所示。油箱通气可以防止飞行中油箱内正压、负压过大,引起供油中断和油箱变形,飞行前检查时必须检查通气孔有没有堵塞或损坏。油箱的剩余油量由油量表显示,随着油箱内的油面下降,油量表传感器连续发出信号,驾驶员通过油量表显示数据就可以知道油箱内剩多少油。同时,通气管将外界大气或者增压空气引入油箱,填补油面下降空出的空间。

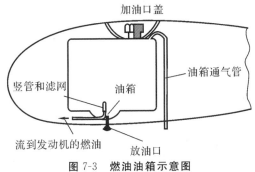

图 7-3　燃油油箱示意图

油箱中最低处有放油口,每次加油后和飞行前必须进行放油,以检查燃油的牌号(颜色)和油中是否含有水、沉淀等杂物。低于规定牌号的燃油进入发动机后极易使发动机发生爆震。

燃油中的水和杂质进入发动机后可能导致发动机供油中断,温度较低时还有可能使水凝结,这两种情况都会造成发动机停车。

为了防止油箱中水或沉淀进入发动机供油系统,油箱出口处有一竖管,这将导致油箱中部分燃油不能进入发动机使用,这部分燃油被称为不可用燃油或死油。因此,必须明确油箱中的燃油不可能全部进入发动机使用,只有可用燃油才能进入发动机使用。一般在油箱的加油口盖旁边或座舱中的燃油选择开关处标有油箱的可用燃油量。

2. 输油管路

燃油箱与发动机之间,以及多个燃油箱之间连接的管道称为输油管路。为了确保燃油在管道中只向一个方向流动,输油管路中安装有单向活门,目的是防止各油箱内的燃油串流。通常大、中型油动无人机输油管路纵横交错,连接形式也比较多,但通常都可以概括为串联和并联两种形式。

(1)串联。各个油箱与一个主油箱串联起来,主油箱又称消耗油箱。所有的燃油都通过消耗油箱的增压油泵输送到发动机的燃油泵。

(2)并联。对于有多个发动机的油动无人机来说,可安排各个发动机由最靠近自己的油箱供油,所有发动机的输油管路之间有导管连通,平时由交(叉)输(油)开关将输油管路隔断。也可以采用燃油选择开关选择供油油箱。如果一个增压油泵发生故障,可自动打开交输开关,即可使另一个增压油泵同时向两个或多个发动机供油。

3. 燃油选择开关

燃油选择开关用于选择供油油箱,在燃油选择开关上标有双组油箱供油、左油箱供油、右油箱供油和油箱关断位的标识,在选择油箱供油时,不能将一边油箱的燃油全部用完后才转换到另一油箱。这样做不仅会造成左、右油箱燃油不平衡,易使油泵吸入油箱中的空气引起气塞,导致发动机供油中断,而且气塞形成后,会造成重新起动发动机很困难的后果。转换油箱时,需要接通燃油系统的辅助油泵以保证供油稳定。

4. 油泵

无人机燃油系统的油泵通常有两个,一个是主油泵,一个是辅助油泵。主油泵将燃油从油箱中抽出加压后输送到发动机,这种油泵一般是由发动机直接驱动的增压油泵,即发动机工作时才工作,发动机停车后就停止工作,驾驶员不能直接控制,功用是加大发动机燃油泵的入口压力。辅助油泵通常是指电动油泵,由电门控制。辅助油泵不是在任何时候都工作,当发动机主油泵不工作时,如主油泵失效或发动机起动前注油时,才接通辅助油泵,此外,有些无人机为了保证飞行安全,在飞行的关键阶段,如起飞、着陆或特技飞行时要接通辅助油泵。

5. 防火开关

燃油注入发动机的燃油泵之前,要经过防火开关,万一发动机发生故障着火,可以自动关闭防火开关,立即停止向发动机供油,以防火焰蔓延。

6. 放油开关

放油开关的功用是在更换油箱或者油泵时,放出油泵没抽尽的剩余燃油。飞行中发生紧急情况时,放油开关可迅速排放多余的燃油。对放油开关的基本要求如下:

(1)放油系统工作时不能有起火的危险。

(2)排放的燃油不能接触飞机。

(3)放油阀必须在放油的任何阶段都可以关闭。

(4)必须有两个相互独立的系统,保持放油过程的横向稳定。

(5)必须有保持最少油量的自动关断阀,保证无人机有足够燃料着陆。

7. 电动增压泵

对于采用直接喷射式燃油调节器的航空活塞发动机,热发动机起动比较困难,为了保持燃油箱内油面压力大于燃油的饱和蒸汽压,需要采用增压油泵来加大发动机燃油泵的入口压力。燃油增压泵大多采用电动离心泵,通过离心力的作用,将机械能转换为液压能。其特点是流量大、压力低、质量轻,如果泵失效停转时能允许燃油流过。

8. 其他重要组成部件

航空活塞发动机动力装置燃油系统除了上述的组成部件以外,还有以下几种重要组成部件。

(1)油滤。用来清除杂质,保证燃油清洁。

(2)燃油计量显示装置。用来计量、显示每台发动机的耗油量及油箱中储存(剩余)的燃油量。

(3)燃油调节器。主要包括直接喷射式燃油调节器和汽化器式燃油调节器两种类型。

7.1.3　汽化器

1. 汽化器的定义、功用、结构和特点

(1)汽化器的定义。汽化器,也称为化油器,是在活塞发动机工作产生的真空作用下,将一定比例的燃油与空气混合的机械装置,它是活塞发动机汽化器式燃油系统的主要部件。汽化器作为一种精密的机械装置,利用吸入空气流的动能实现燃油的雾化。由于汽化器对活塞发动机十分重要,将它称为发动机上的"皇冠",即可以将它视为活塞式多无人机"心脏"中最重要的核心部分。

(2)汽化器的功用。汽化器的功用是:把液态的燃油转化为气态的气体,它将燃油喷入进气通道中,并促使燃油在气流中雾化和汽化,以便与空气组成余气系数适当的均匀的混合气。汽化器会根据活塞发动机的不同工作状态需求,自动配比出相应的浓度,输出相应的量的燃油混合气,为了使配出的燃油混合气混合得比较均匀,汽化器还具备使燃油雾化的效果,以供发动机正常运行。虽然航空活塞式发动机的性能是由它自身所具备的特性决定的,汽化器改善不了活塞发动机本身的能力,但是它可以让发动机100%发挥其自身的作用。

(3)汽化器的结构。航空活塞式发动机的汽化器包括浮子式、薄膜式和喷射式三种类型,其中最常用的类型是浮子式汽化器,例如国产活塞五型发动机就是采用这种类型的汽化器。其结构由文氏管、浮子室、慢车装置、主定量装置、经济装置、加速装置、高空调节装置和停车装置等部分组成,如图 7-4 所示。

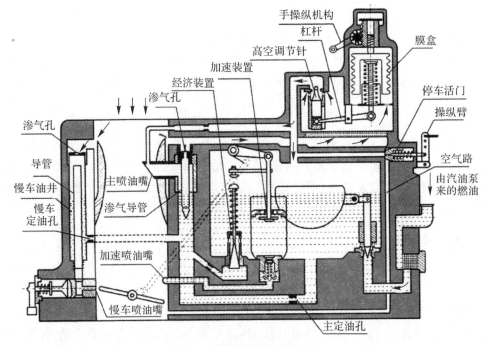

图 7-4 典型的浮子式汽化器

航空活塞式发动机的汽化器按照其结构形式的不同,还可划分为以下几种类型:

1)按照结构复杂程度分类。汽化器分为简单汽化器和复杂汽化器。

2)按照吸气方式分类。汽化器分为下吸式与平吸式。

3)按照节气门的型式分类。汽化器分为转动式和升降式。其中转动式节气门是在汽化器喉管与进气管之间,设置一绕轴旋转的圆盘形的节气门,改变进气道的流通面积。升降式节气门,其构造为一桶形式板形节气门,在喉管处做上下运动,改变喉管处的通道面积。

(4)汽化器的特点。汽化器式燃油调节器是目前航空活塞式发动机使用比较广泛的一种燃油调节装置。其主要特点如下:

1)优点。汽化器结构比较简单,价格便宜,使用中不易出现气塞,热发动机起动性能较好。

2)缺点。汽化器对燃油的分配不太好控制,即不能精确控制燃油与空气的混合比。另外,汽化器工作时容易出现结冰现象。

2. 简单浮子式汽化器的结构和工作原理

简单浮子式汽化器由浮子室、浮子机构、喷油嘴、文氏管和节气门等组成,如图 7-5 所示。浮子室内安装有浮子机构,并有通气孔与外界大气相通。浮子机构用来调节汽化器的进油量,使进油量随时等于喷油量,以保持浮子室内的油面高度一定。

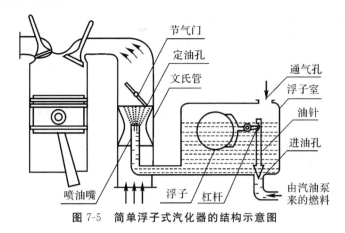

图 7-5　简单浮子式汽化器的结构示意图

汽化器的浮子机构由浮子、杠杆和油针等组成。杠杆一端连浮子,一端接油针,浮子则浮在油面上随油面升降。当喷油量大于进油量时,油面下降,浮子也随之下降,油针因杠杆作用被提起,开大进油孔,使进油量相应增加;反之,喷油量小于进油量时,油面上升,浮子也随之上升,油针则下降,关小进油孔,使进油量相应减少。由于浮子机构能使进油量等于喷油量,故浮子室内的油面高度保持不变。

喷油嘴安装在文氏管内,与浮子室内的油平面在同一高度上。文氏管后装有节气门,节气门与油门杆相连,操纵油门杆可改变节气门的开度,并调节进入气缸的空气量。发动机工作时,空气流经文氏管喉部,流速增加,压力降低,以致低于浮子室的空气压力(此处压力等于大气压力),这样在浮子室与文氏管喉部之间便产生了压力差,浮子室内的燃油在这个压力差的作用下从喷油嘴中喷出。燃油喷出后,在气动力的作用下雾化变成细小的油珠,并与空气均匀地混合组成混合气。

喷油嘴喷出燃油的多少,取决于浮子室与文氏管喉部的压力差和定油孔直径的大小。浮子室与文氏管喉部的压力差和定油孔的直径越大,喷油嘴喷出的燃油越多;反之,喷出的燃油越少。对于已制成的汽化器,定油孔的直径是固定不变的,而浮子室与文氏管喉部的压力差则是随节气门开度的变化而变化的。开大节气门,文氏管喉部的空气流速增大,压力减小,因而浮子室与文氏管喉部的压力差增大,定油孔前、后的压力差随之增大,喷油量随之增多。反之,关小节气门,浮子室与文氏管喉部的压力差减小,定油孔前、后的压力差随之减小,喷油量也随之减小。由此可见,操纵节气门的开度,不仅可以改变空气量,还能借助压力差的变化改变喷油量。操纵节气门可以改变进入气缸的混合气量,从而改变发动机的转速和功率。发动机不工作时,进气通道内的空气不流动,文氏管喉部空气的压力和浮子室内空气的压力都等于大气压力,两者之间没有压力差,燃油也就停止喷出。

3. 简单浮子式汽化器的辅助装置

当活塞式发动机转速增加或飞行高度增加时,简单浮子式汽化器形成的混合气将变得越来越富油,不能适应发动机工作的需要。图 7-6 所示为简单浮子式汽化器所形成的混合气的余气系数与发动机实际工作所需余气系数随转速变化的情况,由图可以看出,只是在某一转速下(两条曲线相交点),简单浮子式汽化器所形成的混合气的余气系数恰好与发动机需要的混合气的余气系数相等。小转速下,简单浮子式汽化器所形成的混合气比实际需要的混合气偏于贫油,不能保证发动机稳定工作,中转速以上时,所形成的混合气又比实际需要的偏于富油,不能保证发动机具有良好的经济性。

为了消除简单浮子式汽化器形成的混合气余气系数不合要求的现象,可在汽化器上增设一些校正设备和辅助装置,包括以下几方面。

(1)慢车装置。慢车装置的功用是在起动和慢车转速工作时,保证供给发动机所需要的富油混合气。浮子式汽化器的慢车装置由慢车喷油嘴、慢车油道(通往节气门附近)和慢车调节螺钉等组成,如图7-7所示。它是利用增设辅助喷油嘴的方法来调节余气系数的。

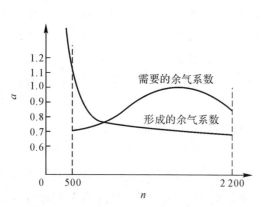

图 7-6　简单浮子式汽化器形成的混合气余气系数

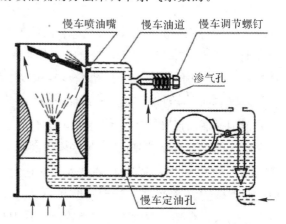

图 7-7　浮子式汽化器的慢车装置示意图

当发动机起动或以慢车转速工作时,汽化器的节气门关得很小,节气门与管壁之间形成了很小的缝隙。空气流经缝隙时,因通道突然变窄,速度增大,压力降低,所以在浮子室与节气门缝隙处空气之间产生很大的压力差,部分燃油在这个压力差的作用下,便经慢车喷油嘴喷入气流中,使混合气变为比较富油的混合气。在节气门开大后,缝隙即不再存在,慢车喷油嘴喷孔处的空气流速减小,压力增大,慢车喷油嘴就停止喷油。慢车调节螺钉用来调整慢车喷油嘴的喷油量。当螺钉往里拧时,渗气孔减小,渗气量减少,慢车定油孔前、后的压力差增大,喷油量增多;往外拧时,则渗气孔开大,渗气量增多,慢车定油孔前后的压力差减小,喷油量减少。

(2)经济装置。经济装置的功用是在大转速下,额外增加喷油量,保证向发动机供给所需的富油混合气,而又不影响发动机在中转速下工作时的经济性。浮子式汽化器的经济装置由经济活门、经济定油孔、弹簧和杠杆等组成,如图7-8所示。当发动机在大转速下工作时,需要富油混合气,经济装置是利用增加定油孔的方法来额外增加喷油量,以形成比较富油的混合气。当发动机在中转速下工作时,节气门开度不大,杠杆未压住经济活门,经济活门由于弹簧的作用处在关闭位置,燃料仅从主定油孔流到主喷油嘴喷入,使混合气不致过分富油,保证发动机工作的经济性。当发动机为大转速时,节气门开度大,杠杆下压弹簧,将经济活门打开,一部分燃油经过经济定油孔从主喷油嘴喷出,使喷油嘴额外喷出一部分燃油,与空气组成比较富油的混合气。

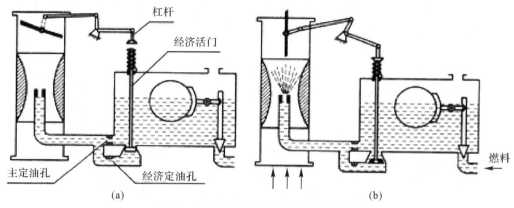

图 7-8　浮子式汽化器的经济装置示意图

(a)未工作时；(b)工作时

(3)加速装置。加速装置的功用是在迅速开大节气门时，增加喷油量，防止混合气贫油，使发动机从小转速迅速而平稳地过渡到大转速，保证发动机具有良好的加速性。

浮子式汽化器的加速装置，常用的形式为活塞式加速装置。它由加速油井、活塞、活门和加速喷油嘴等组成，如图 7-9 所示。活塞上有小孔，活门套在活塞杆上，可自由地上、下活动，活塞由杠杆使之与节气门连接。它是利用增加辅助喷油嘴的方法来调节余气系数的。当节气门缓慢地开大时，活塞也缓慢运动，活门因本身质量停在活塞杆的末端，燃油可经活塞上的小孔自由流动，此时活塞运动对加速油井中的燃油没有压力的作用，并不增加喷油量；当节气门迅速开大时，活塞也随之迅速下压，此时活门在惯性和燃油反压力的作用下，紧贴于活塞，把小孔关闭，燃油即在活塞的推挤下，顶开单向活门从加速喷油嘴喷出。当节气门不再开大时，活塞的运动随之停止，活门便在自身质量的作用下而下落，离开活塞，燃油又可通过小孔自由流动，加速装置也就停止工作。

(4)高空调节装置。高空调节装置的功用是当飞行高度或大气状态变化时调节余气系数，以保证汽化器能向发动机供应余气系数适当的混合气。其工作原理是通过改变浮子室的空气压力改变定油孔前、后的压力差，从而调节余气系数。

自动式高空调节装置由膜盒、高空调节针等组成，如图 7-10 所示。浮子室有进气路和出气路，高空调节针用来调节浮子室进气孔的开度。它是由膜盒和杠杆自动操纵，膜盒是密封的，膜盒内充有气体，膜盒周围则通外界大气。当发动机在地面或低空工作时，大气压力较大，膜盒被压缩，杠杆将高空调节针提起，使浮子室的进气孔开度较大，此时，空气流过进气孔时的流动损失较小，浮子室内的空气压力较大，浮子室与文氏管喉部的压力差也较大，喷油量较多。当飞行高度升高时，大气压力减小，膜盒膨胀，杠杆使高空调节针下移，进气孔关小，空气流过进气孔时的流动损失增大，浮子室内的空气压力减小，浮子室与文氏管喉部的压力差降低，喷油量随之减少。因此，高空调节装置能随着飞行高度而变化，自动调节喷油量，保证混合气的余气系数适当。

这种调节装置还能在高度不变时，根据大气状态的变化，自动地调节喷油量。如大气温度不变、大气压力增大时,膜盒被压缩,进气孔开大,浮子室内的空气压力增大,浮子室与文氏管喉部压力差随之增大,喷油量增加,从而防止混合气贫油;如大气压力不变,大气温度升高时,膜盒膨胀,进气孔关小,浮子室与文氏管喉部的压力差随之减小,喷油量减少,从而防止混合气富油。

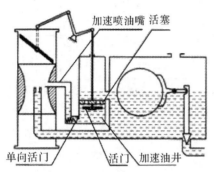

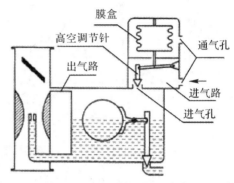

图 7-9　浮子式汽化器的加速装置示意图　　图 7-10　浮子式汽化器的自动式高空调节装置示意图

(5)加温装置。燃油汽化时,需要的热量主要从空气中取得,因而空气与燃油混合之后,温度显著降低。如果进入汽化器的空气温度低,则与燃油混合后的温度甚至会降低到 0℃ 以下。这不仅会使燃油汽化不良,混合气贫油,在空气湿度较大的情况下,空气中的水分还会聚积在文氏管壁和节气门上,凝结成冰。这种现象叫作汽化器结冰。

汽化器结冰会使文氏管截面积减小,进气量减少,发动机功率降低,严重时冰层会把节气门卡住,以致无法操纵,或者冰层脱落下来,打坏进气通道内的机件等。因此,一般汽化器都设有加温装置,以便发动机在冬季、高空、云中或雨天使用,提高进入汽化器的空气温度,防止汽化器结冰。一种加温装置是利用润滑后的热滑油或气缸冷却液流过汽化器文氏管的外壁,将热量传给空气和燃油。另一种加温装置是直接向进气通道引入热空气(流过气缸散热片后的空气),来提高进入汽化器的空气的温度。加温风门由飞行器的加温杆操纵。加温时,操纵加温杆,把加温风门打开,可使热空气进入文氏管。加温风门的开度越大,热空气进入越多,室气温度越高。加温的程度由混合气温度表所指示的数值来判定。混合气温度可在汽化器出口处测量,如图 7-11 所示。

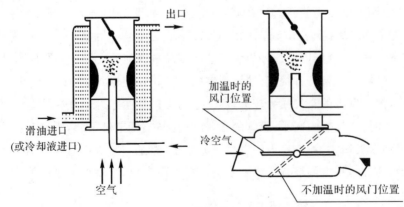

图 7-11　浮子式汽化器的加温装置示意图

如果汽化器装在增压式发动机的增压器后面,则进入汽化器的空气是增压空气。增压空气的温度远比大气温度高,汽化器就不用再设置加温装置了。

(6)停车装置。停车装置的作用是使汽化器迅速停止喷油,而使发动机停止工作。它由停车活门、弹簧和操纵臂等组成,如图 7-12 所示。发动机停车时(由于节气门开度很小,主喷油嘴已接近不喷油,主要靠慢车喷油嘴维持工作),将停车手柄后拉到底,通过操纵臂克服弹簧的弹力,将停车活门打开,这时,浮子室至节气门处的空气路沟通,使浮子室与慢车喷油嘴处的压力差迅速消失,慢车喷油嘴立即停止喷油,发动机便停车。在停车手柄放回最前位置后,由于弹簧的作用,停车活门又回到原来的位置,将气路堵死。

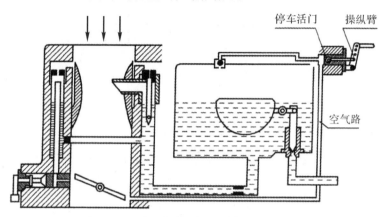

图 7-12　浮子式汽化器的停车装置示意图

7.1.4　直接喷射式燃油调节器

1. 直接喷射式燃油调节器的功用和工作原理

(1)直接喷射式燃油调节器的功用。直接喷射式燃油调节器的功用是根据外界条件和发动机的工作状态,自动或人工调节燃油量以适应发动机工作的需要。航空活塞发动机采用直接喷射式燃油调节系统可实现进气口连续喷射,在气门关闭期间,燃油积储在进气口处,这样的喷射系统比较简单,并为燃油混合和蒸发提供了足够的时间。在气门同开角不是很大的情况下,其性能几乎与定时喷射一样。直接喷射式燃油调节器主要包括主燃油调节器(也叫燃油计量部件)和混合比调节装置。

(2)主燃油调节器的工作原理。主燃油调节器根据进气量的多少调节计量燃油。主燃油调节器包括文氏管、2 个空气室及空气薄膜、2 个燃油室及燃油薄膜和与空气薄膜和燃油薄膜相连的球形活门,如图 7-13 所示。A,B 室为空气室,中间由空气薄膜隔开,其中 A 室通文氏管喉部,与文氏管喉部压力相等,B 室通冲压空气,与外界压力相等。C,D 室为燃油室,中间由燃油薄膜隔开,其中 C 室直接通油泵来的燃油;D 室通经过混合比调节器调节后的燃油。两相比较,C 室油压大于 D 室油压。

当空气流经文氏管时,在喉部的流速增加,压力下降,则 A 室压力小于 B 室压力,这个压力差使得球形活门开度增加,供油量也相应增加。节气门开度越大,压力差也就越大,球形活门开度也就随之越大,供油量也相应越大;反之,节气门开度减小,供油量也随之减小。由于节气门与油门杆相连,在前推或后收油门时,进气量发生变化,供油量也随之发生变化。

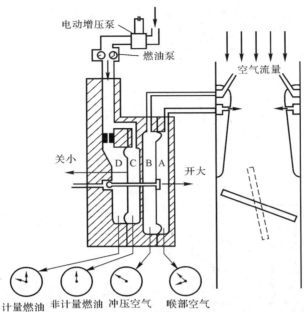

图 7-13　直接喷射式主燃油调节器的工作情况

（3）混合比调节装置的工作原理。虽然主燃油调节器根据进气量的多少调节燃油流量，但是，当发动机转速或飞行高度发生变化时，则需要更精确的燃油计量。混合比调节装置可以自动或人工对混合比进行精确修正。

混合比调节器由混合比调节活门、慢车定油孔、连接油门的慢车活门操纵杆和连接混合比杆的混合比活门操纵杆等组成。操纵混合比杆时，经混合比活门操纵杆改变了混合比调节活门的开度。前推混合比杆时，活门开度增加，流到主燃油调节器 D 室的燃油流量增加，混合气变富油；后收混合比杆时，活门开度减小，流到主燃油调节器 D 室的燃油流量下降，混合气变贫油，如图 7-14 所示。当混合比杆收到最后慢车关断位时，燃油流量很小，致使油压降低，不能打开燃油流量分配器上的分油活门，从而使发动机停车。

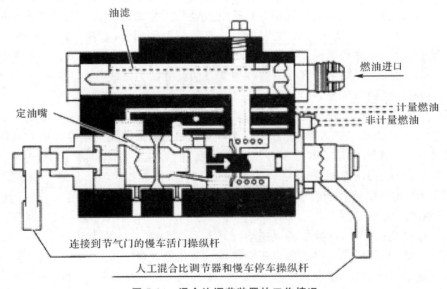

图 7-14　混合比调节装置的工作情况

2.直接喷射式燃油调节器的特点

与汽化器式燃油系统相比较,直接喷射式燃油主要有以下特点。

(1)优点。

1)进气系统中结冰的可能性较小。

2)各气缸的燃油分配比较均匀。

3)有较精确的油气比控制,因而发动机的燃油经济性较好。

4)便于寒冷天气的起动。

5)油门响应快,特别是改善了加速性能。

(2)缺点。

1)热发动机起动比较困难。

2)在炎热天气地面运转时容易形成气塞,因此有的燃油系统中采用电动增压泵来解决这一问题。

7.2　航空活塞式发动机滑油系统

航空活塞发动机工作时,各活动部件或旋转部件与其他部件的接触面之间都以很高的速度做相对运动。当两个零件间做相对运动时,表面上的粗糙凸起就会相互碰撞,阻碍运动,出现干摩擦。这不仅会产生很大的摩擦阻力,白白消耗很多能量,而且会对机件造成极大损伤。解决这个问题的办法是将润滑油涂覆在相互接触的金属表面上,形成一层滑油油膜,靠油膜把相互接触的部件隔开,使相对运动的部件表面之间的干摩擦变为液体摩擦,从而大大降低摩擦阻力。

7.2.1　滑油系统的功用和要求

1.滑油系统的功用

滑油系统的主要任务是把一定压力、一定温度而又洁净的滑油送到需要润滑的地方,以保证航空发动机能正常工作。滑油系统的主要功用如下:

(1)润滑。减小摩擦力,减小摩擦损失。其原理是在相互运动部件的表面有一层一定厚度的油膜覆盖,金属与金属不直接接触,而是油膜与油膜相接触,这就在相互运动中减小了摩擦。

(2)冷却。降低温度,带走热量。其原理是滑油从轴承和其他温度高的部件吸收了热量,在散热器处又将热量传递给燃油或空气,从而达到冷却的目的。

(3)清洁。滑油在流过轴承或其他部件时将磨损下来的金属微粒带走,在滑油滤中将这些金属微粒从滑油中分离出来,达到清洁的目的。

(4)防腐。在金属部件表面有一层一定厚度的油膜覆盖,将金属与空气隔离开来,使金属不直接与空气接触,从而防止金属氧化和腐蚀。

(5)气密。能提高涨圈与气缸内壁之间的气密性,改善发动机的工作效率。

(6)缓冲。在活塞式发动机运转过程中,连杆与活塞和曲轴的连接轴承,尤其是曲轴和曲轴轴承,反复遭受着巨大冲击,机件间的润滑油膜起着重要的缓冲作用。

2. 对滑油系统的要求

为了保证航空活塞发动机的正常运行,滑油系统应满足以下要求:

(1)在无人机飞行过程中,滑油系统能正常工作,保证航空发动机对润滑的需求。

(2)在低温条件下发动机能正常起动。航空发动机所用的滑油能在−40℃温度下正常起动发动机。

(3)有必要的指示系统监控滑油的状态(如压力、温度和油量)和洁净状况(如油滤有无堵塞),以便及早给出故障预示。

(4)在发动机工作的温度范围内,滑油应具有一定的黏性,黏度太大流动不畅,黏度太小不利于润滑。发动机在不同的温度条件下工作时,要选用黏度合适的滑油,且不可将不同黏性的滑油混合使用。

7.2.2 滑油系统的润滑方式

发动机机件的润滑方式有三种,即泼溅润滑、压力润滑和喷射润滑。

1. 泼溅润滑

借转速较大的旋转机件(如曲轴等)将滑油泼溅到摩擦面上的润滑方法叫作泼溅润滑,如图 7-15 所示。在活塞发动机机匣内部装有一定数量的滑油,当发动机工作时,借助于曲轴的转动不断地将滑油向四周甩出,使滑油在机匣内部泼溅成细小的油滴,从而润滑气缸、活塞、连杆、曲轴等部件。润滑后的滑油直接落入机匣的滑油池中。

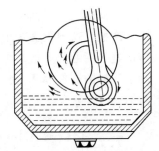

图 7-15　泼溅润滑示意图

这种润滑方法的特点是系统比较简单,但对机匣外部的机件和附件无法润滑,也很难使滑油进入较远、间隙较小的地方,泼溅润滑后的滑油无法过滤,滑油消耗量多,飞行姿态突然改变时难以保证有效润滑。

2. 压力润滑

通过油泵迫使滑油流至各摩擦面的方法叫压力润滑。滑油泵是使滑油在发动机内循环运行的动力,它将滑油压送到各处摩擦表面,同时将润滑后的滑油抽回,经过过滤和冷却,又重新送到各处摩擦表面,所以,压力润滑的润滑和冷却等效果要比泼溅方式好,但是,有些机件(诸如气缸壁)难以使用压力润滑,而且压力润滑系统也很复杂。

3. 喷射润滑

滑油经过油泵加压后,由专门的油嘴喷射到摩擦表面进行润滑的方法叫作喷射润滑。气缸活塞之间的润滑、减速器齿轮的润滑等多用这种润滑方式。

活塞式发动机的润滑系统是上述 3 种润滑方式结合使用的系统。

7.2.3　滑油系统的组成和工作原理

由于滑油的储存方式不同,滑油系统有湿机匣滑油系统和干机匣滑油系统两种。湿机匣润滑系统多用于水平对置式活塞发动机。星型活塞式发动机一般不用湿机匣润滑系统,多采用干机匣滑油系统。

1. 湿机匣滑油系统

湿机匣滑油系统的滑油储存在机匣下部的滑油收油池中。典型的湿机匣滑油系统如图7-16 所示。

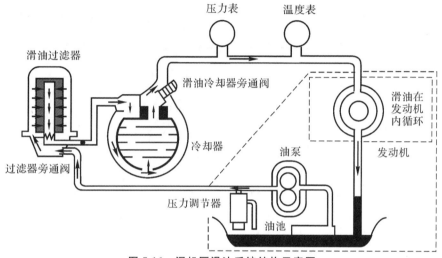

图 7-16　湿机匣滑油系统结构示意图

滑油储存在发动机机匣中,机匣是密封的,机匣上有加油口和盖,盖上装一量油杆。由发动机轴驱动的滑油泵将滑油抽出,通过油路将滑油送到各处进行压力润滑和喷射润滑。在滑油泵出口管路上装有压力调节器(泄压阀),如果油压过高,可将部分滑油分流,使其回到调节器进口,以保持适当的出口油压。滑油过滤器随时将循环滑油中的杂质清除掉,在检修发动机时往往要更换过滤器。在过滤器处装有过滤器旁通阀,当过滤器被杂物堵塞时,滑油会自发顶开旁通阀,以维持滑油流通。这时,虽然失去滑油过滤的功能,但总比油路堵塞断油好得多。

通过滑油循环,不仅能完成润滑,还能同时完成发动机冷却、净化、密封、防腐等各项任务。之后,热滑油回到收油槽中,在油槽中滑油受到冷却。单靠收油槽冷却往往是很不够的,所以,绝大多数发动机在滑油系统中装有冷却器及温控开关,当滑油泵出口的滑油温度过高时,控温开关控制滑油流经冷却器继续冷却,当滑油泵出口的滑油温度无需继续冷却时,温控开关打开冷却器旁通阀使滑油流向下游。冷却器旁通阀的另一用途是当冷却器被杂物堵塞时,仍能维持滑油循环,防止断油。

2. 干机匣滑油系统

干机匣滑油系统与湿机匣滑油系统的组成和工作原理相似,其主要区别是干机匣滑油系统的滑油不储存在机匣中,而是储存在活塞式发动机外专设的一个外部油箱中,如图 7-17 所示。相应地,在该系统中增加了一个回油泵,回油泵的作用是随时将润滑和冷却后的滑油从发动机机匣下部抽到外部滑油箱中存放。抽油泵将滑油从滑油箱吸出,经过滤器、冷却器供发动机使用。

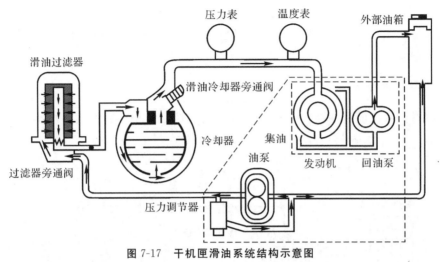

图 7-17　干机匣滑油系统结构示意图

7.2.4　滑油系统的监控

航空活塞式发动机滑油系统的故障较多,例如:使用的滑油质量不符合要求;滑油量不足;滑油压力过高、过低或波动;滑油温度过高;漏油;等等。这些故障往往互为因果关系,会给发动机造成十分严重的后果。为保证发动机工作安全可靠,必须对滑油消耗量、滑油温度和滑油压力进行监控。

1. 滑油消耗

滑油在正常的循环工作过程中会不断地消耗。滑油消耗的原因有以下 3 种:

(1)活塞在做往复运动时,有部分滑油进入气缸被烧掉,这是主要的一个原因,转速越大,进入气缸烧掉的滑油就越多。

(2)有部分滑油呈雾状和蒸气状态,会从通气管逸出。

(3)滑油受高温的作用,有一部分被氧化和分解,变成了胶状物质和沉淀物,附着在机件上或沉淀在滑油系统中。

滑油消耗的多少一般用滑油消耗率表示。滑油消耗率是指发动机工作单位时间产生单位功率所消耗的滑油量。在正常稳定工作条件下,发动机的单位滑油消耗率基本不变。如果发现滑油消耗突然变快,应仔细检查发动机和滑油系统是否有损坏和泄漏。每次起飞前要打开注油盖,通过油标尺检查滑油量,需要加油时,应根据飞行时间的长短估计加油量。检查和加油后,必须把油盖拧紧以防止泄油。

2. 滑油温度

滑油温度影响滑油黏度,故影响润滑效果。温度高,滑油的黏性小,机件之间的摩擦面内不易保持滑油层,摩擦消耗的功率增加;温度低,滑油的黏性大,滑油不易进入机件之间的摩擦面,摩擦消耗的功率也要增加。因此,保持适当的滑油温度是十分重要的。不同型号的滑油,工作温度范围不同,一般发动机使用的滑油工作温度为 40～120℃。发动机在正常使用过程中,引起滑油温度异常升高主要有以下原因:

(1)滑油量太少,可能是滑油加得太少或滑油系统泄漏引起滑油量过少。

(2)发动机温度长时间较高,特别是当外界大气温度较高时。

(3)滑油散热器工作不正常或受损。

当滑油温度升高并超过高温红线后系统会发出告警信号。这时,可采取开大冷却器风门加强冷却,降低发动机功率,加强发动机外部冷却或富油等方法,以使滑油温度下降。

3. 滑油压力

滑油压力是发动机滑油系统中需要进行重点监控的三大指标之一,其大小反映循环滑油量的多少。一般航空活塞式发动机正常运行的滑油压力应在 172～758 kPa(25～110 psi)之间。

滑油压力表指示的压力值是发动机起动正常与否的重要依据。在一般环境温度下,活塞发动机起动后 30 s 内,滑油压力表应指示到要求的压力值;在严寒气候条件下,容许起动后的 60 s 内指示到要求压力值。活塞发动机在运行中,滑油压力可能发生异常下降的现象。其原因可能有以下几种:

(1)滑油量过少。

(2)滑油泵失效。

(3)滑油输油管路堵塞。

(4)压力调节器发生故障而失灵。

(5)滑油压力表出现故障。

当出现滑油压力异常时,首先通过仪表互校的方法判断滑油系统工作正常与否。如果滑油温度表指示正常,说明滑油压力表失效,滑油系统仍在正常工作,飞机可以继续飞行。如果滑油压力和滑油温度均异常,说明滑油系统出了问题,飞机应当立即就近着陆,在地面运行的飞机应当立即停车,否则会给发动机带来严重损伤。

7.3 航空活塞式发动机点火系统

航空活塞式发动机属于点燃式发动机,进入气缸的油气混合气体需要点火燃烧才能放热做功。由于在活塞式发动机的任一气缸中,活塞每完成一个工作循环,电嘴都需要点火一次,这项工作需要有一套点火系统来承担。点火系统工作正常与否,直接影响发动机的性能和工作的可靠性。

7.3.1 点火系统的功用和组成

1. 点火系统的功用

要使活塞式发动机气缸内的混合气燃烧,首先要点燃混合气,使混合气着火,然后它才能燃烧起来。点火系统的功用是在活塞发动机所有的工作状态下,按规定的气缸点火顺序,在活塞位于气缸上死点前预先确定的角度上产生强烈的电火花,点燃气缸中的混合气。

活塞发动机点火系统一般分为两类,即电瓶点火系统和磁电机点火系统。电瓶点火系统与大多数汽车上所使用的点火系统类似,以电瓶或发电机作为电源,目前只在极少数无人机动力装置上使用。现代航空活塞式发动机大多数采用的是磁电机点火系统。

2. 点火系统的组成

航空活塞式发动机的点火系统主要由磁电机、点火导线、电嘴(火花塞)和磁电机开关等部件组成。将这些部件用导线(电缆)连接起来,就构成了发动机的点火系统,如图 7-18 所示。

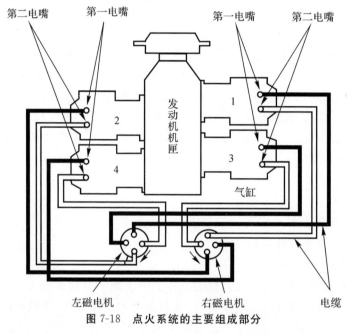

图 7-18 点火系统的主要组成部分

(1)磁电机。磁电机是点火系统的电源,通常安装在发动机的附件机匣上,由附件齿轮驱动,利用电磁感应原理,将机械能转化为电能,适时地产生高压电,并按照发动机的点火顺序将高压电分配到各个气缸,供电嘴产生电火花用。

(2)点火导线。点火导线被用来连接磁电机和电嘴,将磁电机产生的高压电按规定的点火顺序传到电嘴,供电嘴跳火。

(3)电嘴。电嘴也称为火花塞,安装在气缸头上,一端伸入气缸,另一端与点火导线相连。磁电机产生的高压电在电嘴的两极间产生火花,点燃混合气。

(4)磁电机开关。磁电机开关用来控制磁电机开与关,即控制磁电机的工作或不工作。点火开关通常与起动机开关合在一起,称为点火起动开关。

为了缩短混合气燃烧时间以提高发动机的功率和经济性,保证发动机工作可靠,航空活塞式发动机上一般都安装有两个磁电机,每个气缸安装两个电嘴,即采用双点火装置。每一个磁电机所产生的高压电只供给每个气缸中的一个电嘴点火,两个磁电机各自独立地工作,互不影响。发动机工作时,同一个气缸上的两个电嘴同时产生电火花点燃混合气。这样做的目的,一是提高每个气缸的点火能量,提高火焰传播速度,改善发动机的功率和经济性。二是保证发动机工作可靠,因为一旦某个磁电机发生故障不能产生高压电,另一个磁电机仍能保证一个电嘴产生电火花,使发动机继续工作。但在这种情况下,发动机功率会有一定程度的减小。

7.3.2　磁电机的组成和工作原理

1.磁电机的组成

磁电机是活塞式发动机点火系统的高压电源,它利用电磁感应原理,将机械能转化为电能。磁电机主要由以下 3 部分组成,如图 7-19 所示。

(1)磁路。磁电机的磁路包括磁铁转子、极靴和软铁芯。其功用是产生变化的基本磁场,形成线圈中变化的基本磁通。

(2)低压电路。低压电路包括一级线圈、断电器和电容器,用来产生低压感应电流(低压电),并在适当时机将低压电路断开,使低压电流的电磁场迅速消失。

(3)高压电路。高压电路包括二级线圈和分电器,用来在低压电路断开时,产生高压感应电流(高压电),并将高压电按发动机的点火顺序输送至各气缸的电嘴。

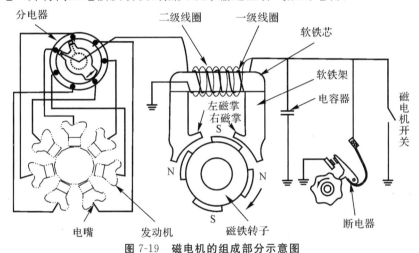

图 7-19　磁电机的组成部分示意图

2.磁电机产生高电压的工作原理

磁电机产生高压电,如同普通发电机发电一样,是运用电磁感应原理来实现的,即用增减穿过线圈的磁通(磁力线的数目)使线圈产生感应电动势的办法来实现。但由于磁电机需要产生的是高压电,如果像普通发电机那样,只靠线圈和磁铁的相对运动使穿过线圈的磁通发生变化,则磁通的变化率很小,产生的感应电动势不够高,不能满足电嘴点火的需要,因此,磁电机只利用上述方法产生低压电流,然后,用断开低压电路的方法,使线圈的低压电流和伴随低压电流而产生的电磁场迅速消失,从而使穿过线圈的磁通发生剧烈的变化,产生足够高的感应电动势和高压感应电流,即高压电,并按照点火顺序将高压电分配到各个气缸,供电嘴打火。

(1)基本磁场的变化和低压电流的产生。磁铁转子是旋转的永久磁铁,软铁架和铁芯是由多片良导磁性而相互绝缘的矽钢片铆合而成的,用以引导磁铁转子的磁力线在铁芯中形成磁场,此磁场称为基本磁场;其磁通,即通过铁芯的磁力线数,叫作基本磁通。当磁铁转子转动时,磁极和铁架的相对位置不断变化,基本磁场、基本磁通也就不断变化,如图 7-20(a) 所示。当转子的 N 极正对软铁架的左磁掌、S 极正对右磁掌时,由于磁极和磁掌相对的面积最大,磁路的磁阻最小,因此通过铁芯的磁力线最多,即基本磁通最大,基本磁场最强。这时,磁力线从转子的 N 极出发,经过铁架和铁芯回到转子的 S 极,铁芯中磁力线的方向由左向右。如把此时磁铁转子的转角 α 定为 $0°$,由左向右方向的磁通定为正值,则此时的基本磁通为最大值。

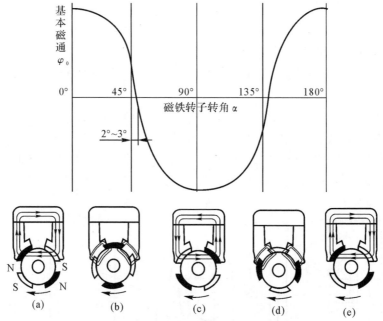

图 7-20　基本磁通随磁铁转子转角的变化

基磁铁转子由 $0°$ 的位置依顺时针方向旋转时,磁极同磁掌所对的面积逐渐减小,磁路的磁阻逐渐增大,越来越多的磁力线不通过软铁芯而直接从北极经过极靴下端回到南极,因此基本磁通逐渐减小,但仍保持为正值。磁铁转子转到 $45°$ 的位置,这个位置叫作中立位置,如图 7-20(b) 所示,由于北极正好位于左、右磁掌之间,磁路的磁阻最大,全部磁力线便都不通过软铁芯,而直接从北极经过极靴下端回到南极,所以基本磁通应等于零。但是由于软铁芯具有一定的(虽然是很小的)保磁力,所以不能立即退磁,以致软铁芯中仍有少数的磁力线,即残磁存在。只有当磁铁转子转到中立位置以后 $2°\sim3°$,北极开始接近极靴的右磁掌时,磁铁转子的磁力线从相反的方向(自右向左)通过软铁芯,抵消残磁后,软铁芯的磁力线才完全消失,基本磁通才变为零。

磁铁转子继续旋转,磁极与磁掌的相对面积又逐渐增大,磁路的磁阻逐渐减小,基本磁通逐渐增大。当磁铁转子转到 $90°$ 时,磁极和磁掌相对面积最大,磁路的磁阻变为最小,基本磁通最大,在 $45°\sim90°$ 转角中,铁芯内磁力线的方向与 $0°\sim45°$ 转角中磁力线的方向相反,即由右向左,所以基本磁通应为负值,如图 7-20(c) 所示。

磁铁转子继续旋转,基本磁通的大小和方向随转角的变化可按上述同样的道理得出。图 7-20(a)～(e) 绘出转子旋转 $180°$ 过程中,基本磁通随转角变化的情况。

本磁通的变化,使缠绕在铁芯上的一级线圈产生感应电动势,同时二级线圈亦产生感应电动势。由于两个线圈同处于一个基本磁场作用下,二者的感应电动势的变化规律相同。但是,二级线圈的匝数比一级的多,其感应电动势要比一级的大。一般来说,一级线圈的感应电动势最大为 30 ~ 35 V,二级线圈的感应电动势为 2 400 ～2 800 V,这比电嘴产生火花所需的击穿电压值(8 000～10 000 V)小得多,还不能满足电嘴点火的要求。

(2)高压电的产生。为提高二级线圈的感应电动势,在低压电路上增设了断电器,用低压电路突然断电、低压电流和电磁场瞬时消失的方法,加大磁通的变化率,从而在二级线圈上感应出高压电。

断电器由凸轮、接触器、杠杆与弹簧片等组成。接触器有两个触点,一个接地(搭铁),一个经杠杆和弹簧片与一级线圈相连。当两个接触点借弹簧片的弹力密切接触时,低压电路连成通路,一级线圈产生感应电流,此交变的感应电流又使铁芯中生成一个新的电磁场。这样,在铁芯中的磁场是基本磁场和电磁场的叠加磁场。当电磁场最大时,由凸轮控制的断电器接触点断开,低压电路中断,电磁场立即消失,铁芯中的叠加磁场立即变为基本磁场,从而使铁芯中的磁场变化率突然增加,使二级线圈产生高压电,其电压值可高达 15 000～20 000 V。

低压电路断开时,由于电磁场的突然变化,不仅使二级线圈中产生很高的感应电动势,同时一级线圈也产生 300～400 V 的自感应电动势。在如此高的自感应电动势的作用下,当接触点刚断开、间隙很小时,接触点电压可升高到很大数值,足以使接触点间的空气发生强烈电离而产生电火花。这时一方面可以烧坏接触点,另一面,由于接触点间空气电离,在自感应电动势作用下,低压电流在接触点断开的最初一段时间内仍将按原来的方向从接触点间隙中流过,不能立即中断,致使磁通变化的速度减小,二级线圈感应电动势不可能足够高。

为解决上述矛盾,在低压电路中并联一个电容器(见图 7-19),有了这个电容器,在断路时,将自感应电动势产生的电流分为两路:一路流向断路器的接触点,另一路流向电容器使其充电。由于电容器具有较大的电容,远远大于接触器刚断开时所具有的电容值,所以能够吸收大部分自感应电流,使接触点处免于产生火花。同时,该电容器放电时的方向与充电时相反,加速了铁芯中电磁场的消失,从而也提高了二级线圈的感应电动势。

(3)高压电的分配。磁电机产生的高压电要按发动机要求的点火顺序分配至各个气缸,此任务由分电器完成。分电器由分电盘和分电臂组成,如图 7-21 所示。在分电盘的周缘分布着和气缸数目相同的分电站,每一个分电站引出一根电缆,依点火顺序分别连接到各个气缸的电嘴上。分电臂由磁铁转子的转轴经传动齿轮带动旋转,分电臂上装有工作电刷和起动电刷,从图示箭头表示的旋转方向来看,工作电刷在前,起动电刷在后。

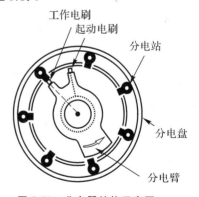

图 7-21　分电器结构示意图

当活塞式发动机正常运转时,磁电机二级线圈产生的高压电通到分电臂的工作电刷。在断电器接触点断开之际,工作电刷正好与一个分电站接触,高压电通过工作电刷和此分电站,由高压导线输送到电嘴并产生火花。因此,分电臂每旋转一周,所有的气缸(图 7-21 表示的发动机为七缸活塞式发动机)按点火顺序各点火一次。

7.3.3 电嘴的结构和工作原理

电嘴(火花塞)安装在活塞发动机气缸头上,利用磁电机输送的高压电击穿两极间的空气产生电火花,点燃进入气缸的油气混合气。

1. 电嘴的结构

活塞发动机的电嘴由绝缘钢芯、隔波套管和外壳等组成,如图 7-22 所示。绝缘钢芯装在外壳中,在钢芯的中间安装钢芯杆,钢芯杆外包有云母或陶瓷的绝缘体与外壳绝缘。在钢芯杆的下端焊有不锈钢制的中央极,钢芯杆的上端与高压电缆连接。外壳为钢制,其内、外均有螺纹,外螺纹用于把电嘴固定在气缸头上,内螺纹用于安装电嘴的隔波套管。外壳下部焊有耐热合金钢制成的旁极,旁极与中央极相隔有一个间隙,此间隙叫作电嘴间隙,其大小为 0.5～0.7 mm。

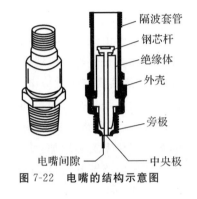

图 7-22　电嘴的结构示意图

2. 电嘴的工作原理

发动机工作时,磁电机产生的高压电由高压电缆输送到绝缘钢芯的钢芯杆上,在中央极和旁极间形成很高的电位差,于是电极间的气体发生强烈电离而产生电火花。这时,电流由中央极通过电嘴间隙,经过旁极搭铁,回到磁电机的二级线圈。由于二级线圈的感应电动势的方向是正、负交变的,所以高压电路中的电流方向也是正、负交变的。

电嘴的工作条件十分恶劣,它要经受 10 000～20 000 V 高压电的作用,要经受每秒 20 多次高、低气压和高、低气温的剧烈冲击,要经受燃气中的碳、硫和抗爆剂(铅水)等的化学腐蚀和放电过程的侵蚀等。

3. 影响电嘴工作的因素

影响电嘴工作的因素很多,其中电嘴使用的绝缘材料、电极材料和电嘴结构等自身条件是影响电嘴工作的基本因素。对于在用的定型发动机,就其使用和维护角度来说,要注意如下三种影响因素。

(1)电嘴间隙。对于正常工作的电嘴,其电嘴间隙是有一定要求的。由于电嘴长期遭受各种侵蚀、机械冲撞或间隙校正不当,可能造成间隙过大或过小。间隙过大会使击穿电压显著升高,从而造成点火困难或击穿绝缘体以及磁电机不能正常工作;间隙过小会使电火花强度减小,难以点燃混合气,还可能使间隙积炭而短路,不能形成电火花。

(2)电嘴挂油、积炭和受潮。如果发动机润滑系统的滑油压力过大,或活塞环的密封性变坏,漏进气缸的滑油增多并使电嘴表面挂油,由于燃料燃烧不完全以及电嘴挂油不可能全部烧掉,往往会在电嘴上形成积炭,同时,湿空气会使电嘴受潮。积炭和水分都可以导电,从而在电嘴间隙处会形成一个导电路,相当于在电嘴上并联了一个分路电阻。分路电阻的存在,使磁电机二级线圈的感应电动势降低,电火花的强度减弱,甚至不能产生电火花。

(3)电嘴温度。发动机在最大转速下工作时,电嘴绝缘体下部和电极的温度不得超过800℃;在最小转速下工作时,电嘴绝缘体下部和电极的温度不得低于500℃。如果电嘴的温度过高,不仅使电嘴的击穿电压降低,还会引发早燃;如果电嘴温度过低,不仅使电嘴的击穿电压升高,而且会发生电嘴挂油、积炭,使电火花强度减弱,甚至不能产生火花。因此,电嘴温度不得低于电嘴自动烧掉油污所需的温度,即电嘴的自洁温度。

7.4 航空活塞式发动机起动系统

活塞式发动机起动系统的作用是将发动机由静止状态转入运转状态,目前广泛使用的是直接起动式电起动系统。电起动系统的电源可使用机载蓄电池,也可使用地面电源。通常情况下,使用机载蓄电池提供电源来起动发动机,当机载蓄电池电压偏低时,则使用地面电源来起动发动机。

7.4.1 起动系统的组成和工作原理

1. 起动系统的组成

航空活塞式发动机起动系统的类型有两种,即直接起动式电起动系统和间接式电动惯性起动系统,现代航空活塞式发动机大多数都是由电起动系统直接带动发动机曲轴旋转而起动的。电起动系统由蓄电池、起动电动机(简称"起动机")、起动继电器和电磁开关(即继电器)等组成,如图 7-23 所示。

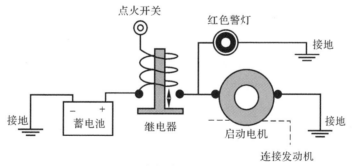

图 7-23 电起动系统结构示意图

蓄电池是起动机的电源,用以向起动机供电驱动电动机,电动机带动发动机曲轴旋转。蓄电池通常采用可充电蓄电池,如镍氢电池、镍镉电池、铅酸蓄电池、锂离子电池等。由于电源供电电流很大,所以蓄电池和电动机之间由大负荷电缆连接。电磁开关是用来接通或断开电缆的器件,它由电磁感应线圈和离合器组成。

2. 起动系统的工作原理

电起动系统采用的起动机是一个串激电动机,它的激磁绕组是与电枢绕组串联的,串激电动机的转矩随转速的变化规律是:开始起动时,转速低而转矩大,以后转矩就随转速的增大而减小,这一特性很适合发动机起动的要求。

当把点火开关旋钮旋到起动时,按下旋钮,则使电磁感应线圈成为通路,并以很小的电流由蓄电池流过线圈,使线圈产生磁场,磁场的吸力将离合器闭合,从而使蓄电池和起动电动机接通,电动机带着发动机曲轴旋转起来。与此同时,高压点火线路亦接通,发动机将自主运转起来。发动机自主运转后,将点火旋钮松脱,电磁开关的电磁感应线圈断路,离合器脱开,起动电动机和高压点火线路均停止工作。起动机上还装有一个红色警示灯。在正常起动后,警示灯闪亮之后继而灭掉;如果警示灯在起动后仍然不灭,说明继电器一直在吸合,为防止发动机或起动电动机损坏,应立即停止并进行检查,排除故障。这种起动机构造比较简单,啮合和分离都是自动的。缺点是齿轮啮合时有冲击,传动比小,冬季冷发起动较困难,所以它只适合于小功率活塞式发动机。

7.4.2 活塞式发动机起动时高压电的产生

活塞式发动机起动时,由于转速很小,磁电机中二级线圈的高压电动势不够高。由于混合气和电嘴的温度都较低,电嘴需要较高的击穿电压。因此,在发动机起动时,需要特殊装置来帮助产生高压电。通常采用的装置有起动线圈、起动振动器和冲击联轴器 3 种。

1. 起动线圈

起动线圈产生高压的基本原理和磁电机相似。其不同之处是:起动线圈不是借助旋转磁铁转子使一级线圈产生低压电流,而是采用专用蓄电池连接到一级线圈,由蓄电池获得低压电流。因此,低压电流的大小与发动机转速无关,如图 7-24 所示。尽管发动机起动时转速较低,但一级线圈可由蓄电池获得足够大的电流,当一级线圈电流突然中断时,保证二级线圈产生

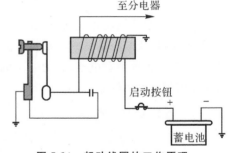

图 7-24　起动线圈的工作原理

18 000～20 000 V 的感应电动势,使电嘴有足够高的电压顺利点火。

由于发动机在起动时转速较慢,为防止发动机倒转,要使点火提前角比正常运转时减小,高压电必须通过分电器上的起动电刷输送到电嘴,起动电刷要比工作电刷晚一个角度,该角度根据设计要求确定,如图 7-21 所示。起动线圈一级线圈上的低压电流较大,使用 24 V 蓄电池时,电流平均值可达 1.5～2 A,故起动线圈每次连接工作时间不宜过长,一般不准超过 60 s,否则容易烧坏线圈。

2. 起动振荡器

起动活塞发动机,除使用起动线圈起动外,还可使用起动振荡器。将起动振荡器与磁电机一级线圈串联,利用起动振荡器向磁电机一级线圈供电的方法,使磁电机产生高压电供起动点火使用。

利用起动振荡器产生高压电时,高压电是经过工作电刷而不是由起动电刷分配给电嘴的,故在分电臂上无需起动电刷,这可避免在高空工作时工作电刷和起动电刷之间发生跳火的现

象,从而提高了点火系统的高空性能,如图 7-25 所示。

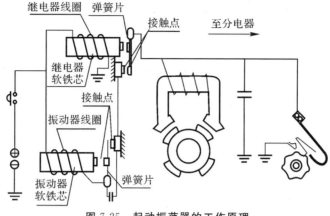

图 7-25　起动振荡器的工作原理

3. 冲击联轴器

冲击联轴器是活塞发动机起动时既能保证产生足够的点火高压电,又不会发生倒转的机构。它既不同于起动线圈,又不同于起动振荡器,而是一种纯机械系统。冲击联轴器由主动盘、发条式弹簧和被动盘 3 个主要组件构成。主动盘通过齿轮系由发动机曲轴带动,被动盘固定在磁电机轴上,盘上装有一对离心块(飞重),发条式弹簧内、外两端分别与主动盘和被动盘连接,如图 7-26 所示。

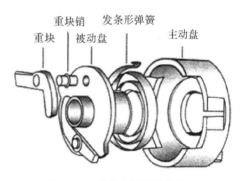

图 7-26　冲击联轴器的结构

活塞发动机起动时,当起动电动机带着曲轴旋转时,发条式弹簧则被旋紧并储存大量能量,等活塞到达接近上死点的点火所要求的位置时,旋紧的弹簧骤然松脱,并带动被动盘和磁电机轴迅速旋转,从而使磁电机的二级线圈产生足够的高压电,并适时输送到电嘴点火。

7.5　航空活塞式发动机散热系统

无人机在飞行过程中,航空燃料在发动机气缸中燃烧释放出的热量大约只有 30% 转变为有效功,另外 70% 随排气和冷却剂消失到大气中。气缸中燃气的温度高达 $2\,500 \sim 3\,000℃$,如果不对发动机进行有效的散热冷却,会对其产生严重的危害。一般活塞发动机采用内部和外部两套散热系统,以保证发动机在允许的温度范围内稳定工作。其中发动机的内部散热冷却由滑油系统完成,发动机的外部散热冷却由散热系统完成。根据冷却介质的不同,散热系统分为气冷式和液冷式两种。气冷式散热系统以空气作为冷却介质,液冷式散热系统以液体(水或防冻液)作为冷却介质。

7.5.1 气冷式散热系统的组成和工作原理

气冷式散热系统是利用迎面大气流过活塞发动机使其冷却的系统。通常以气缸头温度表示活塞发动机的允许工作温度。例如某活塞发动机气缸头温度的正常值规定为 $180\sim215℃$，最高不得超过 $250℃$，最低不可低于 $140℃$，散热系统必须满足这些要求。气冷式散热系统的主要构件是气缸上的散热片以及导风板、整流罩和风门等。

1. 气缸散热片

航空活塞式发动机在额定工作状态下，需要通过空气带走大约 15％ 的燃料发热量才能保证机件处于正常工作温度，但是只靠气缸壁是不可能散走这些热量的。为了加强散热，在气缸头和气缸身安装了散热片，以增大外界冷却空气和气缸的换热面积，如图 7-27 所示。

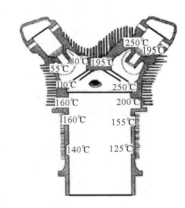

图 7-27　气缸各部分的温度和散热片面积分布示意图

由于气缸各部分受热情况不同，故需要散走的热量不同。为了尽量减小气缸的热应力，使气缸各部分温度大致相同，气缸各部分的散热片面积是不相同的。气缸头的温度最高，60％～70％ 的散热量由气缸头消散掉，所以，气缸头部的散热片面积要比气缸身上的散热片面积大得多。就气缸头而言，排气门附近的温度比进气门附近高，所以，排气门处的散热片面积比进气门处的散热片面积大。

2. 导风板

当散热空气流过发动机时，处于不同位置的气缸的冷却效果是不同的，气缸迎风面的散热较好，而背风面的散热较差。对于直列式发动机，前部气缸的散热较好，而后部气缸的散热较差，为了保证各气缸及各气缸前、后面有良好的散热，在气缸的周围装有导风板，用来调整散热空气的流向。图 7-28 所示是水平对置式发动机冷却通道中设置导风板的情况。

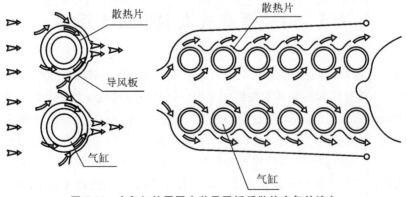

图 7-28　在气缸的周围安装导风板后散热空气的流向

3.整流罩和风门

发动机的外形十分复杂,将其直接暴露在大气中,必然产生较大的飞行阻力,因而在发动机外装有流线型整流罩。整流罩和导风板共同配合构成完善的冷却空气的流路。空气对发动机冷却后要通过排风门排出。

排风门有固定式风门和可调节风门(又叫鱼鳞板)两种,如图 7-29 所示。固定式风门结构简单,但不能随意调节冷却效果,而且固定式风门总是破坏局部流线型整流罩,带来一定飞行阻力。可调节风门可根据不同飞行姿态的需要调节风门的开度,以调节冷却空气流量,既可满足冷却的需要,又能尽量减少飞行阻力,但是其结构与控制较为复杂。

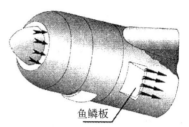

鱼鳞板

图 7-29　鱼鳞板打开时冷却空气流向示意图

7.5.2　气缸温度的影响因素与调节

航空活塞式发动机工作温度常用气缸头温度来表示。目前活塞式发动机正常工作时的气缸头温度一般在 $90 \sim 250℃$。当发动机工作状态或飞行状态发生变化时,气缸的受热或冷却情况要发生变化,虽然发动机采用了一系列的散热措施,但仍有可能使气缸头温度超出规定的范围。因此,在使用过程中,必须注意监控或调节气缸头温度,使之保持在规定的范围内。

1.影响气缸温度的主要因素

影响气缸温度的因素很多,诸如进气压力、进气温度、转速、余气系数、提前点火角、压缩比、冷却空气的温度和流量等。对于定型发动机,其压缩比是一定的,在常用转速范围内,提前点火角和余气系数变化很小,进气温度的变化对气缸温度的影响也不大。因此,影响气缸温度的主要因素是发动机转速、进气压力和冷却空气的温度与流量。

(1)发动机转速的影响。随发动机转速的增加,起初气缸温度上升较快,当转速达到某一数值后,气缸温度上升速率缓慢下来。

(2)进气压力的影响。无人机飞行时,活塞发动机气缸温度随着进气压力增高而升高。由于在发动机实际工作中,随发动机功率的变化,进气压力和转速往往同时变化,当进气压力和转速同时增加时,气缸温度上升速率会比单独由于进气压力或单独由于转速引起气缸温度的上升速率快。

(3)散热空气温度和流量的影响。散热空气的温度越低、流量越大,发动机的散热量越多,气缸温度越低。反之,气缸温度越高。

(4)混合气余气系数的影响。混合气余气系数的变化,直接影响到燃气燃烧的快慢程度和放热量,从而影响单位时间内燃气传给发动机的热量。当余气系数略小于 1 时,气缸温度最高,余气系数偏离该值时,气缸温度都会降低。

2.气缸温度的调节

活塞发动机散热系统的作用就是保持气缸头温度在规定的范围内。在气缸温度超过规定范围后,可根据当时的具体情况进行调节。

(1)引起气缸温度升高的情况。

1)当发动机处于大功率状态,气缸头温度较高且容易超出规定范围时。

2)当混合气处于比较贫油状态时。

3)滑油量太少时。发动机处于小功率状态,气缸温度较低而且也容易低于规定的范围。

(2)调节气缸温度通常采用的措施。

1)调整发动机的功率。

2)调节混合气的余气系数。

3)调整散热空气量。

上述三项措施可视具体情况分别运用或配合使用。

习　　题

1.什么是航空发动机的燃油系统?说明燃油系统的供油方式、功用和类型。

2.燃油系统的组成部分包括哪些主要部件?

3.什么是汽化器?说明它的功用、结构和特点。

4.简述简单浮子式汽化器的结构和工作原理。

5.简单浮子式汽化器上可增设哪些校正设备和辅助装置。

6.简述直接喷射式燃油调节器的功用、工作原理和特点。

7.说明滑油系统的功用和要求。滑油系统的润滑方式有哪些?

8.简述滑油系统的组成、工作原理和监控的内容。

9.简述点火系统的功用和组成,以及磁电机的组成和工作原理。

10.说明电嘴的结构和工作原理。影响电嘴工作的因素有哪些?

11.说明起动系统的组成和工作原理,以及活塞式发动机起动时高压电的产生方法。

12.简述气冷式散热系统的组成和工作原理。

13.影响气缸温度的因素有哪些?如何调节气缸温度?

第8章 航空涡轮发动机

8.1 喷气发动机概述

人类航空史上的一切重大成就,几乎都与航空发动机参数及性能的改善或新型动力装置的研制成功有关。自 1939 年装有涡轮喷气发动机的飞机在德国首次成功飞行以来,飞行器动力装置获得了飞速发展,使飞行器的性能和任务能力都取得了重大突破。

8.1.1 喷气发动机的分类和工作原理

1. 喷气发动机的分类

喷气发动机有空气喷气式发动机和火箭发动机两种类型。

空气喷气发动机燃料燃烧时需要从空气中获得氧气,因而只能在大气中飞行。根据是否有压气机,空气喷气发动机分为有压气机的喷气式发动机和无压气机的喷气式发动机,有压气机的喷气式发动机主要有涡轮喷气发动机、涡轮风扇发动机、涡轮螺旋桨发动机和涡轮轴发动机,无压气机的喷气式发动机主要有冲压喷气发动机和脉冲喷气发动机,如图 8-1 所示。

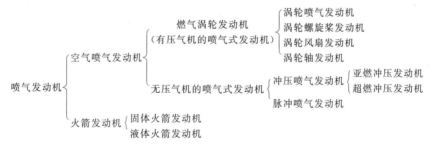

图 8-1 喷气发动机分类示意图

火箭发动机也是依靠高速喷射燃烧流体产生动力的发动机,但它不是用空气形成燃烧,而是用火箭本身自带的氧化剂和燃烧剂产生燃气射流。超燃冲压发动机、脉冲爆震发动机等新型发动机也属于喷气发动机,但它们的工作原理与其他空气喷气发动机不同。

2. 空气喷气发动机的工作原理

空气喷气发动机是以空气和燃油作为混合气体燃烧喷射的喷气发动机,这类发动机在工作时,从前端吸入大量空气,燃烧后高速喷出,相当于发动机给气体施加力使之加速向后喷射,按照作用力与反作用力原理,向后高速喷出的气体也会给发动机一个反作用力,这就是使飞机前进的推力。

从产生输出能量的原理上讲,喷气式发动机和活塞式发动机是相同的,都需要有进气、加压、燃烧和排出的4个过程。不同的是,活塞式发动机的4个阶段是分时依次进行的,而在喷气式发动机中则是连续进行的。

8.1.2 无压气机的空气喷气发动机

无压气机的空气喷气发动机空气的压力提高是通过降低气流自身速度(即冲压作用)来完成的,没有专门的压气机。根据燃料燃烧的特性,它又可分为冲压式和脉动式两种。

1. 冲压式喷气发动机

冲压式喷气发动机由进气道、燃烧室和喷管组成,没有任何主要的旋转部件,如图8-2所示。飞行器飞行时,迎面气流在进气道内速度降低,压力、温度升高,然后在燃烧室与燃料混合并燃烧,高温、高压燃气在喷管内膨胀加速,最后向外喷出,产生推力。

飞行速度越高,冲压作用越强,推力也就越大,因而它适合做超声速和高超声速飞行。在低速飞行时,冲压作用弱,产生的推力小,经济性很差。飞行速度为零时(如起飞),根本不能产生推力,所以不能单独使用,必须和其他类型的喷气发动机组合起来使用。

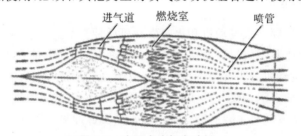

图8-2 冲压式喷气发动机

2. 脉动式喷气发动机

脉动式喷气发动机由进气道、进气活门、燃烧室和喷管组成,如图8-3所示。脉动式喷气发动机工作时,进气活门受自身弹簧力和空气冲压作用而处于打开位置,空气经进气活门而进入燃烧室,燃烧后,气体压力升高又将活门关闭。高温、高压的燃气从喷管高速喷出产生推力。燃气向外喷出的过程中,燃烧室内的压力降低,活门重新打开,又重复以上过程。脉动喷气发动机的工作是断续进行的,振动很厉害,进气活门极易损坏,寿命短,因此很少采用。

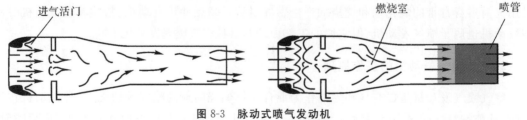

图8-3 脉动式喷气发动机

8.1.3　有压气机的空气喷气发动机

有压气机的空气喷气发动机的核心部件是由压气机、燃烧室、涡轮等组成的燃气发生器，故统称为涡轮发动机。航空涡轮发动机主要包括以下 4 种类型。

1. 涡轮喷气发动机

涡轮喷气发动机也称涡喷发动机，其结构由进气道、压气机、燃烧室、涡轮和尾喷管组成，其中由进气道、压气机、燃烧室这 3 个部件构成燃气发生器，如图 8-4 所示。在飞行过程中，空气首先进入发动机的进气道，其进入速度即可看作是飞行速度。进气道的功能是通过可调管道将来流速度调整为适合于压气机的速度，因为压气机能够适应的来流速度是有一定范围的，而飞机飞行速度的变化范围较大，因此需要通过进气道进行调整。进气道出来的气流就被送入压气机增压。空气流过压气机时，压气机的工作叶片对气流做功，使气流的压力、温度升高。

经过压缩的空气被送入燃烧室与燃油混合燃烧，从燃烧室流出的高温、高压燃气流过与压气机装在同一轴线上的涡轮，推动涡轮和压气机高速旋转。经过燃烧后，涡轮前的燃气能量大大增加，燃气急剧膨胀，使得气体在涡轮中的膨胀比远大于在压气机中的膨胀比，所以涡轮出口处的燃气压力和温度会比压气机进口处的压力和温度高很多。从涡轮中流出的高温、高压燃气直接进入尾喷管，并在尾喷管中继续膨胀，最后以高温、高速沿发动机轴向从喷口喷出，使发动机获得反作用力提供的推力。

从图 8-4 可以看出：喷气式发动机和活塞式发动机的工作原理是相同的，都有进气、加压、燃烧和排出 4 个过程。不同的是，活塞式发动机的 4 个阶段是分时依次间歇进行的，而在喷气式发动机中则是连续进行的。

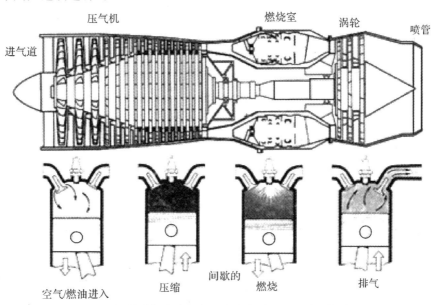

图 8-4　涡轮喷气发动机与活塞式发动机工作过程的对比

涡喷发动机有着优异的高速性能，因此主要应用于高空、高速飞行的战斗机。根据能量输出方式的不同,在涡轮喷气发动机的基础上,又派生出了涡轮风扇发动机、涡轮螺旋桨发动机和涡轮轴发动机等多种形式的有压气机的空气喷气发动机。

2. 涡轮风扇发动机

涡轮风扇发动机也称涡扇发动机,如图 8-5 所示。在 20 世纪 50 年代末,作为航空动力的涡喷发动机技术已趋于成熟。在此基础上,为了得到更大的推力,英、美等国开始率先研究给涡喷发动机加装风扇以提高迎风面积,增大空气流量,进而提高发动机推力的技术,这就是涡扇发动机。计算分析表明,给涡喷发动机加装风扇后,当风扇空气流量与核心机的空气流量大致相当时,涡扇发动机的地面起飞推力能增大 40% 左右,而高空巡航的耗油率却可以下降15%,所以,采用涡扇发动机技术能够极大地提高发动机的效率。

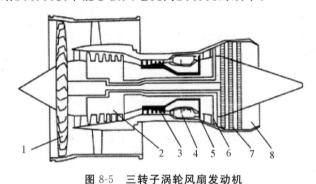

图 8-5　三转子涡轮风扇发动机

1—风扇;2—中压压气机;3—高压压气机;4—燃烧室;5—高压涡轮;6—中压涡轮;7—低压涡轮;8—喷管

涡轮风扇发动机的空气通路分为内、外两路,所以又叫作双路涡轮喷气发动机,或内外涵涡轮喷气发动机,其中外涵与内涵空气质量流量比为涵道比,用 B 表示,涵道比是涡扇发动机的一个重要性能参数。发动机的内涵与涡轮喷气发动机完全相同,外涵中有风扇,由涡轮驱动,它使外涵空气受压缩后经过外涵道直接加速向后喷出,而产生部分推力。因此,涡扇发动机的总推力是发动机的核心机和风扇分别产生的内涵推力和外涵推力的总和。

(1)涡扇发动机的类型。按照内、外涵道两路气流排入大气的方式划分,涡扇发动机有两种类型:

1)分排式涡扇发动机。内、外涵道两路气流分别排入大气的称为分排式涡扇发动机。

2)混排式涡扇发动机。内、外涵道两路气流在内涵涡轮后的混合器中相互混合后共同从喷管排入大气的,称为混排式涡扇动机。

(2)涡扇发动机有以下特点。

1)优点:推力大、推进效率高、噪声低、燃油消耗率低,与涡喷发动机相比更省油,尤其是在超声速不大时,经济性和综合性能好,有利于提高飞行航程,所以大型喷气式运输机都是采涡轮风扇发动机。

2)缺点:发动机结构复杂,设计难度大,而且由于风扇的迎风面积大,增加了阻力。

涡扇发动机的性能随涵道比的不同差异很大:涵道比大,发动机的耗油率低,有利于增加航程,但发动机的迎风面积也大,增加了阻力;涵道比小,发动机迎风面积减小,但耗油率又会增大。对于高涵道比的涡扇发动机,其外涵推力可以达到 78% 以上。高涵道比涡扇($B=4\sim$ 10)适宜用作高亚声速大、中型无人飞机的动力装置;低涵道比涡扇($B=0.2\sim0.6$)适宜用作超声速无人战斗机的动力装置。

3. 涡轮螺旋桨发动机

涡轮螺旋桨发动机也称涡桨发动机。为了进一步提高发动机的效率,人们去掉了涡扇发动机的风扇外壳,用螺旋桨代替了原来的风扇,便形成了涡轮螺旋桨发动机。涡桨发动机主要由螺旋桨、减速器、燃气发生器和动力涡轮等组成,螺旋桨由涡轮带动,如图 8-6 所示。

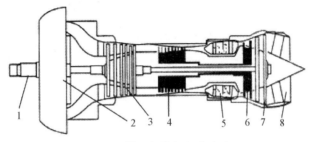

图 8-6　双转子涡轮螺旋桨发动机

1—螺旋桨轴;2—减速器;3—低压压气机;4—高压压气机;5—燃烧室;6—高压涡轮;7—低压涡轮;8—排气装置

涡桨发动机主要是以螺旋桨旋转产生的力量作为飞机前进的推进力,这一点与传统的"螺旋桨+活塞发动机"的动力模式相似。但在涡桨发动机中,螺旋桨由涡轮带动以恒定的速度旋转,而活塞发动机螺旋桨的转速是随着发动机的转速变化的。结构上,由于螺旋桨直径大,转速远低于发动机的涡轮,为了使涡轮能够带动螺旋桨,在它们之间需要安装减速器,用于将涡轮转速降至原来的 1/10 左右。减速器的设计较为复杂,质量大,在涡桨发动机中非常重要。

涡桨发动机的螺旋桨后面的气流就相当于涡扇发动机的外涵道。由于螺旋桨的直径比发动机大很多,所以螺旋桨产生的气流量也远大于内涵道的气流量,因此,这种发动机也可看作是具有超大涵道比的涡扇发动机。尽管涡桨发动机和涡扇发动机的工作原理近似,但两者在动力输出方面有很大的差别,涡扇发动机主要的动力输出来自尾喷管喷出的燃气产生的反作用力,而涡桨发动机的主要输出功率为螺旋桨的轴功率,相比之下,它的尾喷管喷出的燃气的推力是极小的,只占总推力的 5% 左右。为了能够驱动大功率的螺旋桨,涡桨发动机的涡轮级数要比涡扇发动机多,通常为 2~6 级。由于涵道比大,涡桨发动机的低速效率高于涡扇发动机,但受螺旋桨效率的影响,它的适用速度不能太高,一般要小于 900 km/h。

涡桨发动机的优点:一是功率大,最大功率可达到 10 000 hp,功重比(功率/质量)可达到 4 以上;二是涡桨发动机的转速恒定,稳定性好,噪声小,工作寿命长,维修费用也低;三是两者的耗油率相近,但涡桨发动机的适用高度和速度范围都比活塞发动机大得多。

4. 涡轮轴发动机

涡轮轴发动机也称涡轴发动机,如图 8-7 所示。涡轴发动机与涡桨发动机几乎没有多大区别,涡轮分为压气机涡轮和自由涡轮。压气机涡轮带动压气机,自由涡轮通过减速器带动外界负载,如无人直升机的旋翼、尾桨、发电机转子等。

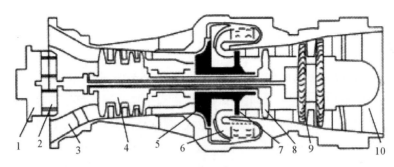

图 8-7 涡轮轴发动机

1—输出功率轴;2—减速器;3—进气道;4—低压压气机;5—高压压气机;
6—燃烧室;7—高压涡轮;8—低压涡轮;9—自由涡轮;10—排气装置

航空涡轮轴发动机是一种输出轴功率的涡轮喷气发动机,主要用作无人直升机的动力装置。涡轮轴发动机与涡轮喷气发动机的最大区别在于涡轮的功用上,涡轮喷气发动机的涡轮只带动压气机,推力由喷气的反作用实现,涡轮轴发动机的涡轮除带动压气机外,更主要的是带动外界负载(旋翼),喷气几乎没有推力,因此尾喷管退化成了排气管。

8.2 航空涡轮发动机冷端部件结构和原理

航空涡轮发动机是典型的热机,根据气体在发动机中不同部位的工作温度的差异,将其分为冷端和热端。冷端的主要部件包括发动机的进气道、压气机、排气装置和减速器等。

8.2.1 进气道

航空涡轮发动机进气道的作用是引导外界空气进入压气机。对进气道的要求是在各种工作状态下,以最小的流动损失,将足够量的空气引入压气机,并使气流在进气道出口处(即压气机进口处)具有尽可能均匀的气体流场。进气道的工作是否正常,直接影响压气机及其他部件的工作,从而影响发动机的推力和经济性。

1. 进气道的结构形状

航空涡轮发动机进气道是指发动机前方未受扰动的气流截面与压气机进口截面间的管道。航空涡轮发动机工作时,为了确保压气机工作效率,一定的发动机状态对应了一定的压气机进口流速。进气道的作用就是将外部空气整流,并以尽可能小的流动损失将气流引入压气机,满足发动机的工作要求。

涡轮喷气发动机的进气道可分为亚声速进气道和超声速进气道两类。

2. 进气道的工作原理

进气道的进口,或称为"唇口",设计为翼型,使气流能以最小的损失进入进气道。当侧风进气时,进气道可避免气流在进口的分离。即使气流分离了,进气道所造成的损失也最小。"唇口"逐渐收缩而形成进气道的最小截面,即"喉部"。"喉部"的尺寸决定了发动机的进气量。从"喉部"开始至压气机进口,截面逐渐扩张。空气以大气压力进入进气道后,边流动,边扩压。经过扩张,使得压气机进口流场均匀,以利于压气机工作。

8.2.2　压气机

在常压下,燃油与空气混合燃烧后,释放出的热能转换成机械能的效率很低,只有提高压力,才能提高能量的转换效率。在航空涡轮发动机中,压气机的功用就是提高气体压力,将从进气道进入发动机的空气加以压缩,提高空气流的压强后送入燃烧室。

1. 压气机的类型

压气机是航空涡轮发动机中的核心部件,其作用是提高发动机工作时空气的压力,为燃气膨胀做功创造有利条件,也就是使燃料燃烧后放出的大量热能能够被更好地利用,从而改善发动机的经济性,增大发动机输出功率,其工作的好坏直接影响发动机的性能及稳定性。对压气机的基本性能有以下要求:增压可靠,工作稳定性好;具有较完善的自动防喘性能;可为无人直升机空调增压、发动机防冰及飞行器其他系统提供充足的气源。

根据气流在压气机中的流动方向,可将压气机分为离心式、轴流式和组合式 3 种类型。

(1)离心式压气机。离心式压气机是指气流沿离开叶轮中心方向流动的压气机。离心压气机的优点是简单结实,工作比较稳定,缺点是效率低且流量受到限制。

(2)轴流式压气机。轴流式压气机是指气流沿与叶轮轴平行方向流动的压气机。轴流式压气机的优点是面积小、流量大,虽然结构复杂,但效率高,因而所产生的推力也大。

(3)组合式压气机。由轴流式与离心式压气机组合而成的压气机称为组合式压气机。组合式压气机通常用在中、小功率的涡桨和航空涡轮发动机上。

在航空涡轮发动机技术发展史上,压气机结构形式几经演变,从纯轴流式、单级离心、双级离心到轴流与离心混装一起的组合式压气机。目前,使用最广泛的是轴流式压气机或若干级轴流加一级离心所构成的组合式压气机。

2. 压气机的结构组成和工作原理

(1)离心式压气机。离心式压气机是早期燃气涡轮发动机常用的形式,它由导流器(或称进气装置)、叶轮、扩散器和导气管等组成,如图 8-8 所示,其中叶轮和扩压器是两个主要部件。

1)导流器。导流器位于叶轮的进口处,其通道是收敛型的,使气流以一定的方向均匀地进入工作叶轮,以减小流动损失,空气在流过它时速度增大,而压力和温度下降。为了将空气无冲击地引入离心叶轮,导流器的叶片进气边缘向转动的方向弯曲。为了满足气流进入转动部分的相对速度的方向,进气边缘在叶尖弯曲较多,而在叶根弯曲较少。

2)叶轮。叶轮是高速旋转的部件,叶轮上叶片间的通道是扩张型的,空气流过它时,它对空气做功,增大空气的流速,这为气体在扩压器中的增压创造了条件,同时提高了空气的压力,即扩散增压。除了利用扩散增压原理外,还利用离心增压原理来提高空气的压力。所谓离心增压是说气体流过叶轮时,由于气体随叶轮一起做圆周运动,气体微团受惯性离心力的作用,气体微团所在位置的半径越大,圆周速度越大,气体微团所受的离心力也越大,因此叶轮外径处的压力远比内径处的压力高。

3)扩散器。扩散器位于叶轮的出口处,其通道是扩张型的,常见的有叶片式扩散器和管式扩散器。空气流过扩散器时,将动能转变为压力位能,使速度下降,压力和温度都上升。在离心式压气机中,通常压力的升高一半在叶轮中,另一半在扩散器中。扩压器组件可以和机匣是一个整体件或是单独连接的组件,这些叶片与叶轮相切,其内缘与叶轮出口处的气流方向一致。

4)导气管。导气管与燃烧室相连,其作用是进一步降低气流速度,提高压力,并把压缩空气送入燃烧室。为了减少流动损失,在导气管内装有一些弯曲的叶片,使气流沿着叶片引导的方向流动。

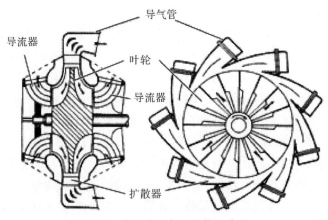

图 8-8　离心式压气机结构示意图

离心式压气机的主要优点是单级增压比高,一级的增压比可达 4:1～5:1,甚至更高,同时离心式压气机稳定工作范围宽,结构简单可靠,质量轻,所需要的起动功率小。其主要缺点是流动损失大,尤其是级间损失更大,不适用于多级,最多两级。因此,离心式压气机的效率较低,一般离心式压气机的效率最高只有 83%～85%,甚至不到 80%,单位面积的流通能力低,故迎风面积大,阻力大。

(2)轴流式压气机。轴流压气机分为单转子和多转子两种类型。单转子和多转子压气机的增压原理是一致的,因此以单转子为例阐述轴流压气机的基本结构和增压原理。

1)基本结构。轴流压气机由高速旋转的转子(工作叶片)和与机匣固定在一起不动的静子组成。转子包括连接涡轮的轴和多排沿周向均匀排列的转子叶片,静子包括压气机机匣和安装在机匣内的多排静子叶片。转子叶片和静子叶片相间排列,一排转子叶片加上一排静子叶片组成一个压气机的级,一级压气机是提高气体压力的基本单元。单级压气机提高气体压力的程度有限,一般可提高到 1.1～1.6 倍,为进一步提高气体压力,轴流压气机都采用多级。多级轴流压气机的叶片呈现出从前向后高度和宽度(弦长)不断减小,数目不断增加的特点,如图

8-9 所示。

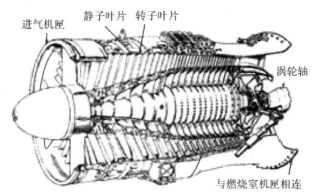

进气机匣 静子叶片 转子叶片 涡轮轴 与燃烧室机匣相连

图 8-9 轴流式压气机基本结构图

2)增压原理。轴流式压气机提高气体压力的根本原因首先是转子叶片对气体做功,其次是通过扩张型的静子叶栅通道使空气扩压,继续提高空气的压力。

高速旋转的转子向气体中加入的机械能通过扩散增压的方式转变成气体的压力,即通过转子叶片对空气做功,压缩空气来提高空气的压力。每级压气机相邻两个转子叶片或静子叶片之间的气流通道是扩散型的,如图 8-10 所示。在转子叶片中,加入的机械能一部分使气体压力提高,另一部分提高气体的速度,增速后的气体进入静子叶片后将增加的动能转换成气体的压力,速度降低。

压气机中速度与压力的变化可参阅图 8-11,气体压力在压气机出口达到最高。压气机提高气体压力的程度,可用压气机增压比表示。压气机增压比定义为压气机出口气流总压与压气机进口气流总压之比。增压比是评估压气机性能的重要指标,提高压气机的增压比可明显改善航空涡轮发动机的经济性,降低耗油率。现代航空涡轮发动机要求压气机的总增压比越来越高,有的已使增压比达到 20,以达到发动机获取尽可能高的热效率和轴功率的目的。

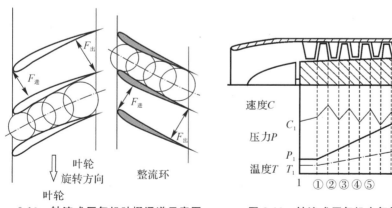

叶轮 旋转方向 叶轮 整流环

速度 C 压力 P 温度 T

8-10 轴流式压气机叶栅通道示意图 **图 8-11 轴流式压气机中气体参数的变化**

(3)组合式压气机。组合式压气机是由轴流式与离心式压气机组合而成的压气机。前面几级采用轴流式压气机,离心式压气机作为最后一级,如图 8-12 所示。这种结构充分吸收了轴流式与离心式两种压气机的优点,压气机的性能有较大提高,得到了广泛的应用。

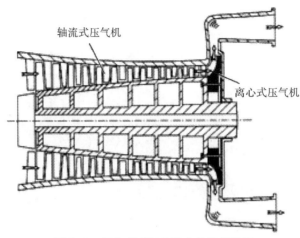

图 8-12　组合式压气机基本结构示意图

3. 轴流式压气机的喘振

喘振是压气机中一种有害的、不稳定状态。当压气机发生喘振时,空气流量、压力和速度会发生骤变,甚至可能出现突然倒流的现象。喘振的形成通常由于进气方向不适,引起压气机叶片中的气流分离并失速。喘振的后果,轻者降低发动机功率和经济性,重者引起发动机机械损伤或者使燃烧室熄火、停车。

(1)喘振发生的物理过程。发生喘振的根本原因是进入压气机的空气流量不能与压气机转速相适应。在设计状态下,气流能够很好地流过叶片通道,此时攻角合适,气流能平滑地流过工作叶片表面。但在偏离设计转速后,如低转速,起动过程及发动机加、减速时,空气的流动速度就不能很好地与转子转速配合,而造成气流攻角加大。攻角大到一定程度,气体就开始在叶片后缘分离。若分离区扩散到整个叶栅通道,则压气机叶栅完全失去扩压能力。这时,工作叶片就再也没有能力克服后面较高的反压,推着气流向后流动了,于是流量急剧下降。不仅如此,由于叶栅没有了扩压能力,后面的高压气体还可能通过分离的叶栅通道倒流至前方,这就是喘振时"吐气"的原因。气流返回后,使整个压气机的流路变得瞬间通畅,于是瞬间大量的气体又被重新吸入压气机,开始向后流动。但由于转速与流量还是不匹配,所以,气流就又分离,再返回。从而出现流动、分离、返回这种脉动现象,严重时气流就会逆向冲出压气机。

喘振时,气流的压力和流量都会发生这种脉动,同时压气机的效率和增压比会大大降低。气流的这种不均匀的脉动,会使压气机叶片发生剧烈振动,在叶片上产生很大的应力,造成工作叶片和静子叶片的疲劳断裂。当喘振发生时,由于气流的倒流,使进入燃烧室的空气减少,从而会造成排气温度升高或超温,控制不好还会烧坏发动机。

(2)防喘措施。为了保证轴流式压气机在发动机的整个工作范围内都能工作正常,一般都要采取一些措施来防止喘振的发生。对于多级压气机来说,一般是压气机的级数越多,设计增压比越高,压气机各级之间的影响就越大,当偏离设计状态时,压气机就越容易发生喘振。常用的防喘措施有以下几种:

1)压气机中间级放气。压气机中间级放气是通过改变气流流量改变工作叶轮进口处绝对速度的大小,或者说绝对速度轴向分量的大小,从而改变其相对速度的大小和方向的,通过放气阀或放气带实现。当放气阀或放气带打开时,由于增加了排气通道,使前面级的进气量增加,轴向速度增加,改变了相对速度的方向,正攻角减小;对于后面的级,由于中间级放气,空气流量减少,轴向速度减小,也改变相对速度的方向,负攻角增大,达到防喘的目的。

2)可调静子叶片和进口导向叶片。可调静子叶片和进口导向叶片通过改变静子叶片的安装角,改变工作叶片进口处的绝对速度的方向,减小攻角,使工作叶片进口处相对速度方向保持在要求的范围内,从而达到防喘的目的。可调静子叶片调整过程是,当转速低时,关闭静子叶片,使进入压气机的空气流量减少,而随着压气机转速的增加,静子叶片逐渐打开,增加进气量,直到最大开度为止。

可调静子叶片优点是可以防喘,在非设计点的效率高,改善发动机的加速性能,适用于高增压比的发动机,缺点是需要增加一套控制机构。

3)双转子或三转子。在双转子发动机中,压气机分为高、低压两个压气机(前面为低压压气机,后面为高压压气机),相应地由高、低压两个涡轮来带动,从而形成两个转子。两个转子之间没有机械连接,它们靠气动匹配联系在一起。双转子或三转子防喘原理是通过改变转速,即改变压气机动叶的切线速度的办法来改变工作叶轮进口处的相对速度的方向,以减小攻角,达到防喘的目的。

4. 压气机引气

压气机工作时,除气流压力提高外,还伴随着气流温度的升高。有的发动机的压气机出口处,空气温度可达 500～600℃。压气机引气与压气机防喘放气完全不同,压气机引气的功用主要用于进气道前沿的防冰,以及用于起动其他发动机,有时还用于其他特殊用途。

压气机引气通常是从压气机中间级和压气机出口引出。压气机引气后会造成发动机性能的变化,通常会引起航空涡轮发动机轴功率的损失和耗油率的增加,还会引起排气温度的升高。但引气也可以增加压气机稳定工作范围,使发动机不易进入喘振。

8.3　航空涡轮发动机热端部件结构和原理

航空涡轮发动机热端的主要部件包括燃烧室、涡轮装置等,其工作环境非常恶劣,由此造成高温部件的可靠性差、寿命短。据权威部门的统计数据表明:航空发动机中的故障有 60% 以上出现在高温部件上,并有不断上升的趋势。

8.3.1　燃烧室

燃烧室是用来将燃油中的化学能转变为热能,将压气机增压后的高压空气加热到涡轮前允许的温度,以便进入涡轮内膨胀做功。燃烧室是航空涡轮发动机的重要部件之一,它位于压气机与涡轮之间。在航空涡轮发动机的热力循环中,燃烧室完成加热过程。发动机的可靠性、经济性和寿命在很大程度上取决于燃烧室的可靠性和有效程度。燃烧室的技术水平对发动机性能、结构方案和结构质量有重要影响。

1. 燃烧室的结构组成和工作原理

(1)燃烧室的结构组成。燃烧室是燃油与空气在航空涡轮发动机内部混合、燃烧的地方。燃烧室一般由外壳、扩压器、火焰筒等部件组成,气流进口处还设有燃油喷嘴,起动时用的喷油点火器也装在这里。燃烧室壳体和扩压器是航空涡轮发动机燃烧室的主要承力件,即燃烧室的零部件主要是薄壁件,如图 8-13 所示。

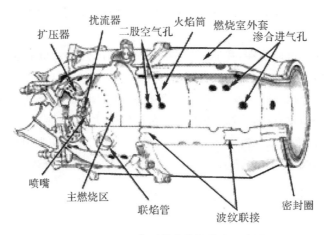

图 8-13 典型的单管燃烧室示意图

一般情况下,燃气涡轮发动机的主燃烧室采用离心式喷油嘴,如图 8-14 所示。在高压作用下,燃油经喷油嘴高速旋转喷出,与喷嘴外空气相撞形成极细小的雾化油滴。雾化油滴很快蒸发并与空气混合,形成新鲜的混合气。

燃气涡轮发动机燃烧室的点火装置如图 8-15 所示。该点火装置是利用外电源,使高压火花塞打火,将点火装置中由起动喷油嘴喷出的燃料和空气的混合气体加热到着火温度,使其首先燃烧,然后依靠这个起动喷嘴火焰点燃整个燃烧室。燃烧室点燃以后,点火装置即停止工作。为保险起见,一台发动机的燃烧室一般都有两个点火装置。

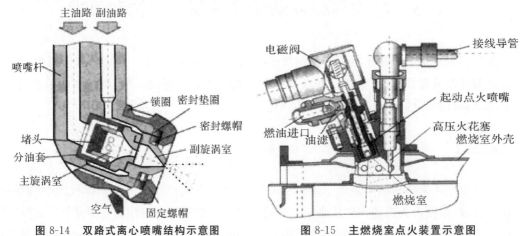

图 8-14 双路式离心喷嘴结构示意图   图 8-15 主燃烧室点火装置示意图

由于火焰传播速度很低,为了保持火焰稳定燃烧,在火焰筒头部喷油嘴周围设置空气扰流器。扰流器的作用是使空气在火焰筒头部内形成旋涡,旋涡中心为低压区,使一部分已经燃烧的高温燃气倒流回来形成回流区,不断地点燃由燃油雾滴蒸发形成的新鲜混合气。

(2)燃烧室的工作原理。航空涡轮发动机工作时,经过压气机压缩后的高压空气进入燃烧室,被火焰筒分成内、外两股,大部分空气在火焰筒外部,沿外部通道向后流动,起着散热、降温的作用,小部分空气进入火焰筒内与燃油喷嘴喷出或者甩油盘甩出的燃油混合,形成油气混合气,经点火燃烧成为燃气,向后膨胀加速,然后与外部渗入火焰筒内的冷空气掺合,燃气温度平均可达 1 500℃,流速可达 230 m/s,高温、高速的燃气从燃烧室后部喷出冲击涡轮装置。

航空涡轮发动机起动时先靠起动点火器点燃火焰筒内的混合气,正常工作时靠火焰筒内的燃气保持稳定燃烧。按照燃气在燃烧室的流动路线,燃烧室可分为直流式、回流式和折流式三种。直流式燃烧室形状细而长,燃气流动阻力小;回流式燃烧室燃气路线回转,燃气流动阻力大,但可使发动机结构紧凑,缩短转子轴的长度,使发动机获得较大的整体刚度;折流式燃烧室介于直流式和回流式两者之间,使燃气折流适应甩油盘甩出燃油的方向,以提高燃油雾化质量及燃烧室效率。

燃烧室的环境十分恶劣,燃烧过程是在高速气流和贫油混合气中进行,燃烧室的零件是在高温、高负荷下工作,局部温度高达 3 000 K 以上,燃烧室的零部件承受着由气体力、惯性力产生的静载荷和振动负荷,还受到热应力和热腐蚀的作用。由于气体流速很高,一般流速在 50～100 m/s 之间,要使混合气燃烧就如同在大风中点火一样,保持燃烧稳定至关重要。

2.燃烧室的结构类型

常用的燃烧室有分管燃烧室、联管燃烧室、环形燃烧室和回流式燃烧室 4 种结构类型。

(1)分管燃烧室。分管燃烧室如图 8-16 所示。分管燃烧室由多个(一般是 8～16 个)单个燃烧室组成。它们之间用联焰管相连,起传播火焰和均压的作用。每个燃烧室各有自己单独的火焰筒和外套。这种燃烧室在设计过程中,可以用空气流量较小的气源进行试验研究,以便于进行设计调试,因而早期的涡轮喷气发动机用得较多。该种燃烧室与离心式压气机配合使用,在结构上比较简单。此外,在使用中,该种燃烧室可以单独地拆换,因而维护也比较方便。但是它的缺点是空间利用率低,自身质量较大,还要增加其他构件(如轴承机匣)才能传递涡轮和压气机壳体上的扭矩。

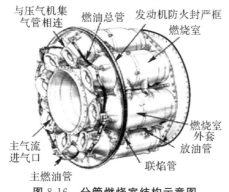

图 8-16　分管燃烧室结构示意图

(2)联管燃烧室。联管燃烧室如图 8-17 所示。联管燃烧室与分管燃烧室相同的是,联管燃烧室也有单独的火焰筒。但是这些火焰筒被包容在一个共同的环形腔道里。联管燃烧室的优点是结构比较紧凑,外壳可传递扭矩,因而有利于减轻发动机的结构质量。此外,它的火焰筒与分管燃烧室相似,因而也有利于设计调试。

(3)环形燃烧室。典型的环形燃烧室如图 8-18 所示。它由 4 个同心的圆筒组成。

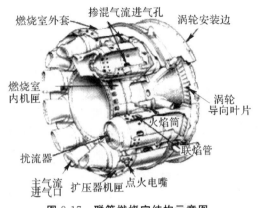

图 8-17　联管燃烧室结构示意图

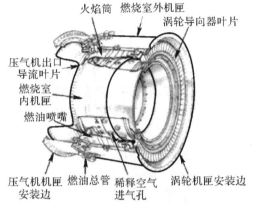

图 8-18　环形燃烧室结构示意图

在燃烧室的外机匣和内壳所形成的腔道中,安装着环形的火焰筒。在火焰筒的头部装有一圈燃油喷嘴和火焰稳定装置。环形燃烧室的气流通道与压气机出口和涡轮进口的环形气流通道可以有很好的气动配合,因而可以减少流动损失,并可以缩短燃烧室头部的扩压段,且可以得到较均匀的出口周向温度场。此外,环形燃烧室的空间利用率最高,壳体结构有利于扭矩和力的传递。

与联管燃烧室相比,环形燃烧室更有利于减轻质量。现代大量民用发动机多采用环形燃烧室,主要是因为它的质量轻,燃烧效率高,出口燃气温度分布较均匀。虽然有上述优点,但是它的缺点也比较明显。沿圆周均匀分布的各个离心喷嘴喷油所形成的燃油分布和环形通道的进气不易配合好;环形燃烧室的设计调试比较困难,需要有大型的气源设备;使用中拆装维护也比较复杂。

(4)回流式燃烧室。小功率涡轮轴发动机的燃烧室空气流量小,但是考虑到燃料的完全燃烧,燃料在燃烧室中必须有一定的停留时间,所以燃烧室的长度就不能成比例地缩短。

在小型涡轮轴发动机中,燃烧室的长度相对太低会使发动机整体结构的刚性变差。为此,常采用回流式的燃烧室,这种结构便于检查热部件的工作情况,也便于维护。回流式燃烧室如图 8-19 所示。

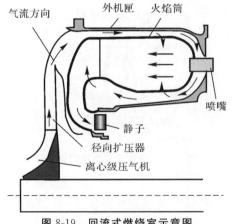

图 8-19　回流式燃烧室示意图

3. 燃烧室特性

由于气体在燃烧室内的流动和燃烧过程十分复杂,而且燃烧过程受许多物理化学因素的影响,因此无法用计算的方法来取得燃烧室的特性。燃烧室特性主要通过实验获得。

(1)燃烧室效率特性。实验证明,在一个已经制成的燃烧室中,燃烧效率主要受以下几个参数的影响:燃烧室进口压力 p_3,燃烧室进口温度 T_3,燃烧室进口空气流速 c_3 或通过燃烧室的空气容积流量 q,燃烧室的油气比 f 或余气系数 α。燃烧效率 η 随油气比 f 或余气系数 α 的变化关系是燃烧室的基本特性。图 8-20 所示为由实验得到的某燃烧室的效率特性,实验时保持燃烧室进口温度 T_3 和燃烧室进口空气流速 c_3 不变,图中 3 条曲线对应 3 个不同的燃烧室进口压力 p_3,3 条曲线的燃烧效率极大值都对应同一个最佳余气系数。

(2)燃烧室熄火特性。余气系数过大或过小,不仅使燃烧效率降低,甚至有可能引起燃烧室熄火。余气系数过大引起熄火称为贫油熄火,余气系数过小引起熄火称为富油熄火,余气系数在两者之间,燃烧室才能稳定燃烧。由实验得知,燃烧室的燃烧稳定工作范围随着燃烧室进口空气流速的增加而缩小,如图 8-21 所示,该图称为燃烧室熄火特性图。

燃烧室进口空气流速越大,燃烧稳定工作的范围越小。这是因为流速越大,火焰前锋越不容易稳定,甚至被吹熄,所以进口空气流速越大就要求余气系数越接近最佳的余气系数值,该值因各燃烧室的设计要求而各不相同。进口空气流速过小会使空气流量太小,喷油量太少,雾化质量差,也不能保持稳定燃烧。

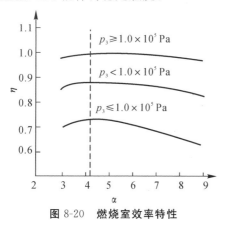

图 8-20　燃烧室效率特性

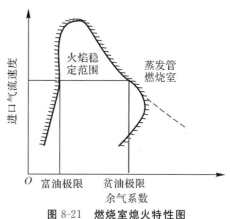

图 8-21　燃烧室熄火特性图

8.3.2　涡轮

涡轮是航空涡轮发动机的重要部件之一,安装在燃烧室的后面,是在高温燃气作用下旋转做功的部件。涡轮的功用是将高温、高压燃气的部分可用热能转变成机械能,用于带动压气机和发动机附件,以及无人直升机的旋翼。

1. 涡轮的结构组成和工作原理

涡轮和压气机同是和气流进行能量交换的叶片机,它们之间有许多相似之处,但是涡轮和压气机与气流间的能量交换在程序上正好相反。涡轮与压气机最大的不同则是涡轮叶片在高温条件下高速旋转,工作环境极其恶劣,所以,需要在结构设计与材料选取方面有更多的考虑。

(1)涡轮结构组成。航空涡轮发动机的涡轮又称为透平。涡轮分为轴向式和径向式两种。在航空涡轮发动机上,一般使用轴向式涡轮,在小功率的燃气轮机上,有时也使用径向式涡轮。轴向式涡轮由静子和转子两部分组成,涡轮静子又称涡轮导向器,涡轮转子又称涡轮工作叶轮。

轴向式涡轮的由一排静子叶片和一排转子叶片组成涡轮的一个级。轴向式涡轮通常是多级的,由若干个单级涡轮组成,每级涡轮由导向器(或喷嘴环)和工作叶轮组成,如图 8-22 所示。导向器由在外环和内环之间安装的若干个导向叶片(或静子)构成,静子其中的一端松动地安装,工作时由于高温膨胀而固定牢固,导向器安装在工作叶轮的前面,是固定不动的。由于气体通过涡轮膨胀做功,气体比容增大,密度减小,因此涡轮的气流通道截面是逐渐增大的,呈扩张型。

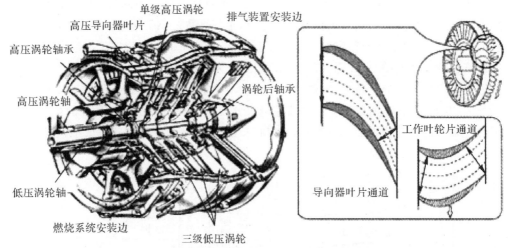

图 8-22　轴向式涡轮结构组成示意图

(2)涡轮的工作原理。虽然涡轮的结构与压气机十分相似,都是由转子和静子组成,然而,有以下 3 个区别:

1)安装位置相反。与轴流式压气机转子在前、静子在后的安装顺序相反,涡轮的静子安装在前,转子安装在后,组成一级涡轮,通常涡轮静子也叫涡轮导向器。

2)气流通道相反。与轴流式压气机气流通道截面积逐级减小相反,涡轮气流通道截面是逐渐增大的。

3)级数数量不同。涡轮的级数比轴流式压气机的级数少。

航空涡轮发动机工作时,高温、高压的燃气从燃烧室流出后进入涡轮导向器,在导向器收敛型的通道中流速增加,然后冲击涡轮转子叶片,并继续在转子叶片通道内膨胀,使转子叶片高速旋转。流过涡轮后,燃气的温度和压力大为降低但流速提高,如图 8-23 所示。

燃气流过涡轮转子叶片时,燃气的部分能量传递给涡轮。涡轮中转换出的能量用涡轮功率表示,涡轮功率越大,则发动机的轴功率就越大。影响涡轮功率的主要因素包括燃气的流量、涡轮进口燃气总温度、涡轮的效率和涡轮落压比。涡轮落压比是涡轮进、出口燃气总压的比值,反映了涡轮中燃气能量转化的程度,落压比越大,燃气能量转化越多,则涡轮功率越大;燃气的流量反映了发动机进口空气的多少;燃气总温度反映了供给发动机燃油的多少,供油多,则燃气总温就高。因此,当燃气总温增加、燃气流量增加或涡轮效率增加时,涡轮的功率就会增加。

为提高发动机的推力,目前采用了高强度的耐热材料、先进的空心涡轮叶片冷却技术和定向结晶、单晶叶片铸造技术,使涡轮进口燃气温度最高可达 1 977 K。另外,还采用主动间隙控制技术降低涡轮中的流动损失,提高涡轮效率。

2.涡轮的类型

(1)按气流流动方向划分。和压气机一样,按气流流动方向是否和涡轮旋转轴轴线方向大体一致,涡轮可分为轴流式和向心式(径向式)两类,如图 8-23 所示。目前航空燃气涡轮发动机上多采用轴流式涡轮。

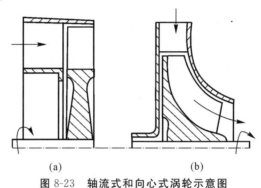

图 8-23　轴流式和向心式涡轮示意图

(a)轴流式;(b)向心式

(2)按气流在涡轮叶栅通道的落压原理划分。按照气流在涡轮叶栅通道的落压原理,轴流式涡轮可分为冲击式、反力式和冲击-反力式三种类型。

1)冲击式涡轮。推动涡轮旋转的扭矩是由气流方向改变而产生的,所以涡轮导向器内叶片间的流动通道是收敛型的,燃气在涡轮喷嘴环内气流速度增加,压力下降;而在工作叶轮叶片通道内,相对速度的大小不变,只改变气流的流动方向。冲击式涡轮的工作叶片特征是前缘和后缘较薄,而中间较厚,如图 8-24(a)所示。

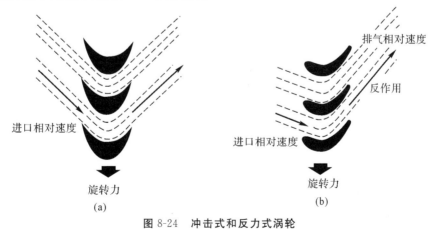

图 8-24　冲击式和反力式涡轮

(a)冲击式涡轮;(b)反向式涡轮

2)反力式涡轮。推动涡轮旋转的扭矩是由气流速度的增大和方向的改变而产生的,所以燃气在涡轮导向器内改变气流流动方向,工作叶片间的通道是收敛型的,故燃气的相对速度增加,流动方向改变,压力下降。反力式涡轮工作叶片特征是前缘较厚,而后缘较薄,如图8-24(b)所示。

3)冲击-反力式涡轮。将冲击式涡轮和反力式涡轮组合在一起,就构成了冲击-反力式涡轮。导向器和涡轮叶片通道都是收敛型的,气体在导向器内和工作叶轮内都要膨胀,所以涡轮在气体的冲击和膨胀的反作用下旋转。导向器静子叶片形成收敛通道,燃气在其内加速流动。

8.3.3 排气装置

航空涡轮发动机排气装置一般包括尾喷管、消声装置和反推装置等。尾喷管是发动机必不可少的部件,其他则根据发动机和飞机的需要进行设计或安装。比如,对于涡喷发动机,由于推力主要是尾喷排气产生的,因此喷管的长度和截面形状至关重要,某些涡喷发动机,尾喷管的临界面积设计为可调式,而对于涡轴发动机,尾喷管则为排气管,仅仅起到排气作用等。

1. 喷管的功用

喷管安装在涡轮后面,作为涡轮发动机的一个重要部件,主要功用有以下几种:

(1)将从涡轮流出的燃气膨胀加速,将燃气一部分热焓转变为动能,提高燃气速度,产生反推力。

(2)通过反推装置改变喷气方向,使向后的喷气变为向斜前方喷气,产生反推力。

(3)设计特殊结构,减少发动机噪声,最后通过调节喷管的临界面积改变发动机工作状态。

2. 喷管的类型

(1)亚声速喷管。亚声速喷管是收敛型的管道。

(2)超声速喷管。超声速喷管是先收敛后扩张型的管道。

3. 超声速喷管的特点

超声速无人飞机用的涡轮发动机,燃气在尾喷管中膨胀比可达$10\sim20$,如果仍使用收敛型亚声速喷管,则燃气不完全膨胀所造成的推力损失将很大。据估计,当飞行马赫数等于1.5时,收敛型喷管造成的推力损失为10%;当飞行马赫数等于3时,收敛型喷管造成的推力损失为50%。因此,当飞行马赫数大于1.5时,为保证燃气能充分膨胀,减少推力损失,涡轮发动机均采用先收敛后扩张型可调节超声速喷管。

8.4 航空涡轮发动机的工作特性

航空涡轮发动机是按需要的性能指标设计出来的,该性能指标是根据特定工作状态(即额定工作状态)而定的,然而在使用过程中,发动机要在不同工作状态下运转,发动机的性能必然要随之变化。

8.4.1　单转子涡喷发动机的工作特性

1. 转速特性

在保持飞行高度和飞行速度不变的条件下,发动机的推力 F 和燃油消耗率 SFC 随发动机转速 n 的变化规律称为发动机的转速特性,又叫节流特性。

几何面积不可调的单转子涡喷发动机的转速特性如图 8-25 所示。可以看出,推力随转速的增大一直增大,而且转速越大,推力随转速增大而增长得越快;燃油消耗率随转速的增大而减小,到接近最大转速时,又略有增大。

2. 高度特性

在给定的调节规律下,保持发动机的转速和飞行速度不变时,发动机的推力和燃油消耗率随飞行高度的变化规律称为发动机的高度特性。

图 8-26 所示的是一台地面设计增压比为 6 的涡轮喷气发动机在马赫数 Ma 为 0.9 时的高度特性。在对流层飞行时,随着飞行高度的增加,燃油消耗率下降,发动机的推力下降。在平流层底部飞行时,随着飞行高度的增加,单位推力和燃油消耗率不变,推力继续下降,而且下降得更快一些。

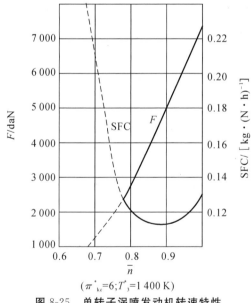

图 8-25　单转子涡喷发动机转速特性

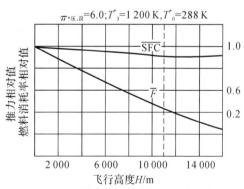

图 8-26　涡轮喷气发动机的高度特性

3. 速度特性

在给定的调节规律下,保持发动机的转速和飞行高度不变时,发动机的推力和燃油消耗率随飞行速度(或马赫数)的变化规律称为发动机的速度特性。

图 8-27 所示的是不同燃气温度下,设计增压比为 6 的单转子涡喷发动机的单位推力、燃

油消耗率、空气流量和推力随飞行马赫数的变化规律。随着飞行马赫数的增大,发动机推力略有下降或缓慢地增加,在超声速范围内增加较快,当马赫数继续增加时,推力转为下降,直至推力下降为零;燃油消耗率随着马赫数的增大而增大,在高马赫数范围增加得更为急剧。

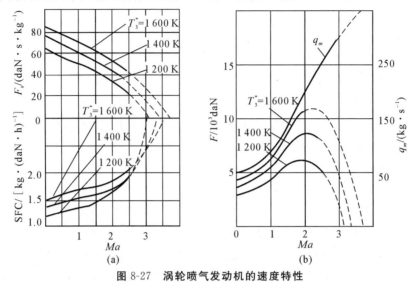

图 8-27 涡轮喷气发动机的速度特性

(a)单位推力 F_s、燃油消耗率 SFC 随飞行马赫数的变化规律;(b)进气量 q_m、推力 F 随飞行马赫数的变化规律

8.4.2 涡扇发动机工作特性

1. 转速特性

同涡喷发动机一样,涡扇发动机推力随转速的增大而一直增大,但接近最大转速时,推力增长得越来越慢,燃油消耗率起初随转速的增大降低得较快,后来下降缓慢,到接近最大转速时有所增加,其增加的程度比涡喷发动机稍大一些,如图 8-28 所示。

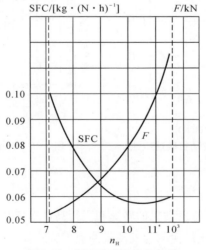

图 8-28 涡扇发动机转速特性

2. 高度特性

在讨论涡扇发动机的高度特性时,假设涡轮前燃气温度保持不变。图 8-29 所示是涡扇发动机的高度特性,在图上也表示了相同参数涡喷发动机的高度特性,两者的变化规律一样,只是快慢略有不同。

飞行高度增大时,空气密度减小,发动机的空气流量一直减小。在 11 000 m 以下,飞行高度升高时,大气温度降低,风扇增压比和内涵压气机增压比增加,使单位推力增大,涵道比减小;在 11 000 m 以上,大气温度保持不变,单位推力和涵道比保持不变。在上述影响推力的三个因素中,空气流量一直占主导地位,所以,随飞行高度的升高,推力一直减小。

燃油消耗率随飞行高度变化规律:在 11 000 m 以下时,随着飞行高度增加,增压比和加热比将增加,使发动机总效率上升,因而燃油消耗率下降;在 11 000 m 以上时,由于随着高度增加,大气温度保持不变,所以单位推力和涵道比均保持不变,燃油消耗率也就保持不变。

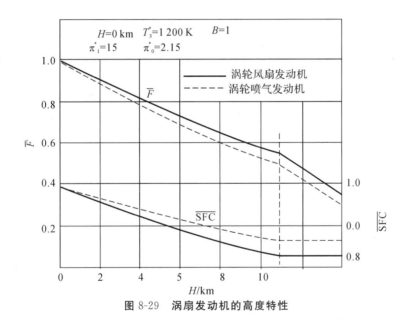

图 8-29　涡扇发动机的高度特性

3. 速度特性

在讨论涡扇发动机的速度特性时,假设涡轮前燃气湿度保持不变。随飞行速度的增大,单位推力下降,涵道比增大,空气流量增大,但涵道比和空气流量增大程度不如单位推力下降的程度大,所以随飞行速度的增加推力将减小,特别是高涵道比的涡扇发动机,发动机的推力随飞行速度的增加推力一直是减小的,涵道比越大,推力下降得越快,如图 8-30 所示。

燃油消耗率随飞行速度的变化规律是:随着飞行速度的增加,燃油消耗率增加,低涵道比发动机燃油消耗率上升较慢,高涵道比发动机燃油消耗率上升较快,如图 8-31 所示。

从上述分析看出:涡扇发动机,特别是高涵道比的涡扇发动机,不适宜作为高速飞行的动力装置,因为它的速度特性不好。

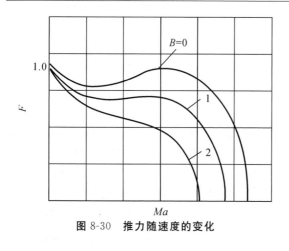

图 8-30 推力随速度的变化

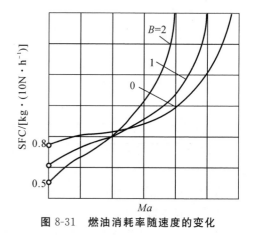

图 8-31 燃油消耗率随速度的变化

8.4.3 涡桨发动机工作特性

涡桨发动机组合了涡喷发动机的优点同螺旋桨的推进效率。涡喷发动机通过迅速加速质量相对小的空气产生它的推力,涡桨对质量相对大的空气施加较少的加速产生拉力。涡桨发动机的涡轮设计成从膨胀的燃气中吸收大量的能量,不仅提供满足压气机和其他附件需要的功率,而且输出最大可能的扭矩到螺旋桨轴。

涡桨发动机将输出较多的推力直到中、高亚声速飞行,其功率或推力随空速增加而减小,如图 8-32 所示。在正常巡航转速范围内,涡桨发动机推进效率保持高于或低于常数,而涡喷发动机的推进效率随空速增加迅速地增加。涡桨发动机的燃油消耗率相比同样尺寸的涡扇和涡喷发动机是低的,如图 8-33 所示。

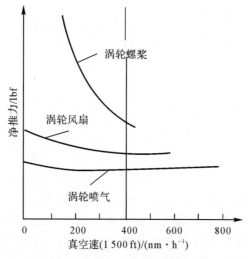
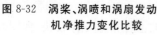

图 8-32 涡桨、涡喷和涡扇发动
机净推力变化比较

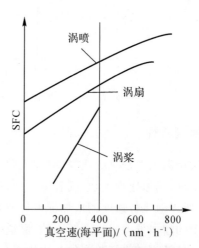

图 8-33 涡桨、涡喷和涡扇发动机
燃油消耗率比较

涡桨发动机和涡扇发动机的一个主要工作差别是通过涡扇发动机风扇的气流由扩张型进气道设计所控制,相对于风扇叶片的空气速度不被飞机的空速所影响。这就消除了高空速下工作效率的损失,而高空速能力正是涡桨发动机的使用限制。而且通过风扇的总空气流量比通过涡桨发动机的螺旋桨的要少,随着涡扇发动机涵道比的增加,差别将减小。

8.4.4　航空涡轴发动机工作特性

1. 转速特性

涡轴发动机功率随转速的增大而增大,而且转速越大,功率随转速的增大而增长得越快,如图 8-34 所示。影响涡轴发动机功率的因素是空气流量和单位流量功率。随着转速的增加,通过发动机的空气流量近似成正比增加,而单位流量功率取决于压气机的增压比、涡轮前燃气总温、压气机效率、涡轮效率和自由涡轮与排气管的组合效率等。

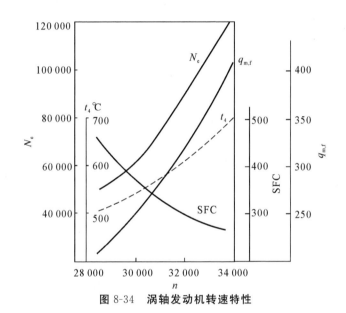

图 8-34　涡轴发动机转速特性

2. 高度特性

涡轴发动机功率随飞行高度的增加而下降,在飞行高度大于 4 km 后,其下降量变得缓慢起来,如图 8-35 所示。

涡轴发动机燃油消耗率随飞行高度的增加有少量的下降,在飞行高度大于 4 km 后,其下降量变得缓慢起来,如图 8-35 所示。从高度特性可知,随着高度的增加,涡轴发动机的功率不断下降,而从强度观点来看,若发动机的结构是以海平面标准大气状态的最大功率来设计,则在一些非设计状态下工作时,多余的质量和较大的尺寸或者相反造成扭矩过大,超过允许值。为减轻发动机和减速器的质量,特提出限制功率的问题。所谓限制功率,就是从某一高度或从某一状态开始保持功率不变,防止功率、转速等参数超过最大允许值。发动机开始限制功率的高度称为设计高度,用符号 H_d 表示。

3.速度特性

涡轴发动机功率随飞行速度的提高而增大,如图 8-36 所示。因为飞行速度增大,进入发动机的空气流量变大,使功率增加,同时,发动机的总增压比变大,使单位流量功率增加,也使功率增加。

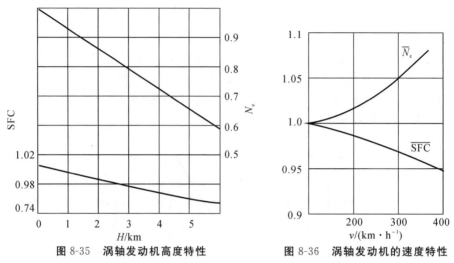

图 8-35　涡轴发动机高度特性　　　图 8-36　涡轴发动机的速度特性

涡轴发动机燃油消耗率随飞行速度的提高而减小。因为飞行速度增大,发动机的总增压比变大,改善了发动机的经济性,从而使燃油消耗率减小。实际飞行中,当无人直升机飞行速度从 0 增大到 300 km/h 的时候,涡轴发动机的功率增大了 5％,而燃油消耗率减小了 3％。由于无人直升机的飞行速度超过 300 km/h 的时候是不多的,故无人直升机上涡轴发动机的速度特性通常不考虑。

习　　题

1.空气喷气发动机有哪些类型?简单说明其工作原理。

2.简述进气道的结构形状和工作原理。

3.进气道性能参数有哪些?进气道防护措施有哪些?

4.简述压气机的类型、结构组成和工作原理。

5.什么是轴流式压气机的喘振?说明喘振发生的物理过程和防喘措施。

6.简述燃烧室的结构组成、工作原理、结构类型和特性。

7.简单说明涡轮的结构组成、工作原理和类型。

8.简单说明喷管的功用、类型和超声速喷管的特点。

9.简述单转子涡喷发动机的转速特性、高度特性和速度特性。

10.简述涡扇发动机的转速特性、高度特性和速度特性。

11.简述涡桨发动机的工作特性。

12.简述涡轮轴发动机的转速特性、高度特性和速度特性。

第9章　航空涡轮发动机工作系统

9.1　航空涡轮发动机控制系统

航空涡轮发动机动力装置与航空活塞式发动机动力装置一样,除发动机外,还要有许多重要的工作系统,才能保证发动机正常工作,如发动机控制系统、燃油系统、滑油系统、起动点火系统等。

9.1.1　航空涡轮发动机安全工作范围与控制的内容

1. 航空涡轮发动机安全工作的范围

无人机在实际飞行中,其飞行状态和性能,包括飞行高度、飞行速度和最大航程等,都受到发动机性能的限制。涡轮发动机只能在一定的飞行范围内稳定、连续、安全地工作,如高度限制、温度限制和转速限制等。

发动机在地面条件下工作时受到最大转速、贫油熄火、涡轮前燃气总温的最高值及压气机喘振边界的限制,如图9-1所示。

发动机在空中飞行条件下工作时受到的限制有:高空低速时受燃烧室高空熄火的限制,这是因为高空空气稀薄,燃油雾化质量差,难以稳定燃烧;低空高速时受压气机超压限制。

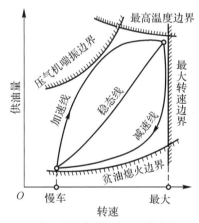

图9-1　航空涡轮发动机安全工作范围

2. 航空涡轮发动机控制的内容

无人机要在不同的高度以不同的速度飞行,要求发动机为无人机提供相应的轴功率并适应不断变化着的环境,或在飞行中保持发动机的给定工作状态,或者按照所要求的规律改变工作状态,这就要求随时控制、调节发动机的供油量和各通道的几何参数,这些都要依靠发动机控制系统来完成。

(1)燃油流量控制。

1)功率控制。根据发动机的工作状态和无人机的飞行状态,计量供给燃烧室的燃油,获得所需的轴功力,包括转速控制、压比控制、制动控制。

2)过渡控制。过渡控制的目的是使发动机的状态转换过程能迅速、稳定和可靠地进行,包括起动、加速和减速过程的控制及压气机的防喘控制。

3)安全限制。安全限制的目的是保证发动机安全正常地工作,防止超温、超转、超压和超功率。安全限制系统只有当出现有超温、超压、超转和超功率时才启用工作。

(2)空气流量控制。对流经发动机的空气流量进行控制,包括可调静子叶片和放气活门等,以保证压气机的工作稳定性。

(3)间隙控制。控制高压涡轮、低压涡轮甚至包括高压压气机的转子叶片和机匣之间的间隙,以保证在各个工作状态下间隙为最佳,减少漏气损失,提高发动机性能。

(4)冷却控制。

1)燃、滑油温度的管理,保证滑油的充分散热及燃油既不结冰又不过热。根据燃油、滑油温度的情况决定各个热交换器的工作方式。

2)以最少的引气量,控制发动机部件的冷却,同时提高发动机性能。

9.1.2 航空涡轮发动机控制原理和方式

航空涡轮发动机控制系统是一个由敏感元件、放大元件、执行元件、供油元件等构成的多回路控制和管理系统。它对无人机的意义十分重要,因为涡轮发动机控制系统对保证发动机性能发挥和安全可靠工作都起着关键作用。

1.航空涡轮发动机控制原理

涡轮发动机控制基本类型分为闭环控制、开环控制和复合控制3类,其控制原理如下。

(1)闭环控制。闭环控制系统的被控对象的输出量发动机转速 n 就是控制器的输入量,而控制器的输出量 q_{mf} 是被控对象的输入量。在结构方块图上,信号传递的途径形成一个封闭的回路,如图9-2所示。

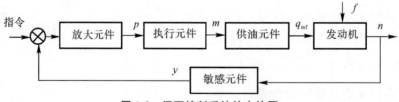

图9-2 闭环控制系统的方块图

敏感元件是离心飞重,其功用是感受发动机的实际转速;指令机构是油门杆,它通过传动臂、齿轮、齿套等来改变调准弹簧力,确定转速的给定值;推力杆经钢索、连杆连到燃油控制器上的功率杆。放大元件是分油活门和随动活塞。分油活门的位置由离心飞重的轴向力与指令机构给定的调准弹簧力比较后的差值决定;执行元件是随动活塞,它控制柱塞泵斜盘的角度,从而改变供油量;供油元件是燃油泵。

发动机稳定工作时,其转速和给定值相等,分油活门处于中立位置,如图 9-3 所示,控制器各部分都处于相对静止状态。

当外界条件变化引起进入发动机的空气流量减少时,由于供油量未变,使燃烧室进口燃气总温升高,涡轮功增大,发动机的转速增加,使敏感元件离心飞重的离心力变大,作用于分油活门上的轴向力大于调准弹簧力,分油活门向上移动,将分油活门两个凸肩堵住的上、下两条油路打开,随动活塞的上腔与高压油路相通,下腔与回油路相通,随动活塞向下移动,柱塞泵的斜盘角变小,供油量减少,使转速恢复到给定值。

当外界条件变化引起进入发动机的空气流量增加时,调节过程相反。

当推油门时,通过传动臂、齿轮、齿套等来改变调准弹簧力,转速给定值改变,控制器相应地调节供油量,将转速调到新的给定值。

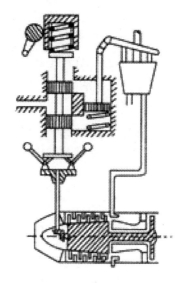

图 9-3 闭环控制系统
结构示意图

控制器感受的不是外界干扰量,而是发动机(被控对象)的被控参数(转速)。在被控参数有了偏离后,才被控制器感受,并进行控制,使被控参数重新恢复到给定值。由于它是按被控参数的偏离信号而工作的,故称闭环控制的工作原理为偏离原理。闭环控制系统的优点是控制比较准确,但控制不及时,滞后。

(2)开环控制。开环控制被控对象的输出量是发动机的转速 n,控制器的输入量是干扰量 f,而控制器的输出量是燃油流量 q_{mf}。因此,控制器与发动机的关系以及信号传递的关系形成一个开路,称为开环控制系统,如图 9-4 所示。

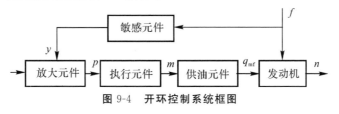

图 9-4 开环控制系统框图

敏感元件为膜盒,感受进气总压;进气总压是飞行高度和飞行马赫数的函数;油门杆为指令机构,通过传动臂、齿轮、齿套等来改变调准弹簧力,确定转速的给定值;放大元件为挡板活门,挡板通过与膜盒相连的杠杆的作用来改变其开度;执行元件为随动活塞,它控制柱塞泵斜盘的角度,从而改变供油量;供油元件为柱塞泵。开环控制如图 9-5 所示。

当飞行高度增加时,进入发动机的空气流量减少,同时也使燃油总压减小,控制器和膜盒同时感受到这一干扰量的变化,于是膜盒膨胀,通过杠杆使挡板活门的开度增大,随动活塞上腔的放油量增大,使随动活塞上移,并带动柱塞泵的斜盘角变小,供油量减少与空气流量的减少相适应,从而保持转速不变。

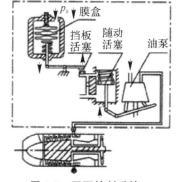

图 9-5 开环控制系统

在这种系统中,控制器和发动机同时感受外界的干扰量,只要干扰量发生变化,控制器就相应地改变可控变量 q_{mf},以补偿干扰量对发动机所引起的被控参数 n 的变化,从而保持被控参数不变,故称这种控制系统的控制工作原理为补偿原理。

这种控制系统控制及时,滞后较小,但由于不能感受所有的干扰量,故控制不太准确。

(3)复合控制。复合控制系统是开环和闭环控制的组合控制系统,其结构如图 9-6 所示。

这种控制系统兼有开环和闭环控制系统的优点,即控制及时(响应快)又准确(精度高),工作稳定,但控制器的结构较复杂。

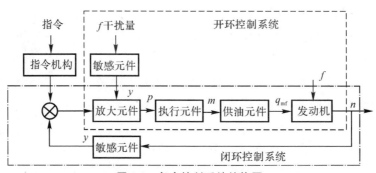

图 9-6 复合控制系统结构图

2. 航空涡轮发动机控制方式

从发展历程来看,涡轮发动机控制系统的控制方式,随着无人机性能要求的提高,以及现代电子计算机技术的飞速进步,已有了长足发展。其控制方式,从 20 世纪 50 年代的机械式,到后来较广泛采用的液压机械式、电子和液压机械式,再到现代先进涡轮发动机,为了更好地适应无人机复杂任务剖面和适应各种复杂的气象条件工作,并更准确地控制和减轻驾驶员的工作负担,均采用全权限数字式电子控制系统。

(1)涡轮发动机燃油液压机械控制方式。以往燃油控制器大部分是液压机械控制,利用燃油作为工作介质。液压机械调节器的主要组成部分是燃油计量部分和计算部分。燃油计量部分的主要部件是燃油计量活门。燃油通过该活门来保持压差不变,燃油流量由计量活门开度决定。计量活门开度由计算部分和操纵杆位置决定。计算部分的功用是从发动机驾驶员那里接收一些信号,经传动使计量活门的开度改变,向燃油喷嘴输出一定燃油流量。例如,驾驶员上提总距油门杆,感受部分就使计量活门的开度增大,使燃油增加,提供燃烧需要的恰当的油气比。这就可使发动机在不致受损的条件下最快地加速。如果供油量接近引起喘振或过热时,感受部分就将限制燃油流量。

一般地说,液压机械式控制无论在设计、工艺上以及使用可靠性方面都比较成熟,目前仍有应用。但随着控制要求的不断提高和新控制技术的迅速发展,液压机械式控制的缺点和局限性已暴露出来,主要缺点是控制的变量有限,控制范围窄,液压组件有封严问题,运动件有磨损变形,控制精度不高,可更改性差,维护、调整工作量大,零组件的加工要求高,结构复杂、笨重等。

（2）全权限数字式控制方式。由于液压机械式控制器存在着各种问题，一些发动机公司和附件公司早在 20 世纪 40 年代就曾尝试过采用电子调节元件，20 世纪 50 年代就发展出模拟式电子调节系统，20 世纪 60 年代末开始研制数字式电子调节器。

精确地控制涡轮发动机的各种参数有很多好处，如延长发动机寿命、节约燃油、提高可靠性、减轻驾驶员的工作负担、降低发动机的维护费用等，因而不少型号的发动机采用电子调节器。电子控制器分为两类：一类是模拟式电子控制器，另一类是数字式电子控制器。

数字式电子控制器系统以微处理器为控制中心，以数字量进行调节运算。它的逻辑功能强，综合能力大，精度高，各种复杂的调节规律都可以通过计算程序以数字运算的形式实现。在增加或改变调节规律时，不需要增加新的元件，而只需改变计算程序。同时由于更换计算程序比较容易，所以通用性很强。

根据控制功能，电子控制器可分为监控式控制和全权限式控制两种。两者的区别在于：监控式控制的微处理机只接受有关发动机的各种工作参数的信息，修正标准液压机械式燃油控制器的输出，以提高发动机的工作效率。全权限数字式电子控制器是一个系统，它接受操纵发动机必须的各种信息数据，进行运算和判断后，向各执行机构发出指令，以便使发动机在最有效和最安全的条件下工作。

全权限数字式控制（Full Authority Digital Electronic Control，FADEC）是指充分利用电子式控制系统的能力来完成控制系统所要求的任务。FADEC 除控制发动机的燃油系统外，还控制发动机的其他系统，如起动系统、压气机气流控制系统、主动间隙控制系统，以及燃油和滑油工作温度控制系统等。发动机以往采用的传统液压控制系统实现控制规律算法主要依靠凸轮的空间曲面来完成，而这个空间曲面构型制造比较困难，因此液压控制系统控制精度不高。FADEC 实现控制规律算法则简单得多，只需把公式变成代码进行处理即可，因而控制精度要高很多。

9.1.3　航空涡轮发动机全权限数字控制系统

1. 全权限数字控制系统的组成结构

全权限数字控制（FADEC）系统是管理发动机控制的所有控制系统的总称，是指充分利用电子式控制系统的能力来完成控制系统所要求的任务。图 9-7 所示为 FADEC 系统组成结构示意图。

发动机电子控制器（Engine Electronic Control，EEC）是 FADEC 控制系统中的控制核心。由图 9-7 所示可以看出，主要组成部件包括 EEC、为 EEC 提供输入信号的传感器和线束、EEC 的输出线束和 EEC 所驱动的马达、电磁阀等。EEC 接收来自飞机和发动机的信号，除了向其所控制的系统发布控制命令外，还能向无人机其他系统提供数据，如 FADEC 的故障诊断功能给无人机提供发动机故障信息等。

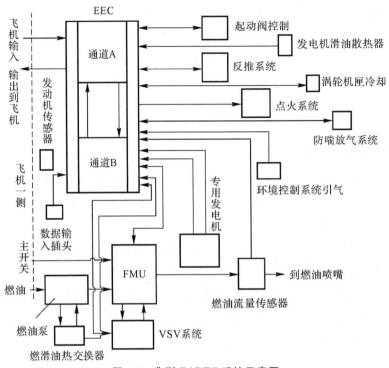

图 9-7　典型 FADEC 系统示意图

EEC 由专用发电机供电,无人机电源可作为 EEC 的备用电源及地面试验电源。在大型无人机上,EEC 一般通过减振安装座固定在涡轮发动机上,也有把 EEC 安装在无人机内部,要求安装环境通风冷却性能好,能避免雷击以及电磁辐射对其造成的影响。EEC 接口便于同无人机上的其他计算机、电子部件相连接,不仅可以利用无人机的许多飞行数据,还可以将发动机数据供给无人机显示和计算。这使得发动机控制系统不仅在发动机控制方面,而且在状态监控、故障诊断和存储、参数和信息显示方面发挥作用。

为了保证发动机控制系统安全、可靠和及时,EEC 设计成双通道(通道 A 和通道 B)数字式电子控制器。两个通道可以封装在一个防火的壳体内,也可单独封装在自己的壳体内,之间用线束连接起来。若一个通道发生故障了,另一个通道仍能继续工作。EEC 的两个通道是相互独立的。每个通道都有自己的电源输入、微处理器、控制程序、输入和输出。每个通道都能单独工作,在工作过程中,两个通道之间既相互独立又相互联系,之间还进行数据交换。通常一个通道处于控制状态,另一个通道则处于备用状态。但处于备用状态的通道也在接收、处理信号,并根据控制逻辑进行计算,只是没有输出。一旦探测到控制通道不能实施控制功能了,则自动转换到备用通道。正常情况下,两个通道交替工作,即发动机起动、停车一次,EEC 自动转换一次控制通道。若双通道故障,则 EEC 会使相应的系统进入失效安全模式。在工作过程中,EEC 对整个 FADEC 系统不断地进行监控并自检,以便能及时发现问题。EEC 有很强的故障诊断能力和容错能力,可帮助维护人员排除故障。

2. 全权限数字控制系统的功能

涡轮发动机全权限数字控制系统具有以下主要功能。

(1)自动起动发动机,能在飞行中重新点火。

(2)保证发动机良好加速,能防止使用中出现超转、超温、超扭及喘振等现象。

(3)可实现复杂的调节规律,并控制燃油量。

(4)中控制压气机可变几何参数(即进口导向叶片角度)系统。

(5)显示动力涡轮转速,并使其转速在所有工作状态下始终自动保持恒定。

(6)可中断动力涡轮工作。

(7)保持燃气发生器涡轮最大转速不变,以便在任何时候都能获得最大可用功率。

(8)当安装双台发动机时,能自动消除两台发动机之间的转速差。

(9)当一台发动机出故障时,能自动加大另一台的功率。

(10)当正常控制系统失灵时,可通过操纵应急停车把手关停发动机,提高安全性。

(11)在飞行期间也能对"发动机/调节系统"组件执行运行监控。

(12)在稳态和瞬态下控制发动机工作,使其不超出安全极限。

(13)在地面,还可用作确定故障,方便维修。

FADEC 调节系统有非常好的操纵性和很高的灵敏度,它不仅能使发动机结构简化、质量轻、油耗降低,而且在整个飞行包线内能提高调节精度。这种系统的采用有利于推动涡轮发动机系列机的发展,尤其当环境温度相同时,该系统能使发动机提供不同的性能。FADEC 系统还能给出发动机状态监控所需的各参数和循环记数。

9.2 航空涡轮发动机燃油系统

航空涡轮发动机燃油系统油箱中存储着完成飞行任务所需的全部燃油,燃油系统的功能首先要能在各种规定的飞行状态和工作条件下,保证安全、可靠地将燃油提供给发动机使用,从而确保发动机安全、可靠地工作。其次,通过燃油系统可调整无人机横向和纵向重心位置,以及将燃油作为冷却介质,用来冷却滑油、液压油和其他附件等。

9.2.1 航空燃油

航空燃油是指一些专门为飞行器而设的燃油品种,质素比汽车所使用的燃油高,通常都含有不同的添加物以降低结冰和因高温而爆炸的风险。

1. 航空燃油的种类

航空燃油分为航空汽油和航空煤油两大类,分别适用于不同类型的航空发动机。

(1)航空汽油。航空汽油用作航空活塞式发动机的燃料。任何类型的航空汽油都是由原油经过分馏后得到的碳氢倾倒物,其特点是蒸发性能好、易燃、性质稳定、结晶点低和不腐蚀发动机零件。

(2)航空煤油。航空煤油用作航空燃气涡轮发动机的燃料。其特点是比汽油具有更大的热值,价格低,使用安全,适用于航空燃气涡轮发动机和冲压发动机。用于超声速飞行的煤油还应有低的饱和蒸气压和良好的热安定性。因煤油不易蒸发,燃点较高,燃气涡轮发动机起动时多用汽油。

2. 航空汽油

航空汽油是石油的直馏产品和二次加工产品与各种添加剂混合而成的。其主要性能指标是辛烷值和品度值。

(1)辛烷值。航空汽油的辛烷值是指与这种汽油的抗爆性相当的标准燃料中所含异辛烷的百分数。这种标准燃料由异辛烷和正庚烷混合液组成。它表示航空汽油的抗爆性能,即在发动机中正常燃烧(无爆震)的能力。对辛烷值的要求依发动机的特点而异,取决于压缩比,压缩比越大,辛烷值应当越高。为提高辛烷值,可往汽油中加入含有抗爆剂(如四乙基铅)的乙基液。

(2)品度值。航空汽油的品度值指的是以富油混合气工作时发出的最大功率(超过这一功率便出现爆震)与工业异辛烷所发出的最大功率之比,用百分数表示。

3. 航空煤油

航空煤油是航空涡轮发动机广泛使用的石油烃燃料,航空煤油的组成一般有下列规定:芳香烃含量在 20% 以下(其中双环芳烃含量不超过 3%),烯烃含量在 2%～3% 以下,正构烷烃含量用燃油结晶点为 -50～60℃ 来限制。航空燃油中还加有多种添加剂,用以改善燃油的某些使用性能。

根据沸点范围的不同,航空煤油分为 3 类:
(1)宽馏分型(沸点范围为 60～280℃)。
(2)煤油型(沸点范围为 150～280℃),高闪点航空煤油的初沸点可提高到 165～175℃。
(3)重馏分型(沸点范围为 195～315℃)。
通常使用的是第二类。

9.2.2 燃油系统基本组成和工作

1. 燃油系统基本组成

航空涡轮发动机燃油系统通常是从发动机燃油关断活门一直到燃油喷嘴为止。当发动机正常工作时,从油箱增压泵输送出的燃油,进入发动机燃油系统。经过的主要部件有发动机低压燃油泵、燃油-滑油热交换器、主油滤、高压燃油泵、燃油调节器和燃油喷嘴等。高压燃油泵出口燃油经燃油调节器计量后,多余的经回油油路到低压燃油泵出口。当发动机停车时,发动机燃油关断活门,切断到燃烧室燃油喷嘴的燃油。

2. 燃油系统主要部件工作

(1)油泵。油泵的作用是给燃油加压,确保供油的可靠性和燃油的雾化质量。航空涡轮发动机燃油泵的类型可按不同的划分条件进行分类。

1)按油泵压力划分,有低压燃油泵和高压燃油泵两种。

A.低压燃油泵:低压燃油泵为辅助油泵,其作用是将燃油加压后,保证发动机高压油泵的工作效率,防止发生"气穴";同时,当油箱内的燃油增压泵失效时也可将油箱内的燃油抽出,确保供油的可靠。

B.高压燃油泵:高压燃油泵为发动机的主油泵,其作用是加压燃油,确保发动机供油的可靠性和燃油的雾化质量。高压油泵出口油压较高,油压升高可使燃油的雾化质量好转,但同时也使发动机高压燃油管路负荷增加,密封件容易变形、破裂,发生燃油泄漏,使发动机可靠性降低。因此,目前的涡轮发动机,一方面采用高性能的燃油喷嘴,发动机油压得以大大降低,有效提高了燃油系统的可靠性;另一方面高压燃油管路接头都设计为双层结构,提高燃油系统的可靠性。

2)按油泵结构形式划分,有齿轮燃油泵、离心燃油泵和柱塞燃油泵等3种。

A.齿轮燃油泵:齿轮泵为定量泵,工作容积不可调,如图9-8所示。流量和转速有一一对应的关系。当转速不变时,供油量通过旁通回油节流调节,即齿轮泵的供油量始终高于需油量,超出需要的油量返回油泵进口。

B.离心燃油泵:离心泵在发动机燃油系统中常被用作低压油泵,主要包括进油装置、叶轮和出口装置,如图9-9所示。与齿轮泵、柱塞泵不同,离心泵具备增压能力,不用依靠泵出口系统的流阻来建立压力。离心泵的主要优点是尺寸小、质量轻、结构简单,缺点是效率低、低转速时压力低、对汽蚀性能要求高。在发动机上一般把它用作低压泵,用来保证高压泵进口的压力。

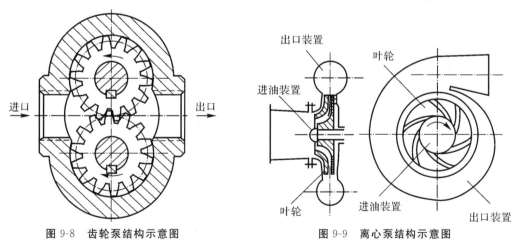

图 9-8　齿轮泵结构示意图　　　　　图 9-9　离心泵结构示意图

C.柱塞燃油泵:柱塞泵主要包括转子、柱塞、斜盘、分油盘、调节活塞和转轴,如图9-10所示。柱塞泵的供油量取决于每个柱塞做一次往复运动时,其柱塞腔工作容积的变化量,斜盘的角度可影响柱塞的行程,适当地增大斜盘角度,可在不增加泵的质量的情况下,增加泵的供油量。柱塞燃油泵的主要缺点是结构复杂、尺寸和质量相对较大、对制造和使用条件要求都较高,且容易出现故障。在航空涡轮发动机上,柱塞泵可被用作高压泵。

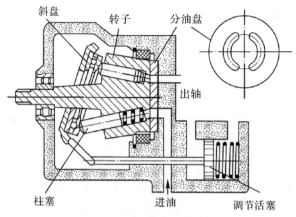

斜盘　　　转子　　　分油盘

出轴

柱塞　　　　进油　　　调节活塞

图 9-10　柱塞泵结构示意图

（2）油滤。油滤的作用是过滤燃油中的杂质，阻止燃油中的杂质进入发动机燃油系统而造成油路堵塞和部件磨损。一般燃油系统中安装两个油滤，一个细油滤，一个粗油滤。

1）细油滤。细油滤一般在发动机燃油系统的起始位置，以阻止杂质进入燃油系统，所以也叫低压油滤。细油滤一般是一次性油滤，定期更换或堵塞后进行更换，带有旁通阀和堵塞指示装置。

2）粗油滤。粗油滤一般在燃油进入喷嘴之前，以防细油滤下游某些部件损坏后而造成喷嘴堵塞，起保护作用，也称为高压油滤。粗油滤大多都是金属滤网式结构，可进行超声波清洗，重复使用。

（3）燃油加热装置。现代发动机上广泛采用的燃油加热装置是燃油/滑油热交换器，一般安装在低压燃油路上，部分发动机的燃油加热器采用从压气机引热空气来加热燃油。

（4）燃油控制器。燃油控制器是燃油系统的核心部件，驾驶员通过驾驶舱内的油门杆来控制燃油控制器，调节发动机的供油量，控制发动机在加、减速和稳态时功率的大小。

9.3　航空涡轮发动机滑油系统

航空发动机滑油系统的功用是提供清洁的、压力和温度适宜的滑油，将滑油循环不断地送到发动机各机件摩擦面，起到润滑、散热和防锈蚀的作用，确保发动机的使用寿命及安全、稳定工作。对采用滑油-燃油热交换器的发动机，滑油的热量还能对燃油加温，以改善燃油系统的高空性能。

9.3.1　航空发动机滑油的类型和性能指标

航空发动机在工作过程中，滑油系统的工作状况及滑油的品质不仅影响发动机的工作性能，而且影响发动机的使用寿命，因此，人们必须足够重视。

1. 航空发动机滑油的类型

航空发动机使用的滑油有两大类,一类为矿物质滑油,另一类是人工合成滑油。不同厂家对其所生产的航空发动机都要规定使用滑油的牌号,要求进行加油时按维护手册中的规定选择滑油。

(1)矿物质滑油。矿物质滑油是从石油中提取出来的,一般用于航空活塞式发动机中。

(2)人工合成滑油。人工合成滑油是从石油、植物油以及动物油中提炼出来并经人工合成的,主要用于涡轮发动机中。人工合成滑油的优点是不易沉淀而且高温下不易蒸发,抗氧化、抗泡沫。它的缺点是不管溅到什么地方,都可能产生气泡和掉漆。它不能同矿物基滑油混合,而且生产厂要求不同等级、不同型号的滑油不要混合。合成滑油有添加剂,易被皮肤吸收,有强毒性,应避免长时间暴露和接触皮肤。

2. 航空发动机滑油的性能指标

(1)黏度。黏度表征流体反抗切向力的能力。在滑油系统中用 60 cm³ 的滑油在一定的温度下流过一个已精确标定的小孔所需要的时间来表征黏度(以 s 为单位)。黏度是滑油最重要的指标之一,表示滑油层与层之间相对运动时,滑油分子间摩擦力的大小,反映了滑油的流动性,黏度越大则流动性就越差,而黏度越小,滑油就越容易流动。滑油的黏度直接影响油膜的生成能力和油膜的承载能力,黏度大的滑油,其油膜的承载能力就大。选择滑油时不但要考虑其承载能力,还要考虑其流动性。

航空涡轮发动机所选用的滑油要求在金属部件表面能形成一定厚度,又能保持适当油膜强度的黏性系数最低的滑油。因为这既可保证润滑,又可以保证冷却,而且流动性好。

(2)黏度指数。滑油的黏度是随温度而变化的。当温度降低时,其黏度就会增加。一般用黏度指数来表示滑油黏度随温度变化的情况。在给定的温度变化下,滑油的黏度变化越大,其黏度指数就越小。我国用运动黏度比来表示滑油的黏度随温度变化的情况。一般用 50℃ 时的滑油运动黏度与 100℃ 时的滑油运动黏度的比值来表示。此比值小,则表示滑油黏度随温度的变化小。

(3)凝点。在给定条件下滑油开始完全失去流动性时的温度称为凝点。凝点是在低温下保证滑油流动性和过滤性的指标。

(4)燃点。会产生足够的可燃滑油蒸气引起燃烧的最低温度称为燃点。要求滑油的燃点高于滑油工作的最高温度。

(5)闪点。滑油被加热时,在其表面会生成油汽,当加热到某一温度时,散布在滑油液面上的油汽遇到外界明火时即开始产生瞬间火花,但不能维持燃烧的温度,这一温度就是滑油的闪点。闪点低的滑油容易挥发,其工作范围相应也低。

(6)残炭量。滑油在规定的条件下加热蒸发后形成的焦炭状残留物质即为残炭。用质量百分数来表示,即残炭质量占取样滑油质量的百分数。滑油的残炭量越少越好。

(7)抗氧化性和抗泡沫性。随着发动机涡轮前燃气温度的提高,滑油的工作温度也相应增高。在高温下,滑油易氧化成胶状物沉淀堵塞油路,影响系统的循环工作,同时积存在滑油中的氧化物又会使滑油变稠、黏度增大、酸值提高,引起机件的腐蚀。因此发动机中所使用的滑油必须具有良好的抗氧化性。

9.3.2 滑油系统的总体结构、类型和主要部件

滑油系统的主要任务就是把一定压力、一定温度而又洁净的滑油送到需要润滑的地方,以保证发动机能正常工作。滑油系统的主要功能是润滑、冷却、清洁、防腐。

1. 滑油系统的总体结构

航空发动机滑油系统主要包括存储系统、分配系统和指示系统3部分。

(1)存储系统。存储系统主要包括滑油箱组件,用于滑油的存储。

(2)分配系统。分配系统分为供油系统、回油系统和通风系统3个子系统。

1)供油系统。供油系统负责把一定压力、一定量的滑油送到需要润滑的区域,如轴承腔、附件齿轮箱等。这一任务主要靠油泵来完成。另外在供油系统中还有保持滑油清洁的油滤和控制不同区域供油量的限流装置和喷油嘴等。

2)回油系统。回油系统的作用是把润滑后的滑油尽可能快地送回滑油箱。这样既可充分利用油箱中的滑油,又可减少滑油在轴承腔等部位的停留时间,从而减少滑油接触高温的时间,有利于保持滑油的性能。在供油系统和回油系统的共同工作下,完成对轴承、齿轮等部件的冷却和润滑。

3)通风系统。通风系统把轴承腔、滑油箱和附件齿轮箱连在一起,然后经过油气分离装置与外界大气连通,多的空气从发动机内部排出来,使轴承腔、齿轮箱和滑油箱内部的压力维持在一定范围之内,又可把空气中的滑油分离出来而留在发动机内部,从而减少滑油消耗量。

(3)指示系统。指示系统主要用于指示和监控滑油系统的工作情况,监控的参数主要包括滑油压力、滑油量和滑油温度。在压力或温度达到一定值后,告警系统还会给出告警信息,及时告知地面驾驶员,以便驾驶员根据具体情况采取相应的措施。

2. 滑油系统的类型

(1)湿槽系统和干槽系统。早期的燃气涡轮发动机没有专门的滑油箱,而是把滑油放在附件齿轮箱内,这样齿轮箱内部的部件一般就靠飞溅润滑,通常把这种滑油系统叫湿槽系统,这种设计现在已很少采用。现代燃气涡轮发动机一般都带有滑油箱,相应地把这种滑油系统叫干槽系统。

(2)再循环式滑油系统和全耗式滑油系统。燃气涡轮发动机大多采用再循环式滑油系统,即滑油经过增压过滤后,分别送到各轴承腔和齿轮箱需要润滑的部分,再经过回油系统返回滑油箱。个别工作时间很短的发动机使用全耗式(可消耗式)滑油系统,滑油润滑后直接溢出发动机外。

(3)调压式和全流式滑油系统。

1)调压式滑油系统。调压式滑油系统在供油路要设置调压阀控制供油压力,当油压大于设计值时,此阀门打开,把多余的滑油送回到滑油箱或油泵的进口,将送到轴承腔、附件齿轮箱等这些需要润滑的区域的滑油量和供油压力限制在某一恒定的范围内。

调压式滑油系统也称为恒压式滑油系统,其特点是系统保持相对低的滑油压力,功率减小后没有增加滑油温度是其优点,但系统复杂,维护期间需要调整,压力调节阀常常是故障源。

2)全流式滑油系统。全流式滑油系统如图9-11所示,与调压式滑油系统不同,在油泵后设置释压阀,释压阀打开的压力要远大于系统正常工作时的最大滑油压力,正常情况下,此阀门不打开。一般在天气很冷时,发动机起动或油路发生堵塞时此阀门才可能打开,起到保护作用。供油泵打出的滑油全部被送到润滑区域。供油压力和供油量是随发动机转速而变化的,转速大,供油压力、供油量就大。供油泵的尺寸是由发动机在最大转速下所需的滑油量决定的。

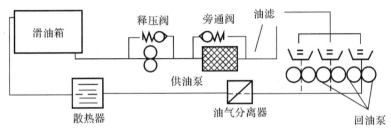

图 9-11　航空涡轮发动机全流式滑油系统

全流式滑油系统简单,发动机维护期间不需要调整,主要缺点是该系统需要一个大的供油泵或相对高的滑油压力,功率减小后该系统有相当的滑油温升。现代大型涡轮发动机一般都采用全流式滑油系统,而调压式滑油系统则更适用于推力较小、轴承腔压力较低的发动机。

3. 滑油系统的主要部件

滑油系统的主要部件有滑油箱、滑油泵、滑油滤、磁屑揣测器、滑油散热器、油气分离器和磁堵等。

(1)滑油箱。滑油箱是储存滑油的部件,滑油箱内的滑油量通过滑油油量表指示。滑油箱上还有加油和放油装置、油量测量装置、通气装置等。滑油箱一般固定在航空发动机机匣上的某个容易接近的部位,以方便维护人员进行维护。滑油箱容量根据发动机对滑油量的需求来定,主要受三个因素影响,即润滑所需的充足油量、润滑后油的热胀和混合空气、安全储存。滑油箱内留有一定的膨胀空间,约为滑油箱容积的 10%,以满足润滑后滑油膨胀和混合气体的影响。滑油箱、附件齿轮箱和前/后轴承腔内的滑油蒸气经油气分离后与大气相通,防止滑油蒸气过多,影响润滑效率。

(2)滑油泵。滑油泵的作用就是使滑油能够循环流动起来。常用的滑油泵有齿轮泵、转子泵和旋板泵。由于齿轮泵(见图9-12)结构简单,机械加工方便,工作可靠,使用寿命长,能产生较高的压力,因此在航空发动机的滑油系统中得到了广泛应用。

从驱使滑油流动的路径方向划分,滑油泵可分为供油泵和回油泵两种类型。

1)供油泵。把滑油从滑油箱中抽出送到轴承腔、齿轮箱等处的泵叫供油泵,其作用是将滑油加压,确保供油可靠。供油泵后有压力调节阀,控制供往各润滑部位的滑油压力,防止因滑油压力过高而导致滑油系统渗漏或损坏系统中的某些部件。

2)回油泵。负责把润滑后的滑油收集起来送回滑油箱的滑油泵叫回油泵。由于回油温度高,且有泡沫,使回流滑油的体积大于供油滑油的体积,通常回油泵容积至少为增压供油泵容积的两倍。在有些发动机上,供油泵和回油泵组装在一起形成一个组件(见图 9-12)。

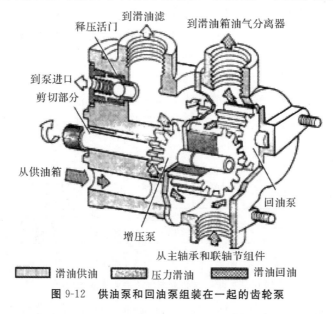

图 9-12　供油泵和回油泵组装在一起的齿轮泵

　　(3)滑油滤。滑油滤用来清洁滑油,去掉滑油中的金属屑和其他杂质,防止进入零部件的摩擦表面而加剧零部件的磨损,同时防止油路堵塞。航空发动机滑油供油、回油系统一般都装有滑油滤,但它们的过滤能力有所不同,主滑油滤由壳体、滤芯、旁路阀、单向阀、压差开关和油滤堵塞弹出式指示器组成(见图 9-13)。

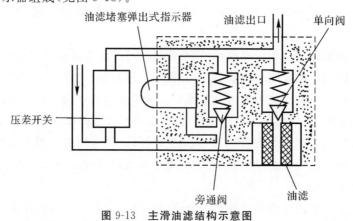

图 9-13　主滑油滤结构示意图

　　滤芯主要用于过滤滑油,旁通阀处在油滤的进、出口之间。油滤中聚集的杂质多了就会造成油滤堵塞,影响滑油正常流动。当油滤进、出口压差达到预定值时,旁通阀打开,允许未经过滤的滑油通过,以防止滑油系统缺油。压差开关和油滤堵塞弹出式指示器安装在油滤的进出口之间,用于监控油滤堵塞状态。油滤出现堵塞状态,使油滤进、出口的压力差开始变化,在压差达到一定值后,压差开关闭合,弹出式指示器(一般为红色)会自动跳出,以便地面维护人员检查时能及时发现。

　　(4)磁屑探测器。磁屑探测器装在滑油回油路中,用来搜集滑油中的铁性颗粒,主要部件包括一根永磁磁铁和自封严壳体,如图 9-14 所示。壳体内有自封阀门,若拆下磁屑探测器,此阀门会自动关闭,阻止滑油泄漏。磁屑探测器一般都安装在维护人员容易接近的地方,维护人员通过定期检查磁堵上杂质的多少及杂质颗粒的大小来判断发动机内部的磨损情况。在检查磁屑探测器时,最好把从磁屑探测器上发现的杂质保存起来,作为发动机内部磨损情况的历史记录,以助于判断发动机的健康状况和维护情况。

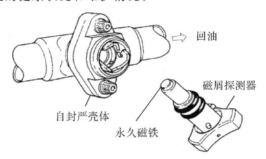

图 9-14　磁屑探测器

(5)滑油散热器。滑油散热器的作用是冷却滑油,保证滑油温度在允许的工作范围之内。滑油散热器装在供油路上的滑油系统称为热油箱系统。散热器装在回油路上的滑油系统称为冷油箱系统。根据冷却介质不同,常用的滑油散热器可分为以下两类。

1)燃油/滑油热交换器。燃油/滑油热交换器以燃油为冷却介质,如图 9-15 所示,在冷却滑油的同时还加热燃油,防止燃油结冰,在现代大型涡轮发动机上被广泛采用。

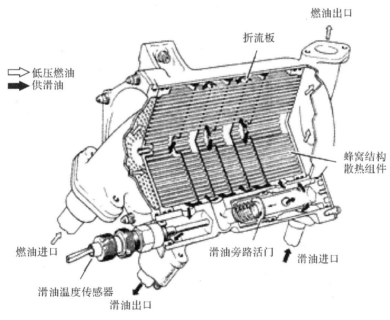

图 9-15　燃油/滑油热交换器

燃油/滑油热交换器可以位于供油路上,油箱为热油箱,也可以位于回油路上,油箱为冷油箱。燃油/滑油热交换器由壳体、蜂巢管、旁路活门、滑油温度传感器等部件组成。

A.蜂巢管:蜂巢管内流动燃油,外部流动滑油,进行热交换。为了更好地进行热交换,设有隔板,迫使滑油迂回流动。

B.旁路活门(温度控制活门):当温度较低、滑油黏度较大,或当散热器进、出口压差达到50 psi(1 psi=6.895 kPa)时,此活门打开,滑油不流过散热器直接供油,以保证低温起动。

C.滑油温度传感器:测量增压泵出口处的滑油温度。

2)空气/滑油散热器。空气/滑油散热器以空气为冷却介质。它在结构上与燃油/滑油热交换器类似。滑油在管子内部流动,空气在管子外面流动。为了增加散热面积,管子上带有很多散热肋。在一些小型涡轮发动机上,由于散热器比较小,所以,可把空气/滑油散热器直接固定在发动机的外涵道里,让外涵气流直接吹过散热器,实现对滑油的冷却。采用这种布局一般在散热器上设有滑油旁通油路,当滑油不需要冷却时,旁通油路打开,让滑油旁通散热器。

(6)油气分离器。由于通风管路中的气体为空气、滑油蒸汽和油滴的混合物,若直接排出发动机,会增加滑油消耗量。因此,需要把通风管路连通到油气分离装置上,靠油气分离装置把其中的滑油分离出来。分离出来的滑油留在发动机内部,只把空气排出发动机。航空涡轮发动机常采用离心式油气分离器,靠离心力来分离油和气,如图9-16所示。

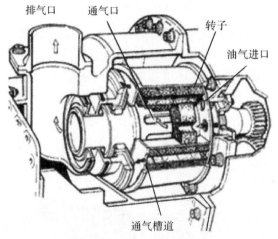

图9-16 离心式油气分离器

离心式油气分离器通常装在附件齿轮箱上,高速旋转,靠离心力来分离油和气。其转轴是空心的,且轴上开有多个通气口,装在轴上的转子是由多孔的硬质疏松材料制成的。转子上开有多条轴向通道,油气混合物在这些通道中流动时,由于离心力的作用,油被甩出,通过壳体上的孔回到附件齿轮箱内,而空气则通过空心轴排到发动机机体外。

9.4　航空涡轮发动机起动点火系统

发动机起动是指发动机从静止状态加速到慢车状态的过程。常见的起动方式有地面起动、冷转和空中起动。航空涡轮发动机起动是通过起动和点火两个系统共同工作,相互配合完成的,其协调配合工作的成功与否将直接决定了无人机能否顺利起飞,以及在空中的飞行是否安全。

9.4.1　航空涡轮发动机起动点火过程和阶段划分

为确保无人机的正常起飞,对航空发动机起动系统和点火系统的基本要求有:点火正常、起动迅速,航空发动机运行平稳、可靠,不喘振,不超温,不熄火,对地面设备的依赖小等。

1. 航空涡轮发动机起动点火过程

航空涡轮发动机的起动过程是由发动机控制系统自动控制的,其起动、点火按顺序紧密配合,一气呵成。发动机的起动系统用来使发动机从静止状态过渡到稳定的慢车工作状态,利用起动机通过附件齿轮箱来带转发动机转子。压气机转动,把空气吸入发动机。当转速达到一定值时,燃油系统开始供油,使进入燃烧室的空气与喷油嘴喷出的燃油混合,生成油气混合物。点火装置点燃此混合物,使其燃烧起来。燃烧产生的高温、高压燃气带动涡轮转动。这样,压气机就在起动机和涡轮的共同带动下不断加速。当转速达到一定值时,起动机退出工作,涡轮自己带转发动机转子加速到慢车转速,从而完成起动过程。

航空涡轮发动机起动加速过程时间的长短,取决于起动功率与驱动燃气发生器工作所需功率之差(称为剩余功率)的大小。剩余功率越大,压气机转子的加速度越大,加速时间越短。同时通过分析发动机压气机转子的加速过程,可以发现起动机退出工作的时机,对发动机起动的成功与否具有决定性影响。当起动机退出工作过早时,由于发动机转速较低,涡轮发出的功率不高,发动机剩余功率不大。如果出现一些扰动(如阵风引起排气不畅)使涡轮功率减小,发动机剩余功率可能为零或出现负的剩余功率,从而使发动机转子加速滞缓、悬挂或减速,使发动机起动失败。因此,存在使发动机自行加速的最小转速,即自维持转速。起动机退出工作时,转速应比发动机自维持转速稍高些。

2. 航空涡轮发动机起动点火过程阶段划分

航空涡轮发动机的起动过程根据发动机转子的加速情况可分为 3 个阶段(见图 9-17)。

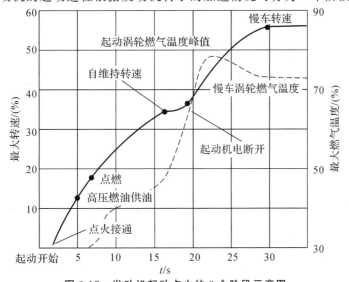

图 9-17　发动机起动点火的 3 个阶段示意图

(1)第一阶段(点火阶段)。第一阶段是从起动机转动开始到燃油系统供油,点火装置点火,涡轮开始发出功率为止。在这一阶段中,发动机完全靠起动机带动,转子加速所需的功率完全由起动机提供。随着涡轮发动机转子的转动,发动机的转动部件得以润滑,同时随着电嘴跳火、发动机供油,燃烧室内开始形成点火源。

(2)第二阶段(发功阶段)。第二阶段是从涡轮产生功率起,到起动机脱开为止。在这一阶段中,转子加速的功率由起动机和涡轮共同提供。随着涡轮温度迅速增加,发动机功率逐渐增大,发动机转子加速较快,是发动机起动过程加速最迅速的阶段。

(3)第三阶段(慢车阶段)。第三阶段是自起动机脱开到发动机稳定在慢车状态时为止。这一阶段发动机靠涡轮自行加速,功率加大,转子转速加速到慢车转速,并稳定在慢车转速。

图 9-17 所示虚线代表起动过程中发动机排气温度的变化情况。点燃之后排气温度迅速上升,在达到慢车转速前发动机排气温度达到最大值,之后排气温度下降并随发动机转速稳定在慢车而稳定下来。因此,在点燃之后,一定要严格监控发动机排气温度的变化情况,防止发动机起动过程超温。

第一阶段是点燃之前,第二、第三阶段是点燃之后。起动的第一阶段,也是发动机干冷转阶段。在这一阶段应主要观察滑油系统的参数(滑油压力、温度等)的变化情况,以及转子的转速,重点关注转子有无卡死(即不转动)的现象。这一阶段除了使转子加速之外,还有一个作用就是吹除上次起动不成功而残余的燃油和冷却发动机(降低排气温度)。在第二、第三阶段主要监控排气温度和转子转速的变化情况,防止发动机排气温度超温和起动悬挂。

9.4.2　航空涡轮发动机起动点火系统的组成和工作

航空涡轮发动机的起动点火系统主要由起动机、点火装置、起动供油装置、起动程序机构、起动电门和起动手柄等部件组成。下面介绍其主要部件的工作。

1. 起动机

起动机的作用是通过外部动力带动航空涡轮发动机转子转动,以达到促使发动机起动的目的。起动机位于发动机附件齿轮箱上,当外部动力作用于起动机时,起动机转动,起动机的离合装置工作,使起动机与发动机转子相连,从而带动发动机转子转动。当发动机加速到一定值时,起动机的外部动力卸载,起动机的离合装置使起动机与发动机转子脱开,起动机退出工作。起动机功率大小对发动机的起动性能具有重要影响。起动机功率越大,起动剩余功率越大,起动加速时间越短。

目前常用的起动机类型有电动起动机、空气起动机、燃气涡轮起动机等几种类型。电动起动机一般用在涡轮发动机和小型燃气涡轮发动机上;大型涡扇发动机起动所需的扭矩很大,一般都采用质量轻的空气涡轮起动机;部分型号的发动机采用燃气涡轮起动机,起动功率大,且起动速度快。

(1)电动起动机。电动起动机一般采用直流电动机作为电动起动机,如图 9-18 所示。

电动起动机通过减速器、棘爪离合器与发动机转子连接,所用直流电源可以是地面电源、机上电源或辅助动力装置。当发动机需要起动时,由机上电瓶或地面电源车向起动机供给

24 V直流电,驱使直流电动机转动,从而输出扭矩,带动发动机转子转动。在完成起动程序后,断开电源,起动机由棘爪离合器自动与发动机转子断开。

电动起动机的主要优点是使用、维护方便,尺寸小,起动过程自动化,有些电动起动机,当发动机稳定在慢车状态后,可作为直流发动机来使用。其缺点是质量大,利用电瓶电源作为电源时,由于输出功率有限,电动起动机一般用于小功率的发动机上。

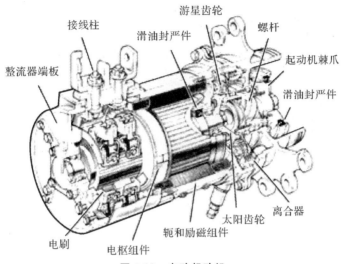

图 9-18　电动起动机

(2)空气涡轮起动机。空气涡轮起动机结构主要包括单级涡轮(涡轮的一端带有齿轮)、减速齿轮系、离合器和输出轴,如图 9-19 所示。

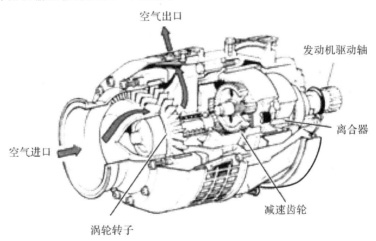

图 9-19　空气涡轮起动机

空气涡轮起动机工作原理是利用气源提供的压缩空气冲击空气涡轮转动,从而输出扭矩。因此空气涡轮起动机需要一定压力(一般在 40 psi 左右)和高流量的空气流,气源可以来自地面气源车或已起动的发动机压气机。起动时压缩空气进入起动机,经喷嘴环,高速喷到涡轮工作叶片上,从而使涡轮高速转动,转速可达到 $5 \times 10^4 \sim 8 \times 10^4$ r/min,经减速齿轮系,降低转速,提高扭矩,经输出轴传给发动机驱动机构。空气涡轮起动机只用于发动机的起动,发动机起动之后,起动机通过离合器与驱动装置脱离,以避免反过来发动机带转起动机。

与电动起动机相比,空气涡轮起动机产生的功率很大,但质量轻、结构简单、使用经济性好、可靠性好,广泛应用在大、中型无人机上。

(3)燃气涡轮起动机。燃气涡轮起动机实际上是一台完整的小型涡轮发动机,如图9-20所示。

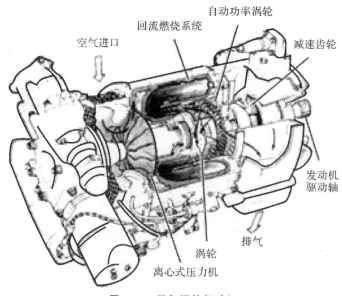

图 9-20　燃气涡轮起动机

燃气涡轮起动机由单面单级离心式压气机、回流式燃烧室、单级向心式涡轮、单级动力涡轮、减速器和离合器组成。除此之外,它还应有自己的燃油系统、滑油系统、起动系统等。起动时,燃气涡轮起动机由自身的电动起动机带动,直到脱开转速、起动和点火装置断开为止,然后,起动机转速继续增加到工作转速,通过传动比很大的减速器经离合器衔接带动发动机转子旋转,当发动机转速达到自维持转速后的脱开转速时,燃气涡轮起动机停止工作,并由离合器断开,发动机依靠本身的涡轮功率加速到慢车转速。

燃气涡轮起动机的优点是起动功率大,不依赖地面电源,可以多次重复使用。其缺点是结构复杂。

2. 点火装置

点火装置主要保证在发动机起动过程中点火,包括地面起动和空中起动;同时也可在飞机起飞、进场着陆、发动机防/除冰以及复杂气象条件下提供再点火或连续点火,防止发动机熄火。

一般航空涡轮发动机的点火装置都为双点火,即每台发动机有两套独立的点火装置,每套点火装置可单独工作,也可共同工作。两个点火器位于燃烧室内不同位置,目的是确保发动机点火可靠。点火装置工作时,点火激励器把输入的低压电转换成高压电,通过点火导线送到点火电嘴。点火电嘴安装在燃烧室内,电嘴放电产生电火花,点燃燃烧室内的油气混合物。

涡轮发动机点火装置与活塞式发动机点火装置不同,具有如下的特点:①涡轮发动机点火装置只在起动点火的过程中工作,只要在燃烧室中形成稳定的点火火源之后,点火装置就停止工作,而不像活塞式发动机那样在发动机的整个工作过程中都工作。②采用高能点火装置,这是因为燃气涡轮发动机的点火条件差,即点火时的气流速度快,特别是在空中点火时,不但气流速度快,而且温度低,压力低,点火条件更差。③点火装置对发动航空发动机的性能没有影响。

(1)点火激励器。根据点火激励器的输入电源不同,点火激励器分为两种:低压直流点火装置和高压交流点火装置,前者又可分为断续器式和晶体管式。

1)低压直流断续器式点火激励器。低压直流断续器式点火激励器由断续器机构、感应线圈、高压整流器、储能电容器、扼流线圈、放电间隙、放电电阻和安全电阻等组成,如图 9-21所示。

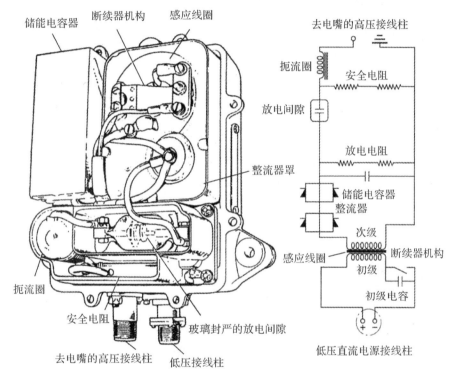

图 9-21　低压直流断续器式点火激励器

低压直流电经过断续器和感应线圈的共同工作后变为脉动高压电,再经高压整流器给储能电容器充电。当电容器中的电压达到密封放电间隙的击穿值时,点火电嘴端面即发生放电,产生电火花。装置中的扼流线圈能延长放电时间,放电电阻用于限制储能电容器的最大储能值,并保证电容器中储存的电能在系统断开 1 s 内被完全释放。安全电阻则用来保证在高压导线断开或绝缘的情况下也能安全工作。

2)低压直流晶体管式点火激励器。低压直流晶体管点火激励器的工作与低压直流断续器式点火激励器工作相似,区别只是用晶体管脉冲发生器取代直流断续器。在晶体管脉冲发生器的电路中,利用三极管的开关作用产生自激振荡,再通过感应线圈产生脉冲高压电,如图9-22所示。

这样的点火激励器较断续器式点火激励器有很多的优点,因为没有运动零件,因此寿命长得多。晶体管式点火激励器的尺寸和质量比断续器式点火激励器的更优。

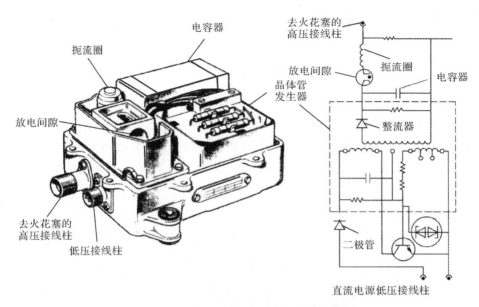

图 9-22 低压直流晶体管式点火激励器

3）高压交流点火激励器。图 9-23 所示是高压交流点火激励器，它由变压器、整流器、储能电容器、放电间隙、扼流圈、放电电阻、安全电阻和电嘴等组成。

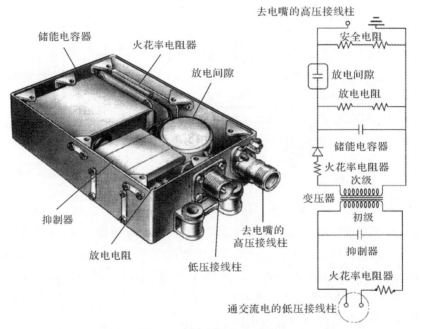

图 9-23 高压交流点火激励器

高压交流点火激励器输入的是 115 V，400 Hz 的交流电。低压交流电经过变压器变为高压交流电，再经高压整流器给储能电容器充电。当电容器中的电压升高到密封放电间隙的击穿值时，点火电嘴端面即发生放电，产生电火花。同直流点火器一样，在交流点火器中也装有放电电阻和安全电阻。

涡轮发动机常用的点火激励器为复合式点火激励器，该点火激励器具有双电源输入和双能量输出功能,既能输出高能量,又能输出低能量。一般地面起动、空中起动时用高能量;为防止熄火而连续点火时,用低能量。通常输入电源有两个:28 V(或 24V)直流和 115 V,400 Hz 交流,相应的输出对应为高能量和低能量,即一个点火激励器内有两套系统。

(2)点火电嘴。点火电嘴的功用是产生电火花点燃混合气。航空涡轮发动机上用的点火电嘴主要有收缩或约束空气间隙式和分路表面放电式等几种类型。

1)空气间隙式点火电嘴。图 9-24 所示为空气间隙式点火电嘴。在中央电极和接地极之间是绝缘材料,这样的电嘴要产生电火花必须击穿中央电极与接地极(电嘴壳体)之间的间隙,即要借强电场使此间隙的空气电离而导通。要击穿这个间隙,需要的电压很高,一般在 25 000 V 左右,这种电嘴也叫高压点火电嘴,它要求整个高压系统的绝缘性要好。

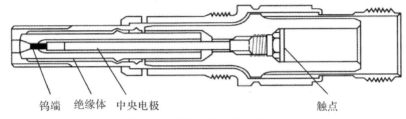

图 9-24　空气间隙式点火电嘴

2)分路表面放电式点火电嘴。分路表面放电式点火电嘴如图 9-25 所示,在电嘴端部中央电极和壳体(接地极)之间是一种半导体材料。

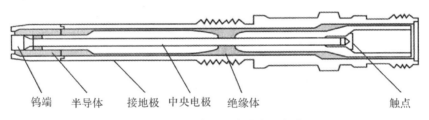

图 9-25　分路表面放电式点火电嘴

点火激励器产生的高压电经中央电极、半导体到接地极进行放电,放电是沿半导体表面进行的。在给电嘴两极加电压后,因为半导体表面载流子多,电阻小,会在半导体表面产生较大的电流,此电流使电嘴表面发热,发热又使半导体表面电阻率下降,电流增加,表面温度不断升高,半导体表面电流达到一定值后产生热游离现象,从而在中央电极和接地极之间,沿半导体表面产生电弧而放电。这种放电不是击穿电极间空气间隙实现的,而是通过在半导体表面材料蒸气电离中形成电弧放电来实现的。因此,这种电嘴所加电压要足够高,一般在 2 000 V 左右,以保证产生的热量大于因辐射、对流、传导而失去的能量,这种电嘴也叫低压点火电嘴。

9.5　航空涡轮发动机附件传动装置

在无人机涡轮发动机上,有许多附件需要由发动机的燃气涡轮带动。这些附件分为涡轮发动机系统本身的附件和无人机其他系统的附件两大类。附件传动装置由附件传动机匣和附件传动机构组成,其功用就是将涡轮的轴功率传递给各个附件,并满足各附件对转速、转向和功率的要求。

9.5.1 发动机附件传动装置的基本概念

1. 发动机附件传动装置的定义和组成

(1)发动机附件传动装置的定义。在航空涡轮发动机主要工作系统中,有一些部件有一定的功率、转速和转向要求,需要发动机转子驱动。这些附件一般都装在专门的附件传动机匣中,该附件传动机匣直接安装在发动机上,即在航空涡轮发动机上,通常都安装有一个或几个附件传动机匣(或称为附件传动齿轮箱)。

将发动机转子的功率、转速传输到附件,并驱动附件以一定的转速和转向工作的齿轮轮系及传动轴的组合体,称为附件传动装置。附件传动机构的组成与发动机的类型和工作需要有关,其主要部件包括圆柱齿轮系以及各种形式的离合器。

航空涡轮发动机传动发动机附件的功率约占涡轮功率的 0.2%～0.5%,一台大型航空发动机附件传动所消耗的功率可达 400～500 hp。附件及其传动装置的质量约占发动机质量的 15%～20%。

附件系统工作的可靠性,无论是对于发动机还是无人机都是极端重要的。因此,附件传动装置的结构,必须保证在飞行包线范围内可靠工作,并保证所有附件的转速、转向和所需的功率,以及具有小的外廓尺寸和质量、维护方便等特性。

(2)发动机附件传动装置的组成。附件传动装置一般由中心传动装置和外部传动装置两部分组成,如图 9-26 所示。

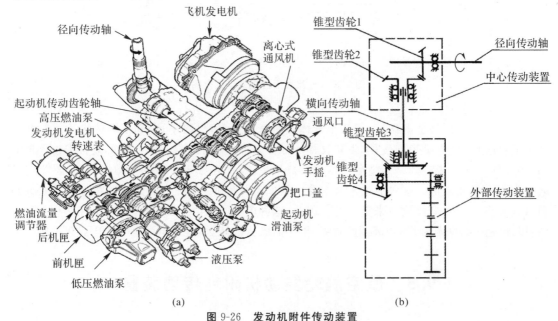

图 9-26 发动机附件传动装置

(a)结构解剖图;(b)工作原理示意图

1)中心传动装置。中心传动装置的功用是将发动机转子的转动变为与发动机轴线相垂直的转动。以便将发动机转子的一部分功率传递到发动机外。中心传动装置一般由一对锥型齿轮 1 和 2 组成。

2)外部传动装置。外部传动装置的功用是将垂直于发动机转子轴线的转动变为轴向的转动,并将传递到发动机外的功率分配给各附属系统。外部传动装置一般由一对锥型齿轮 3 和 4 组成。图 9-27 表示了一个实际案例:涡喷 7 发动力机附件传动装置简图。

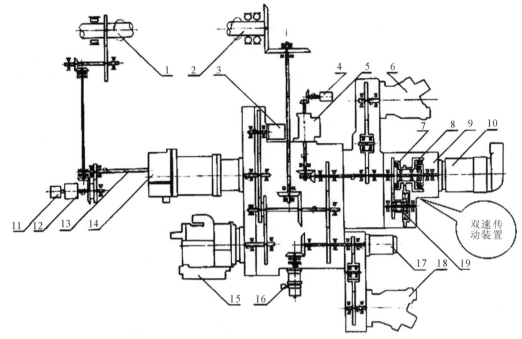

图 9-27 涡喷 7 发动力机附件传动装置简图

1—低压转子轴;2—高压转子轴;3—油气分离器;4—高压转子转速传感器;5—滑油附件;6—液压泵;
7—滚棒离合器;8—摩擦离合器;9—双速传动装置;10—起动-发动机;11—低压转子转速传感器;
12—前支点回油泵;13—传动离心式调节器的万向轴;14—主燃油泵-调节器;15—加力燃油泵-调节器;
16—离心通风器;17—离心增压泵;18—液压泵;19—棘轮离合器

在单转子发动机中,附件传动装置均由压气机轴驱动。有的由压气机前部传动,有的由压气机后部传动。在多转子发动机中,主要附件均由高压转子驱动。低压转子、中压转子只驱动该转子的转速传感器、转速调节器、辅助滑油泵等。

2. 发动机附件传动装置设计、安装要求

在设计、安装附件传动装置时,需注意以下几项原则:

(1)附件传动装置的设计、安装要满足各种附件对转速、转向、传动功率、安装位置及密封等的要求。

(2)附件传动装置在发动机上的安装位置,应考虑环境温度的影响。

(3)附件传动装置的安装位置应具有较好的可达性,便于接近进行维护、调整和更换。

(4)附件应集中在一个或几个传动机匣上,这样,结构可简化,装拆容易。

(5)附件的外廓尺寸应尽量小,力求不增加或少增加发动机的迎风面积。故常将附件安装在发动机直径最小的地方,或者装在发动机头部整流罩内或后部整流锥内。

(6)附件应尽量靠近服务对象,以缩短管路,减轻质量,提高工作灵敏度。

(7)附件位置应远离高温区。

9.5.2 恒速传动装置

1.恒速传动装置的基本概念

在大、中型无人机上,所采用的电源均为 400 Hz、115 V 的交流电。由于机载电子设备对电源的电压和频率有严格的要求,而交流电的质量取决于其频率的恒定,因此,交流发电机是以恒定的 6 000 r/min 或 8 000 r/min 的转速工作。交流发电机是由发动机通过附件传动装置来驱动的,交流发电机输出的交流电的频率 f 与发电机的电极对数 p 及发电机轴的转速 n 有关,即

$$f = \frac{pn}{60} \tag{9-1}$$

当发电机的电极对数 p 一定时,发电机输出的交流电的频率 f 就只与发电机轴的转速 n 有关。为此,要得到恒频交流电,交流发电机的转速必须恒定。例如,对于 $f = 400$ Hz,$p = 4$,要求发电机的转速 $n = 6$ 000 r/min。但发动机的转速是变化的,为此在发动机的附件传动装置和发电机之间应有一套保持交流发电机转速恒定的变传动比装置,即恒速传动装置。恒速传动装置的输入轴与发动机附件传动装置相连,转速是变化的,输出轴与交流发电机轴相连,转速是恒定的。因此恒速传动装置的功用就是在发动机的各种状态下(即各种转速下)使交流发电机以恒定的转速工作,以输出频率为 400 Hz 的恒频交流电。

由于发动机从慢车到起飞工作状态,其转速变化的范围很大,即从低于 6 000 r/min(或8 000 r/min)的转速到高于这个转速的范围变化着,所以恒速传动装置有三种工作状态:

(1)增速传动状态。当发动机的转速较低,恒速传动装置的输入转速小于恒速传动装置的输出转速时,恒速传动装置的工作状态为增速传动状态。

(2)减速传动状态。当发动机的转速较高,恒速传动装置的输入转速大于恒速传动装置的输出转速时,恒速传动装置的工作状态为减速传动状态。

(3)直接传动状态。当发动机的转速正好使得恒速传动装置的输入转速等于恒速传动装置的输出转速时,恒速传动装置的工作状态为直接传动状态。

2.恒速传动装置的组成

典型的恒速传动装置,由差动齿轮传动机构、可变液压组件和固定液压组件三部分组成。通过这三部分的联合控制和传输,可得到恒定的输出转速,以驱动交流发电机工作,如图 9-27 所示。

(1)差动机构。差动机构由一个齿轮托架、两个行星齿轮、输入环型齿轮和输出环型齿轮组成。两个行星齿轮一个主动,一个从动。其传动关系是:由输入齿轮带动齿轮托架旋转,齿轮托架一路经两个相互啮合的行星齿轮传动输出环型齿轮,另一路为传动可变液压组件的转子;主动行星齿轮与输入环型齿轮啮合,输入环型齿轮与固定液压组件相连。

输入环型齿轮和输出环型齿轮与行星齿轮的齿数比均为 2∶1。当输入环型齿轮被制动时,输出环型齿轮的转速为齿轮托架转速的 2 倍,即传动比 $i = 1∶2$。若输入环型齿轮做与齿轮托架转速同方向的差动,则输出环型齿轮的转速小于齿轮托架转速的 1/2 倍,即 $i > 1∶2$;若输

入环型齿轮做与齿轮托架转速反方向的差动,则输出环型齿轮的转速大于齿轮托架转速的 $1/2$,即 $i<1:2$。因此,差动机构是一个变速传动机构,其传动比与输入环型齿轮的转向和转速有关。以 $i=1:2$ 作为直接传动的传动比,当输入环型齿轮被制动,或进行与齿轮托架转向相同或相反方向的差动时,差动机构就可以对输入转速进行增减,实现输出转速保持不变。输入环型齿轮的制动、反向差动和同向差动,由可变液压组件和固定液压组件的联合工作来保证。

(2)固定液压组件。固定液压组件由柱塞转子、柱塞组、一个固定角度斜盘组成,其功能相当于一个液压马达。柱塞转子的输出齿轮与输入环型齿轮经齿轮啮合,其转速和转向决定了输入环型齿轮的转速和转向。

固定液压组件作为液压马达工作,其转速和转向由打入马达的高压油量和供油方向决定。当恒速传动装置在增速状态下工作时,高压油迫使固定液压组件的柱塞沿斜盘平面滑动,推动固定液压组件的柱塞转子顺时针方向转动,带动输入环型齿轮反时针转动,既不打油也不吸油时,固定液压组件不动。如果向固定液压组件反向供油,固定液压组件开始反向转动。反向供油量增大,则固定液压组件的反向转速也增大。

(3)可变液压组件。可变液压组件由柱塞转子、柱塞组、一个可变角度斜盘和一个控制缸及伺服活塞组成,前三者实际上就是柱塞泵。柱塞转子由输入齿轮经齿轮托架直接传动,其转速始终与输入转速成正比,且转向不变。

当恒速传动装置在增速状态下工作时,由调速器(输出齿轮驱动)操纵伺服活塞处于伸出位置(见图 9-28)。柱塞转子、柱塞组作为液压油泵工作,向固定液压组件供给高压油。随着输入转速的增加,调速器操纵伺服活塞逐渐缩回,使斜盘角度逐渐变小,输出的高压油量下降。当输入转速增加到要求的直接传动转速时,伺服活塞使斜盘角度恰好为零,斜盘与柱塞转子的旋转轴垂直,可变液压组件处于既不打油也不吸油的自由旋转状态。此时,固定液压组件处于液锁状态,输入环型齿轮被制动。

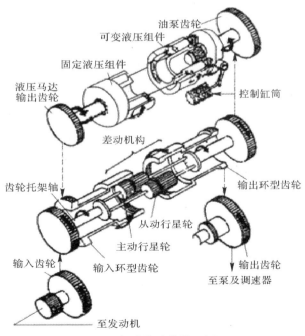

图 9-28　恒速传动装置示意图

输入转速继续增加,调速器操纵伺服活塞继续缩回,则使斜盘角度变为负值,柱塞转子、柱塞组开始沿相反方向输出高压油,从而使固定液压组件反向转动,输入环型齿轮随之反向差动,恒速传动装置在减速状态下工作。随输入转速的增加,使斜盘角度继续变小,反向输出的高压油量增大,固定液压组件转速加快。

3. 恒速传动装置的工作原理

当输入转速小于直接传动转速时,恒速传动装置在增速状态下工作。从可变液压组件来的高压油推动固定液压组件的柱塞转子顺时针方向转动,带动输入环形齿轮逆时针转动。此时输入环型齿轮的差动方向与齿轮托架的转向相反,给输入转速以增补,使输出转速达到规定值。当输入转速继续增大时,需要增补的转速减小,由可变液压组件来的供油量亦减少,使固定液压组件柱塞转子的转速减小,输入环型齿轮的差动转速减小,继续保持输出转速不变。

当输入转速增加到要求的直接传动转速时,伺服活塞使斜盘角度恰好为零,斜盘与柱塞转子的旋转轴垂直。此时,可变液压组件处于既不打油也不吸油的自由旋转状态,使固定液压组件处于液锁状态,输入环型齿轮被制动。

当输入转速继续增加到输入转速大于直接传动转速时,调速器操纵伺服活塞继续缩回,则使斜盘角度变为负值,柱塞转子、柱塞组开始沿相反方向输出高压油,从而使固定液压组件反向转动,带动输入环型齿轮顺时针转动,即进行反向差动,恒速传动装置在减速状态下工作。随着输入转速的增加,斜盘角度继续变小,反向输出的高压油量增大,固定液压组件转速加快,使输入环型齿轮的反向差动转速加快,输出转速继续保持恒定。

9.5.3　双速传动装置

1. 双速传动装置的基本概念

起动/发电一体化技术是利用电机具有电动和发电两种基本功能的特点,采用同一个电机代替发动机上传统的两个电机(起动机和发电机),目的是减少涡轮发动机附件的数目,减轻发动机的质量。

无人机起动/发电一体化技术利用先进的电力电子技术、检测技术和现代控制技术,将无人机发动机的起动与发电功能有效地组合在一起,从而可以很方便地实现快速起动和发电两种不同的功能。发动机起动时,电机作为直流电动机,由电池输入直流电后驱动发动机转子旋转,发动机起动后,电机转变为发电机,由发动机驱动旋转发电,向无人机的电池提供直流电输入。

起动/发电机作为起动机起动发动机时,需要有较大的扭矩作用于发动机转子上,因此需要减速后传动转子;发动机正常工作时,转子转速较高,而发电机的转速一般约为 8 000 r/min,转子需减速后传动发电机。这样就造成发动机起动/发电机时,需采用不同的传动比带动起动/发电机,因此,在附件传动机构中应设置一套双速传动装置,来满足起动/发电机在两种状态下传动比的要求。

2. 双速传动装置的组成

典型的双速传动装置由两对正齿轮、一套棘爪离合器、一套滚棒离合器和一套摩擦离合器组成。

(1)棘爪离合器 。棘爪离合器由棘轮、离合子以及安装座等组成,如图 9-29 所示,其作用是在发动机起动过程中,实现起动机与发动机之间的传动。在转速达到发动机自持转速、起动机电路断电后,棘轮离合器脱离工作,使起动发电机自动退出起动状态。

棘轮的外面有直齿,里面有锯形齿。3 个离合子分别用销钉固定在离合子座上,离合子在弹簧力的作用下使前端外张,卡在棘轮内表面的锯齿上。离合子的重心靠近后端,所以工作时离心力使离合子前端内收。当起动时,作用在离合子上的弹簧力大于离心力,离合子前端外张,使棘轮与安装座卡合。在转速超过自持转速且起动发电机断电后,棘轮转速大于安装座转速,离合子脱离啮合状态,在离心力的作用下,离合子前端内收。为了防止离合子在离心力作用下后端与棘轮相碰,在安装座上安装有限动销。

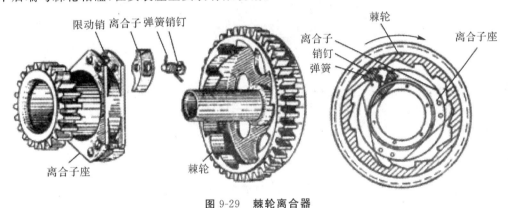

图 9-29　棘轮离合器

(2)滚棒离合器。滚棒离合器是用来保证在转速达到自持转速后,发动机转子与起动发电机之间的传动,使起动发动机由发动机带动进入发电状态。它由外环、星型轮、滚棒、护圈、卡圈和前、后盖板等组成(见图 9-30)。护圈套在星型轮的外围,滚棒装在护圈周围的孔内,前/后盖板和护圈用铆钉连成一体。卡圈一端插在星型轮的小孔内,另一端嵌入护圈的径向槽内。卡圈的弹力保持护圈的相对位置,护圈使滚棒总是处于与外环进入接触的状态。

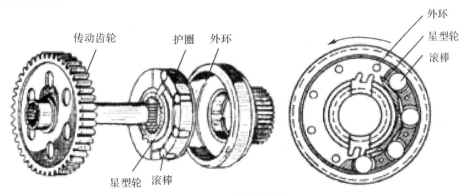

图 9-30　滚棒离合器

当星型轮转速大于外环转速时,星型轮的凸起接触滚棒,迫使滚棒卡在外环和星型轮之间,星型轮就能带动外环一起转动。当外环转速大于星型轮转速时,外环带动滚棒趋向于进入星型轮的直边中间,护圈的作用是使滚棒不能到达星型轮直边的另一端,迫使滚棒处在外环和星型轮之间,滚棒与星型轮之间有间隙,外环因此不能带动星型轮一起转动。这种离合器又叫超越离合器。

(3)摩擦离合器。摩擦离合器是起过载保护作用的。它由一组铜片、钢片、弹簧、内齿轮、外齿轮等组成(见图 9-31)。摩擦离合器铜片上有外套齿,与外齿轮上的内套齿啮合。钢片上有内套齿,与内齿轮上的外套齿啮合。铜片与钢片相间地安装在内、外齿轮之间,用一组弹簧压紧。摩擦片之间填有石墨油膏,起润滑作用。工作时,当内、外齿轮的扭矩小于摩擦片之间的摩擦力矩时,内、外齿轮一起转动。当扭矩过大,超过铜片与钢片之间的摩擦力矩时,就发生滑动。

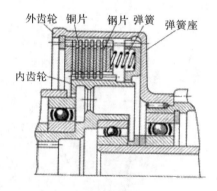

图 9-31　摩擦离合器

3. 双速传动装置的工作原理

摩擦离合器、棘轮离合器和滚棒离合器三者之间的联系如图 9-32 所示。

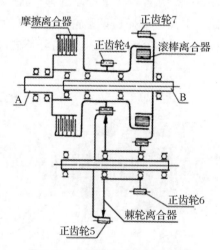

图 9-32　双速传动装置运动简图

涡轮发动机起动时(见图 9-33),起动/发电机经 A 轴通过摩擦离合器带动齿轮 4 并传动齿轮 5,使棘爪离合器的棘轮转动,棘爪离合器合闸,通过离合子使安装座,即齿轮 6 转动并传动齿轮 7,达到减速的目的,带动与附件传动装置主传动轴相连的轴 B。滚棒离合器处于离闸状态。

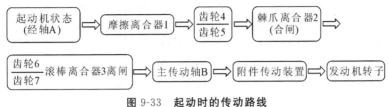

图 9-33　起动时的传动路线

当发动机起动后(见图 9-34),切断起动/发电机的电源,起动机有停转的趋势。发动机转子通过主传动轴 B 带动齿轮 7,使滚棒离合器的星形轮转速大于外环的转速而自动合闸。此时,棘爪离合器的外环转速低于内环转速而处于离闸状态,即当起动-发电机处于发电状态时,发动机转子经附件主传动轴 B 通过滚棒离合器、摩擦离合器直接驱动发电机工作。

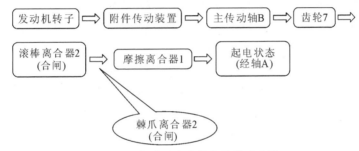

图 9-34　起动后发电状态的传动路线

由此可见,双速传动装置是借助两套超越离合器,通过两条不同的传动路线,自动地获得在起动与发电两种工作状态下所需要的两种传动比,并且保证在双发飞机上,起动一台发动机时,防止另一台反转。

9.5.4　发动机机内减速器和测扭机构

1. 发动机机内减速器的功用和特点

航空燃气涡轮发动机减速器是航空发动机驱动螺桨或旋翼必不可少的部件,它是涡桨发动机、涡轮轴发动机的重要组成部分。为了将涡轮螺旋桨发动机、涡轮轴发动机输出轴的高转速降低到空气螺旋桨(或旋翼)所需的低转速,无人机油动动力系统通常要采用机内和机外两类齿轮减速装置,其中装在发动机内的减速器称为机内减速器,装在发动机外成为一个独立的减速器称为机外减速器(机外减速器又称为无人机减速器)。动力装置需要安装减速器的主要原因是航空发动机转轴的转速非常高,经过发动机机内减速器的减速依然达不到空气螺旋桨(或旋翼)工作时所需的低转速,所以要采用机内、机外两级减速。

(1)发动机机内减速器的功用。航空发动机机内减速器用来连接并驱动无人机的推进装置(螺旋桨或旋翼),使被驱动的推进装置与航空发动机的各旋转部件均在各自最有利的切线速度(转速)下工作,以提高这些部件和推进装置的效率。通常在涡轮螺旋桨发动机和涡轮轴发动机上都有机内减速器。目前,有些大流量比的涡轮风扇发动机也利用减速器来传动风扇,这种带有减速器的风扇称为传动式风扇。

为了提高燃气涡轮发动机的效率,涡轮转子叶片尖部的切线速度很高。不同空气流量的发动机由于流通部分平均直径不同,相应于这些切线速度的最有利的工作转速也不同。

1)大空气流量的发动机工作转速为 8 000～10 000 r/min。

2)中等空气流量的发动机工作转速为 15 000～18 000 r/min。

3)小空气流量的发动机工作转速为 22 000～60 000r/min。

4)大功率的亚声速螺旋桨对应于效率最高时的工作转速仅为 800～1 200 r/min。

5)中、小型旋翼无人机的旋翼工作转速为 320～360 r/min。

6)大型旋翼无人机的旋翼工作转速只有 120～180 r/min。

大多数燃气涡轮发动机的机内减速器与燃气发生器联为一体,组成一个整体。

不论是机内减速器,还是机外减速器,其目标都是将发动机高旋转速度降低到适合无人机螺旋桨或旋翼正常工作所需的低旋转速度。

(2)发动机机内减速器特点。与地面用的减速器相比,航空发动机所使用的减速器有如下特点:

1)减速器结构紧凑,轮齿负荷与切线速度更高。

2)为使传动平稳,通常轮齿采用斜齿、人字齿或螺旋齿。在齿形上采用修变方法或特殊的齿形以提高传动啮合系数,减少轮齿接触的局部应力与冲击载荷。

3)轮齿制造的精度高。

4)在设计上对材料的选择、齿面的冷却与润滑、轴的径向与扭转振动等方面有更细致的考虑。

2. 发动机机内减速器的结构

发动机内减速器的结构取决于它的传动方式,而传动方式主要与减速比的大小有关。减速比是指减速器输出转速与输入转速之比,即减速比＝输出转速÷输入转速。

当燃气涡轮发动机减速比大时,通常采用简单的平行固定轴的传动方式,与一般常用的齿轮减速器相同,传动式风扇的减速器一般采用这种形式。在旋翼无人机上使用的涡轮轴发动机,由于有机外主减速器,其机内减速器减速比较大,一般也使用简单的平行固定轴传动,有时减速齿轮可以有两级。

当燃气涡轮发动机减速比较小时,为使减速器结构紧凑,尺寸、质量小,通常采用各种行星式减速传动方案。根据减速比大小,可有一级或二级。此外还有差动式的传动方案。

涡轮螺旋桨发动机的减速器由于减速比较小,通常要采用行星式减速的传动方案。比较常用的是双级行星齿轮减速器,图 9-35 所示是加拿大普拉特 & 惠特尼公司 PT6A-27 涡轮螺旋桨发动机的减速器。PT6A-27 发动机是一种适用于中、小型无人机的航空发动机,其起飞功率为 500 kW,螺旋桨由发动机的自由涡轮经减速器带动,在各种工作状态均保持其转速为 2 200 r/min。自由涡轮工作转速为 33 000 r/min,减速器减速比为 0.068 8。

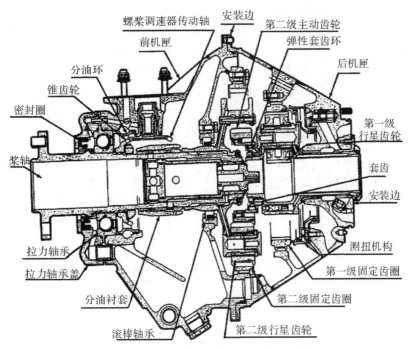

图 9-35　PT6A-27 涡轮螺旋桨发动机的减速器结构图

3. 测扭机构

在涡轮螺旋桨发动机和涡轮轴发动机的减速器中,通常有测量减速器传递扭矩大小的机构,称为测扭机构。测扭机构用以测量发动机在不同工作状态下的实际输出扭矩(发动机的实际功率)。

在不同的环境条件下,相同的发动机转速实际输出的功率不同。例如,在夏季高温天气或高原机场,气温升高或机场高度升高均会使在相同工作转速下的发动机实际输出的功率减小。这要求无人机减载起飞。而北方冬季低温的天气又会使发动机输出的功率(扭矩)过大而危及发动机传动系统的安全。设置测扭机构可使飞手(无人机地面驾驶员)测知发动机真实的输出功率与扭矩。

此外,在遇到减速器轴或轮齿折断等故障时,测扭机构可以迅速感知扭矩的消失。将测扭机构与紧急停车开关联动,在遇到这些故障时,就可以迅速关闭燃烧室的供油。这样可以避免因扭矩突然减少,继续向燃烧室供油导致动力涡轮转子飞转而破裂的重大飞行事故。

目前使用的测扭机构通常是一个液压机械系统。测量作用于固定齿圈上的液压装置内的压力,并将其转换为作用于齿圈上的切向力与扭矩,如图 9-36 所示。

动力涡轮通过主动齿轮驱动第一级行星齿轮,它的扭矩传给固定齿圈。在此扭矩的作用下,由于它外圆周上的斜齿卡在后机匣的斜齿槽内,斜齿上承受的切向力会产生一个如箭头所示的轴向分力,推动测扭机构活塞向右方移动,活塞在油缸中,当它右移时带动柱塞活门压缩调节弹簧一同右移。这样就使由调节孔进入油缸的高压油流量增加,油腔的压力增加,直到腔内油压对活塞的作用力与齿圈受扭矩的轴向分力平衡时为止。通过测量油腔的压力,经过换算,即可用仪表指示出传动的实际扭矩。高压油不断通过节流孔流入机匣空腔以免发生油腔液压闭锁现象。由于采用斜齿槽将切向力转化为轴向分力,这种测扭机构在结构上比较紧凑,径向尺寸也比较小,但要求制造与装配的精度较高。

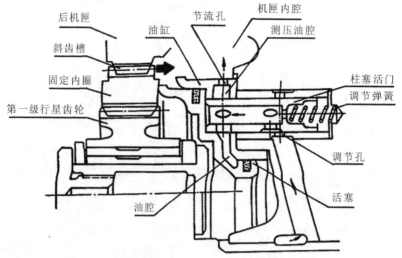

图 9-36 PT6A-27 涡轮螺旋桨发动机的减速器结构图

9.6 无人机传动系统

采用航空发动机作为动力装置的油动无人机,在螺旋桨(或旋翼)与航空发动机之间必须要安装动力传动系统,其作用是将螺旋桨(或旋翼)与航空发动机联结起来,达到航空发动机驱动螺旋桨(或旋翼)旋转工作的目的。

9.6.1 无人机传动系统的组成和原理

传动系统是无人机的重要组成部分之一,其功用是满足螺旋桨或旋翼系统动力要求,以驱动螺旋桨或旋翼正常旋转为目标,把发动机与螺旋桨或旋翼连接起来,并通过减速器将发动机输出的高转速降低到螺旋桨或旋翼所需要的低转速,从而使发动机与螺旋桨或旋翼之间在运动和动力方面得到合理的匹配,因此传动系统性能的好坏将直接影响无人机的飞行性能的好坏和安全可靠性的高低。就无人机本体技术而言,传动系统是它最重要的关键部件之一,能反映无人机技术的本质和特征。

1. 传动系统的组成

无人机传动系统的基本组成包括主减速器、中间减速器、传动轴、联轴节、离合器和螺旋桨(旋翼)刹车等。由于无人机发动机的动力轴输出转速较高,而螺旋桨或旋翼工作转速较低,在将发动机轴功率输入螺旋桨或旋翼系统之前,须把转速降低到符合螺旋桨或旋翼所要求的转速数值,这一减速的任务由传动系统通过采用单级或多级齿轮减速器的方法得以完成。齿轮减速器是涡轮发动机驱动无人机螺旋桨或旋翼系统必不可少的重要部件。

为了提高涡轮发动机的工作效率和减小它的外廓尺寸,涡轮发动机工作时主轴转速必须很高,一般在 6 000～18 000 r/min,目前,有些小功率涡轮发动机的涡轮转速甚至已超过 60 000 r/min。而无人机螺旋桨或旋翼的最有利转速则比较低,一般螺旋桨或旋翼的转速仅为 120～300 r/min(轻小型能达 600～1 000 r/min)。齿轮减速器的作用是使两个转速不同的部件相互匹配,分别在各自的最佳转速下工作,并能高效率地传递功率。

通常无人机涡轮发动机传动系统的减速器分机内减速器与机外减速器两种。

(1)机内减速器。机内减速器,也称为体内减速器,是指减速器与发动机固定在一起,并成为发动机组成的一部分,如图 9-37(a)所示。一般无人机总体设计选用发动机时,除了对涡轮发动机的功率提出要求外,还要求发动机体内减速器输出轴的转速统一在 6 000 r/min 左右,以便于与螺旋桨或旋翼系统相匹配。

(2)机外减速器。机外减速器,也称为主减速器,是指减速器与发动机分开,并作为独立机器存在和使用,如图 9-37(a)所示。主减速器是无人机的主要承力部件,它有独立润滑系统,可以由一台或多台涡轮发动机的动力涡轮直接驱动,或者通过体内减速器驱动。为了使从发动机到减速器的传动轴不致因转速过高而发生振动现象,通常采用机外减速器与机内减速器联合使用的方案,如图 9-37(b)所示。

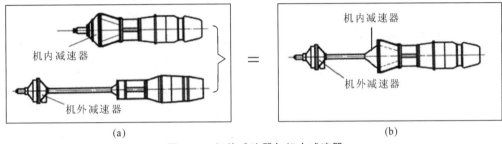

图 9-37　机外减速器与机内减速器

(a)机内和机外减速器单独安装;(b)机内和机外减速器安装在一起

当用两台或多台涡轮发动机来驱动一套推进装置时,通常共用一个机外减速器,此种工作方式称为并车。

2. 传动系统的工作原理

无人机涡轮发动机传动系统的作用是使两个转速不同的部件(发动机与螺旋桨或旋翼)相互匹配,分别以各自的最佳转速工作,并能高效率地传递功率。

传动系统的关键部件主减速器输入轴(主动轴)与发动机的动力输出轴相连,其输出轴(从动轴)通过主传动轴与螺旋桨或旋翼轴相连。对于安装有多台发动机的情况,每一台发动机对应到主减速器上都要有一个输入轴,主减速器上输入轴的数量与发动机的数量相同。同样,每个螺旋桨或旋翼对应到主减速器要有一个输出轴,即主减速器上输出轴的数量与螺旋桨或旋翼的数量相同,如图 9-38 所示。

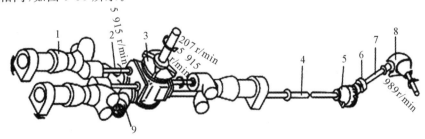

图 9-38　传动系统案例示意图

1—透默Ⅲ;2—主传动轴;3—主减速器;4—水平传动轴;5—中间减速器;
6—端齿离合器;7—斜传动器;8—尾减速器;9—滑油散热器

由于主减速器要把涡轮发动机的高转速降低为螺旋桨或旋翼系统的低转速,因此,主减速器的特点是传递的功率大和减速比大。因此它需要有一个高效的润滑系统,将冷却滑油供给需要冷却的关键齿轮和轴承表面。一般在主减速器的输入轴处带有自由行程离合器(单向离合器)。此外在主减速器上还有带动滑油泵的输出轴。为了提高齿轮的耐久性,齿轮箱有一个挠性安装座,这种结构使齿轮系统不受飞行中遇到的正常弯曲负荷的影响,保证啮合精度。连接主减速器与螺旋桨或旋翼系统的传动轴往往还带有各种联轴节,以补偿制造及安装误差、机体变形及环境影响。

9.6.2　无人机传动系统的特点和发展趋势

无人机通常有三大关键动部件(螺旋桨或旋翼、发动机和传动系统),传动系统是其中之一。传动系统的作用是将发动机的功率和转速按一定比例传递到螺旋桨或旋翼,并驱动安装在减速器上的附件,将螺旋桨或旋翼系统的升力及反扭矩传递到机体结构。

无人机传动系统技术不仅涉及机械知识,还涉及强度、流体、电气、试验、制造工艺和成品配套等专业知识。无人机传动系统的主要特点表现在功重比大、要求寿命高、动力学问题突出、系统复杂、试验复杂,而且构型、性能与全机密切相关。因此,基本上形成了一种型号的无人机配备一种型号传动系统的状态。

1. 无人机传动系统的特点

(1)高的功率质量比。无人机的传动系统相对于一般的减速传动系统而言具有更高的功率质量比,作为航空部件必须严格控制质量。即便如此,一般情况下主减速器仍占据无人机总质量的 $1/9\sim1/7$,所以为了进一步减轻质量,必须采用结构优化、润滑系统优化和选用高强度比的材料等方法减轻质量,提高功率质量比。

(2)高的生存能力。无人机,尤其是军用无人机将工作在复杂的战场条件下,减速箱被击中或过机动飞行引起的传动系统的故障都有可能使得润滑油泄露,所以必须保证减速器有一定的干运转能力。

(3)高减速比、高效率、高可靠性和良好的维护性。油动无人机的航空发动机主要是涡轮发动机,其转速很高,但是螺旋桨或旋翼桨叶的运转速度由于激波和失速的限制不会很高,所以减速比就会很大,减速级就会增加,这也是传动系统结构质量相对较大的原因。为了提高传动的效率,减速齿轮一般采用斜齿,而为了提高传动的平稳性,更好的办法是采用人字齿。传动系统为单路承载方式,一旦发生故障将是灾难性的,这就要求传动系统必须具有很高的可靠性。无人机受空间和结构的限制,维修较为困难,因此要求传动系统有良好的维修性。

(4)载荷复杂,动力学问题突出,寿命要求高。无人机最突出的问题之一就是振动问题,来自发动机、螺旋桨或旋翼等旋转部件的激振力相互叠加耦合,使得无人机的传动系统承受的载荷十分复杂。不仅如此,在传动系统传动链中,各种不同转速的构件协同运转,发动机、螺旋桨或旋翼系统与传动系统之间存在振动耦合。转动系统结构复杂,零部件数目较多,易发生故障和失效,且故障不易监测,维护性较差,要实现较长的使用寿命有较大的难度。

(5)润滑系统复杂。近年来,对传动系统的性能指标和效率要求越来越高,导致系统温度提高,使得润滑系统的工作环境更加苛刻。由于质量限制和安全要求,润滑系统所有润滑油路均为内置,使主减速器结构极为紧凑,有的具有备份润滑系统,润滑油量也必须适当,为达到干运转要求,机匣内需设置油兜等结构。因此,传动系统的润滑比一般比地面减速器更复杂,监测也更困难。

(6)涉及面广,基础性强。传动系统研制涉及机械学、材料与强度、摩擦与润滑、动力学、声学、流体力学、传热学等基础学科,目前,传动系统技术发展呈现各学科相互渗透的态势,需要各基础学科研究的支持,因此提高传动系统研发水平,须从基础抓起。

2. 无人机传动系统发展趋势

随着科学技术的进步,一些新概念传动系统设计逐步显现,如双主链传递功率、可变速传动系统、采用少滑油或无滑油冷却系统的传动系统设计,采用实时监控技术、无翻修寿命甚至无维护概念的传动系统设计等。随着新技术、新工艺、新材料的发展,无人机传动系统也在不断改进,主要表现在以下几个方面:

(1)分扭传动技术的应用。进一步发展的分扭传动技术具有高的传动比、可以减少传动级数、效率高、可靠性高、噪声小、利于减重等优点,特别适用于大功率减速器。

(2)采用动静轴传动技术,分解螺旋桨或旋翼轴的载荷,有利于零部件设计、减轻质量和提高可靠性。

(3)采用高速离合器技术,提高可靠性,减轻质量。

(4)主减速器多处采用了轴/轴承/齿轮一体化设计,提高了可靠性,同时减轻了主减速器的质量。

(5)采用复合材料传动轴、复合材料机匣技术来减轻结构质量。

(6)采用耐高温轴承、齿轮材料,提高了传动的寿命。

(7)采用深度氮化甚至纳米技术以改变部件的表面特性,使部件的耐磨损性能提高,增加部件的使用寿命。

(8)发展了更为有效的润滑方式,如环下润滑、离心甩油、多喷嘴喷射等。提高了滑油过滤精度,确保齿轮、轴承等转动部件摩擦时有良好的润滑和冷却条件。

(9)采用润滑油芯技术以及留有适当的齿轮和轴承间隙,保证无人机在没有润滑油的情况下的干运行能力,提高生存能力。

(10)新概念、一体化设计。采用少滑油或无滑油冷却系统的传动系统设计;采用实时监控技术、无翻修寿命甚至无维护概念的传动系统设计;采用与无人机、发动机一体化设计的传动系统设计。

9.6.3　无人机传动系统的主要部件

1. 主减速器

主减速器是无人机传动系统最重要的部件(见图 9-39),其主要功用是将发动机输出的高转速降低到符合螺旋桨或旋翼所要求的低转速,驱动螺旋桨或旋翼旋转。采用涡轮发动机的大型无人机,主减速器的减速比可达 50~70;采用活塞式发动机的轻型无人机,主减速器的减速比可达 5~7。由于螺旋桨或旋翼与动力轴间的转速相差很悬殊,减速比很大,减速器尺寸又受到限制,因此主减速器结构常用较复杂的多级传动,并广泛采用游星轮系。

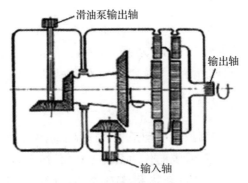

图 9-39 主减速器结构示意图

传动系统中传动方向的改变一般是借助于伞齿轮,而减速则大多采用质量较轻、尺寸较紧凑的游星齿轮系。为了减轻质量,齿轮一般用优质合金钢制成,而减速器机匣则由铝合金或镁合金铸造而成。为了保证齿轮与轴承的润滑及散热,主减速器都带有强迫润滑系统。

2. 中间减速器

中间减速器一般都是由一对伞齿轮构成,其功用是改变功率传输路径的方向,如图 9-40所示,图 9-40(a)表示功率传输路径的方向发生 90°变化,图 9-34(b)表示功率传输路径的方向发生小于 90°的斜向变化。

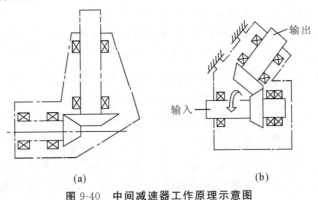

(a)   (b)

图 9-40 中间减速器工作原理示意图

3. 离合器

无人机传动系统有两种离合器:自由行程离合器及连接离合器,后者仅在采用活塞式发动机或定轴涡轮发动机时才需要安装,而前者则在任何情况下都是必需的。

(1)自由行程离合器。自由行程离合器实际上就是一个单向离合器或超越离合器。借助于自由行程离合器,发动机可以带动螺旋桨或旋翼旋转,但它不能反过来带动发动机。这样,当发动机停车时就自行与螺旋桨或旋翼脱开,螺旋桨或旋翼就可以自由地进行自转。当无人机安装了多台发动机时,借助于自由行程离合器,任何一台发动机停车都不会影响其他发动机及螺旋桨或旋翼系统的工作。为此,在主减速器上每台发动机的输入轴处都必须带有一个单独的自由行程离合器。

自由行程离合器应用较普遍的有滚柱式及撑块式两种类型。图 9-41 所示为滚柱式自由行程离合器的原理图,星形轮是主动部分,与发动机相连;外圈是从动部分,与螺旋桨或旋翼相连。星形轮与外圈之间则装有滚柱,发动机工作时带动星形轮顺时针方向旋转,滚柱在其与外圈之间的摩擦力作用下相对于星形轮逆时针方向运动,在外圈与星形轮之间的楔形间隙内越挤越紧,这样也就带动了外圈,从而带动螺旋桨或旋翼。当发动机停车时,外圈成为主动部分,星形轮则成为从动部分。这时外圈带动滚柱顺时针方向运动,进入星形轮上的凹槽内,使外圈与星形轮之间断开联系。这样,螺旋桨或旋翼也就不会带动发动机转动。

撑块式自由行程离合器(见图 9-42)的外圈及内圈均为圆柱形表面,二者之间是带有曲线形表面的撑块,一般外圈为主动部分而内圈为从动部分。当外圈逆时针方向旋转时,带动撑块由图 9-42 所示位置向左倾斜,由于尺寸 a 大于尺寸 b,也大于内、外圈之间的间隙,撑块就在内、外圈之间被挤紧了,从而带动了内圈。当螺旋桨或旋翼自转时内圈成为主动部分,撑块处于图 9-42 所示位置,内、外圈也就脱离了联系。

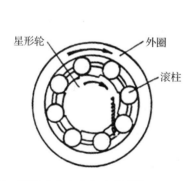 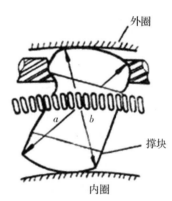

图 9-41　滚柱式自由行程离合器的原理图　　图 9-42　撑块式自由行程离合器的原理图

(2)连接离合器。连接离合器用在采用活塞式发动机或定轴涡轮发动机的无人机上,其作用是使发动机在起动时与螺旋桨或旋翼断开,等发动机正常工作后再与螺旋桨或旋翼接通。这样做的原因是:螺旋桨或旋翼的惯性很大,发动机要连同螺旋桨或旋翼一起起动是很困难的,而且螺旋桨或旋翼也可能会受到较大的过载。

对于自由涡轮发动机,其压气机及压气机涡轮与功率涡轮及螺旋桨或旋翼之间没有机械联系,因而就不需要连接离合器了。当自由涡轮发动机起动时往往用螺旋桨或旋翼刹车把螺旋桨或旋翼及功率涡轮刹住,等到燃气发生器部分起动完成并工作正常后再松开螺旋桨或旋翼刹车,在燃气的作用下使功率涡轮连同螺旋桨或旋翼缓慢加速。

4. 螺旋桨或旋翼刹车

螺旋桨或旋翼刹车的功用是无人机在着陆发动机停车后可以使螺旋桨或旋翼较快地停止

转动,以及无人机在停机状态下借助螺旋桨或旋翼刹车可以避免风或其他因素引起的螺旋桨或旋翼旋转。螺旋桨或旋翼刹车一般都是液压装置,在设计螺旋桨或旋翼刹车时需要注意防止在飞行时错误地进行刹车,为此可在刹车操纵机构上附加保险机构。

5. 传动轴和联轴节

传动轴只承受及传递扭矩,螺旋桨或旋翼轴外面有轴套支架,轴套上端通过轴承与桨毂相连,轴套支架底部固定在机体结构上,轴套支架承受螺旋桨或旋翼的拉力、侧向力和桨毂力矩,螺旋桨或旋翼轴只需承受扭矩。此外,对于固定在机体上的轴套支架来说,桨毂力矩及侧向力等也不构成交变载荷。

无人机的螺旋桨或旋翼通常都是安装在从机体向外伸展的螺旋桨或旋翼支臂上,对于非共轴式无人机,有几个螺旋桨或旋翼就有几个支臂。当传动轴的长度比较长时,传动轴中间要用若干联轴节作为支承架固定在螺旋桨或旋翼支臂上。螺旋桨或旋翼支臂受载时会产生弯曲变形,就要强迫支承在其上的传动轴一起弯曲。螺旋桨或旋翼支臂的弯曲会引起传动轴的拉长或缩短,使传动轴承受附加的弯矩及轴向力。为了消除这些附加的载荷,在传动轴上就必须安装能实现角度补偿及长度补偿的联轴节。此外,考虑到主减速器、中间减速器及各轴承座之间的不同心度及螺旋桨或旋翼支臂与传动轴的长度误差,这些补偿也是必要的。由于传动轴与螺旋桨或旋翼支臂的结构材料不同,温度的变化会在传动轴中引起附加轴向力,这也必须由长度补偿来消除。

联轴节的主要功用是使传动轴实现角度及长度补偿,常用的类型有以下几种。

(1)膜盒式联轴节。膜盒式联轴节是借助于元件的弹性变形来实现补偿,由一个或几个金属膜盒组合而成。它借助于刚度很低的膜盘弹性变形,使联轴节可以允许一定的角位移。通常一个膜盒可以允许1°左右的角位移。膜盒式联轴节还带有定心球面轴承,除了起定心作用外,还用来限制膜盒产生轴向位移。

(2)叠片式联轴节。叠片式联轴节由不锈钢薄片组成弹性元件,也是藉助于元件的弹性变形来实现补偿。它的输入轴用2个或3个等距分布的螺栓与弹性叠片组连接,输出轴用同样的方式与弹性叠片组连接。输入、输出轴的连接点互相错开。螺栓连接处使用特殊形状的垫圈,以便使弹性片在螺栓处的挠曲不产生应力集中。这种联轴节特别适用于小角位移的传动系统,优点是质量轻,不需要润滑。

(3)球面套齿联轴节。球面套齿联轴节是一种利用元件间相对运动来实现角度补偿的联轴节。它的内套齿是直齿的,外套齿则不仅齿顶及齿根要加工成球面的,而且齿侧也是带鼓度的。这种联轴节可以允许3°左右的角位移,同时也可以起长度补偿作用。由于当有角位移时套齿上有反复的相对滑动运动,因此这种联轴节必须有润滑及密封装置。

(4)万向接头联轴节。万向接头(十字接头)是汽车上常用联轴节,也可以应用在无人机传动轴上。这种联轴节可以允许15°以至更大角度的转折,但是结构复杂,精度要求高,必须有润滑和密封装置。此外,万向接头一个突出的特点是转折会引起角速度的周期变化。这样,从主减速器传递来的均匀角速度运动经过转折的万向接头后就变成角速度周期变化运动,引起螺旋桨或旋翼桨叶角速度的脉动。为了防止这个情况的出现,万向接头一般都是成对地布置。但是,如果传动轴本身扭转刚度很低,则角速度周期变化可以与由此引起的传动轴的扭转振动相互抵消。因此可以用一个万向接头来代替中间减速器。

　　(5)套齿联轴节。套齿联轴节是专门用于传动轴长度补偿的联轴节,一般都采用由可滑动的直齿套齿构成的套齿联轴节。联轴节及轴承支座的布置有各种不同的处理方案,图 9-43 所示为两种典型结构布置方案。

　　图 9-43(a)所示的第一种方案是中间有一根连成整体的长轴支承在几个轴承上,前、后各通过一对角度补偿联轴节分别与主减速器及中间减速器相连接,如果角度补偿联轴节不能同时起长度补偿的作用,则必须至少带有一个长度补偿联轴节。这种方案的缺点是对各轴承支座之间的同心度要求较高,轴承外面需要带橡皮外套之类的补偿元件,轴本身的弯曲刚度也不能太大。

　　图 9-43(b)所示的第二种方案与前者的主要区别是每个轴承支座处都有一个角度补偿联轴节。这个方案对轴承支座的同心度要求较低,但联轴节数量显著增加。

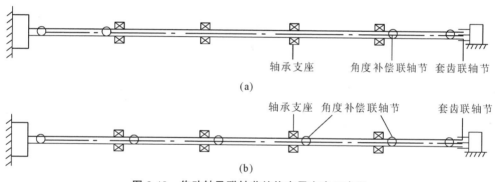

图 9-43　传动轴及联轴节结构布置方案示意图

习　　题

1.画出航空涡轮发动机安全工作的范围示意图,并加以简单说明。

2.航空涡轮发动机控制的内容有哪些？简单说明航空涡轮发动机控制原理和方式。

3.简述全权限数字控制系统的组成结构、功能和特点。

4.什么是航空汽油？航空汽油的主要性能指标有哪些？

5.什么是航空煤油？航空煤油的类型有哪些？

6.简述燃油系统的基本组成和主要部件的工作。

7.航空发动机滑油的类型和性能指标有哪些？

8.简述滑油系统的总体结构、类型和主要部件。

9.如何划分航空涡轮发动机起动点火阶段？简单说明涡轮发动机起动点火过程。

10.航空涡轮发动机起动点火系统主要是由哪些部件组成的？简单说明它们的工作内容。

11. 什么是发动机附件传动装置？发动机附件传动装置是由哪些部件组成？

12. 发动机附件传动装置设计安装要求有哪些？

13. 什么是恒速传动装置？它由哪些部件组成的？简单说明其工作原理。

14. 什么是双速传动装置？它由哪些部件组成的？简单说明其工作原理。

15. 简述有关发动机机内减速器的功用和特点的内容。

16. 以实例说明发动机机内减速器的结构组成。

17. 什么是测扭机构？以实例说明。

18. 简述无人机传动系统的基本组成、工作原理和主要部件的内容。

第 4 篇　油电混合动力篇

第10章 油电混合动力系统

10.1 油电混合动力系统的基本概念

随着无人机应用的广泛普及和性能的提高,其动力装置的作用日益凸显,无人机动力装置的选型变得越来越重要。当前无人机动力装置主要采用电动机和燃油发动机(航空发动机)两大类,两者相比较,各有优、缺点。不论是电动机,还是燃油发动机,都无法完全取代对方。面对如此困境,无人机油电混合动力系统作为一种有效的解决方案应运而生。

10.1.1 油电混合动力系统的定义和特点

1. 无人机油动和电动两种动力装置性能对比

(1)燃油发动机(航空发动机)性能特点。

1)效率低。航空活塞式发动机的热效率为 $20\%\sim30\%$,涡轮喷气发动机的热效率为 $24\%\sim30\%$,涡轮风扇发动机的热效率为 $40\%\sim46\%$,远低于电动机。

2)结构复杂,造价和使用成本高。

3)维护保养困难、麻烦。

4)机械磨损大,使用寿命短。

5)噪声大,排放有污染。

(2)电动机性能特点。

1)效率高。一般电动机平均效率为 87%,国际先进水平为 92%,远高于燃油发动机。

2)结构简单,造价和使用成本低(电动飞行器使用能源成本为油动飞行器的 1/6)。

3)维护保养简单、容易。

4)电磁力转子和定子不直接接触,机械磨损小,使用寿命长。

5)噪声小,无排放污染(纯电力飞行器运行过程中产生的碳排放几乎为 0)。

通过以上对比可知:电动机性能完胜燃油发动机。电动机要比燃油发动机的效率高很多,而且成本低,噪声小,使用寿命长,无排放污染。节能减排是交通领域研究和实践的热点问题,在航空领域也不例外。因此,无人机电动机取代燃油发动机(航空发动机)势在必行,其中应用最广泛的轻小型多旋翼无人机基本上已经全部采用电动力系统。但是将电动力系统应用到包括无人机在内的航空飞行器上,目前遇到一个非常棘手的大麻烦,不是电动机本身的问题,而是供给它能源的动力电池能量密度太低,要比航空燃油的能量密度低十余倍。其造成的结果是纯电动无人机在实际使用中通常表现出重载动力不足、飞行时间太短等弊端,因此依靠单一能源(电池)推进的纯电动无人机很难满足飞行性能要求。

2. 油电混合动力系统的定义

油电混合动力(简称"混动")系统是指安装在航空飞行器(包括有人驾驶飞机和无人机)上的一种双动力装置,它由电动机(使用电池或太阳能供电)和燃油发动机(航空发动机)两种动力装置混合组装在一起而构成一个新的动力系统,以改善航空飞行器的气动结构,大幅提高等效涵道比,提升气动效率,降低油耗,减少噪声和排放。

相比传统的纯燃油动力航空飞行器,油电混合动力航空飞行器除了具备环保优势,还能够大幅度降低运营成本并提高乘坐舒适性。美国混合动力飞机初创公司 Zunum Aero 评估认为,油电混合动力航空飞行器的排放量仅是同类传统纯油动航空飞行器的 20%。通过减少燃油消耗,油电混合动力航空飞行器能为航空公司节省 40%~80%的运营成本。由于电动力系统运行振动更小,飞行过程中的噪声也可减少 75%。除此以外,油电混合动力航空飞行器相当于有两个动力子系统,可以互为备份,一旦飞行过程中有一个子系统出现了问题,另一个子系统能够继续有效地运转工作,保证航空飞行器安全降落。

油电混合动力无人机,是一种新型双动力类型的无人机。其动力系统由电动机(使用电池或太阳能供电)和燃油发动机(航空发动机)两种动力系统构成,以实现良好的起飞、爬升性能和大载荷、超长航时的结合。

无人机在实际飞行中,其飞行状态和性能,包括载质量、续航时间、飞行高度、飞行速度和最大航程等,都受到动力系统性能的重大影响和限制。例如,虽然纯电动无人机具有结构简单、节能环保、经济性好、使用方便等许多优点,但是面对目前短时间内难以解决的载重小和续航时间短[或者说是载重和续航的乘积(载重续航积)低]等问题,虽然有些纯电动方案(比如氢燃料电池)可以解决续航问题,但是受限于功率密度,载质量无法显著提高。

一方面,由于纯电动无人机动力系统(电动机和电池)的质量占比比较大,能耗也非常大,其动力不足是最大的问题,而以目前的电池储能水平,短期内还不可能摆脱这一困局,无法使纯电动无人机具有较大的载重和续航能力。另一方面,目前采用燃油发动机推进的无人机为了提升环保性,其发动机直径、涵道比有不断增加的发展趋势,这给无人机设计带来很大的挑战。

无人机采用油电混合动力系统能解决或改善这两方面的问题,它通常包括三大子系统,即驱动系统、供电系统和储能系统。其中,驱动系统是指电动机和燃油发动机,供电系统是指发电机和电池及太阳能电池,储能系统是指电池和燃油箱。

3. 油电混合动力系统的特点

无人机的油电混合动力系统,成功有效地将电能和航空燃料(汽油、柴油)两种不同性质的能源混合在一起提供给无人机使用,将电动机及其能量储存装置(电池)与航空燃油发动机及其能量储存装置(燃油箱)组合在一起,并在它们两者之间实现良好的匹配和优化控制,优势明显,可充分发挥纯电动无人机和纯油动无人机两者各自的优点。一方面它可以解决纯电动无人机因局限于电池技术发展的滞后,在载质量和续航能力方面都比油动无人机差,且短期内难以突破的困局。另一方面因为电机有一个重要特性——尺寸无关特性,即一个大功率电机系统分解为总功率相同的多个小功率电机系统后,整个系统的功率密度、效率和质量基本不变,而采用分布式油电混合动力系统,利用多个功率较小的电动机驱动多个直径较小的风扇/螺旋桨取代超大直径风扇/螺旋桨,可有效提高推进系统的等效涵道比。小尺寸风扇/螺旋桨可以更方便地融入机翼、机身,有效改善油电混合动力无人机的整体气动效率,改善其飞行性能和能量消耗,其设计和布局可以更为灵活,给无人机设计带来更大的自由度。

为了清晰地说明无人机混动系统的特点,现对纯电动和纯油动无人机两者动力系统各自存在的弱点展开讨论。

(1)纯电动无人机受制于动力系统的主要原因。众所周知,电动无人机凭借简单、灵活的操控和极高的性价比已经成为工业级无人机的主选机型,但是在实际应用中受困于电池性能差的弱点,难以进一步获得大范围推广应用。

1)电池能量密度低。纯电动无人机普遍使用的锂电池能量密度一般只有 0.46~0.72 MJ/kg。由于锂电池太重,导致无人机载重量大打折扣,一般总重 15 kg 左右的无人机理论上自带电池的质量很难超过 5 kg,这意味着无人机的航时不会超过 30 min。

2)电池放电速度快。无人机锂动力电池放电速度随着环境温度的降低而加快。在冬季低温环境下,电池放电速度加快,使得纯电动无人机的可作业飞行时间更短。

3)电池难题短期难突破。预计在未来很长的一段时间内,电池技术很难有根本性的突破,这就意味着使用电池提供动力造成的纯电动无人机载重小、续航时间不足的问题,短期内很难从根本上得到解决。

(2)纯油动无人机受制于动力系统的主要原因。

1)汽油能量密度虽高,但调速慢。航空汽油能量密度大约是 12~17 MJ/kg,燃油的能量密度比锂电池高十余倍。汽油机的效率通常在 30%~50%,所以 100 kg 的锂电池充满电的带电量大约只相当于 3 kg 汽油的发电量。虽然汽油能量密度高,但是内燃机的油门线性很复杂,调速程序烦琐,导致纯燃油无人机的响应速度变慢。

2)燃油发动机(航空发动机)直驱/变距方式在最佳输出功率下的行程很窄,需要变速箱改变齿轮配比以适应不同的转速,导致无人机的尺寸增加,进而总质量也会增加,因此噪声和污染都比较大的纯油动无人机方案并不理想。

(3)油电混合动力系统的优势。对于无人机螺旋桨/旋翼系统而言,由电池供电的电动机驱动时,好比是短跑选手,反应敏捷,爆发力强,而由燃油发动机(航空发动机)驱动时,好比是长跑选手,持久高效,耐久力强。无人机电动和燃油动力系统两者各有所长,因此就需要通过混动系统将两者的优势组合在一起并充分发挥出来。

1)相比于纯电动或纯油动系统。无人机油电混合动力系统采用先进的航空发动机带发电机一体化动力技术,可以充分发挥电动和油动两者的优势。通过燃油发动机(航空发动机)发电,保留了航空汽油的高能量,而由电动机驱动无人机螺旋桨/旋翼,又保留了电力驱动反应敏捷、操纵灵活、安全可靠、易维护等优点。通过燃油发电的方式源源不断地为动力电动机供电,很完美地解决了纯电动无人机载重小和续航时间短的短板,让无人机应用前景更加宽广。通常油电混合动力无人机与纯电动无人机相比较,载重量、续航时间和航程大约可提高 4~5 倍。由此可见,油电混合动力技术真正成为了解决当前纯电动无人机"载重小、航时短"难题的最终出路。

2)相比于氢燃料电池。油电混合动力的能量密度以及技术成熟度都远高于氢燃料电池,因此油电混合动力装置在无人机上的应用更加广泛。

3)真正做到一机多用。未来随着无人机的发展,其应用领域和范围将逐渐扩大。对于纯电动无人机来说,由于受限于电池的容量极限,其发展空间非常有限,尤其受山地、森林、岛礁等复杂地区高度和距离的影响,纯电动无人机无法满足长航时、大载荷飞行要求。

油电混合动力无人机可以根据客户的需求对油箱大小进行改装,也就是说,只要燃油足够,那么续航就不是问题。同时采用网络通信方式,使无人机具备远距离的图传通信能力,无人机飞行距离就能达到 100 km 以上,可以实施大范围、长航时的空中监视、勘查、灾难救助、森林消防灭火等工作。不仅如此,比如在没有电力设施的受灾地区,汽油作为容易获得的燃料,避免了复杂的充电环境要求,又节省了宝贵的充电时间,特别是无人机应用于抢险救灾,在灾难发生时及灾难发生后的施救过程中要争分夺秒、分秒必争,这一特点就具有极大意义。而且,油电混合动力无人机面对高温、低温、大风、大雨等环境时也能够游刃有余,其生存能力要远大于纯电动无人机。最后,油电混合大载荷能力更不必说,在应急抢险、环境监控、边防巡逻、消防灭火等领域可以搭载多款任务载荷,从而真正做到一机多用。

油电混合动力技术已成为当前世界各国航空领域的研究前沿与热点。在下一代航空动力研究领域,美国国家航空航天局(NASA)提出了涡轮油电混合动力发动机的概念,主要由电动风扇推进系统(电动风扇可以是单组或者多组分布式并联)、涡轮发电系统与动力电池系统组合而成。油电混合动力技术被认为是可以实现未来航空领域节能减排目标的关键技术。

综上所述,无人机采用油电混合动力系统的优势为:不仅可以改善无人机的气动结构,大幅提升气动效率、降低油耗、减少噪声和废气排放,而且能做到大载重、长航时、一机多用。

10.1.2　油电混合动力系统的类型和方案选择

1. 油电混合动力系统的类型

无人机油电混合动力系统结构按照连接方式可分为四类,即串联式油电混合动力系统、并联式油电混合动力系统、混联式油电混合动力系统和分离式油电混合动力系统。

(1)串联式油电混合动力系统。串联式油电混合动力系统的结构和工作原理比较简单,直接在原纯电动无人机上额外增加一个燃油发动机和发电机,组成一个新的发电机组,称为燃油发电机(组)。

串联式油电混合动力系统的燃油发动机不与无人机的驱动执行装置联结在一起,即燃油发动机与旋翼系统之间没有减速传动的机械联结,其功用只是驱动无人机上新增加的发电机旋转,将机械能转化成电能,发出电力,既可以直接给无人机上的电动机供电,也可为电池充电,如图 10-1 所示。

虽然采用串联式油电混合动力系统的无人机,其动力装置系统结构与纯电动无人机有较大的差别,电动机的电力来源除了电池以外,还可以由发电机直接供电,但是它们驱动螺旋桨/旋翼的工作模态没有差别,两者基本相同,即无人机螺旋桨/旋翼系统完全是由电动机驱动旋转而产生向上的升力。当无人机在空中飞行时发电机全程为电动机提供动力电能,电池的作用是在无人机螺旋桨/旋翼系统需要较大驱动功率时(如无人机起飞爬升和悬停阶段)提供额外功率;当无人机处于稳定的巡航飞行阶段,无人机螺旋桨/旋翼系统需要的驱动功率比较小时,电池就起到蓄能作用,吸收发电机发出的多余功率,从而起到功率调配的作用,使作为动力源的燃油发动机始终工作在最佳状态。

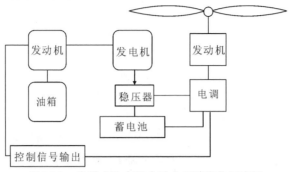

图 10-1　串联式油电混合动力系统结构示意图

(2)并联式油电混合动力系统。并联式油电混合动力系统的结构特点是,燃油发动机和电动机通过并联机械耦合装置(离合器)连接在驱动轴上,可采用两种驱动螺旋桨/旋翼旋转的方式:发动机与电动机同时联合驱动,或者燃油发动机与电动机分别单独驱动,如图 10-2 所示。

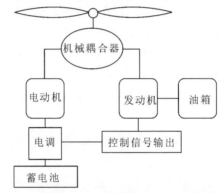

图 10-2　并联式油电混合动力系统结构示意图

电动机具有单独供电系统(电池或太阳能),燃油发动机既不为电动机供电,也不为电池供电。换言之,并联式油电混合动力系统同时拥有两套相互独立的动力装置,既可以各自单独工作,也可以同时共同协手工作。

并联式油电混合动力系统的工作模态与常规纯电动无人机动力系统的工作模态有所不同,无人机在起飞、爬升和悬停阶段,即无人机的螺旋桨/旋翼系统需要较大驱动功率时,由发动机与电动机联合起来工作,同时竭尽全力提供驱动螺旋桨/旋翼旋转的全部动力;当无人机螺旋桨/旋翼系统只需要较小驱动功率时,例如无人机在巡航飞行和下降阶段,燃油发动机关闭,由电动机单独工作,提供驱动螺旋桨/旋翼旋转的动力;当无人机降落进入悬停阶段,即无人机螺旋桨/旋翼系统需要较大驱动功率时,燃油发动机再次起动,与电动机一起共同提供驱动螺旋桨/旋翼旋转的全部动力。

(3)混联式油电混合动力系统。混联式油电混合动力系统的结构特点是:燃油发动机和电动机通过混联机械耦合装置(行星齿轮)连接在螺旋桨/旋翼驱动轴上,可采用两种驱动螺旋桨/旋翼旋转的方式,即发动机与电动机同时联合驱动方式,或者燃油发动机与电动机分别单独驱动方式;又可以使燃油发动机带动发电机发电,向电池输出电流,进行充电,如图 10-3 所示。混联式油电混合动力系统综合了串联式和并联式的优点,它取消了传动离合器,增加行星减速齿轮。该系统的特点是燃油发动机不仅可以与电动机联动,共同为无人机螺旋桨/旋翼驱动系统提供动力,而且它的一部分功率可用来驱动发电机发电,为电池和电动机提供电力,使电池能在电动机较低输出功率的情况下自动充满电。

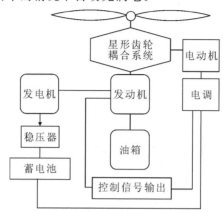

图 10-3　混联式油电混合动力系统结构示意图

　　混联式油电混合动力系统的工作模态与并联式类似,无人机在起飞、爬升和悬停阶段,电动机和燃油发动机同时工作,共同提供驱动螺旋桨/旋翼旋转的全部动力,此时燃油发动机断开与发电机的联结,即停止带动发电机发电。当无人机进入巡航飞行和下降阶段时,无人机飞行状态进入了纯电动模式,由电动机单独提供驱动螺旋桨/旋翼旋转所需的动力,此时燃油发动机并不关停,而是驱动发电机发电,部分电力用于电动机驱动螺旋桨/旋翼转动,部分多余电力用于给无人机机载电池充电。当无人机进入降落悬停阶段时,燃油发动机再次断开与发电机的联结,重新与电动机一起共同提供驱动螺旋桨/旋翼旋转的全部动力。

　　(4)分离式油电混合动力系统。分离式油电混合动力系统的结构和工作原理最简单,直接在原纯电无人机上额外增加一个或多个燃油发动机,以及两个主旋翼。燃油发动机(航空发动机)提供动力直接驱动两个主旋翼旋转,产生无人机飞行所需要的升力。机载电池提供电力给4 个电动机,由电动机驱动与之相连的 4 个副旋翼旋转,产生控制无人机飞行方向和飞行姿态所需要的拉力。

　　燃油发动机与电动机之间没有机械性硬联结,如图 10-4 所示,因此它们都是各自独立运行工作的,但是它们之间有控制操作信号的软联结,通过机载飞行控制导航系统(自动驾驶仪)实时向对方传递各自工作状态信息,并使对方能够即刻做出实时响应,以保证无人机飞行具有良好的稳定性和操纵性。

　　分离式油电混合动力系统的工作模态比较好理解,它将提供升力及控制方向的旋翼分开,两个主旋翼尺寸比较大,由燃油发动机(航空发动机)提供动力,产生确保无人机安全飞行所需的足够大的向上的升力,用以克服地球巨大的引力。掌管飞行方向和飞行姿态的 4 个尺寸比较小辅助旋翼,则由电动机负责提供动力,产生精确控制无人机平衡和平稳飞行所需的拉力。形象地说,好比是"拉郎配",分离式油电混合动力系统好比是把两种结构不同、工作原理迥异的系统硬生生地捆绑到一起,让它们充分发挥各自的特长,共同承担起一项特别重大的任务。分离式油电混合动力系统这种具有双重优势的功能分离,使得无人机既结构简单,又能够承载较重的任务载荷。

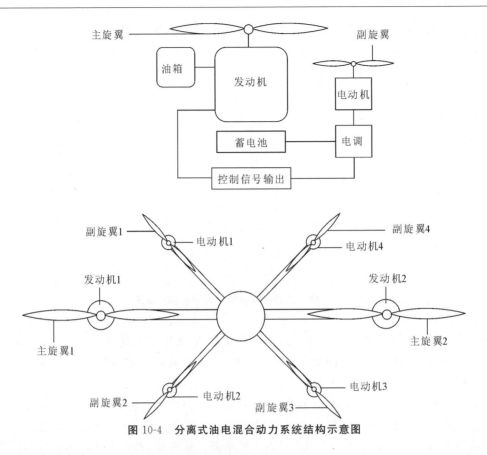

图 10-4 分离式油电混合动力系统结构示意图

2. 无人机油电混合动力系统方案的选择

无人机油电混合动力系统是把电动和油动两种不同类型的动力装置整合在一起,共同组成一个可协同运作、取长补短、相互补助的动力系统,安装在同一架无人机上。按照组合方式分为串联式、并联式、混联式和分离式四类。

串联式油电混合动力系统的优点是动力控制系统比较简单,燃油发动机可保持较长时间(例如几小时)驱动发电机工作,保证了无人机上所有电动机较长时间工作所需的电力供应,从而提高了无人机的载重和续航能力。其缺点是能量要经过发电机、控制器和电动机多级功率递减,整个动力机械效率比较低,经济性较差。另外,因为串联式油电混合动力系统是燃油发电机直接供电给电池及电动机,它与旋翼系统之间没有减速传动系统的机械性连接,所以只要等待高性能电池出现后,就能把燃油发电机撤换为高性能电池,立马变成地道的纯电动无人机,因此可以把它看作是一个过渡方案。不过短期内,电池出现革命性产品(高能量密度充电电池)的概率很低。

在并联式油电混合动力系统中,没有发电机,燃油发动机也不为电动机供电,因此电动机必须具有单独供电系统(电池或太阳能)。并联式油电混合动力系统工作方式较为灵活,缺点是无人机在空中飞行过程中无法给动力电池充电,因此只能等待无人机降落后,由人工将电池拆下进行单独充电或更换新电池。并联式混合动力结构的实质就是在纯电动无人机上加装一套燃油动力设备,通过动力复合装置对电动机和燃油发动机输出的动力进行复合,两种不同动力装置的关系是并联的。并联式混合动力系统的结构比串联式的复杂,优点是由于燃油发动机的动力直接复合到输出上,没有过多的功率递减,燃油效率较串联式结构更高些。

并联式油电混合动力系统结构同时包含了串联、并联结构,结构最复杂,形式多样,能够实现最优化设计。从能量传递效率来看,在这4种油电混合动力系统中,混联式油电混合动力系统结构是最理想的混合动力方式,能充分发挥航空汽油能量密度高的特点,实现较高水平的燃油经济性,大大提高了无人机载质量,以及增大了航时和航程。其缺点主要是系统结构比较复杂,对系统控制运行精度的要求较高。

不论是从系统结构上看,还是从工作原理上看,分离式油电混合动力系统的构思都算是最简单的,但是,实际上它算不上是真正意义上的油电混合动力系统。因为它的电动机并没有参与驱动主旋翼系统旋转产生升力的工作,只是负责无人机飞行方向和姿态的操控,真正负责驱动无人机两个主旋翼系统旋转产生升力的动力完全来自燃油发动机,所以在大部分文献资料中,都不把它列入油电混合动力系统分类中。

综合对比以上4种无人机油电混合动力系统结构特点,从能量传递效率来看,混联式油电混合动力系统结构是最理想的混合动力方式,能充分发挥航空汽油能量密度高的特点,实现较高水平的燃油经济性,大大提高无人机载质量,以及增大航时和航程。其缺点主要是整个动力系统结构比较复杂,对系统控制运行精度的要求较高。

实际上,无人机油电混合动力系统普遍采用的这4种结构方式并不存在绝对的优势与劣势,对于不同油电混合动力系统的选择,应根据不同无人机平台构型和量级进行计算和评估,包括进行总体参数选择迭代,以确定最佳的油电混合动力系统方案。

10.1.3 航空油电混合动力系统研究发展现状

油电混合动力系统作为一种航空动力新概念,与目前航空飞行器通常采用的(纯油动或纯电动)动力系统有较大差异,甚至已超越了传统的航空飞行器动力技术范畴,是航空飞行器系统设计、动力装置和飞行控制导航系统的综合集成,其研发制造和实际使用是一个相当复杂的系统工程,不但涉及材料、发动机、电动机及飞控导航系统的设计和制造工艺研究,还涉及试验规范、试验台的建设以及适航管理等。

世界上航空工业比较发达的主要国家和地区,都高度重视航空飞行器油电混合动力系统的科研和发展,将油电混合动力系统视为未来有广泛前景的民用航空动力解决方案,在组织飞机制造商和发动机制造商开展探索和预研,不断提升混合动力技术水平及其技术成熟度,探索多种新型混合动力航空飞行器方案。

1. 美国

美国对航空飞行器油电混合动力技术的研究处于世界领先水平,始终一如既往地通过发起研究计划来促进油电混合动力技术和产品的发展。美国国家航空航天局(NASA)在很早以前就开始关注航空飞行器油电混合动力系统的发展。在N+3代飞机概念研究中,NASA提出了亚声速超绿色研究飞机计划(Sugar),要求飞机耗油率相对波音737-800降低70%。波音公司参与了该计划,研究了Sugar High和Sugar Volt两种结构的飞机,其中,Sugar Volt飞机采用了由GE公司研制的电池/燃气涡轮发动机。

2012年,美国国家航空航天局(NASA)与波音、霍尼韦尔等公司联合制定了一个油电混合动力研究计划,如图10-5所示。以2013年为起点,10年内完成2 MW以内油电混合动力系统的研制,技术成熟度达到6以上,实现通航飞机的全电推进,并实现50~100座支线客机的油电混合动力。20年内,完成2~5 MW油电混合动力系统的研制,技术成熟度达到6以上,实现50座支线客机全电推进,以及100~150座支线客机的油电混合动力。30年内,完成5~10 MW油电混合动力系统的研制,技术成熟度达到6以上,实现150座支线客机的油电混合动力。40年内,完成10 MW以上油电混合动力系统的研制,技术成熟度达到6以上,实现300座干线客机的油电混合动力。NASA将油电混合动力的关键技术突破点定位于高功率密度电气部件技术,以分布式电推进系统性能及控制为技术布局核心。

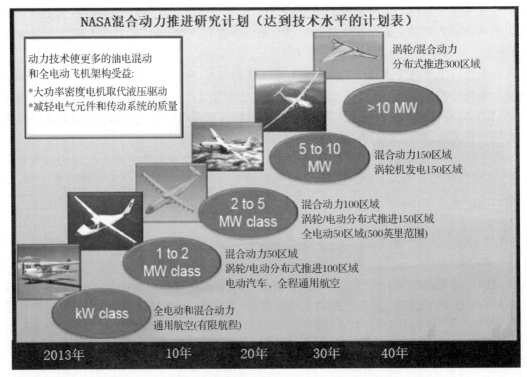

图10-5 美国国家航空航天局(NASA)的油电混合动力研究计划

目前NASA研究团队在兆瓦级高功率密度常温、常导电机技术,高效率、高功率密度超导电机技术方面取得了一定突破。NASA团队主要的油电混合动力研究平台是X-57,SUGAR VOLT,N3X等新型分布式电推进项目平台。

2012年1月,美国Bye航宇公司推出了一款名为"沉默监护者"(Silent Guardian)的油电混合动力固定翼无人机。这种无人机通过采用非常先进的太阳能光伏薄膜和电池为机上的电动推进装置提供能源,使其具备超长续航力、静音飞行和低排放等优异性能,同时该机还采用了一台涡扇发动机用于改善起飞和爬升性能,如图10-6所示。尤其值得指出的是,Bye航宇公司还通过采用BoldIQ公司开发的操作优化和应急管理软件,在"沉默监护者"无人机上引入了先进的"例外管理"理念,可使用户在操作使用无人机队和对相关任务进行管理时,大幅提高工作效率,同时减少地面无人机操控人员。

图 10-6　2012 年美国 Bye 航宇公司推出的油电混合动力固定翼无人机

2017 年 7 月，在亚特兰大举行的美国航空航天学会推进与能源论坛上，NASA 展示了在 A320 和波音 737 同级别客机尾部嵌入风扇的设计概念，风扇由 2.6 MW 的电动机驱动，电动机由机翼下方的 2 台涡扇发动机驱动的发电机供电。风扇埋入机体后方，吸入边界层气流并对其加速，可以降低尾流阻力，从而减小涡轮发动机尺寸，进一步降低阻力。

2017 年 9 月，美国 Harris Aerial 公司推出了油电混合动力四旋翼无人机" Carrier H4 Hybrid"，该无人机空重 13 kg，最大起飞质量为 21 kg，油电混合动力系统配有 48 V 电池、2 kW 发电机和 4.3 L 油箱。在任务载荷质量不超过 5 kg 的情况下，该无人机可连续飞行约 1.5 h。若任务载荷质量不超过 3 kg，它可最多连续飞行 5 h。

2020 年 3 月，位于美国加州的无人机制造商 SKYFRONT 公司创造了有史以来最长的多旋翼无人机飞行记录。其 Perimeter 8 油电混合动力无人机最近在美国加州海岸山脉上空飞行了约 330 km，持续飞行时间为 13 h 4 min。该无人机使用一个燃料喷射的汽油动力发动机，将燃料转化为电力输送给 8 个电动机，分别驱动 8 个旋翼旋转，产生飞行所需的气动力，如图 10-7 所示。在演示中，该无人机在日出前起飞，直到日落后才降落，其续航能力是同类纯电动无人机的 20 多倍。

图 10-7　美国 Perimeter 8 油电混合动力无人机

2. 欧洲

欧洲在油电混合动力研究方面与美国并驾齐驱，欧盟在"航迹 2050"计划下探索分布式油电混合动力系统。空客集团与罗·罗、西门子等公司联合开展油电混合动力系统研究，依据欧盟"航迹 2050"计划节能减排的要求，制定了航空油电混合动力研究计划。计划在 2016—2020

年完成 10 MW 级油电混合动力系统的地面验证,完成 2 MW 级油电混合动力系统的飞行验证;2030 年左右,完成 100 座支线客机油电混合动力系统研制与验证;2035 年左右,完成 150~200 座支线客机油电混合动力系统研制与验证。目前空客研究团队已完成小功率全电推进系统飞行验证、高功重比航空电机和高功率密度航空电力电子系统的初步研发试验工作。

2015 年 6 月,德国 Airstier 公司推出了一款名为"Yeair"的四旋翼油电混合动力无人机,留空时间达到 1 h,最大飞行速度为 100 km/h,有效载荷为 5 kg,当时对于主流的四旋翼电动力无人机而言,这是个难以达到的好成绩,其奥妙就是采用了油电混合动力,配备一个 1.5 L 的油箱和一小块 1 250 mAh 的电池,而且这个电池不需要事前充电,因为在飞行过程中,二冲程燃油发动机会随时给电池充电,所以即使飞行超过了 50 min,电池依然显得电量十足。每个旋翼都由两个发动机驱动,一个 600 W 的电动机、一个 10 CC 的二冲程燃油发动机。燃油发动机发电,再驱动电动机。二冲程燃油发动机能提供源源不断、强大的动力,电动机的反应要比燃油发动机迅速,所以它的任务是帮助无人机快速改变飞行速度。此外,启动二冲程燃油发动机也需要电动机的帮助。

2017 年,西班牙 Quaternium 初创公司设计制造的 HYBRiX2.0 四旋翼无人机,采用油电混合动力系统,在空中飞行了整整 4 h 40 min,创下了当时的世界纪录。2020 年 2 月,该无人机改进型 HYBRiX 2.1,机身尺寸为 1 249 mm(对角线轴距),使用二冲程汽油引擎,燃料为辛烷值 98# 汽油,电池则是 Li-Po 锂电池 6S,如图 10-8 所示。可携带 10 kg 货物或配件,以巡航速度 50 km/h,最高时速 80 km/h,在空中飞行 8 h 10 min。现在,据报道,它可以在原地空中悬停 10 h 14 min。

图 10-8　西班牙 HYBRiX 2.1 油电混合动力无人机

2020 年 11 月,德国天空动力公司(Sky Power)推出一款用于无人机的混合动力发动机 SP-55 FI TS,如图 10-9 所示。该发动机有两个火花塞,配有燃油喷射系统和用于发电的无刷直流电机,在 50VDC 的直流电压下最大功率可达 2 kW。该发动机还装配了 SGC 352 轻量级启动控制装置和 HKZ215 点火系统,具有更高的点火性能,废气排放水平也得以改善。此外,天空动力公司还开发了发动机和发电机的集成冷却系统,位于发动机和发电机上方,以提供新鲜空气并去除热空气。

图 10-9　德国制造的油电混合动力发动机 SP-55 FI TS 外形图

3. 俄罗斯

2017 年 7 月，俄罗斯中央航空发动机研究院(CIAM)在莫斯科航展上宣布了首个航空飞行器油电混合动力系统研究计划，并展出了 500 kW 级概念模型。该机能够搭载 8 人左右，相当于小公务机型，其推进系统结构特点是由燃气涡轮带动发电机发电，然后由电动机驱动六叶螺旋桨旋转，当燃气涡轮或发电机发生故障时由备份电池提供动力。该系统将采用俄罗斯初创(Start-up)公司提供的 Super Ox 超导材料，这种材料质量很轻，并可在高能量下工作，还能减少电磁干扰。CIAM 表示，在完成 500 kW 验证机的飞行试验后，将开展用于 19 座飞机的 2 000 kW 级油电混合动力系统的飞行试验验证。

2017 年 11 月，俄罗斯 ARDN 技术公司推出一款多旋翼无人机，取名为 SKYF。该机机身大小为 5.2 m×2.2 m，能够携带 181 kg 任务载荷，最大飞行速度为 70 km/h，最大续航时间可达 8 h，飞行高度极限约为 305 m。虽然它的尺寸相当大，但在不使用的时候，它可以被折叠收纳，一个约 6 m 的集装箱可放进去 2 架。SKYF 无人机总体结构设计非常特别，其油电混合动力装置属于第四种类型：分离式油电混合动力系统，如图 10-10 所示。它将提供升力及控制方向的旋翼分开，两个主旋翼负责提供升力，由位于 4 个角落的汽油发动机提供动力，而掌管飞行方向和姿态的 4 个辅助旋翼，则由电动机负责提供动力。

图 10-10　俄罗斯 SKYF 油电混合动力无人机

2021年9月,俄罗斯卡拉什尼科夫集团子公司萨拉航空公司宣布,其研发的油电混合动力新型固定翼无人机首次进行远程飞行试验。在此次试验中,该款无需机场起降的远程无人机飞行时间超过12 h,飞行距离达1 130 km。由于该款无人机将电动机和内燃机集成在一起,即使用油电混合动力装置,从而大幅增加了无人机续航时间和航程,飞行时间最长可超过16 h,飞行距离超过1 000 km,飞行速度为80~140 km/h,由弹射器发射,配备用于着陆的降落伞和减震器。可对敌人纵深实施侦察,且不易被发现。除了主要用于侦察任务外,还可加装目标截获系统、通信中继系统和移动网络监控系统,执行无线电技术侦察、手机识别及定位任务等。

4. 日本

2020年6月,日本川崎重工的大型油电混合动力多旋翼无人机验证机成功进行了首飞,搭载200 kg以上的载荷,飞行超过100 km。该验证机机长约7 m,宽度约5 m,高度约2 m,使用的3台川崎Ninja ZX-10R摩托车发动机为油电混合动力系统(见图10-11)的动力源,其产生的电能可以带动8套电动螺旋桨,与同量级的无人直升机相比,更具成本优势。

图10-11　日本川崎重工的大型油电混合动力装置

5. 中国

我国无人机领域发展十分迅猛,特别是民用无人机,已经发展为全球性的优势产业。不过在重载长航时航空飞行器油电混合动力技术领域,目前我国还处于起步阶段。以无人机油电混合动力技术革新为契机,我国航空业有望迅速达到或赶超世界先进水平,同时带动我国多个相关产业的整体发展。

2021年10月由中国航空研究院组织国内优势力量,从电动飞机发展必要性、定义与分类、重点产品、关键技术、措施建议等方面,研究提出电动飞机发展白皮书。白皮书认为:电动飞机以电能作为推进系统的全部或部分能源,是"第三航空"时代的重要标志。它将开启航空领域新一轮创新与变革热潮,引领航空技术创新、推动绿色航空发展,将对世界航空业产生革命性的影响。该白皮书提出,我国应重点发展城市空运、轻型运动、通勤运输、干支线运输等4类电动飞机;聚焦总体设计技术、高效高功重比电推进技术、能量综合管理技术、能源系统技术等重点领域关键技术发展;建议制订电动飞机发展战略规划、加大研发投入,同时关注适航能力建设与人才培养,从而推动我国电动飞机发展。

该白皮书认为:在电动飞机领域,目前国内外均处于起步阶段,以电动飞机技术引发的技术革新为契机,我国航空业有望迅速达到或赶超世界先进水平,同时带动我国多个相关产业的整体发展。电动飞机按照推进系统架构,电动飞机可分为全电飞机、混电飞机和涡轮电飞机三类。电动飞机气动-结构-推进一体化设计技术对飞机的电机、螺旋桨、机翼、短舱开展综合权衡分析和迭代优化设计,综合考虑飞机的几何参数、气动力参数、质量参数、动力系统参数,开展关键参数的敏感性分析与协调,进行方案评估,支撑布局方案选型。该白皮书提出,2020 年至 2030 年期间我国电动飞机总体设计技术发展路线图,如图 10-12 所示。

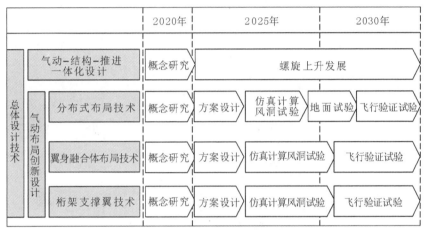

图 10-12　电动飞机总体设计技术发展路线图

下面列举我国在无人机油电混合动力技术领域的一些新进展。

2016 年 11 月北京瑞深航空科技有限公司成功研制出功率 2 kW 的油电混合动力装置 H2,如图 10-13 所示,适合最大起飞质量在 18 kg 以下的多旋翼无人机和垂直起降固定翼无人机使用。搭载 3 kg 商载的情况下,航时可达 2 h,最大航时可达到 5 h。

2017 年 9 月 9 日,搭载瑞深航空油电混合动力装置 H2 的蜂巢航宇无人机 HC330 和汇星海盖亚 160 无人机,中午 11:30 从烟台起飞,下午 2:30 抵达大连,直线航行距离 100 km 以上,航时 3 h。

图 10-13　北京瑞深航空科技有限公司的油电混合动力装置 H2

2017年12月,中科灵动航空科技成都有限公司推出灵动鹰-25六旋翼可折叠油电混合动力无人机,如图10-14所示,采用国际通用92#汽油作为动力,一次加注约5 L,可以负载5 kg持续飞行时间约90 min(海拔高度为0 m),平飞速度为18 m/s,控制半径为10 km(可扩展至30 km),最大飞行高度为2 500 m,可以在7级大风、小雨条件下顺利飞行。整机自重约为17 kg,满油约为21 kg,展开尺寸约为2 200 mm×2 200 mm×500 mm,折叠后尺寸约为900 mm×900 mm×500 mm,使用温度范围−10~40℃。灵动鹰-25油电混合动力无人机可以搭载多种任务载荷,如1 600万高清像素摄像头、30倍光学变焦摄像头、红外双光摄像头、救生抛投、中继通信器、喊话器、大气污染探测器、激光雷达、物流箱等多种载荷,在不同的领域都能大展身手。

图10-14　灵动鹰-25六旋翼可折叠油电混合动力无人机

2019年,中航金城无人系统公司推出了一款油电混合动力六旋翼无人机。该无人机的油电混合动系统采用串联式,系统模块化程度高,互换性好,能量利用效率高达95%。该无人机最大载重为20 kg,在满载的条件下,可留空飞行2 h,如果空载则最大航时可达3 h,覆盖的应用范围较广,整机性能优于大部分多旋翼无人机。

2020年,弥勒浩翔科技有限公司成功推出一款油电混合动力多旋翼无人机。该无人机搭载HEX赫星飞控及公司自主研发生产的DLE70HD两冲程水冷无人机引擎,具有质量轻、功率大、寿命长的特点。使用普通汽油作为基本动力燃料,最大起飞质量可达43 kg。满油后最大作业载荷可达10 kg(可以使用燃油质量来换取额外载重),一次加油可连续飞行6 h,最大水平飞行速度为20 m/s,最大可承受8级大风,最大飞行高度为3 000 m,航程可达432 km,突破了前所未有的长航时以及高效性能。发动机冷却水温不超过80℃,能有效保证油电混合动力装置持续大功率输出,从而杜绝了风冷发动机因高温导致的寿命短、输出功率不稳定等问题。发动机功率4.2 kW,整套发电机系统采用自动控制配合电池组,组成油电混合闭环控制系统,并且通过油电混合闭环控制系统可以实现发动机故障时自动切换到备用电池,以保证飞行安全。

10.2　油电混合动力系统的发电机与燃油发动机

油电混合动力系统主要由电推进子系统和燃油发动机两部分构成,其功用是为无人机提供满足飞行速度、高度和距离所要求的动力,以及为无人机上的通信系统、导航控制系统、有效载荷等设备提供电力及功率支持,使无人机能够在一定高度上以一定速度飞行,执行和完成所担负的各种任务。

10.2.1　油电混合动力系统的发电机

无人机油电混合动力系统的电推进子系统包括电动机、电调、电池、发电机等设备,其中发电机和电动机都属于旋转电机的范畴。发电机是一种将其他形式的能源转换成电能的机械设备,其工作原理是燃油发动机(航空发动机)驱动发电机运转,将航空汽油的化学能量转化为驱动发电机旋转的机械能,再由发电机将机械能转换为电能。

无人机油电混合动力系统采用高效、高功重比电机发电,可为无人机飞行提供部分或全部电力需求,不仅能提高无人机的载重能力和续航能力,而且能有效解决纯油动无人机由动力系统带来的噪声和污染排放问题。

1. 永磁同步发电机

电励磁发电机结构简单、成本低,通过改变励磁绕组、控制电流能够方便地调节气隙磁场强度,实现宽范围输出电压和调速特性;断开励磁回路能够有效灭磁,实现发电机系统的短路和故障保护。但其存在励磁绕组损耗,使得系统效率相对较低,难以实现高功率密度,且由于使用电刷-集电环结构,可靠性不高。

永磁发电机(无刷直流发电机)取消了电刷-集电环结构,省去了产生磁场所需要的励磁功率,因而效率更高,与同功率、同转速的其他类型的电励磁发电机相比较,通常效率可以提高3%～5%,且没有励磁线圈及磁极铁芯,能减小发电机体积,减轻质量。与其他类型发电机相比,永磁同步发电机具有高效率、高功重比、高可靠性等优点,成为无人机油电混合动力系统发电机的首选。

油电混合动力无人机的永磁同步发电机研究内容包括高温高速电机、电机电磁场-温度场-流场-应力场多场耦合设计方法、余度/容错控制等。

2. 超导发电机

超导技术可以使发电机和电动机小型化,而功率更强大,工作性能更稳定,为电机的低噪声化提供可能性。超导发电机是电机领域的一种新型电机,具有功率密度大、同步电抗小、效率高、维护方便等优点,是最理想的能源转换装置之一。超导发电机之所以具有这些优点是因为超导发电机中包含有超导磁体,超导磁体能否正常运行是决定超导发电机成败的一个关键因素。

超导发电机的基本构成包括超导励磁绕组、支架结构、冷却回路、低温恒温器、电磁屏蔽、电枢绕组、交流定子绕组、机座铁芯、定子绕组支架、轴承和机壳。转子励磁绕组使用超导材料的超导发电机的基本构造。该类发电机称为半超导发电机,如果电枢绕组也采用超导体,则称为全超导发电机。

研究证实,超导发电机具有以下特性:负载范围内有较高的效率;体积、质量小,有较高的功率密度;噪声小,使用寿命长,生产成本低;负序能力较强,维护要求低。目前研究的超导电机绝大部分为半超导电机,全超导电机是未来超导电机的重要发展方向。

超导电机研究包括电机拓扑结构、超导体载流能力、超导永磁体技术、超导交流绕组绕制技术、电机的强度/可靠性/寿命试验等。

10.2.2 油电混合动力系统的燃油发动机

1. 油电混合动力系统常用燃油发动机类型

目前能够符合无人机油电混合动力系统使用要求的燃油发动机主要有航空活塞发动机、航空涡轮螺旋桨发动机和航空涡轮风扇发动机等类型,这几种类型的航空发动机都有其特定的工作包线,在工作包线以外,发动机不能正常工作,这是无人机油电混合动力系统选型过程中需具备的对各类型航空发动机的基本认知。表10-1列出了时下常规的一些符合无人机油电混合动力系统使用要求的航空发动机的优、缺点。单从发动机本身来说,并没有一款完美的航空发动机以供无人机油电混合动力系统使用,因此燃油发动机的选型就是在有限的航空发动机范围内,以满足最大需求为出发点,对航空发动机一个扬长避短的取舍过程。

表10-1 几种航空发动机性能对比表

编号	发动机类型	优点	缺点
1	二冲程发动机	质量轻,耗油率低,功重比高	比四冲程发动机噪声大
2	四冲程发动机	比涡轮发动机耗油率低	比二冲程发动机功重比低,质量大
3	涡轮螺桨发动机	功重比高,适用空域广	比活塞发动机耗油率大,尺寸大
4	涡轮风扇发动机	功重比高,适用空域广	比活塞发动机耗油率大,尺寸大
5	涡轮轴发动机	功重比高,适用空域广	比活塞发动机耗油率大,尺寸大

2. 油电混合动力系统常用燃油发动机选型需求

无人机油电混合动力系统是在纯电动装置的基础上加上燃油发动机和油箱,混合后的优势比较明显:载荷大,燃油能量密度高,将部分载荷替换为燃油即可大大延长飞行续航时间或里程,并且不受低温影响。其缺点是噪声大,环保性差。

无人机油电混合动力系统燃油发动机的选型,以满足无人机飞行性能的最大需求为出发点,综合考虑各项性能及经济性指标,对可供选择的航空发动机进行筛选,以期得到最适合无人机油电混合动力系统使用的航空发动机。

(1)高可靠性需求。高可靠性是对无人机油电混合动力系统燃油发动机的首要需求,可靠性的直观表述就是要求无人机在执行飞行任务的时候不出现故障,能稳定工作。除了严格把关的质量控制程序外,还要求系统设计时要注重系统的备份设计和多裕度设计。

（2）较高的功重比需求。燃油发动机的功重比将直接影响无人机的最大平飞速度、升限、有效任务载荷等。在满足功率要求的情况下，希望燃油发动机功重比越大越好，这样就可以通过减小发动机质量来增加无人机的续航时间。一般要求发动机推重比不小于 4，功重比不小于 0.745。

（3）较低的耗油率需求。为了满足无人机续航时间的要求，需要油电混合动力系统的经济性能较好，也就是耗油率要低。如果选用活塞发动机，一般要求采用涡轮增压技术以满足无人机高空高效飞行的需求。

（4）结构紧凑需求。结构体积小，结构紧凑。

（5）其他需求。迎风面积小，振动小，噪声低，维护简单等。

3. 起动/发电一体化系统

传统航空活塞发动机的起动一般有两种方式，一种是手拉式，另一种是采用起动电机起动。绝大多数使用航空活塞发动机作为动力装置的无人机，使用的起动方法是后者。起动过程是起动电机上的齿轮工作时和发动机曲轴相连的飞轮啮合，驱动发动机飞轮转动，从而带动发动机运转。对于混合动力无人机，其发电机可以当作起动电机来使用。这种做法的优点是可以去掉飞轮盘与专用起动电机，从而能够减少无人机一部分质量，提高油电混合动力系统的功重比。

众所周知，旋转电动机和发电机在结构上是相同的，两者统称为电机。电机的可逆性是指同一电机既可作为发电机工作，又可作为电动机工作。无人机起动/发电一体化系统利用了电机的可逆性原理，采用同一台电机，在燃油发动机起动时把它作为电动机使用，燃油发动机起动后再把它作为发电机使用，由燃油发动机驱动发电，向无人机蓄电池或驱动旋翼旋转的主电动机输送电能。

起动/发电一体化系统起动燃油发动机的过程是：燃油发动机在起动阶段，由系统控制器操控无人机蓄电池向起动电机供电，电能驱动电机（处于电动机状态）转动，该电机转轴与燃油发动机曲轴相连的飞轮啮合，驱动燃油发动机转动，达到起动燃油发动机运转的目的。当燃油发动机进入正常工作状态后，在系统控制器操控下使该电机进入发电整流模式，即电动机转换为发电机，由燃油发动机驱动发电，其输出的电力进行整流后供给蓄电池或驱动旋翼旋转的主电动机使用。

这种做法的优点是，可以去掉燃油发动机专用的起动电动机，从而减轻无人机的一部分质量，提高油电混合动力系统的功重比。另外，当无人机在飞行过程中因燃油发动机出现了故障停止工作时，系统控制器就会进入紧急供电模式，直接将蓄电池的电量供给主电动机驱动旋翼旋转，电池的电量只能支持一小段时间，但已经足够让无人机进行迫降了。

无人机采用起动/发电一体化技术的显著优势是油电混合动力系统的起动与熄火更容易完成。通过增加无人机控制系统与地面站双向数据链路，无人机飞手（地面驾驶员）只需在地面站点击操控台或遥控器上的起动或熄火按键，就可以完成无人机的起动与熄火。

10.3 油电混合动力无人机能量综合管理

油电混合动力无人机采用的能量综合管理属于智能管理(IM)的范畴,是人工智能(AI)与管理科学、知识工程与系统工程、计算技术与通信技术、软件工程与信息工程等多学科、多技术相互结合、相互渗透而产生的一门新技术、新学科。它是在管理信息系统(MIS)、办公自动化系统(OAS)、决策支持系统(DSS)、5G 网络与物联网技术的功能集成、技术集成的基础上,应用人工智能(AI)专家系统、知识工程、模式识别、人工神经网络等方法和技术,进行智能化、集成化、协调化、设计和实现的新一代的人工智能(AI)管理系统。

10.3.1 油电混合动力无人机能量综合管理

1. 无人机能量综合管理概述

在无人机发展历史上,不论是纯油动无人机还是纯电动无人机,传统上都是采用各子系统"各自为政"的设计制造方法,仅通过各个子系统或组件的技术进步来提高无人机整体作业性能。随着无人机技术的高速发展,特别是油电混合动力技术的推广应用,这种各子系统"孤立式"设计方式已很难再取得更大的效益。因此,性能先进的无人机设计必须综合考虑各子系统之间能量的动态交互信息,探索新的控制策略,在无人机各子系统内部和子系统之间更有效地利用能量,挖掘各子系统整体组合、相互协调、共同运作的潜力,提高无人机的用能效率和飞行性能。

与此同时,近年来人工智能(AI)技术有了巨大的进展。人工智能(AI)是计算机科学的一个分支,是研究使用计算机来模拟人的某些思维过程和智能行为(如学习、推理、思考、规划等),包含内容十分广泛,极富挑战性的科学。人工智能应用的范围很广,其中包括工业、农业、交通运输、航空、航天、航海、通信、企业管理等诸多方面。无人机也称为飞行机器人,作为人工智能(AI)应用于航空产品领域的一枝新秀,以新颖的结构布局、独特的飞行方式和广泛的用途引起了人们越来越多的关注和重视,风行全球。目前,短短的几年时间,人工智能技术(AI)应用于无人机已经获得了突飞猛进的高速发展。

在需求和人工智能技术普及应用的大背景下,无人机能量综合管理的概念应运而生。

油电混合动力无人机能量综合管理是应用人工智能(AI)技术,通过优化能量控制策略,实现油电混合动力无人机在整个飞行任务中及各子系统之间动态高效分配和管理电能和热能。能量综合管理的目的是控制能量在能源供应装置与能源使用装置之间的正常流动,使其具有最高的使用效率水平。对于油电混合动力无人机而言,能源供应装置主要包括电池、发电机、电动机、燃油发动机和燃油(油箱储备)等,能源使用装置主要指旋翼、机载设备和任务载荷等。

油电混合动力无人机的能量综合管理系统(Integrated Energy Management System, IEMS)是以微处理器为核心的电控系统,由微处理器、传感器和执行器组成,如图 10-15 所示。

能量综合管理系统(IEMS)集合了传感、控制和驱动功能,能适时感知和响应系统内部能源及外界环境变化,做出判断,发出指令,并执行和完成相应的反馈动作。

　　能量综合管理系统(IEMS)通过安装在无人机内的各种传感器可以获得所需的信息,随时向无人机地面控制站飞手(无人机地面驾驶员)提供有用的信息,例如显示无人机飞行速度、高度和距离,电池的电压、电流、温度、剩余电量、充电时的状态,以及油箱剩余油量,电动机和发动机工作状态等,使飞手(地面驾驶员)心中有数。

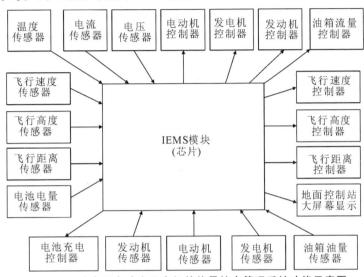

图 10-15　油电混合动力无人机的能量综合管理系统功能示意图

2. 无人机能量综合管理系统的特点

　　无人机能量综合管理系统(IEMS)不同于以往分离式能量管理系统,它能通过自身的感知(传感器),获取外界信息,由微处理器做出判断和处理,给执行器发出指令,执行器具有执行和完成功能。概括起来,无人机能量综合管理系统具有以下智能功能:

　　(1)测量感知功能。能量综合管理系统能测量和感知外界或自身所处的环境条件,如无人机负载、位置、速度、加速度、高度、距离、温度、电压、电流、热量、电量、电耗率、油耗率、电池充电、油箱剩余油量等,以及它们的变化情况和发展趋势。

　　(2)信息识别功能。能量综合管理系统能够识别传感网络得到的各类信息并将其积累起来,具有自我处理信息、去伪存真、判别原因、得出结论和做出决策等能力。

　　(3)数据采集功能。能量综合管理系统所有测量和感知到的信息经过识别存真处理,去除各种干扰信号后,将采集到的有效数据输入微处理器,进行处理、分发、储存和管理。数据采样速度、精度和前置滤波特性都是影响能量综合管理系统性能的重要指标。

　　(4)通信传输功能。通过传感网络,对系统输入与输出信息进行对比后,将判断结果提供给控制系统。与此同时,能量综合管理系统即时起动远程通信功能,将判断结果数据传输到远程终端。

　　(5)适时响应功能。能量综合管理系统能够根据外界环境和无人机内部条件变化,适时、动态地做出相应的反应,并采取必要的控制行动。

（6）自诊断功能。能量综合管理系统能通过分析比较系统目前的状况与过去的情况，对诸如系统故障与判断失误等问题进行自诊断并予以校正。

（7）自调节功能。对不断变化的外部和内部环境条件，能量综合管理系统能及时地自动调整自身状态和功能，从而使无人机能量消耗及补充以一种优化方式对外界变化做出恰如其分的响应。

（8）安全管理功能。能量综合管理系统利用安全管理功能，可监测电池的电压、电流、温度等是否超过限制，防止电池过度放电，尤其是防止个别电池单体过度放电，防止电池过热而发生热失控；当电池出现能量回馈时，防止电池过度充电；在电源系统出现绝缘度下降时进行报警或强行切断电源；当电源系统出现短路时，对电源系统实施保护；等等。

（9）电池热管理功能。对大功率放电和高温条件下使用的电池组，电池的热管理尤为必要。电池热管理功能是使电池单体温度均衡，并保持在合理的范围内，对高温电池实施冷却，在低温条件下对电池进行加热等。由于温度的变化对其他参数都有影响，所以一般都以电池模块的温度作为控制的指令信号。

无人机能量综合管理系统（IEMS）所具有的优良特性，对改进和提高无人机飞行性能具有重大意义，已受到业界关注。

3. 无人机油电混合动力控制子系统

能量综合管理系统（IEMS）集合了感知、控制和驱动功能，控制和驱动功能是其中最重要内容之一，有必要在此单独进行介绍和讨论。

（1）无人机各飞行阶段所需功率控制。无人机油电混合动力控制子系统根据电动机和发动机的转速、温度等信息和相关控制设备的状态信息，来判断它们的工况，以此来确定无人机发动机与发电机的功率分配策略，满足无人机油电混合动力系统的动力性、经济性、排放性等指标要求。

无人机油电混合动力控制子系统需与飞控、地面站数据进行交互，根据无人机的任务规划信息，能够实时计算所需的能量，及时调节燃油发动机、电动机和发电机的状态，实时监测油电混合动力系统的负荷、油门量、发动机转速、电动机和发电机电压、电池电压、实时电流、温度等信息。

功率分配策略与油电混合动力系统的组成关系密切，它涉及发动机和发电机的状态监测、性能匹配等核心技术。同时，它还与无人机飞行平台构型有关，应从无人机飞行平台构型的总体设计入手，计算出无人机飞行平台所需的最大功率以及无人机在各种飞行姿态下需用的功率，以此来确定无人机油电混合动力系统发动机的最大功率，如图10-16所示。

（2）无人机的伺服执行机构。无人机大多都采用舵机作为伺服执行机构，其作用是输出力矩和角速度，驱动控制面偏转。其工作过程包括两方面：一方面是通过主传动部分的减速器带动鼓轮转动，操纵控制面偏转；另一方面是通过测速传动部分的减速器带动测速发电机旋转，输出与控制面偏转角速度成正比的电信号，作为控制回路的负反馈信号，实现对控制回路的闭环控制。常用的舵机有三类，即电动舵机、液压舵机和电液复合舵机。

1）电动舵机。电动舵机以电力为能源，通常由电动机、传感器、齿轮传动装置和安全保护装置等组成。测速传感器是舵回路的反馈元件，用于测量控制面偏转角速度。

2)液压舵机。液压舵机是以高压液体作为能源直接驱动控制面偏转的舵机。

3)电液复合舵机。电液复合舵机是电液副舵机和液压助力器(电液主舵机)的组合体,既可用作舵机,又可用作助力器。

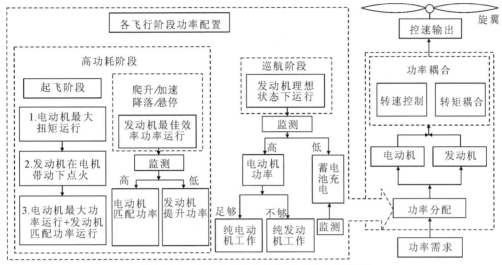

图 10-16　无人机各飞行阶段所需功率示意图

(3)电池荷电状态(SOC)估算。电池荷电状态(SOC)是用来反映电池的剩余容量的,其数值上定义为剩余容量占电池容量的比值,常用百分数表示。其取值范围为 0~1,当 SOC＝0 时表示电池放电完全,当 SOC＝1 时表示电池完全充满。

电池 SOC 不能直接测量,只能通过电池端电压、充放电电流及内阻等参数来估算其大小,而这些参数还会受到电池老化、环境温度变化及无人机飞行状态等多种不确定因素的影响,电池 SOC 主要估算方法有:

1)内阻法。内阻测量法是用不同频率的交流电激励电池,测量电池内部交流电阻,并通过建立的计算模型得到 SOC 估计值。该方法测量得到的电池荷电状态反映了电池在某特定恒流放电条件下的 SOC 值。

2)线性模型法。线性模型法原理是基于 SOC 的变化量、电流、电压和上一个时间点 SOC 值,建立的线性模型,这种模型适用于低电流、SOC 缓变的情况,对测量误差和错误的初始条件,有很高的鲁棒性。

3)卡尔曼滤波法。卡尔曼滤波法是建立在安时积分法基础之上的。卡尔曼滤波法的主要思想是对动力系统的状态做出最小方差意义上的最优估计。

(4)电池充放电控制。无人机油电混合动力系统的本质是燃油发动机将化学能转换为电能,因此,必然会涉及电池的充放电问题。电池控制系统的主要功能是测量电池电压及温度、均衡电池能量,电流采样和 SOC 计算,产生各类报警数据,对电池的故障模式、充/放电、瞬态补偿进行管理等,并通过数据链路与地面站进行数据交互,在地面站上显示相关数据。

(5)瞬态功率补偿。瞬态功率补偿是一种发动机故障模式的处理办法,当发动机过载或者工作不正常,发电机所发出的功率不足以维持无人机正常飞行时,无人机油电混合动力系统瞬态功率必须存在一个正反馈和闭环控制。在硬件上,在备用电池与发电机之间,使用一个稳压源来控制备用电池输出功率,通过瞬态功率补偿算法来实现输出功率的补偿。

10.3.2 开发无人机能量综合管理系统的原则和方法

1. 开发无人机能量综合管理系统的指导原则

开发和选择油电混合动力无人机的能量综合管理系统有四个指导原则,即能力、可靠性、敏捷性和经济性。

(1)能力原则。通过对无人机电和热相关子系统的控制,使这些子系统能够满足更大、变化更剧烈的电和热载荷需求,从而支撑更强的任务执行能力;通过整机资源共享来处理大的间歇性电和热载荷,同时保护无人机飞行关键子系统不受间歇性电和热载荷影响。

(2)可靠性原则。确保无人机飞行和执行任务的关键子系统的鲁棒性和弹性运行。

(3)敏捷性原则。无人机所有分系统和设备供应厂商的新技术能快速应用到无人机的能量综合管理系统中,就能够根据工作任务的变化,及时修改能量控制策略。

(4)经济性原则。能量综合管理系统开发和选用应通过降低开发成本、软件验证成本,以及无人机各子系统生产成本,来降低无人机总成本。

2. 设计无人机能量综合管理系统的方法

无人机能量优化技术是解决油电混合动力无人机能量管理挑战的关键技术,对提高油电混合动力无人机飞行和完成任务能力至关重要。在油电混合动力无人机设计过程中,应充分考虑各子系统之间的动态信息,克服传统设计范式的局限性,强调利用子系统之间的动态交互信息来制定控制策略,克服传统范式中设计余量过大的问题。

(1)创建响应更快的系统。以往在无人机动力装置设计中,大多假设无人机上电和热载荷变化缓慢,能量计算主要采用伪稳态分析方法。但是对于油电混合动力无人机而言,电与热相关子系统载荷具有更突出的动态特性,因而比例积分控制、基于规则的逻辑等传统控制方法很难实现理想的系统动态响应特性。解决的途径是在油电混合动力无人机设计过程中,采用多变量控制方法和预测控制算法,可有效解决系统更快响应特性的问题,其中多变量控制方法可以引入更高精度的系统信息和子系统间的交叉耦合,预测控制算法能针对预测的需求采取预期行动。

(2)处理更大动态载荷。以往无人机电和热相关子系统设计、开发和试验大多是相互独立进行的,各子系统设计需要留有较大余量。由于油电混合动力无人机飞行中会面临更大的动态载荷,各子系统设计余量会很大,结果会导致整个系统质量和尺寸达到难以接受的程度。解决的途径是在油电混合动力无人机设计过程中,通过优化控制策略,各子系统之间共享载荷和能源等信息,在子系统之间根据需要动态分配能源,提高系统能源的利用效率,降低各子系统的设计余量。例如,可采用层级式和分布式控制架构在子系统间共享信息。

(3)运用快速综合新技术。在无人机设计过程中,如果采用"孤立式"分系统设计方法,只有减少分系统耦合才能回避系统集成的复杂程度,分系统及整个系统开放性考虑不足,新技术的快速应用受到制约。解决的途径是在油电混合动力无人机设计过程中,通过定义开放式架构和模块化接口,降低新技术综合的难度。其中开放式架构设计可分解性、可扩展性、交互性、可重构性、可重用性、可升级性等;模块化设计是开放式系统架构的关键,可克服由系统间紧耦合带来的复杂性。

(4)运用分布式控制技术。在油电混合动力无人机设计过程中,将其他领域已经成熟的控制技术应用到电与热相关子系统的控制上,具体的技术有预测控制技术、自适应控制技术,以及可以支持控制系统在线重构的机器学习技术。

(5)采用开放式架构设计。在油电混合动力无人机设计过程中,可参考已有架构来设计电与热相关子系统架构,包括外场总线、互联网协议、综合模块化航电、先进机载能力环境等。

10.4　油电混合动力无人机总体设计与复合材料结构设计

不论是纯电动无人机还是纯油电无人机,它们的能量来源都是单一性质的。油电混合动力无人机的能源系统将这两种能源组合在一起,既有电能又有热能,因此在进行无人机总体设计时,必须考虑到这一特点,充分发挥这两类不同性质能源的优势。

油电混合动力无人机采用复合材料带来的结构效益不仅在于材料具有的高比强度、高比刚度带来的结构减重效益,而且包括材料优异的疲劳性能和耐介质腐蚀性能,使机体寿命延长和维修间隔延长,以及通过结构优化设计、材料和工艺改进带来的结构性能和功能、效能的改善与提高,使运营成本下降等综合效益。

10.4.1　油电混合动力无人机总体设计与气动布局

油电混合动力无人机属于现代航空飞行器范畴,是典型的高复杂度、技术密集型产品,总体设计过程需要在功能、安全性、性能、研制和运行成本、研制风险等方面寻求平衡,更深入地耦合气动、控制、结构、动力、复合材料、操稳等专业技术,并在设计细化的过程中找到尽可能优化的技术方案和实施路径。

1. 油电混合动力无人机总体设计

与航空飞行器传统的燃油动力系统相比,电推进系统具有一定程度的功率相对尺度无关性,电动无人机(见图 10-17),包括纯电动和油电混合动力两类无人机的总体设计可突破航空飞行器传统架构的限制,具有广阔的设计空间。此外,受限于电池等部件功率密度水平,与采用传统燃油动力装置和常规布局的航空飞行器相比,电推进系统会影响飞行器航程和有效载荷等性能指标,因此,无论是纯电动还是油电混合动力无人机,对总体结构/推进系统一体化设计和气动布局创新设计都提出了许多新的需求。

对于油电混合动力无人机而言,其总体结构/推进系统一体化设计技术要求对油电混合动力无人机的燃油发动机、发电机、动机、旋翼或螺旋桨、机翼、短舱等部件开展综合权衡分析和迭代优化设计,综合考虑油电混合动力无人机的几何参数、气动力参数、质量参数、动力系统等参数,开展关键参数的敏感性分析与协调,进行方案评估,支撑布局方案选型。

油电混合动力无人机总体设计采用总体结构/推进系统一体化设计方法,既能克服纯油动无人机动力装置与机体结构分开独立设计方式的缺点,又能发挥纯电动无人机气动布局、推进系统设计具有较高自由度,且高度耦合的优点,能够有效地提高无人机的飞行性能。

图 10-17 电动多旋翼载客无人机在城市上空飞行运送旅客

2. 油电混合动力无人机气动布局

油电混合动力无人机气动布局设计方案多种多样、五花八门(见图 10-18),它们大多是将固定翼无人机与旋翼无人机两者复合而成的一种新型无人机结构布局。

图 10-18 不同总体结构形式的现代航空飞行器

什么是复合？复合就是混合,是把两种或多种不同的东西混合在一起产生出一种新的东西,例如复合材料就是由两种或两种以上性质不同的物质混合而成的一种多相固体材料,它既保持了原组分材料的主要特点,又具备了原组分材料所没有的新性能。在生物学上,复合称为杂交,例如杂交水稻。

常规旋翼无人机可在原地垂直起降,可做低空高机动飞行,应用范围广,但由于受前行桨叶波阻和后行桨叶失速的限制,飞不快,巡航速度很难超过 400 km/h。相比之下,固定翼无人机既省油又飞得快,但起降受跑道限制,使用不方便。如何将这两种布局无人机的优点结合起来?

通过一系列理论研究分析后,人们开始通过实践采取混合的方式,融合这两种无人机的优点,使"混合后代"既具有固定翼无人机的飞行性能特点,如续航时间长、飞行速度快、飞行效率高和载荷大等优点,又具有旋翼无人机的飞行性能特点,如垂直升降、空中悬停、原地回转和低空树梢高度飞行等优点。当然,任何事物都不是完美无缺的,都要一分为二,两者混合的结果,必然也会继承前辈的一些缺点,如复合式无人机与固定翼无人机相比,具有速度低、耗油量较高、航程较短等缺点,与旋翼无人机相比,其垂直升降、空中悬停的性能,以及稳定性和安全性往往会略逊一筹。

但不管怎么说,两种不同类型无人机的混合优势还是存在的,近年来获得了很多突破性的进展。现在无人机的发展速度之快是无法想象的,无人机的应用已深入人们生活和工作的各个领域。复合无人机越来越智能,优势越来越明显,其推广速度也越来越快。

3. 复合无人机的类型和飞行原理

为了得到一种既能飞得快、飞得高、载重大、省油,又能垂直起落的无人机,人们绞尽脑汁,想出了一个又一个的"点子",设计出许多不同的混合方案,生产制造出了各种类型的复合无人机,其中主要的复合无人机有以下几种类型:

(1)喷气式垂直起落无人机。垂直起落无人机(VTOL)按照其动力装置的类型,可分为喷气式和螺旋桨(旋翼)式两大类,其中喷气式垂直起落无人机利用喷气式发动机产生垂直起落所需的升力,办法有三种,第一种是偏转发动机的喷管,第二种是直接使用升力发动机提供升力,第三种是前两种办法的组合,同时使用升力发动机和主发动机。喷气式垂直起落无人机的缺点是造价和使用费用太高,通常不会用作民用。军用喷气式垂直起落无人机的飞行原理与军用有人机(如美国 F-35B)相同,垂直起降时发动机尾喷管从向后转为垂直向下,飞机在空中由平飞改为悬停在舰船左舷外侧,然后水平右移至舰船甲板上方,最后完成垂直降落。

(2)倾转旋翼无人机。倾转旋翼无人机是一种同时具备旋翼无人机和固定翼无人机特点的复合无人机。当其旋翼处于垂直位置时,倾转旋翼无人机类似于双旋翼横列式无人机,可悬停、侧飞、后飞、垂直起降,此时它的单位功率起、降质量接近典型旋翼机。当旋翼处于水平位置时,倾转旋翼无人机就相当于固定翼无人机,能做高速远程飞行。

目前国外(如美国、以色列、韩国、俄罗斯)和国内(如彩虹-10)都有公司在从事倾转旋翼无人机的研制,其中彩虹-10 无人机(见图 10-19)是一款由中国航天科技集团研制的倾转旋翼无人机,翼展为 6.7 m,最大起飞质量为 350 kg(垂直起降),巡航速度为 150 km/h,最大平飞速度为 320 km/h,航时为 7 h(携带 50 kg 任务载荷),无地效悬停升限为 3 000 m,实用升限为7 000 m。

图 10-19　彩虹-10 倾转旋翼无人机

倾转旋翼无人机的飞行原理与倾转旋翼有人机(如美国 V-22)相同。V-22 是由美国贝尔公司和波音公司联合设计制造的一款倾转旋翼有人机,具备直升机的能垂直升降能力及固定翼螺旋桨飞机较高速、航程较远及耗油量较低的优点。图 10-20 表示 V-22 从垂直起飞到水平飞行的转换是自动完成的,它执行飞行任务时有超过 70%时间以固定翼飞机模式飞行,最大速度可达 650 km/h。

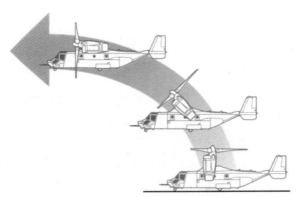

图 10-20　V-22 从垂直起飞到水平飞行的转换示意图

(3)倾转机翼无人机。倾转机翼无人机是一种整个机翼都可以倾转的复合无人机,这是它与倾转旋翼无人机最大的区别,因为倾转旋翼无人机的机翼是固定不动的,倾转的只是安装在机翼上的旋翼。根据倾转的模式不同,倾转机翼无人机所处的飞行模式也不同,当倾转机翼处于垂直状态时,倾转机翼无人机可做悬停、侧飞、后飞、垂直起落等飞行。当倾转机翼处于水平状态时,相当于固定翼无人机,能做高速远程飞行。

在 V-22 问世之前,美国就已经研制出了有人驾驶的倾转机翼运输机 XC-142。该型运输机于 1964 年 9 月首飞,采用 4 台 T64-GE-1 型发动机,机组人员为 2 名,最大起飞质量为 20 t。它不仅仅主翼能够进行旋转,其水平尾翼同样能够进行旋转切换,而且在机尾部位也安装有一具旋翼,以保证机身的整体平衡。鉴于机翼改平时的状态,出现了发动机功率过剩的情况。另外,航程 6 000 km 的垂直起降运输机能够干的活,许多常规运输机也能干,而且效费比更高。于是美国三大军种陆续对这种飞机丧失了兴趣。最终,5 架 XC-142 运输机仅有 1 架保存下来,图 10-21 所示为腾空而起的 XC-142 运输机。

图 10-21　腾空而起的 XC-142 运输机

当前，国内、外有些无人机公司在从事倾转机翼无人机研制工作，其中我国北京天宇新超倾转机翼无人机的试飞已经获得成功，如图 10-22 所示。

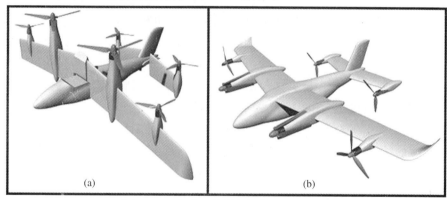

(a) (b)

图 10-22　北京天宇新超倾转机翼无人机
(a)垂直飞行状态；(b)水平飞行状态

（4）单旋翼复合无人机。单旋翼复合无人机是在固定翼无人机的基础上加上一个主旋翼而构成的复合结构体，如图 10-23 所示。由于它既有固定翼无人机的气动结构特性，又有旋翼无人机的气动结构特性，因此它能够以旋翼无人机模式进行垂直起飞或降落，同时又能以固定翼无人机的模式进行较高飞行速度的巡航飞行。

图 10-23　单旋翼复合无人机

单旋翼复合无人机在垂直起落阶段完全由主旋翼提供向上的升力,相当于直径比较大的单个旋翼(升力大)承担无人机的全部质量;当转入前飞状态时,再由固定机翼和旋翼共同承担无人机质量。前面章节已经讨论过:单个大直径主旋翼能够产生比较大的升力,例如单旋翼带尾桨无人机可以承载超过 10 t 的起飞质量。单旋翼复合无人机比较适合于在森林消防工作中使用,包括空中巡护、火场侦察、灯光照明、快速定位火点和确定火情,以及外挂吊桶直接参与扑灭林火等,其结构形式较适合于作为大、中型森林消防无人机的设计方案。

(5)多旋翼复合无人机。多旋翼复合无人机是在固定翼无人机的基础上加上多旋翼(大多数为四旋翼)而构成的复合结构体,如图 10-24 所示。它能够以旋翼无人机模式进行垂直起飞或降落,同时又能以固定翼无人机模式进行较高飞行速度的巡航飞行。

多旋翼复合无人机在垂直起落时所能承载的质量只相当于多旋翼无人机所能承载的质量,载质量比较小,所以这种复合构型一般只适合于作为小型无人机的设计方案。其飞行原理和过程可划分为以下几个阶段:

1)垂直起飞阶段。起动所有朝上安装的旋翼电机,依靠所有旋翼向上的拉力(合力)进行垂直起飞,此时机头的拉力螺旋桨(或机尾的推力螺旋桨)电机不工作,由多旋翼提供升力。

2)悬停—平飞转换阶段。多旋翼复合无人机依靠多旋翼系统产生的升力稳定悬停在特定高度位置点,机头的拉力螺旋桨(或机尾的推力螺旋桨)电机起动并进入最大功率状态,产生出向前的最大拉力(或推力),使多旋翼复合无人机在最短时间达到预定转换的前飞速度,接着所有朝上安装的旋翼电机停止工作。

3)平飞阶段。在平飞阶段。多旋翼复合无人机就像固定翼无人机一样,依靠机头的拉力螺旋桨(或机尾的推力螺旋桨)进行水平飞行,实现起飞点至作业区转移飞行、任务巡航、任务区作业、任务区至着陆点返回飞行等。

图 10-24　多旋翼复合无人机

4)平飞—悬停转换阶段。多旋翼复合无人机需要从平飞姿态转换到悬停姿态时,首先要减速到预定转换速度,然后起动所有朝上安装的旋翼电机,在所有旋翼向上的拉力(合力)达到能够支撑无人机总质量,符合空中悬停所需的条件后,机头的拉力螺旋桨(或机尾的推力螺旋桨)电机关闭,由多旋翼提供悬停所需的升力。

5)垂直着陆阶段。该阶段过程与垂直起飞阶段相反,由多旋翼提供升力,是典型的多旋翼无人机垂直着陆方式。

(6)带推进器旋翼无人机。复合式无人机除了上面介绍的几种复合方案外,还有一种更实用、更有发展前途的复合方案也获得了不少人的青睐,该复合方案即是带推进器旋翼无人机,如图 10-25 所示,它的构型借鉴于世界上飞得最快的直升机 S-97 双旋翼共轴式直升机(最高飞行速度超过 480 km/h)。

由图 10-25 可以看出,该复合方案是在双旋翼共轴无人机机身头部或尾部增加了一个水平安装的螺旋桨(起推进器作用),该螺旋桨称为推进器,因而该复合式无人机就称为双旋翼共轴带推进器无人机。其飞行原理和方式是:当无人机垂直起落和悬停时,水平螺旋桨(推进器)处于停机状态,无人机处于"纯双旋翼共轴无人机"工作状态;当无人机前飞时,起动水平螺旋桨(推进器)旋转工作,产生推动无人机向前的力,以提高无人机的前飞速度,无人机处于"复合无人机"工作状态。

图 10-25　双旋翼共轴带推进器无人机

10.4.2　油电混合动力无人机复合材料结构设计

油电混合动力无人机机体一般都采用高比强度、高比刚度复合材料制成。一方面,复合材料的使用减轻了整机质量;另一方面,复合材料拥有优异的耐疲劳性能和耐介质腐蚀性能,延长了机体寿命和无人机的维修间隔。同时,其结构优化设计、材料和工艺不断改进,提高了无人机结构强度、性能和效能,使运营成本下降。

所谓设计,是将人的某种目的或需要转换为一个具体的物体或工具的过程。无人机结构设计是指运用航空飞行器结构设计的相关理论与技术方法,设计出满足总体设计方案要求的无人机。无人机结构设计与所选用的结构材料密切相关,无人机复合材料结构设计分为两个互相关联的层次:结构设计层次和材料设计层次。这是复合材料结构设计不同于通用的(金属材料)结构设计的主要特点之一。

1. 无人机复合材料结构设计特点

油电混合动力无人机复合材料结构设计目标与通用结构设计(如金属材料)目标基本相同,但是复合材料在性能、失效模式、耐久性、损伤容限机理以及制造工艺、质量控制等方面与金属材料有显著差异。无人机复合材料结构设计具有以下特点:

(1)材料性能的可设计性。复合材料结构设计已从各向同性材料(如金属材料)结构设计,转化为单层基本力学性能为正交异性的铺层剪裁优化设计。可充分利用复合材料性能可设计的特点,通过选择适当的纤维取向、铺层比例和铺层顺序,发挥沿纤维方向的优良性能优势,并避免使用弱横向性能和剪切性能,即通过剪裁材料和优化铺层来满足结构设计要求,实现结构优化设计。

(2)设计/制造的一体化。结构件成形与材料形成同时完成,制造工艺方法的选择和质量控制至关重要。通过设计/制造一体化,可以实现设计和制造组织的协同及流程的协同,从而提高产品的质量。结构成形工艺方法不仅应保证实现设计确定的增强纤维取向、铺层比例和铺层顺序,还应满足结构尺寸和构型对工艺设备、模具以及质量稳定的要求。

(3)材料的敏感性。复合材料对缺口、裂纹、分层等缺陷具有敏感性,材料破坏模式多样,损伤扩展往往缺乏规律性。因此,设计值通常以初始缺陷/损伤对结构的影响为基础,考虑结构、载荷、破坏模型等,按静力覆盖疲劳原则确定。需要注意对某些敏感区的局部铺层进行设计,如对连接区、局部冲击、应力集中点、开口附近等处的铺层一般应进行局部调整和加强,在结构尺寸和结构外形突变区要设计铺层过渡,采取相应措施解决层压复合材料的某些区域易产生分层,以及可能引发的结构承载能力下降或失效的问题。

(4)结构的整体性。复合材料具有可整体化成形制造大型复杂制件的优点。在无人机结构设计中应在不增加工装复杂程度的情况下尽量减少零件数量,设计成整体件,如大块机翼整体壁板。这样可不用紧固件或减少紧固件的数量,减轻结构质量,提高结构效率,并可减少钻孔、装配和由孔引起的应力集中问题以及降低制造成本。

(5)承载路径的连续性。复合材料构件与金属构件不同,除具有一定的形状外,还具有不同的层级组织。为了保证结构件中各元件之间正常的载荷传递路径,要使各构件之间(如蒙皮和桁、翼肋、翼梁之间)和各构件的各个部分之间(如梁的缘条和腹板之间)的承载路径尽量连续。连接的形式和方法应与传递载荷的性质(拉压、剪切等)和方向相适应,尽量避免偏心和切口效应。同一构件需拼接时,其纤维取向也应连续。

(6)结构良好的工艺性。无人机复合材料结构工艺性主要指固化成形工艺性和装配工艺性。复合材料结构设计必须考虑工艺分离面划分、成形工艺方法和整体化成形的可行性,不同成形工艺方法,结构工艺性考虑的重点不同。装配工艺性设计考虑重点在于配合精度、连接技术和组装方法。为了保证能制作出高质量和低成本的结构,应尽量避免成形和装配时可能出现的各种缺陷。

2. 无人机复合材料结构设计过程

油电混合动力无人机综合设计思想是指在最大限度地满足无人机复合材料结构设计实质性要求前提下,按照无人机结构设计各项基本要求及复合材料的特性进行综合评估,并将综合评估的结果以权值方式融入无人机结构设计中。

无人机复合材料结构设计的综合过程如图10-26所示,大致分为以下4个阶段。

(1)设计要求:包括空气动力学要求,强度、刚度和质量要求,结构动力学要求,最小质量要求,最短传力路线要求,耐损性要求,使用维护要求和形状尺寸要求等。

(2)材料设计:包括组分材料的选用、结构性能要求、工艺要求,使用环境要求,以及单层性能的确定、层合板设计等。

(3)结构设计:包括结构形式的确定、结构打样设计、零构件设计和装配图设计等。

(4)结构验证:实现复合材料构件尺寸和变形控制,不仅要进行分析计算,更重要是进行必要的工艺试验,总结积累经验和教训。在整个设计过程中,应视不同阶段进行相应试验,包括某些工艺试验。其中复合材料试样、零构件、组件和部件 4 个层次积木式方法的验证试验,对保证复合材料满足无人机结构设计要求非常重要。最后,对无人机结构设计还要进行损伤容限的评定,以保证结构满足完整性要求。

图 10-26　复合材料结构设计流程图

10.4.3　油电混合动力无人机复合材料结构的材料设计

材料设计是无人机复合材料结构设计的基础,关系到结构完整性、结构效率、耐久性、工艺性和结构成本,十分重要。油电混合动力无人机复合材料结构的材料设计充分反映了复合材料的性能特点,以及复合材料结构与金属结构之间的显著差异。

1. 无人机复合材料结构的材料设计内容

无人机复合材料结构的材料设计是指应用已知理论与信息,通过理论与计算预报新材料的组分、结构与性能,或者说,通过理论设计来"订做"具有特定性能的新材料的方法。材料设计可根据设计对象所涉及的空间尺度划分为显微结构层次、原子分子层次和电子层次设计,以及综合考虑各个层次的多尺度材料设计。从工程角度来看,材料设计是依据产品所需材料的各项性能指标,利用各种有用信息,建立相关模型,制定具有预想的微观结构和性能的材料及材料生产工艺方法,以满足特定产品对新材料的需求。

材料设计的目的是从指定性能指标出发,确定材料成分或相的组合,按生产要求设计最佳的制备方法和工艺流程,以制得合乎要求的各种材料。内容包括以下三个方面:

(1)材料结构性能关系的研究设计。

(2)材料使用性能预测设计。

(3)材料成分结构研究设计。

2. 无人机复合材料结构选材的基本要求

无人机复合材料结构选材主要是树脂基体和增强纤维的选用。

复合材料结构选材的基本要求与金属材料大体上是相同的,但必须重点考虑复合材料特有的性能。应按无人机复合材料结构具体使用部位(主承力结构还是次承力结构)、受载情况和工作环境条件,选择具有良好耐使用环境性(耐湿热、耐冲击、耐介质等)的复合材料品种类型。所选复合材料的性能应与结构设计性能要求相匹配,综合考虑结构完整性、强度、刚度、稳定性、结构疲劳/耐久性、耐湿/热性能、动力学特性、工艺性,以及成本、使用经验、材料来源等因素,权衡折衷、择优选用。

10.5 油电混合动力系统在电动垂直起降飞行器上的应用

目前,电动垂直起降飞行器(eVTOL)及其应用之一的城市空中交通(UAM)在全球的发展正如火如荼。欧洲空客、美国波音和巴西航空工业公司等老牌飞机制造商正在投资数百万开发非传统飞机,即电动垂直起降飞行器(eVTOL),这些飞行器将是一场被称为城市空中移动(UAM)或先进空中移动(AAM)的运输革命的一部分。与此同时,汽车主机大厂商,如丰田、戴姆勒、现代也不甘落后,纷纷下水;许多新的初创公司推出了戏剧性的、有时令人震惊的漂亮设计,旨在与大飞机制造公司在新的航空领域展开竞争。

10.5.1 电动垂直起降飞行器的基本概念

1. 电动垂直起降飞行器的定义

2016年10月美国优步(Uber)公司发布了《快速飞入城市空中交通白皮书》,首次提出电动垂直起降飞行器(eVTOL)和城市空中交通(UAM)的概念,指出:正如摩天大楼可以更有效利用有限的城市土地一样,城市空中交通将利用三维空域缓解地面的交通拥堵;基于由众多电动垂直起降飞行器(eVTOL)所构成的城市空中巴士、空中出租车网络,将能够在郊区和城市之间,并最终在市内实现迅速而可靠的交通。该白皮书具体介绍了城市空中交通应用的前景预测、应用模式和技术规划等。优步以互联网企业思维和作风,加上强大的号召力和资本能力,迅速掀起了全球范围内面向城市空中交通的电动垂直起降飞行器(eVTOL)投资和研发热潮。

美国航空航天局(NASA)于2018年11月发布了由多家研究机构合作撰写的城市空中交通发展报告,城市空中交通这一概念被定义为"城市内适用于载人飞行器和无人飞行器系统的安全高效交通运作方式",提出了末端配送、空中巴士和空中出租车等三种典型且最具挑战性的城市空中交通应用场景。

电动垂直起降飞行器(eVTOL)是以电能作为推进系统的全部或部分能源的无人机。相比其他类型飞行器,电动垂直起降飞行器(eVTOL)具有高效、低成本、飞行时噪声小、操控系统更加安全可靠等特点,并且其体积较小,完全不依赖机场跑道,可以在城市高楼大厦的房顶上建立起飞、降落平台进行垂直起降,飞行和停放时自由度更大,更有利于在城市内进行交通作业,完美地满足了人们对未来出行方式的想象。简言之,构建以电动垂直起降飞行器(eVTOL)为核心的城市立体交通网络,成为开发城市新维度空间的有力路径,是未来UAM市场的主流方案。

全球各地许多科技公司都在紧锣密鼓地开发研制电动垂直起降飞行器(eVTOL),并进行一系列的载人试飞及融资工作。例如总部位于美国加州的 Joby Aviation 通过 SPAC 上市,市值接近 60 亿美元。除此之外,美国 Archer Aviation、英国 Vertical Aerospace、德国 Lilium Jet 和日本 Skydrive 等也专注于可实现垂直起降的电动交通工具(eVTOL)。

其实最早搞电动载人飞机的是德国人,1973 年全球首架载人电动飞机在德国成功试飞。最早研究电动垂直起降飞行器(eVTOL)的也是德国人,2011 年 10 月 21 日世界上第一个载人飞行的 eVTOL 首次载人离地,它是德国卡尔斯鲁厄大学的研究团队研制的 VC-1 验证机(见图 10-27)。该项目后来发展为 Volocopter 公司,成功成为电动垂直起降飞行器(eVTOL)热潮的领军企业之一,也是目前适航审定走得最远、最深入的电动垂直起降飞行器(eVTOL)之一。现在,全球有 300～400 家做电动垂直起降飞行器(eVTOL)的公司,有些已经有实物飞起来了,还有大部分在探索摸索的过程中,仍处于起步阶段。

虽然电动垂直起降飞行器(eVTOL)行业还处于起步时期,但它的市场规模预期大的惊人,其中最可行的市场是成为全世界 2.3 万架商业直升机的替代品。这些直升机又贵又吵,而电动垂直起降飞行器(eVTOL)可以让噪声大幅降低,且运营成本便宜 3 倍。电动垂直起降飞行器(eVTOL)未来市场前景非常可观,根据国际知名的商业咨询公司 Research and Markets 的预测:到 2025 年,电动垂直起降飞行器(eVTOL)市场规模将达到 1.62 亿美元,到 2030 年将达到 4.11 亿美元,预测期间的复合年增长率为 20.42%。

图 10-27　2011 年 10 月 21 日世界上第一个 eVTOL 首次载人试飞

2. 风险投资对电动垂直起降飞行器的关注

长期来看,技术成熟带动零部件成本下降和应用需求增加将推动电动垂直起降飞行器(eVTOL)行业的发展;短期来看,政策驱动及产业链的完善,将释放电动垂直起降飞行器(eVTOL)巨大空间。

2018 年 12 月,摩根斯丹利发布第一份行业研究报告。该报告称,电动垂直起降飞行器的市场可达万亿美元,掀起了世界各国资本市场狂澜。从 2019 年 12 月亿航公司成为全球首家上市的电动垂直起降飞行器(eVTOL)企业,到 2020 年 1 月美国 Joby 公司上市,短短一个多月内连续三家电动垂直起降飞行器(eVTOL)企业上市,到达一个阶段性高峰。

与国外企业相比,我国企业也是不遑多让。除了亿航的早期开拓,2020 年一个多月内多家电动垂直起降飞行器(eVTOL)初创企业连续亮相,此后,峰飞科技公司获得 1 亿美元投资,小鹏汽车旗下的汇天航空航天获得一众大牌风投的 5 亿美元 A 轮融资,并且估值 10 亿美元以上,成为电动垂直起降飞行器(eVTOL)"独角兽"企业。能够在 A 轮就成为独角兽的项目别说是航空领域前所未见,即使在科创领域也很少见,由此可见电动垂直起降飞行器(eVTOL)的热度有多高。

从产业整体发展上看,虽然电动垂直起降飞行器产业整体仍然还处在培育期,各种类型的设计方案非常多。但是在科技发展、环保追求、服务方式和经济效益等综合要求下,它作为无人机、出租车和私家车跨界融合而成的一种新型交通工具,已经受到世界各国科技研发公司和全球投资者的广泛关注,图 10 - 28A 表示近十多年来(从 2009 年至 2020 年期间)电动垂直起降飞行器产品销售情况。目前,全球风险投资正在押注电动垂直起降飞行器,每年投资情况见图 10 - 28B。例如,2020 年,超过 11 亿美元的 13 笔风险投资投给了电动垂直起降飞行器制造商,其中乔比航空公司和百合花公司获得的资金占总投资额的 85%。

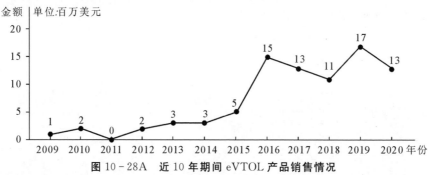

图 10 - 28A　近 10 年期间 eVTOL 产品销售情况

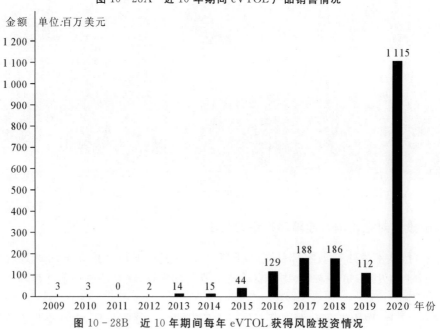

图 10 - 28B　近 10 年期间每年 eVTOL 获得风险投资情况

3. 电动垂直起降飞行器与飞行汽车的区别

19 世纪 80 年代人类开发出了第一辆汽车,大约 20 年后,美国莱特兄弟发明了第一架飞机。随后,人们产生了将汽车和飞机这两个概念结合起来的想法:飞行汽车,这是一种既能在地面公路上跑,又能飞上天的陆、空两用交通工具。

1917 年飞机设计师和飞机制造企业家格林·寇蒂斯研制了世界上第一个陆、空两用"飞行汽车",并申请了专利,该机采用分体式设计,飞行部分(机翼)与车辆部分可以分开,想在空中飞行时两部分结合在一起,想在地面公路上行驶时两部分分开,只使用车辆部分。

1986 年,美国人莫尔·泰勒将现代汽车与航空技术结合,制造出一种既能在地上跑,又能在空中飞的飞行汽车,并获得政府有关部门签发的飞行许可证。泰勒从此也被人们誉为现代飞行汽车的先驱。但因装有比车身宽 5 倍多的平直固定翼,在公路上行驶或起降时,不仅会影响正常的交通秩序,而且车翼也要受到路旁障碍物的限制,这就很难投入真正的实用中。因此,泰勒首创的飞行汽车只好成为试验场上的样车。

另外,世界各国的交通法规都不允许包括"飞行汽车"在内的载人飞行器在正常情况下直接在公共道路上起降,公路不是跑道,只有用于救护和警用的直升机才能在公路上紧急迫降。因此,陆、空两用"飞行汽车"无论是否具备垂直起降能力都不能在堵车时就直接从公路上飞走,而是必须从专用起降场或机场起飞,这一规定使"飞行汽车"应用场景大打折扣。

一百多年来已经设计出 3 000 多种陆空两用"飞行汽车"方案,绝大部分采用固定翼飞机形式,共有几十个设计方案造出了原型机。这些飞行汽车设计方案大多数最后都没有获得人们的认可,未能获得推广应用,被束之高阁,只有个别设计方案获得了美国联邦航空管理局(FAA)特种轻型飞机(LSA)的适航证书,可以投入实际使用。

与之相对照,2016 年 10 月美国优步(Uber)公司提出的电动垂直起降飞行器(eVTOL)概念与"飞行汽车"有很大的不同,它是地地道道的飞行器,与汽车没任何关系,与陆空两用"飞行汽车"在基础技术、应用场景、发展历程、市场预期、资本关注度等各个方面都有本质区别。不论是美国联邦航空局(FAA)、欧洲航空安全局(EASA),还是我国民航总局等航管部门在规章中都从没有使用过"飞行汽车"来指代电动垂直起降飞行器(eVTOL)。

在电动垂直起降飞行器(eVTOL)发展初期,由于公众对 eVTOL 的概念很不了解,大众媒体和 eVTOL 业界可能也为了吸引关注度,使用"飞行汽车"来指代电动垂直起降飞行器(eVTOL),逐渐成为普遍现象,从而引起误导。

电动垂直起降飞行器(eVTOL)利用垂直起降、空中飞行的优势,从城市内设在大楼屋顶的起降场(停机坪)垂直起飞,从空中越过地面交通,避开街道、公路上的汽车拥堵,直达目的地,如图 10-29A 和图 10-29B 所示。因此垂直起降和低噪声就是刚需,航程则不是最重要的设计指标要求,至于作为汽车的地面行驶功能完全没有必要。电动垂直起降飞行器(eVTOL)与传统的油动直升机等旋翼飞行器相比,有着运营成本更低、噪声更低、更加节能环保且安全冗余度更高等许多优点。

图 10-29A　电动垂直起降飞行器(eVTOL)在城市大厦屋顶停机坪起飞降落

图 10-29B　电动垂直起降飞行器(eVTOL)在城市上空飞行

电动垂直起降飞行器(eVTOL)最基本的技术要求有以下两点:

(1)动力装置要求全部或部分采用电动系统(纯电动或混动)。

(2)气动结构布局采用旋翼飞行器方式,以实现垂直起降。

10.5.2　电动垂直起降飞行器的市场定位和技术难点

面对当前电动垂直起降飞行器(eVTOL)高潮迭起的发展形势,企业既要做好市场预测,又要把控解决好各种技术难点。对市场的准确预测可以让企业少走"错路",而对技术发展的预测和把握则可以让企业少走"弯路"。

1. 电动垂直起降飞行器的市场定位和优势

电动垂直起降飞行器(eVTOL)的市场定位主要是用作飞行出租车和家庭飞行小汽车,以及替代传统商业直升机通勤市场,最终变成一种经济、高效、省时的中、短途交通运输和旅行工具,例如大城市交通拥堵的路线或是核心区域之间的通勤,在 20～250 km 的距离范围内替代小汽车,缓解大城市的地面交通拥堵与核心区域的地面交通拥挤。

电动垂直起降飞行器(eVTOL)实质上就是一架新型多用途无人机,可以根据需求搭载各种任务载荷完成不同的工作任务,除了可以作为飞行出租车使用外,还可以用作家庭飞行小汽车,以及广泛应用于货运和短途航空,包括快递运输、消防灭火、灾难救援、农业植保等领域。

电动垂直起降飞行器(eVTOL)具有的优势主要有:

(1)大大缩短旅程时间。传统民航客机需要有专门的大型机场进行起降,使用流程比较复杂。使用电动垂直起降飞行器(eVTOL),同样一段旅程的时间可以缩减到现行所花费时间的十分之一。

(2)提升民众的通勤效率。在美国,特定距离的出行占到出行比例的80%,这意味着大众通勤占据了运输市场的大部分市场份额。电动垂直起降飞行器(eVTOL)使用灵活、方便,有望变成广大民众的私人交通工具,从而大幅提升民众的出行和通勤效率。

(3)市场前景十分广阔。电动垂直起降飞行器(eVTOL)市场十分广阔,能够有效解决当前城市交通拥堵的问题,打造全新的交通体系,它的市场规模要比私人飞机的市场更大。

电动垂直起降飞行器(eVTOL)目前正处在风口发展期,无论是从解决大城市地面交通拥堵,还是从提供更加高效的出行模式来看,它都是一个比较好的选择。当然在推动电动垂直起降飞行器(eVTOL)商业化落地的同时,会面临诸如续航里程较短、起降能耗较高、监管政策、空域管辖等多种问题。而这些问题,无论是技术上,还是政策层面,都并非完全不可解决。就像我们现在道路上行驶的电动汽车,和10年、甚至5年之前就已经天差地别。无论是在核心技术上的突破,还是通过工程手段去尽力弥补技术上的缺陷,我们都相信在不远的将来,电动垂直起降飞行器(eVTOL)能实现商业化运营,虽然这中间还是要付出比较大的努力。

2. 电动垂直起降飞行器主要技术难点

电动垂直起降飞行器(eVTOL)核心子系统主要包括动力系统、飞行控制系统、航电系统、通信系统、导航系统及整机结构系统等。当前,它的每一个子系统都面临着巨大的挑战。因篇幅有限,这里只介绍和讨论动力系统的问题,其他技术难点在此不再赘述。

电池技术是一项伟大的发明,有着精彩而悠久的历史,它在1749年由美国发明家本杰明富兰克林首次使用。当时他使用了一组串联的电容器来进行电学实验,用稀硫酸作电解液,解决了电池极化问题,制造出第一个不极化,能保持平衡电流的锌-铜电池,又称"丹尼尔电池"。随着现代地面电动交通运输工具(例如电动汽车、电动列车、电动自行车等)的发展和普及,人们把为电动交通运输工具提供动力来源的电池称为动力电池,其种类包括铅酸电池、镍氢电池以及锂电池等。

动力电池是电动垂直起降飞行器(eVTOL)发展中目前遇到的最大技术难题。尽管电动汽车的动力电池技术已经有了很大的突破,但电动垂直起降飞行器(eVTOL)对电池的要求与电动汽车和小型无人机不同。电动垂直起降飞行器(eVTOL)要求电池自重不能太大,同时还要有足够长的供电能力,能满足起降阶段很高的功率密度要求,以及保证较长的续航能力。另外,由于电动垂直起降飞行器(eVTOL)在空中飞行时无法像汽车一样随时制动,这就要求动力电池有足够的可靠性和余度,即使电池模块发生失效或者故障也可以支撑飞机安全降落。

在安全性方面,电动垂直起降飞行器(eVTOL)对电池系统有着近乎苛刻的要求。尽管目前地面行驶的电动汽车已经进入大规模生产和应用,但电动垂直起降飞行器(eVTOL)的动力电池发展才刚刚起步。

10.5.3　油电混合动力系统在电动垂直起降飞行器上的应用

1. 电动垂直起降飞行器的动力系统类型

根据本书前面章节的介绍和讨论可知:飞行器的动力系统包括两大类,其中燃油发动机系统包括发动机本身及油箱油料、润滑油系统和各种动力辅助装置等;电动机系统包括电动机及电池组、新型燃料电池和转速控制系统等。按照垂直起降飞行器的定义,它的整体布局实质上就是一种旋翼飞行器,它可以采用5种类型的动力装置(见图10-30)。

图 10-30　适用于垂直起降飞行器的动力装置类型

电动垂直起降飞行器(eVTOL)动力系统类型与垂直起降飞行器不同,英文 eVTOL 中的第一个小写字母"e"表示电动,后面4个大写字母"VTOL"表示垂直起降飞行器。顾名思义,它的动力系统必须要包含有电动机和电池,可选择的动力系统只有混合动力、动力电池和燃料电池三种,因为这三种动力系统都包含了电动机和电池在内。

在前面的章节中,已经对这三种动力系统的优、缺点做了对比分析,结论是:当前最适合用作电动垂直起降飞行器(eVTOL)动力装置的是油电混合动力系统。

2. 电动垂直起降飞行器的电池集成技术

电动垂直起降飞行器采用动力电池作为能量来源,可以得到具有稳定电压、稳定电流、长时间稳定供电、受外界影响很小的电流,并且电池具有结构简单、携带方便、充放电操作简便易行、不受外界气候和温度的影响、性能稳定可靠等优点。目前适用于电动垂直起降飞行器的动力电池主要有锂电池及各种类型的新型电池,如燃料电池、石墨烯电池、铝空气电池、纳米电池和固态电池等。电动垂直起降飞行器电池集成是指动力电池在机身内安装或安放的集成方式。目前流行的方式主要有三类,包括传统的电池包集成技术,以及目前两种新的电池包集成技术:CTP 和 CTC 集成技术。

(1)传统电池包集成技术。电动垂直起降飞行器传统电池包集成方式被称为标准化模块,是由电芯组成模组后再组成电池包,然后与机身地板组装在一起。这种集成方法的优点是每个电池包都是由多个模组组成的,每个模组都有自己单独的壳体保护和控制单元,因此便于电池的电量控制和热管理;维修时可以单独更换电池模组,维修方便。缺点是由于模组间存在安全间隙及整体质量较大,不仅空间利用率低,而且每个模组都要配置单独的控制单元,导致整体质量较大,成本较高。

(2)CTP 电池集成技术。电动垂直起降飞行器 CTP(Cell To Pack)电池集成技术取消传统集成方式的模组结构,由电芯直接组成电池包,电池包集成到无人机机身地板上作为机身结构件的一部分。这种集成方法的优点是消除了模组之间的布置间隙,增加了电芯的数量;.取消了模组结构,从而降低了整体电池包的质量。缺点是电池包需要作为机体结构件的一部分而承载载荷,对动力电池的结构设计提出了更高的要求。

(3)CTC 电池集成技术。电动垂直起降飞行器 CTC(Cell To Chassis)电池集成技术直接将电芯集成在无人机机身地板框架内部,将地板上下板作为电池壳体,即让电池本身成为电动垂直起降飞行器机身的一部分(类似现代民航飞机将整个机翼作为油箱的思路)。它是 CTP 方案的进一步集成,完全使用机身地板的上下板代替电池壳体和盖板,与机身地板一体化设计,形成一个强度和刚度都非常大的结构体。这从根本上改变了电池的安装形式,电池的电芯不仅是能量存储和释放的单元,而且可作为电动垂直起降飞行器整机结构件的一部分。这种集成方法的优点是取消了电池包的结构件,实现高度集成和模块化,大大提高了电动垂直起降飞行器的空间利用率,降低了电动垂直起降飞行器的质量,可使电动垂直起降飞行器的续航时间增加 15%～25%。缺点是由于电芯需要作为机身结构件的一部分承载载荷,需要考虑如何将电芯与上下结构件固定起来,以应对最为苛刻的剪切力,不仅可维修性差,而且对生产工艺提出了更高的要求。

上述三种电动垂直起降飞行器电池集成技术对比如表 10-2 所示。对比结果表明,CTC方案的空间利用率最高,对于电动垂直起降飞行器电池电量的提升有显著的效果。在现有电池本身技术不变的条件下,CTC 是提升电量最有效的集成方案。

表 10-2　三种电动垂直起降飞行器电池集成技术对比

	传统方案	CTP 方案	CTC 方案	
基本概念	电芯→模组→电池包→机身	电芯→电池包→机身	电芯→机身	
空间利用率	低	高	高	
集成方案	先电池本身集成,然后安装到机身上	先电池本身集成,然后安装到机身上	电池包有独立上盖,可代替机身地板	机身地板作为电池上盖
空间利用率	\	与传统方案相比,增大了机身内空间利用率	与 CTP 方案相比,进一步增大了机身内空间利用率	
电池电量	\	电量比传统方案增加 10%～15%	电量比 CTP 方案增加 5%～10%	
电池是否承载载荷	否	部分	是	
可维修性	可单独更换模组	只能更换电池包	只能更换电池包	更换电池包且重新密封

3. 油电混合动力系统应用在电动垂直起降飞行器上的实际案例

随着人们生活水平的提高,现在很多人都拥有了自己的私家小汽车,但对于路面交通状况相当不满意,尤其是一线城市交通拥堵情况特别严重,很多人的出行经常会遇到严重塞车的困阻。因为经常要面对令人抓狂的堵车局面,使很多人都盼望自己的私家小汽车能够飞起来,以便解决当下的交通堵车难题。在当代市场经济环境下,广大顾客的需求就是商机,于是世界著名的飞机生产厂商、汽车生产厂商和许多初创公司纷纷上马,瞄准这一巨大市场蛋糕,投下巨资,开始研制电动垂直起降飞行器(eVTOL)。

下面列举几个典型案例。

(1)吉利汽车公司。吉利控股集团有限公司是一家中国的民营轿车生产经营企业,2017年收购了美国太力(Terrafugia)飞行汽车公司后,研制生产了一款电动飞行汽车,取名 TF-1,如图 10-31 所示。该电动飞行汽车(TF-1)采用油电混合动力系统,可乘坐 2 人,续航里程为600 km,最高时速为 160 km,最大飞行高度为 3 048 m。电动飞行汽车 TF-1 在 2021 年的 1 月15 日已经获得了美国联邦航空管理局(FAA)特种轻型飞机(LSA)的适航证书。飞行汽车是很困难的设计,因为要同时满足地面行驶和空中飞行这两个存在很大内在矛盾的使用要求,因此 TF-1 飞行汽车能获得 FAA 的特许适航证,本身就是很大的成就,具有值得被载入航空史的重大意义。

图 10-31　吉利公司太力飞车 TF-1 飞行汽车
(a)太力飞车 TF-1 展开机翼变成固定翼飞机;(b)太力飞车 TF-1 收起机翼变成小汽车

电动飞行汽车 TF-1 所获得的"轻型运动飞机"(LSA)类别不属于 FAA 的审定类飞行器,FAA 不对 LSA 飞机进行适航审定,普通的 LSA 飞机厂商只需进行符合性声明,然后 FAA 检查员进行一些文件检查就可以进行量产销售。特许适航证也不是正常类型号合格证(即通常所称的"适航证")。按现有规定,LSA 类别的最大起飞质量为 600 kg(FAA 正在进行的 LSA修订有可能提高到 750 kg),而 TF-1 飞行汽车的最大起飞质量为 850 kg,大大超过了 LSA 的要求,因此 FAA 对该机批准了多项豁免和偏离。

目前,吉利汽车公司正在研制真正的电动垂直起降飞行器(eVTOL),命名为太力飞车TF-2A,并预告 TF-2A 全尺寸原型机即将问世(见图 10-32)。太力飞车 TF-2A 拥有 8 个升力螺旋桨和 1 个推进螺旋桨,无需地面跑道即可垂直起降。此外,相比倾转旋翼或倾转机翼构型,TF-2A 选择了便于通过适航审定并达到更理想经济效应的多旋翼复合无人机构型,且出于安全性备份,配有三点轮式起落架,使飞车 TF-2A 在紧急迫降时有更多的迫降点选择。飞行性能方面,太力飞车 TF-2A 最大航程为 100 km,巡航速度可达到 180 km/h;实用升限 3 000 m,可搭载 2 名乘客。

图 10-32　吉利太力电动飞行汽车 TF-2A

(2)联合开发中心科技股份有限公司的电动垂直起降飞行器。联合开发中心科技股份有限公司(JDC Technology Inc)位于美国加州洛杉矶市,多年来一直从事消防无人机的研制与销售。该公司的电动垂直起降飞行器方案采用了多旋翼复合式构型和"星链"通信网络技术,拥有 8 轴 16 副旋翼和 1 个推进螺旋桨,可以旋翼无人机模式垂直起降,又能以固定翼无人机模式实现较高的飞行速度和巡航飞行。该公司 FF-1(FireFighting-1)消防无人机和 PP-1 (Passenger Plane-1)载人飞行器的气动和总体结构相同,只是任务载荷不同。其中,FF-1 为不载人无人机,任务载荷质量为 600 kg,承担高层建筑和森林灭火任务;PP-1 飞行器可搭载 5 名乘客,主要用于旅客运输,是一种经济高效、省时的中短途交通运输工具,如图 10-33 所示。

图 10-33　联合开发中心科技股份有限公司开发的 PP-1 电动垂直起降飞行器

FF-1 和 PP-1 飞行器均采用油电混合动力系统,安装了滑橇式起落架,机长 8 m,机高 1.8 m,翼展 1.8 m,倒 V 形垂尾高 1.3 m,最大航程 500 km,巡航速度 200 km/h,实用升限 3 000 m。基于星链网络技术,FF-1 和 PP-1 飞行不受通信链路距离限制,通信信号可覆盖全球。在地球上任何地方和任意时间,FF-1 和 PP-1 飞行器至少能与三颗"星链"卫星进行网络通信。"星链"网络无人机的数据传输速率达 1 Gb/s、时延小于 10 ms(与 5G 通信网络的数据传输速率相当)。

(3)阿斯顿马丁汽车制造商。阿斯顿马丁是英国一家汽车制造商,以生产敞篷旅行车、赛车和限量的豪华跑车而闻名世界。近日,阿斯顿马丁公布了一款名为 Volante Vision 的概念飞行器,加入了生产电动垂直起降飞行器(eVTOL)的热潮。

阿斯顿马丁公司的电动垂直起降飞行器(eVTOL)Volante Vision 采用混合动力装置和自动驾驶技术,由阿斯顿、克兰菲尔德大学和劳斯莱斯合作开发。Volante Vision 采用了三轴的设计,前端两轴上的螺旋桨通过任意角度偏转实现前进和转向,而后轴的螺旋桨与地面平行,用来提供升力。从概念图(见图10-34)来看,该飞行器外形十分漂亮,内饰也和阿斯顿马丁汽车一样,非常奢华。该款电动垂直起降飞行器(eVTOL)定位是飞行的士,旨在为拥挤的城市地区提供通勤服务。

图 10-34　阿斯顿马丁公司的电动垂直起降飞行器(eVTOL)Volante Vision

(4)劳斯莱斯汽车制造公司。英国劳斯莱斯汽车制造公司是世界顶级超豪华轿车厂商,1906 年成立于英国。近日,劳斯莱斯公布其电动垂直起降飞行器(eVTOL),其动力装置采用油电混合动力系统,涡轮增压的汽油发动机可以提供最大 500 kW 的动力,最大飞行速度为402 km/h,最远飞行距离为 805 km。

它的总体结构采用倾转机翼式设计方案(见图10-35),4 个螺旋桨及其油电混合动力系统安装在机翼上,机翼可以 90°旋转,在起飞时它就像是双旋翼横列式无人机那样垂直起飞,起飞后机翼绕水平轴相对于机体逐渐向前转动,逐渐转入前飞状态,过渡到平飞时就能像普通的固定翼无人机那样,依靠固定机翼产生向上的升力支撑机体质量,以及依靠转轴近乎水平的螺旋桨产生向前的拉力。劳斯莱斯公司将它的商业定位为飞行的士、私人飞机和货物运输机。

图 10-35　英国劳斯莱斯公司电动垂直起降飞行器(eVTOL)方案

(5)奥迪汽车开发制造商。奥迪是世界著名的汽车开发商和制造商,于 1898 年在德国创立。多年来,奥迪汽车在世界各地都广受欢迎。当前世界电动垂直起降飞行器(eVTOL)热潮来袭,奥迪也没有放过这次的好商机,在 2020 年日内瓦车展上,奥迪联合老牌飞机制造企业空客公司提出了 Pop. Up Next 电动垂直起降飞行器(eVTOL)的概念。从概念图可以看出：Pop. Up Next 采用油电混合动力驱动，由汽车底座和飞行模块两部分构成。飞行模块由碳纤维复合材料制成，配备有 4 个螺旋桨。座舱内未配备方向盘，仅配有一块大尺寸显示器，可乘坐 2 人(见图 10-36)。Pop. Up Next 定位是飞行的士，旨在提供通勤服务。2018 年 6 月份，奥迪获得了由德国政府颁发的飞行出租车测试资格，并将在奥迪公司总部因戈尔施塔特进行测试。

图 10-36　奥迪联合空客公司推出的 Pop. Up Next 电动垂直起降飞行器(eVTOL)方案

(6)PAL-V 公司。PAL-V 是一家荷兰公司，它推出一款电动垂直起降飞行器(eVTOL)，采用油电混合动力驱动，取名 PAL-V。它将汽车、摩托车和直升机的概念结合在一起，既可以像汽车一样在地面上行走，也能像直升机一样在天上飞行(见图 10-37)。原型机已于 2019 年 4 月 27 日向荷兰交通部长展示。据了解，这种交通工具最先用于紧急服务部门，由汽车形式到直升机形式之间的相互转变只需要按一个键，花费 10 min 即可全自动完成。它在地面行驶时最高时速可达 180 km/h，而车后方隐藏着的可折叠水平旋翼、尾翼与推进器展开后，就能腾空飞行，最高飞行时速可达 185 km/h，飞行距离 800 km，飞行高度 1 200 m。2020 年 10 月 PAL-V 公司宣布，其研制的电动垂直起降飞行器(eVTOL)已成功通过欧洲道路通行考试并获得官方颁发的正式牌照。

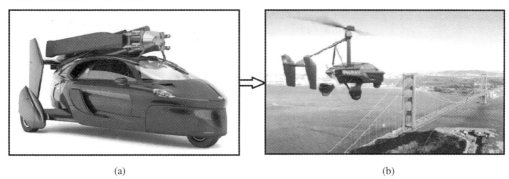

(a)　　　　　　　　　　　　　　　　　　(b)

图 10-37　荷兰 PAL-V 公司推出一款电动垂直起降飞行器(eVTOL)方案
(a)PAL-V 像汽车一样在地面行走；(b)PAL-V 像直升机一样在天空飞行

电动垂直起降飞行器(eVTOL)PAL-V 在陆地上的最高时速为 100 mile/h(约为 160 km/h),0~100 kg 加速度在 9 s 以内,空中飞行的速度为 112 mile/h(约为 179 km/h)。

(7)Workhorse 公司。Workhorse 是一家总部位于美国俄亥俄州的公司,公司业务包含无人机和卡车的生产制造。这样,该公司既从无人机生产制造中获得了自动驾驶技术,又从卡车生产制造获得了油电混合动力技术,然后将这两种关键技术同时应用于其电动垂直起降飞行器(eVTOL)产品 SureFly 上。SureFly 电动垂直起降飞行器(eVTOL)采用多旋翼无人机结构方式,具有四轴八旋翼。该机主要商业用途目标是私人飞机、商业运输飞机、农用飞机和军用轻型飞机。

SureFly 电动垂直起降飞行器(eVTOL)于 2017 年 6 月在法国举行的巴黎航展上正式亮相(见图 10-38)。它还在美国威斯康星州的 EAA 航空公司 2017 国际航展和 2018 年 1 月在美国内华达州举行的消费电子产品 2018 上展出。该机于 2018 年 4 月在俄亥俄州辛辛那提市伦肯机场成功完成了首次飞行,并于同年 8 月进行了多次飞行测试。2018 年 11 月,美国陆军与 Workhorse 公司签署了合作研究与开发协议(CRADA),开展旨在探索潜力的研究与开发(R&D)计划,作为空中的军事用途轻型飞行器。该电动飞机还可以用于精确农业、应急响应以及城市通勤。2019 年底,SureFly 电动垂直起降飞行器(eVTOL)已获得 FAA 型式认证。

图 10-38　美国 Workhorse 公司推出一款电动垂直起降飞行器(eVTOL)SureFly

上述列举的 7 种电动垂直起降飞行器(eVTOL)实际案例都是采用油电混合动力系统的个案。表 10-3 中给出这 7 例混合动力 eVTOL 实际案例对比一览表。

表 10-3　部分电动垂直起降飞行器一览表

序号	制造商	产品名称	动力装置类型	产品进展	产品定位
1	吉利汽车公司	TF2A	混合动力	验证机测试	私人飞行器/飞行的士
2	JDC 公司	FF－1,PP－1	混合动力	验证机测试	医疗救护/消防/飞行的士
3	劳斯莱斯公司	—	混合动力	概念机	私人飞行器/飞行的士
4	阿斯顿马丁公司	Volante Vision	混合动力	概念机	私人飞行器/飞行的士
5	奥迪和空客联合	Pop. Up Next	混合动力	载客测试	私人飞行器/飞行的士
6	PAL－V 公司	PAL－V	混合动力	载客测试	私人飞行器/飞行的士
7	Workhorse 公司	SureFly	混合动力	载客测试	私人飞行器/货机/农用

随着电动垂直起降飞行器(eVTOL)的快速发展,城市空中交通时代即将开启。空中巴士、空中出租车等电动垂直起降飞行器(eVTOL)实现示范与商业化应用,人类将在全新的智慧出行交通体系下实现私人交通工具"飞"起来的梦想。

习　　题

1.什么是油电混合动力系统?油电混合动力系统的特点有哪些?

2.油电混合动力系统的类型有几种?画出每种类型的示意图。

3.如何选择无人机油电混合动力系统方案?

4.简述世界主要国家或地区对无人机油电混合动力系统的研究现状。

5.简述与无人机油电混合动力系统发电机相关的内容。

6.油电混合动力系统常用燃油发动机的类型有哪些?说明它们之间的性能对比。

7.什么是起动/发电一体化系统?

8.无人机能量综合管理系统有哪些特点?

9.简述开发无人机能量综合管理系统的指导原则和设计方法。

10.简述油电混合动力无人机总体设计和气动布局的相关内容。

11.无人机复合材料结构的材料设计特点有哪些?简述无人机复合材料结构设计过程。

12.什么是无人机复合材料结构的材料设计?选材的基本要求有哪些?

13.什么是电动垂直起降飞行器(eVTOL)?eVTOL 与飞行汽车有什么区别?

14.简述风险投资对电动垂直起降飞行器(eVTOL)的关注情况。

15.简述电动垂直起降飞行器(eVTOL)的市场定位和优势特点。

16.电动垂直起降飞行器(eVTOL)动力装置的主要技术难点有哪些?

17.列举两个油电混合动力系统应用在电动垂直起降飞行器(eVTOL)上的实际案例。

参 考 文 献

[1] 张呈林,郭才根.直升机总体设计[M].北京:国防工业出版社,2006.

[2] 张呈林,张晓谷,郭士龙,等.直升机部件设计[M].南京:南京航空学院,1985.

[3] 张晓谷.直升机动力学设计[M].北京:航空工业出版社,1995.

[4] 航空航天工业部科学技术研究院.直升机动力学手册[M].北京:航空工业出版社,1991.

[5] 贾伟力,陈仁良.一种直升机总体概念设计方法[J].南京航空航天大学学报,2011,43(3):289-295.

[6] 梅庆.直升机传动轴系的动力学设计[J].机械传动,2005(29):5.

[7] 赵起越,章锐,马国峰.电工学[M].沈阳:辽宁大学出版社,2012.

[8] 吴显金,张晓丽.电工学[M].北京:中国水利水电出版社,2014.

[9] 王君亮.电动机控制技术入门与应用实例[M].北京:中国电力出版社,2013.

[10] 王淑芳.电机驱动技术[M].北京:科学出版社,2008.

[11] 张永花,杨强,孙在松,等.电机及控制技术[M].北京:中国铁道出版社,2010.

[12] 钱卫钧.电机与控制[M].北京:化学工业出版社,2005.

[13] 张文生.电动机原理与使用入门[M].北京:中国电力出版社,2008.

[14] 任志斌.电动机的DSP控制控制技术与实践[M].北京:中国电力出版社,2012.

[15] 曾祥富,况书君.电动机与控制[M].北京:科学工业出版社,2011.

[16] 郭庆鼎,赵希梅.直流无刷电动机原理与技术应用[M].北京:中国电力出版社,2009.

[17] 孙克军,郝亚贤.常用电动机选用控制与故障排除[M].北京:中国电力出版社,2010.

[18] 曹少泳,程小华.无刷直流电机无位置传感器的转子位置检测方法综述[J].防爆电机,2007,42(1):35-39.

[19] 魏瑞轩,李学仁.先进无人机系统与作战运用[M].北京:国防工业出版社,2011.

[20] 方昌德,马春燕.航空发动机的发展历程[M].北京:航空工业出版社,2007.

[21] 黄燕晓,瞿红春.航空发动机原理与结构[M].北京:航空工业出版社,2015.

[22] 王云.航空发动机原理[M].北京:北京航空航天大学出版社,2009.

[23] 李汝辉,吴一黄.活塞式航空动力装置[M].北京:北京航空航天大学出版社,2008.

[24] 李卫东,赵廷渝.航空活塞动力装置[M].成都:西南交通大学出版社,2004.

[25] 丁发军.航空活塞发动机及其修理技术[M].成都:西南交通大学出版社,2015.

[26] 钟长生,阎成鸿.航空器系统与动力装置[M].成都:西南交通大学出版社,2008.

[27] 路录祥,王江河.涡轮发动机全权限数字式电子控制系统[C]//第十七届全国直升机年会

论文集,2001:8.

[28] 邓明.航空燃气涡轮发动机原理与构造[M].北京:国防工业出版社,2008.

[29] 傅强,左渝玉.航空燃气轮动力装置[M].成都:西南交通大学出版社,2016.

[30] 陈光.航空发动机结构设计分析[M].北京:北京航空航天大学出版社,2014.

[31] 赵廷渝.航空燃气涡轮动力装置[M].成都:西南交通大学出版社,2004.

[32] 符长青,曹兵.多旋翼无人机技术基础[M].北京:清华大学出版社,2016.

[33] 陈康,刘建新.直升机结构与系统[M].北京:清华大学出版社,2016.

[34] 赵洪利.现代民用航空燃气涡轮发动机[M].北京:中国民航出版社,2010.

[35] 陈光,洪杰,马艳红.航空燃气涡轮发动机结构[M].北京:北京航空航天大学出版社,2010.

[36] 宗剑.油电混合动力无人机飞行器设计与研究[D].南昌:南昌航空大学,2017..

[37] 方毅,辛冀,陆圣杰.小型无人机飞行器总体参数设计方法[J].航空科学技术,2013(7):12-16.

[38] 卢旺.倾转螺旋桨/旋翼无人机油电混合动力系统的设计与实现[D].长沙:国防科技大学,2017.

[39] 张程莉.微型燃气轮机发电系统启发一体的控制策略研究[D].保定:华北电力大学,2019.

[40] 黄波.无人直升机混合动力驱动技术研究[D].成都:电子科技大学,2018.

[41] 胡晓煜.国外高空长航时无人机动力技术的发展[J].燃气涡轮试验与研究,2015(8):56-60.

[42] 符长青,曹兵,李睿坤.无人机系统设计[M].北京:清华大学出版社,2019.

[43] 夏南龙.活塞式无人机发动机高空性能模拟试验研究[J].内燃机与配件,2018(17):8-10.